數學的故鄉

王懷權編著

國立清華大學榮譽退休教授
玄奘大學榮譽講座教授

本書著者：王懷權

圖 1: 著者遊瑞士 馬特洪峰

主要學歷

- 國立台灣師範大學數學學士 (1964 年)。
- 國立清華大學數學碩士 (1966 年)。
- 美國 愛荷華大學數學博士 (1971 年)。

經歷

- 國立清華大學教授 (1974 - 2004 年)。
- 國立清華大學數學系系主任 (1975 - 1977 年)。
- 中華民國數學會理事長 (1991 - 1995 年)。
- 玄奘大學講座教授兼應用數學系系主任 (2004 - 2008 年)。

著作

- **Homogeneous Banach Algebras,** *Lecture Notes in Pure and Applied Mathematics,* No.29, Marcel Dekker, Inc. New York, U.S.A. (1977 年)。
- **Nonlinear Analysis,** National Tsing Hua University Press, Hsinchu, Taiwan, (2003 年)。

- **Palais-Smale Approaches to Semilinear Elliptic Equations in Unbounded Domains,** Electron. J. Diff. Eqns., Monograph 06, (2004 年)。
- 數學分析基礎 **(Foundations of Mathematical Analysis),** National Tsing Hua University Press, Hsinchu, Taiwan, (2013 年)。

榮譽

- 與國立清華大學化學系賴昭正教授組隊參加國立清華大學教職員橋牌賽，獲得第一名，由橋牌國手沈君山院長頒予獎牌 (1982 年)。
- 獲得 1986 年度中山學術著作獎，由李遠哲院長於國立清華大學月涵堂頒發榮譽校友獎狀。

圖 2: 李遠哲院長頒獎於著者

圖 3: 獎盃

- 國科會甲種獎 (1971 - 2008 年)。
- 參於台灣國際數學奧林匹亞競賽訓練營多年。
- 國科會優等獎 (1994 年)。
- 國立清華大學傑出教學獎暨教育部教學特優教師 (1994 年)。
- 國立清華大學傑出教學獎 (2003 年)。
- 中華民國數學會學會獎 (2003 年)。
- 清華大學數學系系友贈 (2004 年)。
- 玄奘大學應用數學系贈 (2008 年)。
- 玄奘大學贈 (2008 年)。
- 清華大學理學院 40 周年代表數學系演講 (2014 年)。

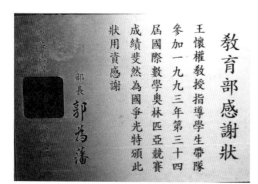

教育部頒獎

中華民國數學會學會獎

玄奘大學贈

清華大學數學系系友贈

玄奘大學應用數學系贈

清華大學數學系贈

謹以此書

- 獻給養我、育我、教我的父母親。
- 獻給一路陪我走來的妻子文惠。
- 獻給我三個進取的兒子：

  - 王偉仲教授，國立台灣大學數學系。
  - 王偉倫經理，台灣積體電路製造股份有限公司。
  - 王偉華副研究員，中央研究院原子與分子科學研究所。

作者序

瞭解數學的過去和現在，可做為數學將來的預見。近代數學發展神速又很抽象，想了解其生長的形態和變化的方向，較有效的方法是研究數學的發展史。

一般數學書，內容形式化: 定義、定理、證明、例子交叉出現，念起來沒有重點，不易人窺其全貌，甚而導致讀者迷惑沮喪。今日數學分成許許多多專門領域，每一個領域都能耗去我們短暫的一生。數學史介紹數學中心思想：數學家們如何犯錯或者沮喪，數學家們如何前仆後繼，以建立起種種數學概念。念數學史可以融會貫通各領域。數學史包羅萬象，例如歐拉專集有 70 冊，柯西專集有 26 冊和高斯專集有 12 冊等等。

幾何學發展史，縱論幾何的起源、發展、全盛和革新。不管是因為求知的天賦或是生活的需要，人類生俱有形狀和多少的概念。形狀和多少的概念孕育著數學。古希臘時期西元前 600 年至西元 300 年，地不大人不多，但是英雄紛起，豪傑遍地，數學優於其他一切。生產是奴隸的事情，所有的智識份子，一流高手，都來做數學。數學出盡了風頭，真所謂天下英雄儘在此。幾何經原始人類孕育的形狀概念，經希臘的壯大，一直到 20 世紀的枝盛葉茂，真是光芒萬丈，五彩繽紛。

另一方面多少的概念，孕育著代數，不像幾何凝集一處，代數是隨風飄散，散落於世界各個角落；如中國、印度、巴比倫、希臘和埃及等地。就像春天的紫羅蘭到處開放。各處的人們雖然海天相隔，卻似心有靈犀一點通，殊途同歸。代數真是欣欣向榮。到了 17 世紀，形狀和多少的概念，經笛卡兒融會貫通，在平面上劃了兩條垂直線，創造了解析幾何。從此代數和幾何（即多少和形狀）互通有無，相映成輝。

解析幾何引進函數概念。事實上，形狀和多少概念是經過許多人，經過許多百年的努力，得到許多概念。然後出來一個人，將前人努力的成果，融會貫通，過濾出有價值的概念，依此創新，形成一偉大的局面，造成巨大的衝擊，得一威力無窮的新天地：微積分。這個人就是牛頓。微積分為分析開路，接著微分方程、複變數函數論、微分幾何、實變數函數論和富氏分析等一一降臨人間。

本書數學的故鄉：1 – 7章是幾何學的故鄉，8 – 12章是代數學的故鄉，13 – 20章是分析學的故鄉，第21章是國際數學聯合會與國際數學家會議，第22章是數學的力與美。最後我們附有參考資料和中英文索引。

本書的特色：

1. 本書選取具有代表性和啟發性題材，以記事式編寫，分幾何學的故鄉，代數學的故鄉和分析學的故鄉三部分。一般數學史是記元的：記錄某年代內所發生的幾何、代數、和分析等數學活動，我們會被這些不同的領域，糾纏不清，不能有宏觀。

2. 本書數學家名詞中譯與 Google 同步。

3. 本書數學名詞中譯，由台灣、中國和日本等地中譯中取較適合者。

4. 數學核心課程：微積分、高等微積分、實變數函數論、微分方程、代數和微分幾何等，本書為最佳輔助教材。尤其由微積分概念，進入數學蛋黃區的「實變數函數論」概念，積分概念大突破，參見第20章：在有界區間 $[a,b]$ 的點放上各種不同幣值 $f(x)$ 的銅幣：

   (a) 黎曼將 $[a,b]$ 分割成 n 個小區間 $I_i = [x_{i-1}, x_i]$，再將每一小區間 I_i 上幣值加起來，再將所有小區間 I_i 上幣值加起來。

   (b) 勒貝格設對每一 $x \in [a,b]$，有 $f(x) \le N$，將 y 軸上區間 $[0,N]$ 分割成 m 個小區間 $J_i = [y_{i-1}, y_i]$，再將每一幣值在小區間 J_i 上幣值加起來，再將所有幣值在小區間 J_i 上幣值加起來。

勒貝格積分是黎曼積分的推廣。黎曼積分是普遍的和廣大的，應用甚廣。勒貝格積分是深刻的和華麗的，勒貝格積分念百遍不算多，是物理和工程上重要工具。念過或沒念過實變數函數論的讀者建議要念本書第20章。

5. 本書含目錄和中英文索引，中文索引按ㄅ、ㄆ、ㄇ、⋯ 列排。

本書數學的故鄉是國立清華大學中學教師暑期進修班數學組開課講義改寫而成，且曾在國內中學和大學數十處演講過。除了當一般數學讀物，老少皆宜外，國內有許多大學數學系當數學發展史課程教材。

本書之能完成，我要感謝：清華大學數學系1977級同學沈明喜，明喜幫我對整本書做完整的修訂；長庚大學黃朝錦教授，朝錦教我使用 Sage 軟體，用來做本書的計算與畫圖；陸軍官校管理科學系蔣志祥教授、中山大學應用數學系王秀英電腦助理和台灣大學數學系王偉仲教授教我使用 CJKLatex 軟體，來編輯本書；中央研究院數學研究所林玉端研究助技師教我使用 xeLatex 軟體，來編輯本書；靜宜大學郭敏教授、新竹教育大學陳啟銘教授、台中教育大學張范水旺教授和高雄師範大學張宏志教授給本書許多改進的建議。

目錄

1 幾何的發源地

幾何那裡來，有哲學派、實用派和理論派三種說法。

1.1 幾何的發源地

1. 哲學派：法國數學家和哲學家笛卡兒 (Rene Descartes 1596 – 1650) 認為數學觀念是天生的，人類心智與生俱來有完美、空間、時間和運動等觀念。

2. 實用派：據古希臘歷史之父希羅多德 (Herodotus 西元前484年至西元前425年)，深入的研究知道應用的幾何是發源於尼羅河 (Nile)：尼羅河 (圖 1.1) 一年必氾濫一次，河旁肥沃的田園經過河水的蹂躪，田界頓失，田地主權之爭紛起。為了實際的需要，農民們就發明了一些簡單的幾何圖形與測量方法來解決地權誰屬的問題。

3. 理論派：據古希臘哲學家亞里士多德 (Aristotle 西元前370年至西元前322年) 考察的結果，知道純粹的幾何是由古埃及的智識分子「僧侶」結群成黨的討論、爭吵、研究而產生的。這些人不像尼羅河旁的農夫們為了田園重劃的需要而做幾何；他們純粹是為了興趣，被幾何玄妙的結構所著迷和刺激而去從事幾何研究。

圖 1.1: 尼羅河

雖然笛卡兒認為數學觀念是天生的，然而沒有尼羅河河旁農民們發明了一些的幾何圖形和古埃及的「僧侶」研究幾何，幾何也不會產生。故幾何的發源地 (geometric birthplace) 在古埃及。理論派的研究是純粹數學，純粹數學追求

真、善和美，一切以邏輯為依歸。而實用派的研究是應用數學，應用數學追求數學在物理、工程和經濟等等的應用，一切以人類福祉為依歸。

古埃及幾何的輝煌成就一直到現在還是有跡可循。建立於西元前 5000 年的大金字塔 (圖 1.2) (Pyramid)，其底之周長與高之比恰為 2π；並且利用北極星的變率建立成塔內的通道，一看通道便知它的塔齡。

圖 **1.2:** 金字塔和人面獅身

古埃及盛產紙草 (Papyrus)，其中心壓扁可製成粗紙。然後用墨水在其上寫字，稱為書卷。至今人類所發現的兩大古埃及書卷：

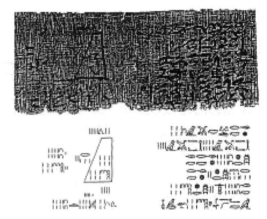

圖 **1.3:** 雷因 (Rhind) 書卷　　　　圖 **1.4:** 莫斯科 (Moscow) 書卷

- 雷因書卷 (Rhind Mathematical Papyrus)：雷因書卷 (圖 1.3) 有 18 呎長，1 呎高，是由古埃及數學家阿美斯 (Ahmes) 在西元前 1650 書寫而成，是記

錄西元前 2000 年到西元前 1800 年之間埃及人的數學的活動，含有 84 道題目，其中有一些是幾何題，雷因書卷是英國考古學家雷因在埃及尼羅河流域的一大城市櫚守 (Luxor) 的店裡買到此書卷。雷因於去逝之前將此書卷遺贈給大英博物館。

- 莫斯科書卷 (圖 1.4) (Moscow Mathematical Papyrus)：莫斯科書卷內含有 25 道題目，現在存放於莫斯科。

古埃及的幾何祇是發源地，在深度上是較少的。其實是一種應用算術，算術的程度只是停留在算一算報酬、鹿、麵包的多少。而幾何是計算面積和體積的，所用的直尺上面具有刻度。在古希臘的幾何作圖 (尺規作圖)，柏拉圖 (Plato 西元前 427 年至西元前 347 年) 規定尺規上不能有刻度。現今幾何作圖也一樣，尺規上不能有刻度。

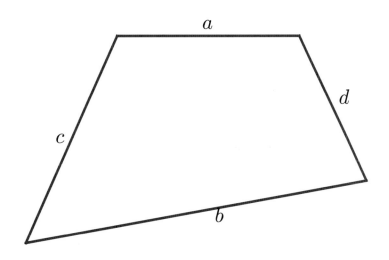

圖 **1.5:** 任意四邊形

古埃及時代已經解決：三角形面積為底與高乘積之半；矩形面積為底與高之乘積；梯形面積為上底與下底和之半與高的乘積等等。當然他們也曾經誤用過一些公式，例如圖 1.5 所示任意四邊形之面積為 $\frac{a+b}{2}\frac{c+d}{2}$。我們知道這一個公式只適用於矩形。令人難以置信的是古埃及已經用 3.1605 來作為圓周率 π 之值。由考據知：古巴比倫、古中國等曾經以 3 為 π 之值；猶太人更視 3 為聖數；而到了西元 150 年，尼迷亞 (Nehemiah) 用 $\frac{22}{7}$ 為 π 值。於此可見雖然尼迷亞所用的 π 值最為接近，但是在其一千多年前，古埃及就已經用了那麼接近的數字，的確很令

人吃驚。古埃及時代也已經知道了如何計算一些立體圖形的體積；例如計算圖
1.6角錐的體積：

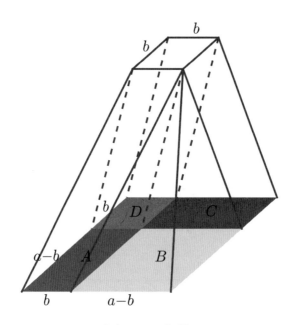

圖 **1.6:** 角錐

1.1 定理. 圖 *1.6*角錐的體積為 $\frac{h}{3}\left(a^2 + ab + b^2\right)$。

證. 古埃及時代已經知道角錐的體積等於相對角柱體積的 $\frac{1}{3}$。

1. 角柱 D 的體積為 b^2h。
2. 半角柱 A 的體積為 $b(a-b)\frac{h}{2}$。
3. 半角柱 C 的體積為 $b(a-b)\frac{h}{2}$。
4. 角錐 B 的體積為 $(a-b)^2\frac{h}{3}$。

故得原角錐的體積為

$$b^2h + b(a-b)\frac{h}{2} + b(a-b)\frac{h}{2} + (a-b)^2\frac{h}{3} = \frac{h}{3}\left(a^2 + ab + b^2\right)。$$

1.2 本章心得

1. 幾何的發源地在古埃及，而在古希臘發揚光大。
2. 雷因書卷和莫斯科書卷是最古老數學書。
3. 名言：歐幾里德對婆透樂咪三世王說：「沒有王路可通幾何王國。」

西元前 2000 年的雷因書卷

西元前 5000 年的大金字塔

西元前 5000 年　　　　　　西元前 2000 年

2 古希臘的幾何

幾何學雖然發源於埃及，卻在希臘發揚光大。研究古希臘前輩們創造和發展的概念、方法及結果，我們就能了解其後數學的方向。希臘數學家中泰勒斯 (Thales of Miletus)、畢達格拉斯 (Pythagoras of Samos) 和歐多克索斯 (Eudoxus) 等都曾經到過埃及或巴比倫留學過。他們學了乘法和單位長的計算，用不刻度直尺來幫忙計算面積和體積。

自西元前 610 年到西元 400 年，古希臘幾何共分五個年代：

1. 畢達格拉斯年代 (西元前 610 年至西元前 500 年)。
2. 黃金年代 (西元前 499 年至西元前 400 年)。
3. 柏拉圖年代 (西元前 399 年至西元前 330 年)。
4. 亞歷山大年代 (西元前 329 年至西元前 220 年)。
5. 衰敗年代 (西元前 219 年至西元 400 年)。

2.1 畢達格拉斯年代

西元前 500 年時，斯巴達為希臘南部各邦盟主，雅典在希臘北部為最強民主國家。古希臘數學畢達格拉斯年代 (西元前 610 年至西元前 500 年) 以數學家泰勒斯 (Thales of Miletus 西元前 610 年至西元前 546 年) 和畢達格拉斯 (Pythagoras of Samos 西元前 570 年至西元前 500 年) 為代表人物。

2.1.1 泰勒斯

古之賢人必精通哲學、政治、天文且為實行家。古希臘有七位賢人，經常聚在一起論學，泰勒斯 (Thales) 是七賢之首。泰勒斯到過埃及和巴比倫留學，把幾何帶回希臘，他有許多的創見為來者所效。泰勒斯並且是一位天文學家，他屢次仰頭觀察星座，想要了解宇宙的奧秘。他的女奴戲言：想知道遙遠的天堂，卻忽略了近在眼前的美色。泰勒斯常說人最難了解的是自己。數學史家希羅多德 (Herodotus) 考據，得知哈里斯 (Halys) 戰後白天突然變成夜晚（日蝕）。而在此

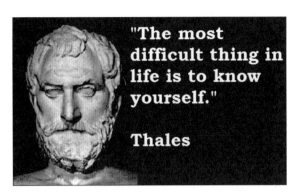

圖 2.1: 泰勒斯

圖 2.2: 愛天空不愛美色

戰役之前，泰勒斯曾經對人預言此事。泰勒斯說月全蝕算起 47 月後可能月蝕，而月全蝕 23.5 月後可能日蝕。巴比倫曾有 18 月一度日蝕之說，而泰勒斯曾經到過巴比倫，他從巴比倫學了些天文知識。不論怎樣，泰勒斯為第一位天文學家。

現代理論：「日蝕則朔，月蝕則望」，日食一定發生在朔，即農曆初一當日。月食必定發生在滿月的晚上 (農曆十五、十六、或十七)。

泰勒斯不僅是第一位天文學家，而且是第一位幾何學家，他首開希臘幾何學研究風氣之先河。下列幾件事實是他首先創說的：

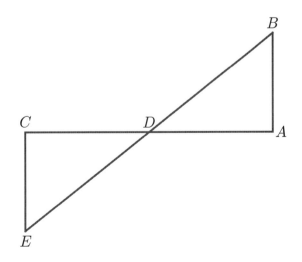

圖 2.3: 三角形全等

2.1 定理. 我們有

  1. 圓的任一直徑必二等分此圓。

  2. 對頂角相等。

  3. 直徑的圓周角必為直角。

  4. 圖 *(2.3)* 中，D 為線段 AC 的中點，且 $\angle BAD = \angle ECD =$ 直角，則三角形 ABD 和三角形 CED 全等。

2.1.2　畢達格拉斯

畢達格拉斯 (Pythagoras) 是多才多藝的一代奇人。他不僅是一位宗教家、天文學家、而且也是一位天才橫溢的數學家。他首創師生彼此之間集體研究，以畢達格拉斯之名發表，群策群力解決數學問題的風氣。許多名為畢達格拉斯之定理並不一定就是畢達格拉斯自己的作品，我們是應該說：以畢達格拉斯為領導中心之研究群的集體創作。該研究群策動古希臘輝煌無比的科學研究。使得古希臘成為數學發展史上的一個巨人。

圖 **2.4**: 畢達格拉斯

當今的數學世界以美國為領導中心，因為美國是一個強大的國家，金錢使得她能策動許許多多的研究計劃。而在畢達格拉斯時代，埃及與巴比倫因為自然環境與人文因素上的優良條件，是當時的數學發源地。畢達格拉斯曾到過埃及和巴比倫研究數學，回希臘之後發揚光大，使古希臘為當時領導中心。關於畢達格拉斯個人一生至少有下述傳奇性的記載：

  1. 他的二個小腿中有一個是金的。

  2. 他的眼睛與常人不同，可以同時注視二個不同的目標。

3. 當他涉水過一小溪時，溪水會起而相迎，與之招呼說：「喂！畢達格拉斯。」

畢達格拉斯研究群為了慶賀他們研究成果，而有：成功了，成功了，偉大的幾何圖形呀！殺牛了，殺羊了，大家來慶祝呀！現在荷蘭的首都阿姆斯特丹有以畢達格拉斯、牛頓和阿基米德等為名的街道，可見得他們十分地敬重畢達格拉斯，將之與有史以來三大數學家之二相提並論。

在天文學上畢達格拉斯誤認為地球是宇宙的中心，所有的星球包括太陽、月亮都以某一整數的關係繞地球而運轉，雖然此說不確，但是在當時能有這種想法絕非偶然。畢達格拉斯認為一切天體運轉、物理和天文等現象都可以用自然數來解釋。他並且是樂器之父，首創短弦一半則音高八度之說。他以自然數解釋一切，日後遭到了嚴重的考驗，詭辯家季諾：以其人之矛攻其人之盾。畢達格拉斯最偉大的作品是畢達格拉斯 (畢氏) 定理:

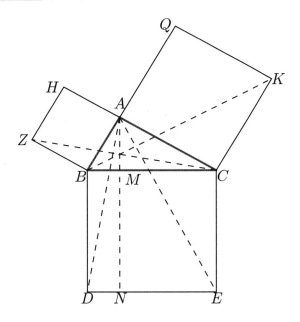

圖 **2.5:** 畢氏定理

2.2 定理. *(畢氏定理 Pythagoras Theorem)* 直角三角形斜邊的平方等於兩股之平方和。

證. 畢氏定理的證明，在歐幾里得著「幾何原本」(Elements) 第 1 冊第 47 頁如下：如圖 2.5，因為 $\triangle ABD \cong \triangle ZBC$，故

$$a四邊形 ABZH = 2a\triangle ZBC = 2a\triangle ABD = a四邊形 BDNM，$$

同理由 $\triangle ACE \cong \triangle BCK$，故 a四邊形 $ACKQ = a$四邊形 $MNEC$，可證得

$$AB^2 + AC^2 = a四邊形 ABZH + a四邊形 ACKQ$$
$$= a四邊形 BDNM + a四邊形 MNEC$$
$$= a四邊形 BDEC = BC^2 \text{。}$$

■

季諾問等腰直角三角形兩股長各為 1 時，斜邊為多少，是那一個自然數？

$$x^2 = 1^2 + 1^2 = 2 \text{，}$$

顯然在自然數集裡是無解的，可見得自然數並無法解釋宇宙一切。這個爭議促成已後無理數的產生。事實上偉大的畢氏定理，其特殊情形在巴比倫和中國早已有了。巴比倫人經常考慮下述問題：

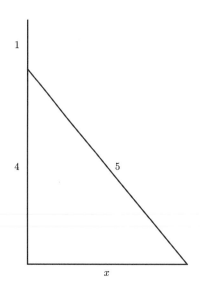

圖 **2.6**: 垂直的牆面

2.3 問題. 圖 *(2.6)* 中，一垂直的牆面上靠著一個長為 5 的梯子，梯子從上滑下長為 1 時，問梯子在水平面上滑行了多少長？

解. 設在水平面上滑了長 x，則

$$x^2 = 5^2 - 4^2 = 9 \text{，}$$

得 $x = 3$。   ■

畢氏定理在中國是商高定理 (勾股弦定理)。其證明是代數的,非常美麗:即

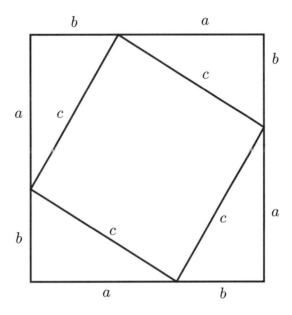

圖 **2.7:** 商高定理

2.4 問題. 圖 *(2.7)* 中,設弦長為 5,勾長為 4,問股多少長?

解.   設弦長為 $5 = c$,勾長為 $4 = a$,股長為 $x = b$,則由圖 (2.7) 得

$$(a + b)^2 = c^2 + 4 \cdot \frac{ab}{2},$$

得 $c^2 = a^2 + b^2$,故 $x^2 = 25 - 16 = 9$,得 $x = 3$。   ■

歐幾里得著「幾何原本」,書上指出畢達格拉斯曾證明

2.5 定理. 三角形內角和為 $180°$。

證.   如圖 2.8,過 $\triangle ABC$ 的 A 點作 BC 的平行線 l,再利用內錯角相等關係就可得。   ■

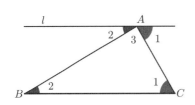

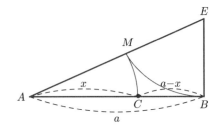

圖 **2.8:** 三角形內角和為 180°   圖 **2.9:** 黃金分割

畢達格拉斯已經會做正四面體、正六面體 (立方體) 和正十二面體三種正多面體。
後來柏拉圖證明祇有五種正多面體 (又稱柏拉圖體)：正四面體 (Tetrahedron)、
正六面體 (Cube)、正八面體 (Octahedron)、正十二面體 (Dodecahedron) 和正二
十面體 (Icosahedron)。

圖 **2.10:** 正多邊形

我們介紹黃金分割或稱中末比，黃金分割這個名稱首由 17 世紀天文學家刻卜勒採
用。

2.6 定理. (黃金分割 *golden section*) 如圖 *(2.9)*，在線段 AB 上，求作一點 C，滿
足

$$(AC)^2 = AB \cdot BC。$$

證.　令線段 $AB = a$, $AC = x$，則 $x^2 = a(a-x)$，得

$$x = \sqrt{a^2 + \left(\frac{a}{2}\right)^2} - \frac{a}{2}。$$

設線段 $AB = 1$，得 $x = \frac{\sqrt{5}-1}{2} \approx 0.618 \approx \frac{5}{8}$。$\frac{\sqrt{5}-1}{2}$ 稱為黃金分割數。一矩形若其寬長比約為 $5 : 8$ 時最美。斐波納奇數列為

$$1, 1, 2, 3, 5, \cdots,$$

則其前後比數列 $1, \frac{1}{2}, \frac{2}{3}, \frac{3}{5}, \frac{5}{8}, \cdots$，的極限值為黃金分割數 $\frac{\sqrt{5}-1}{2}$。用黃金分割法，可作正五邊形如下：

2.7 定理. 畢達格拉斯作正五邊形 *(pentagon)*。

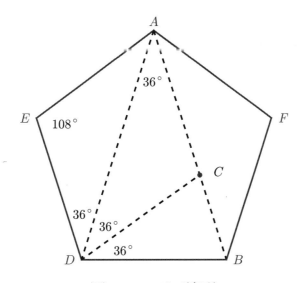

圖 **2.11**: 正五邊形

解. 分析：設 $AEDBF$ 為一正五邊形，其任一內角為 $\frac{180(5-2)}{5} = 108$。令 DC 為 $\angle ADB$ 的角平分線，則 $\angle DAC = \angle ADC = \angle BDC = 36°$，得 $BD = CD = AC$，故 $\triangle DBC$ 和 $\triangle ADB$ 為相似三角形，故 $AB : BD = CD : BC$，因為 $AC = CD = BD$，故

$$AB : BD = AB : AC = CD : BC = AC : BC,$$

故 $AC^2 = AB \cdot BC$，C 點為線段 AB 的黃金分割點。已知線段 AB，求作正五邊形：給定線段 AB，由定理 2.6 (頁 12)，得線段 AB 上一點 C 滿足 $AC^2 = AB \cdot BC$。

1. 以 AC 為半徑，分別以 B, C 為圓心畫弧交於 D 點，D 點為五邊形端點之一。

2. 以 AC 為半徑，分別以 A, D 為圓心畫弧交於 E 點，E 點為五邊形之另一端點。

3. 以 AC 為半徑，分別以 A, B 為圓心畫弧交於 F 點，F 點為五邊形之另一端點。

4. 得正五邊形的五個端點為 A, B, D, E, F。

■

2.2 黃金年代

古希臘的黃金年代從西元前 499 年至西元前 400 年之間。此一時期寺廟紛紛建立，雕刻品美侖美奐，藝術傑作琳琅滿目，詩人和歷史學家紛紛出世。西元前 431 年斯巴達和雅典發生戰爭，持續二十七年後，雅典淪為斯巴達附庸。幾何也分出一支代數的幾何，是用代數的方法來表現出幾何的形式，例如：

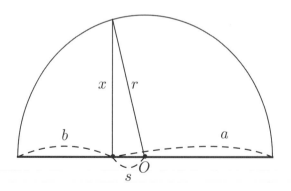

圖 **2.12**: 等積

2.8 例. 試作一正方形其面積等於一已知長方形之面積。

解. 如圖 2.12，設長方形之長邊為 a，短邊為 b，令 $r = \frac{a+b}{2}$, $s = \frac{a-b}{2}$，則 $a = r + s$, $b = r - s$，由畢式定理 2.2（頁 9），得

$$ab = (r+s)(r-s) = r^2 - s^2 = x^2 \text{，}$$

由此得正方形的邊長為 x。

■

2.2.1　方圓問題與三分角問題

圖 **2.13:** 方圓問題

2.9 問題. *(方圓問題)* 給定了一個圓，是否可以做一個正方形與之等積？

方圓問題是古希臘沒能解決四大問題之一。方圓問題曾經風靡一時於古希臘知識階級，一些文學家也樂得添油加醋一番，當時有一位喜劇大師作一首方圓問題的打油詩如下: 直尺啊! 把圓張成四角! 中心點設成菜市場! 放射形的是街道。這就是泰勒斯那傢伙的傑作。由此可見泰勒斯也攻過方圓問題，然而沒能成功。古希臘「醫學之父」希波克拉底 (Hippocrates of Chios 西元前 410 年至西元前 370 年) 用另外一個角度來看黃金年代最熱門的方圓問題。

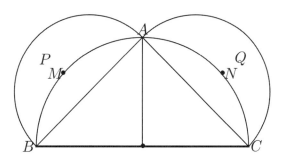

圖 **2.14:** 半月形面積

2.10 定理. 設 A 在以 BC 為直徑的半圓周中點，以 AB, AC 為直徑，向外各做半圓，與 BC 為直徑之半圓相交，構成二個半月形，則此二半月形 P, Q 面積和恰為 $\triangle ABC$ 的面積。

解.   因為

$$\begin{aligned}
a\triangle ABC &= a半圓BAC - a弓形ABM - a弓形ACN \\
&= \frac{\pi(BC)^2}{8} - a弓形ABM - a弓形ACN \\
&= \frac{\pi(AB)^2}{8} + \frac{\pi(AC)^2}{8} - a弓形ABM - a弓形ACN \\
&= aP + aQ 。
\end{aligned}$$

故如圖 2.14所得的半月形可以三角形化,也就是說可以方形化。   ■

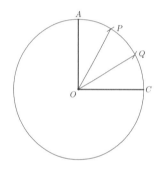

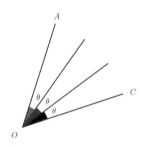

圖 **2.15**: 90° 角三等分   圖 **2.16**: 一般角三等分不可能

三分角問題是古希臘四大沒能解決問題之二。

2.11 問題. *(三分角問題)* 給定了一任意角,是否可以尺規作有限多次將其三等分?

2.2.2   作根號圖

西奧多羅斯 (Theodorus of Cyrene 西元前 450 年) 的主要成就是作出 $\sqrt{17}$ 的圖 (2.17)。西奧多羅斯為什麼他不繼續做 $\sqrt{18}$ 呢?有人認為是在沙地上做的,如果再繼續下去便會有重合的現象致使圖形不明確。對任一自然數 $n > 1$,$\sqrt{n}$ 現在的作法是如圖 2.18:以 $AB = n + 1$ 為直徑作半圓,$AC = 1$,在 C 處作直徑 AB 的垂線,交半圓於 D,則 $CD = \sqrt{n}$。

畢達格拉斯年代和黃金年代最主要的數學發展可以下述六點來加以說明。

1. 平面幾何學基礎的建立:平行理論、三角形的內角和、多邊形的面積、比例問題、畢氏定理、圓內角與弧長的關係等。

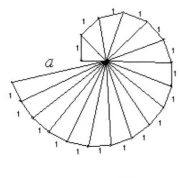

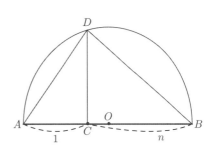

圖 **2.17:** $\sqrt{17}$ 圖 **2.18:** $\sqrt{n}$

2. 數論的發展: 由畢達格拉斯首引其端,然後漸漸的有了較為嚴謹的理論。如奇偶觀念、可除性和數的比例等。

3. 圓面積的探討: 希波克拉底 (Hippocrates of Kos) 首創二圓面積比為其對應直徑平方比之說。

4. 代數的幾何之引入: 畢達格拉斯研究群把巴比倫人的代數發揚光大,引進了幾何世界,導致了代數的幾何之興起。考慮代數的幾何在三維空間時就產生了倍積問題。

5. 立體幾何的興起: 古希臘「原子論」的創始者得謀克力特 (Democritus 西元前 460 年至西元前 370 年) 找到圓錐和錐的公式。我們知道正多面體有五種,而畢達格拉斯研究群已經知道其中三者:正四面體、正六面體和正十二面體。

6. 無理數的發現: 就在畢氏定理發明,並主張自然界現象都可以用自然數解釋之時,詭辯家季諾以股長為 1 的等腰直角三角形之斜邊並非自然數的問題,引進了無理數的概念。西奧多羅斯 (Theodorus of Cyrene) 畫出 $\sqrt{17}$。

2.3 柏拉圖年代

柏拉圖年代從西元前 399 年偉大的哲學家蘇格拉底喝毒胡蘿蔔精自殺起,到偉大的亞歷山大大帝把希臘文化散佈到古世界各地的西元前 330 年為止。這一個時代政治十分腐敗,但是在哲學與科學方面的成就卻是欣欣向榮。

柏拉圖將數學引進到一個較高的境界,他主張數學並不一定是要看得到、摸得著的,只要能夠想像得到便可。柏拉圖曾開辦了柏拉圖學院,在校門口上懸著一只

圖 2.19: 柏拉圖學院

告示牌上面寫著:「不懂幾何的人,不能進來。」這是古今最爭議的一句話;我不懂幾何,所以我要進來學校學習。圖 (2.19) 是由美國出資重建雅典的柏拉圖學院,人像左起台師大陳昭地院長和著者王懷權。

柏拉圖是第一位主張「幾何作圖只能夠用直尺和圓規作有限多次」的數學家。他認為作數學必須絕對嚴謹,心要誠,臉要不苟言笑。他並且認為純粹數學是形而上的、美妙的和有深度的。而應用數學是形而下的、是粗糙的和膚淺的。由於柏拉圖的蔑視應用數學,由他算起的二百多年一直到阿基米德以前,沒有數學家做應用數學,這樣群策群力地發展純粹數學的幾何部分,使得古希臘在幾何上有極為輝煌的成就。這些人的結晶就像百花怒放一樣,光彩奪目,艷麗無比。這是數學的輝煌年代,也是人類值得驕傲的年代。有史以來三大數學家之一的阿基米德 (Archimedes of Syracuse 西元前 287 年至西元前 212 年),微積分的先驅歐多克索斯 (Eudoxus 西元前 408 年至西元前 355 年),代數的先驅丟番圖 (Diophantus of Alexandria 200 – 284) 和三角的先驅托勒密 (Claudius Ptolemy 85 – 165) 都來自古希臘。

我們由柏拉圖所著的共和國對語錄,可以知道當時的人已經頗具數學的知識,他們試著要去揭發最大最小的秘密,共和國對語錄不僅是哲學的巨著,也是數學的重要文獻之一。

2.3.1 微積分的首創

歐多克索斯 (Eudoxus of Cnidus 西元前 408 年至西元前 355 年)、阿基米德和牛頓

圖 **2.20:** 代數的先驅丟番圖

等首創微積分。歐多克索斯是柏拉圖年代最偉大的數學家，也是古希臘最偉大的數學家之一。他是阿基塔 (Archytas of Tarentum 西元前 428 年至西元前 350 年) 和柏拉圖 (Plato 西元前 427 年至西元前 347 年) 的學生，不僅身為數學家，他還兼為醫生，天文學家與哲學家。在天文學上他首創立體影射的理論。歐多克索斯首創窮盡法 (Exhaustion Methods)。窮盡法是微積分的基石，所以歐多克索斯是微積分學的鼻祖。

2.12 定理. *(窮盡法 Exhaustion Method)* 給定一正數列 $\{a_k\}$ 滿足 $a_{k+1} < \frac{a_k}{2}$，其中 k 為自然數，則對任意一個正數 ε，必存在一 $a_n < \varepsilon$。

證. 由阿基米德公理 2.19 (頁 29)，存在一自然數 m 滿足 $m\varepsilon > a_1$。則

$$\varepsilon > \frac{a_1}{m} > \frac{a_1}{2^m} > a_{m+1} \text{。}$$

∎

歐多克索斯利用窮盡法證明

2.13 定理. 兩圓面積的比等於其對應直徑的平方比。

證. 設 a, A 分表圓 c, C 的面積，而 d, D 分表其直徑，我們所要證明的是 $\frac{a}{A} = \frac{d^2}{D^2}$，不妨假設等式不成立，此時可能 $\frac{a}{A} > \frac{d^2}{D^2}$ 或 $\frac{a}{A} < \frac{d^2}{D^2}$。此地證明前者至於

圖 **2.21:** 歐多克索斯

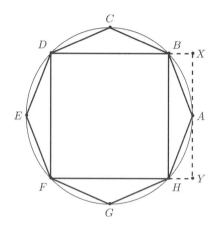

圖 **2.22:** 面積比

後者的證明與前者相同，讀者自證。既然 $\frac{a}{A} > \frac{d^2}{D^2}$，我們一定可以找到一個 b 使得 $\frac{b}{A} = \frac{d^2}{D^2}$，當然此時 $a > b$，令 $a - b = \varepsilon > 0$。設圓 c 內接正 n 邊形的面積為 p_n，當邊數增加一倍時其面積為 p_{2n}，如圖 2.22 得

$$p_{2n} - p_n = n(a\triangle HAB)$$
$$a - p_n = n(a大弓HAB)$$
$$a - p_{2n} = 2n(a小弓AB)$$

因 a小弓$AB < a\triangle ABX = \frac{a\triangle ABH}{2}$ 故 $n(a\triangle HAB) > 2n(a小弓AB)$，

$$a - p_n = n(a大弓HAB) = n(a\triangle HAB) + 2n(a小弓AB)$$
$$> 4n(a小弓AB) = 2(a - p_{2n})$$

得 $a - p_{2n} < \frac{a-p_n}{2}$。由窮盡法定理 2.12 (頁 19)，存在一 $a - p_k$，滿足 $a - p_k < a - b$，即 $b < p_k$。令圓 C 的內接正 n 邊形之面積為 P_n，則

$$\frac{p_k}{P_k} = \frac{d^2}{D^2} = \frac{b}{A} < \frac{p_k}{A} ,$$

故 $A < P_k$，這顯然是不可能的，故得證。   ■

2.14 例. 設 a 表圓 c 的面積，而 d 表其直徑。求做一圓 C，其面積為 $2a$。

證.　設 x 分表圓 C 的直徑，由定理 2.13 (頁 19)，得

$$\frac{a}{2a} = \frac{d^2}{x^2} ,$$

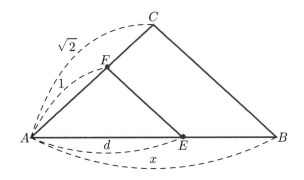

圖 **2.23**: 倍圓

即求作 $x = \sqrt{2}d$，如圖 2.23可得。　　　　　　　　　　　　　　　　∎

2.3.2　倍積問題

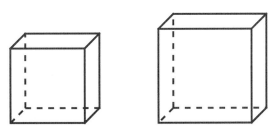

圖 **2.24**: 倍積問題

由例 2.14 (頁 20)，引起倍積問題是古希臘四大問題之三。

2.15 問題. *(倍積問題)* 給定一立方體，是否可以尺規有限次作一立方體，其體積為原立方體的兩倍？

棉鈉絲麻 (Menaechmus 西元前 350 年) 是歐多克索斯的學生，是亞歷山大大帝的老師。亞歷山大大帝唸幾何唸得心煩氣躁，有一次他問棉鈉絲麻，唸好幾何是否有捷徑？棉鈉絲麻答曰：喔！我的國王！我們要旅行希臘全國有好多種方法可以走，但是要學好幾何卻只有一條路：用功！沒有捷徑！棉鈉絲麻嘗試用二次錐線解倍積問題，沒能成功。

2.3.3 三位哲學家

古希臘蘇格拉底(Socrates 西元前 440 年至西元前 399 年)，柏拉圖 (Plato 西元前 427 年至西元前 347 年) 和亞里士多德 (Aristotle 西元前 370 年至西元前 322 年) 是歷史上偉大的哲學家和偉大的教師。在中國也曾經出生歷史上偉大的哲學家和偉大的教師孔子 (西元前 551 年至西元前 479 年)，孟子 (西元前 372 年至西元前 289 年)，莊子 (西元前 369 年至西元前 286 年)。

圖 2.25: 蘇格拉底　　圖 2.26: 柏拉圖　　圖 2.27: 亞里士多德

蘇格拉底自殺時，希臘的柏拉圖年代剛好開始。柏拉圖是蘇格拉底的學生，而亞里士多德是柏拉圖的學生，亞里士多德在十七歲時進入柏拉圖學院，到四十歲才離開，他在西元前 322 年去世，也是柏拉圖年代的結束之時。

1. 古代世界上有兩個偉大的教育家，在中國是孔子，在希臘是蘇格拉底（Socrates）。蘇格拉底生時，恰當孔子死後 30 年的光景。

2. 蘇格拉底的年代，雅典的詭辯學派（Sophists）的學說正在風行。他們對任何事物的真實性都不相信；僅教人如何從事辯論，如何贏得辯論。蘇格拉底對詭辯學派的攻擊不遺餘力，他曾批評說，詭辯派之領導青年，有如「盲人騎瞎馬。」他終於招致小人的忌恕。米烈多士（Meletus）控告他侮慢本國的神；臨刑前說：「服從國法，是市民的義務。」於是這位七十高齡的大哲學家，為真理而殉難。

3. 古希臘的哲學研究，蘇格拉底是一個分水嶺。在他以前，從泰勒斯開始，都偏重宇宙和自然的研究，探討宇宙的根源。到了蘇格拉底，才開始注意到人類本身的一些重要的問題。他探討心靈問題，人生問題，道德問題和知識問題。蘇格拉底就這樣開創了人生哲學的新領域。蘇格拉底常引用德爾斐廟所鐫的一句名言「知汝自己」來告誡世人。

4. 蘇格拉底謂幸福，不專指快樂，不是指物質生活的快樂，而是特別強調袪除心靈中的憂慮和致力於知識的獲得。

5. 蘇格拉底以友誼、勇敢和謙遜等為道德之概念。而知汝自己或內省,則為
   達到此教育目的之不二法門。

6. 蘇格拉底和人討論有關問題時,常用詰問法,又稱蘇格拉底法。蘇格拉底
   認為一切知識,均從疑難中產生,所以有人叫這種方法為「產婆法」。

7. 蘇格拉底常問何謂正義、何謂名譽、何謂德性、何謂道德、何謂愛國和何
   謂你自己?蘇格拉底的整個方法,是啟發的(Heuristic)。亞里士多德曾
   說:「歸納和定義二者,恰可歸功於蘇格拉底。」羅素則稱之為辯證法。蘇
   格拉底為古希臘思想界開創了一個新紀元。

蘇格拉底、柏拉圖和亞里士多德三人在哲學上的成就,造成希臘文化的黃金時
期,此時的希臘和中國的春秋戰國時代很相似。柏拉圖自二十歲起師事蘇格拉
底,前後八年。蘇格拉底亡故時,柏拉圖才二十八歲。不像他的老師蘇格拉底到
人多之處講演,柏拉圖開了柏拉圖學院開課授徒,開啟今日學校教學的方法。

亞里士多德是一位非常著名的學者,不但是一位數學家,更是一位了不起的生物
學家與哲學家。他與歐多克索斯一樣的受業於柏拉圖,而且是亞歷山大大帝的老
師。

圖 **2.28**: 亞歷山大大帝

西元前323年,亞歷山大大帝突然崩殂,距西元前336年的即位只有13年之短。
亞歷山大大帝即位之後走埃及、滅波斯、略定大夏和入印度,真是一代豪傑。他
崩殂後屬地分裂為埃及、敘利亞和馬其頓。亞里士多德的皇帝學生亞歷山大大帝

遽然的崩殂後，亞里士多德離開雅典，不久後便辭世了。

亞里士多德的去世，也是希臘文明史黑連里年代的結束。由亞歷山大大帝所建立的亞歷山卓 (Alexandria)(位於現埃及尼羅河出海口處)，代替了雅典，成為數學世界的中心。一般來說，古希臘文化分成兩期，前期的黑連里年代和後期的亞歷山大年代，就以亞歷山大大帝的逝世為其分界。

2.4   亞歷山大年代

自從青年英雄亞歷山大大帝把亞歷山卓 (Alexandria) 建立成世界貿易和文化中心後，希臘的數學中心便由雅典轉移到亞歷山卓來。亞歷山大大帝的繼承者托勒密 (Ptolemy) 一世、二世、三世 (西元前 322 年至西元前 305 年)，不但繼續其王國建設，而且也很重視藝術與科學的發展。托勒密一世建立了一座巨大的博物館，高薪的誘惑招來了世界一流的詩人和學者。在國際性的一流大圖書館裡，托勒密三世蒐集了亞里士多德的紀念專集。亞歷山卓於是成為哲學家、歷史學家、地理學家、數學家、天文學家、語言學家和詩人等雲集之所。

圖 2.29: 荷馬

在黑連里年代像盲詩人荷馬 (Homer 西元前 740 年) 的詩是雅俗共賞的眾人之詩；由蘇格拉底可知雅典人多麼地熱愛哲學；柏拉圖學院吸引遠近的莘莘學子。每一

個人都知道「知識就是權利。」

亞歷山大大帝之所以能夠征服世界，這與海船完美的引擎、經濟、地理專家、軍事組織和橋樑建造家、政治專家如柏拉圖和亞里士多德等的群策群力、厚植國基有很大的關係。但亞歷山大年代學術進入了專門訓練的境界，圖書館的需要成為第一，如阿基米德 (Archimedes of Syracuse) 和阿波羅尼斯 (Apollonius) 都整天泡在圖書館裡念書，當然阿基米德更喜歡在浴缸和海灘作數學。

2.4.1 歐幾里得

圖 **2.30:** 歐幾里得

圖 **2.31:** 幾何原本

歐幾里得的生平 (Euclid's life)：

歐幾里得 (Euclid of Alexandria 西元前 325 年至西元前 265 年) 為人誠實、謙虛而且仁慈，是柏拉圖學院的高材生。柏拉圖學院的學生要學算術、幾何、天文和比例等四項，在這四方面歐幾里得都有巨著，其中像資訊 (Data) 一書是以後代數學的範本；「幾何原本」(Element) 一書是有史以來流傳之久之廣、影響之大只有聖經堪比的。

亞歷山大大帝問過他的老師棉鈉絲麻，學數學是否有捷徑？托勒密三世也有一次
問歐幾里得是否有比學「幾何原本」更簡單的捷徑可以通往幾何王國？歐幾里得
答曰：「沒有王路可通幾何王國。」

有個人跟歐幾里得學幾何，學了定理便問歐幾里得這定理有何用處？歐幾里得馬
上叫他的佣人拿了三個便士給他，要他走路。因為其學也必要有所代價。

歐幾里得是偉大的教師，是第一流的數學寫作專家，但並不是第一流的數學家，
頗類於孔子對自己的謙稱「述而不作」。他的曠世名著「幾何原本」一書蒐集了
畢達格拉斯年代、黃金年代與柏拉圖年代偉大的數學結論，並加以改良潤飾，寫
成 13 冊，傳於後世。當然很難說歐幾里得加進了些什麼，或是改良了些什麼，但
是不可否認的是如果沒有歐幾里得的精心編理，古希臘極大部分輝煌的數學成
就，將付之東流而不為後世所知。正如同孔子讚美管仲說：「微管仲，吾其被髮左
衽矣！」一樣，我們對於歐幾里得的成就與貢獻是感到無限佩服與尊敬的。當然
歐幾里得也就沒有了「恨疾後世而名不稱」之慨了!

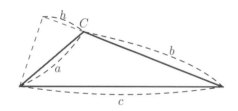 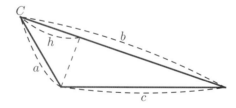

圖 2.32: 鈍角三角形   圖 2.33: 銳角三角形

「幾何原本」一書共有 13 冊，其中 1 – 6 冊講的是平面幾何，7 – 9 冊是整數論，
10 冊為不可測問題，11 – 13 冊是立體幾何。現行國內初、高中的幾何與大一的
數論都還取材於該書。幾何原本一書已由希斯 (Heath) 在 1956 年翻成英文版共
三集，13 冊的部分內容如下：

第 2 冊含下面 2 定理 2.16 (頁 26) 和 2.17 (頁 26)，開創了三角這塊園地：

2.16 定理. 如圖 *2.32*，在一個鈍角三角形內，得 $c^2 = a^2 + b^2 + 2bh$。

2.17 定理. 如圖 *2.33*，在一個銳角三角形內，得 $c^2 = a^2 + b^2 - 2bh$。

第 3 冊含下面定理：

2.18 定理. 如圖 *2.34*，若從圓外的一點 P 作圓的切線和割線，則 $PT^2 = PA \cdot PB$。

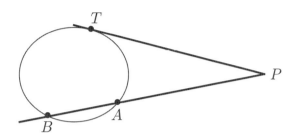

圖 **2.34**: 圓切線

第 7 冊數論見 10.9 (頁 181)。

第 13 冊主要是討論五個正立方體：四面體、六面體、八面體、十二面體和二十面體等。天文學家刻卜勒 (Kepler) 相信宇宙是由這五種正立方體所構成的。

歐幾里得用了 5 個公設，5 個公理與 23 個定義來公理化古希臘幾何，23 個定義之中如「不佔空間的叫做點」、「沒有寬度的叫做線」和「沒有厚度的叫做面」，這些每一樣必給定義的作法是歐幾里得的缺陷。2000 年後的德國數學家希爾伯特 (Hilbert) 把這些點、線、面當作無定義名詞，將幾何公理化，使得幾何更加的合乎邏輯要求，見歐氏幾何的公理化 7.3 (頁 102)。

歐幾里得的 5 個幾何公設如下：

公設 **1** 任一點到另一點必可作一線段連之。

公設 **2** 直線可以任意延長。

公設 **3** 可以任意點為圓心，任意長為半徑作圓。

公設 **4** 直角皆相等。

公設 **5** (平行公設) 過線外一點恰有一線與已知直線平行。

歐幾里得的 5 個數量公理如下:

公理 **1** 與等量相等的量必相等。

公理 **2** 等量加等量，結果相等。

公理 **3** 等量減等量，結果相等。

公理 **4** 重合量必相等。

公理 **5** 全量必大於分量。

從泰勒斯 (西元前 600 年) 到歐幾里得 (西元前 300 年)，幾何王國的變遷大致是這樣子的：泰勒斯到埃及和巴比倫留學，把幾何帶回希臘，他有許多的創見為來者所效。他處理問題偶爾具普遍性，偶爾用直觀。畢達格拉斯接著興起，發揚自由教學，注重純邏輯思考，他發現了畢式定理和幾個正多面體。柏拉圖繼之為幾何而努力，極力在哲學家群裡讚揚數學，對純數學給予極高的評價，影響後世甚鉅，使得許多人學幾何。同時期的阿基塔和泰阿泰德並將幾何學加以發揚光大。柏拉圖時代首屈一指的數學家是歐多克索斯，他首創窮盡法，為微積分的鼻祖。上面數學家嘔心瀝血的結論，靠著歐幾里得所著的「幾何原本」一書 13 冊的記載得以流傳後世。

2.4.2　阿基米德

阿基米德 (Archimedes)、牛頓 (Sir Isaac Newton) 和高斯 (Carl Friedrich Gauss) 合稱有史以來三大數學家。

圖 **2.35:** 阿基米德　　　　圖 **2.36:** 浴缸　　　　圖 **2.37:** 金冠

阿基米德 (Archimedes of Syracusa 西元前 287 年至西元前 212 年) 出生在現義大利西西里島上希臘建立的錫拉庫扎 (Siracusa) 城，父親是天文學家和數學家。他從小受家庭影響，十分喜愛數學，做起學問來廢寢忘食。十一歲時，阿基米德到現埃及亞歷山卓進修。這裡是當時的一個文化中心，學者雲集，文學、數學、天文學、醫學的研究都很發達，尤以數學最為重要。他在這裏跟隨許多著名的數學家學習，奠定了日後從事科學研究的基礎。

阿基米德最樂於在浴缸中和海灘思考數學，阿基米德已是七十歲的老人時，領軍
的羅馬將領麥瑟盧斯視阿基米德為神人，令其士兵雖是攻破了城堡，也不能將阿
基米德殺死。在一個酗酒節的晚上，當西拉庫斯軍民飲酒狂歡之際，羅馬軍趁機
攻城掠地，有一位士兵撞見了正在海灘上畫弄幾何圖形的老人，要他回去見麥瑟
盧斯將軍，阿基米德表示等他作完這一題數學再說，士兵見他不從，氣而殺之。

阿基米德的重要數學成就有：

2.19 公理. *(阿基米德公理 Archimedes Axiom)* 任意給定二正數 a, b，可以找到一
個正整數 n，使得 $na > b$。

阿基米德公理是　極為深刻　重要和應用極廣的數學概念。阿基米德用它來證明
下述重要結果：

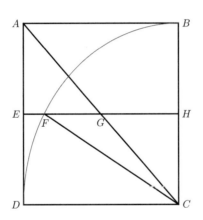

圖 **2.38**: 圓、圓內接正邊形與圓外切正邊形

2.20 定理. 球的表面積為其大圓面積之 4 倍。

證. 　令 v_n 為圓內接正 $4n$ 邊形繞直徑旋轉 $180°$ 後之立體表面積，V_n 為圓外切
正 $4n$ 邊形繞直徑旋轉 $180°$ 後之立體表面積，令 d_n, D_n 分別為圓內接正 $4n$ 邊形
和外切 $4n$ 邊形之邊長，令 S 表大圓面積之四倍，A 表球之表面積。

圖 (2.38)，$ABCD$ 為一正方形，$\widehat{BD}$ 弧為四分之一圓，AC 為對角線，EH 則是
平行於正方形上下底的任意高度截線，分別截圓弧與對角線於 F, G 兩點。由圖
(2.38) 得 $v_n < S < V_n$，則

$$v_n < S < V_n, \frac{v_n}{V_n} = \frac{d_n^2}{D_n^2}, v_n < A < V_n,$$

故

$$\frac{S}{A} < \frac{V_n}{v_n} \, ,\qquad\qquad (2\text{-}1)$$

對任一 n，若 $S > A$，則 $\frac{S}{A} > 1$，因

$$\lim_{n\to\infty}\frac{v_n}{V_n} = \lim_{n\to\infty}\frac{d_n^2}{D_n^2} = 1 \, ,$$

阿基米德公理，知存在 m 使得

$$\frac{S}{A} > \frac{D_m^2}{d_m^2} = \frac{V_m}{v_m} \, ,$$

與式子 (2-1) (頁 30) 矛盾。同理得 $S < A$ 矛盾，故 $S = A$。   ■

2.21 定理. 球體積為其外切圓柱的 2/3。

阿基米德的重要物理成就有：

1. 比重原理：錫拉庫扎的西螺國王造了一個金冠，要阿基米德去檢查金匠是否偷了金子而用其他金屬代替。有一天阿基米德在浴室裡洗澡，突然靈感來了，他發現如果把一個比重大於水的固體放於滿水的缸中，則該固體減輕的重量應等於排出的水重。若把比重小於水的固體放於滿水的缸中，則該物體的重量等於排出的水重。當他想到這個妙法後，樂得衣服也忘了穿，赤裸著跑在街上說「Eureka！Eureka!」（「成功了，成功了」）。金匠也因著偷金罪而服了死刑。阿基米德是有史以來，最有名的裸奔男人。

2. 槓桿原理：西螺國王造了一座豪華的名船錫拉庫扎號要送給托勒密國王，無法行下水典禮，阿基米德想出槓桿原理，造了一個單人便可操作的器械，該船於是在西螺國王的親自操作之下，行了下水典禮。國王興奮說「從今天起不管阿基米德說什麼話，我們都應相信」。

3. 光學原理：阿基米德發明各色各樣的凹凸透鏡，利用陽光反射，集中光束，將敵人來船燒毀，把來侵強大的羅馬軍隊擋在錫拉庫扎港外達三年之久。

2.4.3　阿波羅尼斯

希臘數學家阿波羅尼斯 (Apollonius) 生於今土耳其佩加 (Antalya)，後來到今埃及亞歷山卓 (Alexandria) 當歐幾里得的學生。

圖 **2.39:** 阿波羅尼斯

阿波羅尼斯 (Apollonius 西元前 262 年至西元前 190 年) 有 ε 的雅號，ε 表示半釣
月形，這主要是因為他在天文學上有莫大的貢獻，比如: 大家還用阿波羅尼斯天
文表來決定日、月蝕的位置。還有他對天體運轉的正確看法，使得日後天文學的
發展能夠一日千里。曾經把古希臘數學加以整理和改良的是歐幾里得與阿波羅尼
斯。阿波羅尼斯兼為天文學家與幾何學家，同時亦被稱為天文學之父。

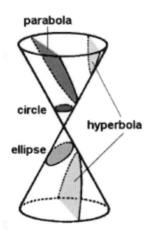

圖 **2.40:** 錐與二次錐線

西元前 225 年寫了一篇題為「圓錐截面」（Conic Section）的書，全書共分 8 冊，

共含 487 個定理。其內容既深且廣，使希臘幾何學達到顛峰，也為阿波羅尼斯贏得偉大幾何家的雅稱。書中有介紹：

1. 圓錐體與平面相切得圓、橢圓、拋物線和雙曲線等圓錐曲線 (二次錐線)(圖 (2.40))。
2. 圓錐曲線的特性。
3. 如何找圓錐曲線的漸近線、直徑、軸和心。
4. 討論了一個有名的問題：求一點 P 的坐標，使 P 到四條平行定直線的距離為 p, q, r, s 滿足 $pq = \alpha rs$，α 為定數。這一個問題，一千多年後由歐拉部份的解決。後來笛卡兒證明這一個點的軌跡為二次錐線。
5. 討論極與極軸問題。
6. 討論如何由一定點到二次錐線作最長和最短的線段。
7. 討論一些共軛直徑的性質。

根據古希臘數學家帕普斯 (Pappus of Alexandria 290 – 350) 的記載，該書還包含給定三個元素，每個元素為點、直線或圓。求作一圓，過已知點 (如果元素中有點的話)，且與已知直線或圓相切。阿波羅尼斯按已知條件將問題分成 10 種：點點點、線線線、點點線、點線線、點點圓、點圓圓、線線圓、線圓圓、點線圓、圓圓圓。歐幾里得著「幾何原本」第 4 冊討論了前兩種，而阿波羅尼斯在全書中討論了其餘 8 種。第十種為：

2.22 問題. *(阿波羅尼斯問題)* 求作一圓，使其與已知三圓相切。

阿波羅尼斯問題還在第一次世界大戰中發揮了重要作用：從不同的三個點傾聽敵人的槍聲，利用阿波羅尼斯問題可確定敵人的位置。

阿波羅尼斯圓 (Apollonius circle)(圖 (2.41) 中水平圓)：設 A, B 是平面上兩個相異定點，P 為此平面上一動點滿足 $PA = kPB$，其中 $k > 0$。

1. 若 $k = 1$，則圖形 (P 的軌跡) 為一直線，就是 AB 的中垂線。
2. 若 $0 < k < 1$，則圖形為一包含 A 點於其內部的圓。
3. 若 $k > 1$，則圖形為一包含 B 點於其內部的圓。

另一種阿波羅尼斯圓 (Apollonius circle)(圖 (2.41) 中垂直圓)：設 A, B 是平面上兩個相異定點，P 為此平面上一動點滿足 $\angle APB = \theta$，其中 $0 \leq \theta \leq \pi$。

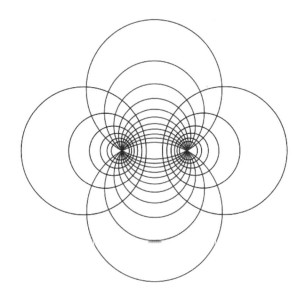

圖 **2.41**: 阿波羅尼斯圓

2.5 衰敗年代

阿波羅尼斯後希臘數學走向死巷。除了在平面三角、球面三角和代數方面另有所得之外，幾何方面只解決了幾個小問題，枝榮葉茂的希臘數學世界變得山窮水盡。輝煌的古希臘留給後世的數學遺產，至少可分下述說明：

1. 數學抽象化：數學抽象化可以應用到數百不同的物理現象，用以證明了數學的威力。

2. 演繹法的興起：一般說來，人類由於其經驗之所得和類似的綜合，而採用歸納法是極為自然的，但是古希臘人士堅持用演繹法，這是卓絕的一招，他們相信真理，必可由演繹法而得，他們喜愛真理，因此他們首創公理化數學。

3. 直觀數學受重視：希臘人氏相信看得見的尺規作圖。

4. 數學內含的貢獻：平面和球面三角、平面和立體幾何、數論初創、巴比倫和埃及等算術和代數的推廣，這些工作是少數人在短期間內完成的。還有通往代數和無理數之道的代數的幾何，而微積分精神所在的窮盡法也被應用發展。

5. 自然界的看法: 把數學與真實的物理世界結合起來，認為數學是宇宙結構的主要真理。

2.5.1　三加一大問題

古希臘留下了三加一大問題 (four problems)，對人類智慧挑戰了二千多年。前三者是尺規作圖問題。

1. 方圓問題：給定了一個圓要作一個正方形與之等積？
2. 三分角問題：任意角是否可以尺規作有限多次將其三等分？
3. 倍積問題：給定一立方體，是否可以尺規有限次作一立方體，其體積為原立方體的兩倍？
4. 平行公設：過線外一點恰有一線與已知直線平行？

三加一大問題 2000 年後終於解決：

1. 三分角問題和倍積問題的不可能幾何作圖，在 1837 年由萬則 (P. L. Wautzel 1814 – 1848) 利用伽羅瓦 (Galois) 理論 12.3 (頁 235) 證得。
2. 在 1882 年林德曼 (Ferdinand von Lindemann 1852 – 1939) 也證明了 π 為超越數，因此證明了方圓問題為不可能幾何作圖。
3. 許多數學家企圖由 5 個公理和其他 4 個公設推出平行公設，平行公設的諸多證明，雖是每每失敗，但其副產品卻是光芒四射，導致 19 世紀高斯 (Friedrich Gauss 1777 – 1855)，羅巴契夫斯基 (Nikolai Lobatchevsky 1792 – 1856) 和包利耶 (János Bolyai 1802 – 1860) 非歐幾何學的興起。

2.5.2　希臘數學衰敗的原因

1. 希臘文明古老，失去生命的火花。國王再也不像以前亞歷山大大帝，托勒密一世、二世、三世那樣地喜歡數學和科學。
2. 羅馬凱撒 (Caesar) 大帝在亞歷山卓 (Alexandria) 裡掠地焚城、蹂躪百姓，最打緊的是連數學的命脈圖書館也被燒掉了，羅馬人沒有能力欣賞純數學的結構美，他們祇愛那些看得見的，如雕刻品和一些阿基米德所造的精巧器械等。
3. 著作的不可讀性：例如要唸通阿波羅尼斯的一頁作品，往往需用上數天，有很多地方如果用代數的符號與方法處理則簡單易明，但是用幾何量，則一方面要思考，一方面要看圖、注意它的符號，頗為費神傷腦。又他們習慣用口頭證明，再將過程寫於紙上，所以很難看出它的思路。歐基里德曾經把他以前的數學輝煌成果收集改進而成「幾何原本」一書，留傳後世。

而阿基米德和阿波羅尼斯的作品則因缺乏整理搜集之功，致而有不少的遺失，殊為可惜。另外阿基米德和阿波羅尼斯的作品，文字非常艱澀，不易了解，使得那些想讀數學的人望而生畏，卻之不前。

4. 代數的幾何的困難：泰阿泰德和阿波羅尼斯常常用代數的思考方式，以表達於幾何的外衣。古希臘的代數就是代數的幾何，是線段與面積的理論，不是數的理論。好處方面來說，數當初只論及整數與有理數，而幾何量的考慮，例如：不可公測二量之比，依著嚴格的邏輯推求下去，就隱現著無理數。缺點方面是他們用代數時不承認四次方或是四次以上的數，因為這些高次方的數在幾何上沒有明確的代表意義，如果非用不得，也必須用比例的方法將之化為三次方或是三次以下之次方，才可參與運算。正因為它們的代數在幾何意義上背著很大的包袱，因而發揮的力量十分有限。代數方面的發展真是畫地自限，無法前進。

5. 各別方法的缺點：他們處理問題的態度是頭痛醫頭，腳痛醫腳，碰到一個問題解決一個，並無一個有系統的共同原則可資依循。近代微積分與解析幾何的發明解決了此一困難。

6. 曲線的劃分不太合理：古希臘的數學太限定於幾何，而且他們認為曲線只有二種，一是平面曲線，只能由線段與圓構成；一是立體曲線大部份是旋轉面與平面的支線。其它如求方線，蚌線，蔓葉線，不被認為是曲線，只是機械的產品罷了。而平面曲線和立體曲線大部份都已被作出，一些「變招」的產品又不被承認，這限制了人類的思維與興緻，無法盡情的發揮。他們並且相信數學是早就存在的事實，不能任由人們去發明創造。

7. 不敢處理「無窮」的問題：連續體最有威力的工具是極限，但是古希臘人不敢去想無窮大、無窮小、無窮步驟等事實。亞里士多德認為數是離散的，線段是連續的，線上雖然有點，但是線並不是點所構成的。由於懼於無窮，所以極限並沒有真正誕生。他們雖然也有處理問題的方法，但是並沒有走上最方便的路。

在這古希臘幾何的衰敗期裡幾何家只有寥寥數人，倒是靠著喜帕恰斯 (Hipparchus)，墨涅拉俄斯 (Menelaus)，托勒密 (Ptolemy) 的努力播下了三角學的種子。希臘非常重視天文，其主要的工具「球面三角」也應景而生。至於平面三角有些是球面三角的應用，對於希臘來說，她是舶來品，海倫 (Heron of Alexandria 10 – 75) 是把平面三角應用到歐氏幾何的第一位。另外代數之父丟番圖 (Diophantus) 也在默默的耕耘著自己的園地。

2.5.3 喜帕恰斯

三角是喜帕恰斯 (Hipparchus 西元前150年) 首創的，但是因為他的作品皆已遺失，無據可考，據托勒密說: 喜帕恰斯把一圓分成360等分 (度)，每一度分為60等分 (分)，每一分再分成60等分 (秒)。$\sin \alpha$ 的定義和我們現在所用者相當。如圖 2.42所示：$\sin \alpha = \frac{AB}{2R}$。以後在5世紀印度天文學家，在他們的著作中才有現今 Sine 定義的出現，其後阿拉伯人再繼續介紹 Tangent 和 Cotangent 等符號。在喜帕恰斯和托勒密年代，此時日耳曼蠻族開始南侵，羅馬帝國逐漸衰落。

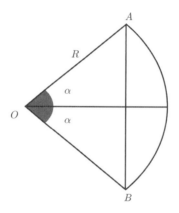

圖 **2.42**: 喜帕恰斯首創 $\sin \alpha$

2.5.4 梅涅勞斯

梅涅勞斯 (Menelaus of Alexandria) 著「球面三角」含有3冊，第1冊關於球面幾何，其中論及球面三角形：即一球上三大圓之弧所成之三角形，每一弧必小於一半大圓。梅涅勞斯 (Menelaus of Alexandria 70 – 130) 證明一些與歐基里德平面三角形相似的球面三角形定理：

2.23 定理. 我們有

1. 球面三角形二邊和大於第三邊。
2. 三角形三內角和大於 $180°$。
3. 等邊對等角。
4. 兩球面三角形，三對應角相等則全等 (平面三角形無此性質)。

第2冊主要論及天文和一些球面幾何。第3冊論球面三角，含定理如下：

2.24 定理. *(梅涅勞斯定理)* 如圖 *2.43*，在平面三角形時有

$$AP \cdot BQ \cdot CR = AQ \cdot BR \cdot CP \text{。}$$

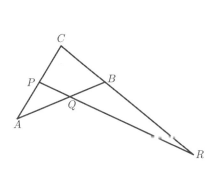

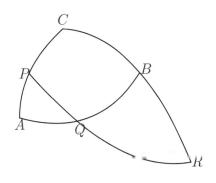

圖 **2.43**: 平面三角形   圖 **2.44**: 球面三角形

2.25 定理. *(梅涅勞斯定理)* 如圖 *2.44*，在球面三角形 ABC 上，PQR 為任一截過 ABC 之大圓，則

$$\sin AP \cdot \sin BQ \cdot \sin CR = \sin AQ \cdot \sin BR \cdot \sin CP \text{。}$$

2.5.5 托勒密

圖 **2.45**: 托勒密   圖 **2.46**: 托勒密地心說

古希臘托勒密 (Ptolemy 85 – 165) 是天文學家和數學家。西元 127 年年輕的托勒密到亞歷山大城去求學。在那裏，他閱讀了不少的書籍，並學會了天文測量和大

地測量。托勒密于西元二世紀，提出了自己的宇宙結構學說，即「地心說」。主張地球處於宇宙中心，且靜止不動，日、月、行星和恒星均環繞地球運行。

托勒密這個不反映宇宙實際結構的數學圖景，卻較為完滿的解釋了當時觀測到的行星運動情況，並取得了航海上的實用價值，從而被人們廣為信奉。托勒密本人聲稱他的體系並不具有物理的真實性，而只是一個計算天體位置的數學方案。至於教會利用和維護地心說，那是托勒密死後一千多年的事情了。除了在天文學方面的造詣，托勒密在地理學上也做出了出色的成就。他認為，地理學的研究對象應為整個地球，主要研究其形狀、大小、經緯度的測定以及地圖投影的方法等。他製造了測量經緯度用的類似渾天儀的儀器（星盤）和後來馳名歐洲的角距測量儀。通過系統的天文觀測，編出了 1000 多顆恒星的位置表。

托勒密 (Ptolemy) 著「天文學大成」(Almagest) 共分 13 冊，其中第 1 冊是球面三角，其餘各冊是天文。托勒密 (Ptolemy 85 – 165) 繼承和完成喜帕恰斯和梅涅勞斯在三角和天文方面的工作。

第 1 冊第九章托勒密計算圓的弦，他把圓周分成 360 單位，把直徑分成 120 單位。托勒密利用 $\sin\alpha = \frac{\mathrm{Chd}\,S}{120}$，得

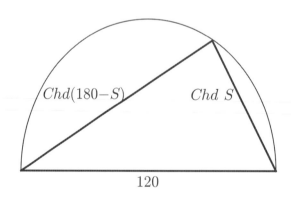

圖 **2.47**: 平方和

2.26 定理. $\sin^2\alpha + \cos^2\alpha = 1$，其中 α 為銳角。

證. 　首先令 S 為任意小於 180° 之弧，由畢式定理 2.2 (頁 9)，得

$$(Chd\,S)^2 + \big(Chd(180 - S)\big)^2 = 120^2 ,$$

故
$$120^2 \sin^2 \frac{S}{2} + 120^2 \sin^2 \frac{180 - S}{2} = 120^2 \text{,}$$

則
$$\sin^2 \frac{S}{2} + \sin^2 \left(90 - \frac{S}{2}\right) = 1 \text{,}$$

得 $\sin^2 \frac{S}{2} + \cos^2 \frac{S}{2} = 1$。   ∎

現在介紹我們今日所習稱的

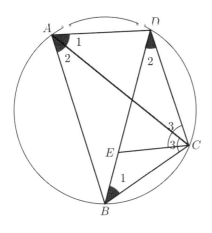

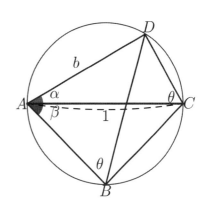

圖 **2.48:** 托勒密定理   圖 **2.49:** 和角公式

2.27 定理. *(托勒密定理)*

   1. 如圖 *2.48*，$ABCD$ 為圓內接四邊形，則

$$AC \cdot BD = AB \cdot DC + AD \cdot BC \text{。}$$

   2. 特別地，如圖 *2.49*，當 $AC = 1$ 為直徑時，則

$$\sin(\alpha + \beta) = \sin \alpha \cdot \cos \beta + \cos \alpha \cdot \sin \beta \text{。}$$

證.

1. 如圖 2.48，作 $\angle BCE = \angle ACD$，得 $\triangle ACD \sim \triangle BCE$，即

$$\frac{AC}{BC} = \frac{AD}{BE} ,$$

得 $AD \cdot BC = AC \cdot BE$。又 $\triangle ACB \sim \triangle DCE$，即

$$\frac{AC}{CD} = \frac{AB}{DE} ,$$

得 $AB \cdot CD = AC \cdot DE$。故

$$AB \cdot CD + AD \cdot BC = AC \cdot BE + AC \cdot DE = AC \cdot BD 。$$

2. 由 1. 得

$$AB = \cos\beta, \ DC = \sin\alpha, \ AD = \cos\alpha, \ BC = \sin\beta ,$$

得 $BD = \sin\alpha \ \cos\beta + \cos\alpha \ \sin\beta$，由正弦定律得

$$\frac{BD}{\sin(\alpha + \beta)} = 1 ,$$

故 $\sin(\alpha + \beta) = \sin\alpha \ \cos\beta + \cos\alpha \ \sin\beta$。

2.5.6 海倫

海倫 (Heron) 不但會製造而且會使用形形色色的測量儀器，如水鐘等，與各種機械，如：以氣體力轉動的機械、自動的機械、戰車、起重機等等。海倫 (Heron of Alexandria 10 – 75) 著有專書「距離」(Metrics) 共分 3 冊，第 1 冊計算面積，第 2 冊計算體積，第 3 冊是如何分面積或體積為定比。第 1 冊中最著名的公式是海倫公式：

2.28 定理. *(海倫公式)* 若 $\triangle ABC$ 之三邊長為 a, b, c，令 $s = \frac{a+b+c}{2}$，則

$$a\triangle ABC = \sqrt{s(s-a)(s-b)(s-c)} 。$$

康托爾 (Cantor) 誤以為海倫公式是出海倫所首創，但據阿拉伯人留下來的抄本知道，海倫公式乃是阿基米德利用三角形的內接圓而得，祇是海倫曾經用幾何方法證過該公式。海倫著作中的幾個公式都取自阿基米德，可見古希臘有許多名作俱已遺失。但我們不必為這些偉大作品之遺失而嘆，更應該為我們已知的輝煌成果而樂。

2.5.7　崔諾豆樂斯

崔諾豆樂斯 (Zenodorus 西元前 200 年至西元前 140 年) 曾證過 14 個定理，輯其要者如下：

2.29 定理. 我們有

1. 等周長的兩個正多邊形，邊數多者面積較大。
2. 一圓與正多邊形等周長時，圓的面積較大。
3. 同底等周三角形中，以等腰三角形面積最大。
4. 二同底等週三角形之和中，以二相似等腰三角形之面積之和最大。
5. 等周等邊數的多邊形中，以正多邊形面積為最大。
6. 一個偶數正多邊形以其最長之對角線為軸，旋轉所得立體之體積比同表面積的球為小。
7. 五個柏拉圖正立體中任一個的體積比等表面積球的體積小。
8. 等周長問題：等周圓與多邊形中以圓面積為最大。
9. 等周長問題：等表面積之立體中，以球體積為最大 (但無能證明)。

等周長問題的故事：

在希臘傳說中，推羅國 (黎巴嫩南部的古老的腓尼基城市) 王穆頓，有個聰明漂亮的公主叫狄多 (Dido)。狄多在她的王國過著幸福快樂的生活，自由自在、無憂無慮，可是好景不長，不幸的事情發生了，她的丈夫被他的兄弟塞浦路斯王殺死了。

她決定定居下來，就與當地的酋長談判，向他購買一塊土地。酋長只肯出售一塊公牛皮能夠圍住的土地，狄多答應了。公主讓人把公牛皮切成一條一條的細繩，再把它們連接起來，連結成了一根很長的繩子。她在海邊把繩子彎成一個半圓，一邊以海為界，圈出了一塊相當大的面積的土地。狄多公主巧妙地解決了一個極大值的問題。首先，公牛的牛皮面積是一定的，用牛皮圈地，把牛皮剪成細繩加以圍地，就能圈出比用牛皮覆蓋出的面　積多得多的土地。第二，以海邊為界，這就節省了一圈牛皮，使省下的牛皮可以圈出更多的土地。第三，狄多圈出的形狀是一個半圓。在各種形狀中，周長一定的情況下，圓有最大的面積。因為依海，省下了海岸線，因此圈成半圓，其面積是最大的。酋長見狄多公主圈走了他很大的一片國土，很是心疼，但他是個講信用的人，只能由狄多公主去圈地。狄

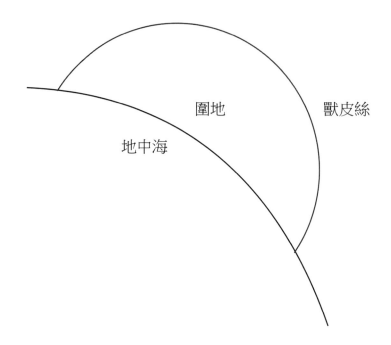

圖 **2.50:** <u>狄多公主圍地</u>

<u>狄</u>多公主在這塊土地上苦心經營，日益興旺發達，後來，<u>狄多</u>在那兒建立了<u>迦太基</u>城 (位於<u>突尼西亞</u>的城市)。

這種等周長問題 (Isoperimetric problem) 非常非常重要，但是證法一直到 1884 年才由<u>史瓦茲</u> (Hermann Schwarz 1843 – 1921) 用<u>魏爾斯特拉斯</u> (Weierstrass) 方法證得

1. 圓在平面圖形定周長的情況下達到最大面積。
2. 球在立體定表面積下達到最大容積。

等周長問題參見定理 17.22 (頁 344)。

2.5.8　帕普斯

<u>帕普斯</u> (Pappus of Alexandria 290 – 350) 著有「數學論文集」一書，共分 8 冊。第 5 冊曾對<u>崔諾豆樂斯</u>的等周問題加以證明和延伸：他證明等表面積的球、圓錐、正多面體中以球的體積為最大。第 139 定理為著名的<u>帕普斯</u>定理：

2.30 定理. *(帕普斯定理)* 如圖 *2.51*，設 A, B, C 三點共線，A', B', C' 三點共線。令

$$\{P\} = AB' \cap A'B, \ \{Q\} = AC' \cap A'C, \ \{R\} = BC' \cap B'C,$$

則 P, Q, R 三點必在共線。

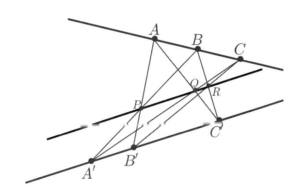

圖 **2.51**: 帕普斯定理

在第 7 冊裡包含一個有名的帕普斯–古爾丁 (Pappus-Guldinus) 定理：

2.31 定理. *(帕普斯–古爾丁定理)* 一個平面閉曲線繞其外一直線旋轉 $360°$ 所得之體積，等於該閉曲線所圍面積乘以 $2\pi r$，其中 r 為該閉曲線的重心到旋轉軸之距離。

2.5.9 席恩和其女兒數學家希帕蒂婭

席恩 (Theon of Alexandria 335 – 405) 並非一個有名的數學家，他寫了「天文學大成」(Almagest) 的補集。他之所以出名，是因為他有一個成名的女兒數學家希帕蒂婭 (Hypatia of Alexandria 370 – 415)。

希帕蒂婭是第一位女數學家，由於她廣被流傳的愛情悲劇而聞名。希帕蒂婭漂亮、雄辯和媚人。希帕蒂婭不僅是數學家，還是天文學家和哲學家。她在亞歷山卓學院中講授圓錐曲線、代數學、幾何原本和天文學等課程。她曾協助父親補注托勒密的「天文學大成」、歐幾里得的「幾何原本」、丟番圖的「算術」與阿波羅尼斯的「圓錐曲線」。主教稱她為「母親、姊姊和可敬的教師」，她與上流階級來往，週旋於男人群中，既開放又端莊，她曾與一凶暴好色之徒為伍。

圖 **2.52:** 女數學家希帕蒂婭

西元 4 世紀晚期，基督教成為羅馬帝國的國教，而其他宗教則受到排擠和迫害。
她雖有許多基督教朋友，自己卻是個異教徒，這促成了她的悲劇下場，希帕蒂婭
有一朋友歐雷斯特 (Orestes) 為羅馬知事，是主教賽樂斯 (Cyrillus) 不共戴天的
仇敵，在基督社會裡，她鼓舞歐雷斯特而反對賽樂斯。有一天，在她回家途中，
被暴徒從馬車上拉下來，拖至教堂，剝光衣服從而刺殺之。依蘇格拉底教堂史記
載，她的屍體，被撕成碎片而燒，這發生在西元 418 年。

希帕蒂婭之後亞歷山卓數學到了窮途末路，其實在西元 392 年時，亞歷山卓唯一
剩下的圖書館也被暴民所毀。在西元 529 年雅典學校也關閉了。希臘的數學從此
由燦爛輝煌而歸於平淡無奇。西奧杜塞大帝死，帝國正式分裂，東稱東羅馬帝
國，西稱西羅馬帝國，西元 476 年西羅馬帝國滅亡。

2.6 本章心得

1. 希臘數學的衰敗年代，卻是希臘藝術的鼎盛年代。法國巴黎羅浮宮三寶之
   二：米羅 (Milo) 的維納斯和薩莫色雷斯島 (Samothrace) 的勝利女神像，
   就是該時希臘的藝術作品。
2. 古希臘雅典衛城上巴特農神殿與黃金分割。
3. 希臘字母：圖 (2.57)。
4. 畢達格拉斯首創師生彼此之間集體研究，以畢達格拉斯之名發表。不
   獨有偶，第二次世界大戰後，許多法國數學精英戰死，法國將許多存活

圖 2.53: 米羅的維納斯

圖 2.54: 薩莫色雷斯島的勝利女神

圖 2.55: 雅典衛城上巴特農神殿

圖 2.56: 巴特農神殿與黃金分割

A	B	Γ	Δ	E	Z	H	Θ	I	K	Λ	M
α	β	γ	δ	ε	ζ	η	θ	ι	κ	λ	μ

N	Ξ	O	Π	P	Σ	T	Y	Φ	X	Ψ	Ω
ν	ξ	ο	ρ	σ	τ	υ	φ	χ	ψ	ω	

圖 2.57: 希臘字母

數學精英集體寫書或寫論文，均以一法國將軍 Bourbaki 之名發表，這個 *Bourbaki* 計畫對 20 世紀數學發展有巨大影響。

5. 文藝復興三巨匠之一拉斐爾 (Raffaello Sanzio 1483 – 1520)，將古希臘數學家和哲學家畫成一幅名畫「雅典學園」(The School of Athens)，現存放於梵諦岡博物館，由網站

http : *//athena.unige.ch/athena/raphael/raf_ath4.html*
上名畫，點畫中人物，它就告訴你人物是誰。

圖 **2.58**: 雅典學園

6. 畢達格拉斯年代，跟畢達格拉斯代表一研究群，荷馬也代表一群詩人。荷馬史詩中最有名的是特洛伊戰爭 (Trojan War 木馬屠城計)：

古希臘時代，世界上最美麗的女人是希臘的一個公主海倫。海倫的國王父親丁道魯斯王選中了米尼勒斯做海倫的丈夫，並任命他為斯巴達國王。

位於土耳其西部，臨愛琴海的特洛伊城王子巴利斯渡過愛琴海，做米尼勒斯的上賓，巴利斯竟對海倫百般勾引，終於把海倫拐到特洛伊城去了。米尼勒斯的哥哥亞基米倫帶領希臘軍隊，遠征特洛伊城。

希臘大軍渡過愛琴海，抵達小亞細亞之後，便對特洛伊城展開攻擊。希臘大將阿基里斯將巴利斯的哥哥希克圖刺死。後來特洛伊王子巴利斯就在太陽神的暗助之下，用箭射中阿基里斯的腳跟，結束阿基里斯的生命。

特洛伊城十分堅固，希臘大軍攻了十年沒能攻下。奧德薩斯繼承阿基里斯進攻特洛伊城。奧德薩斯叫一個手藝高超的木匠做一個巨大的木馬，中間是空心的，可以容納許多戰士。到了這天晚上，特洛伊城牆上的衛兵發現了一個巨大的木馬矗立在城門口，而希臘軍營全無燈光，而且船艦也全開走。特洛伊士兵猜想，希臘可能厭戰了，因此返航回國了。他們紛紛走出

城外來，圍觀那個木馬，將木馬推進城內。躲在木馬裡面的希臘戰士，到了晚上偷偷的走近各個城門，把城門打開，於是，守候在城外的希臘大軍開進這個睡眠中的城市，放火燒城，特洛伊人從夢中驚醒，來不及穿上盔甲，便被希臘人屠殺了。海倫也藉著女神阿弗羅黛的幫助，再度回到米尼勒斯的懷抱。

「特洛伊城」這一度為亞洲最足誇耀的城市，便在大火的洗禮下成為廢墟。奧德薩斯特洛伊戰爭結束之後在海上漂流了十年。有許多王公貴族以為他不會回來了，已經霸佔了他的王宮，想娶他的太太，而做伊泰加的國王。奧德薩斯化裝成一個老乞丐，去找他的老傭人尤馬諾斯，且和他的兒子提里馬古斯終於團聚了。這天，那些求婚者又在宮裏大張筵席，盡情吃喝。奧德薩斯裝做乞丐的樣子，前去討飯。第二天早晨，奧德薩斯的妻子賓尼洛比到儲藏室裏找出丈夫的一把弓箭，和十二把斧頭，拿到大廳上。等求婚者到齊之後，她當眾宣佈，誰能拉開她丈夫的弓箭，一箭射中那排成一行的十二把斧頭的鐵環，她就選他做夫婿。求婚者沒有一個人能拉開那把弓箭。這時候，老乞丐也來了，請求讓他試一試。大家都嗤之以鼻。誰知道他輕輕一拉，弓就開了，一箭射去，不偏不倚，全部射穿十二個鐵環。接著他露出奧德薩斯的真面目，就用那把弓箭做武器，射殺了那些求婚者。這場屠殺結束了，賓尼洛比與奧德薩斯，這對分離了二十年的夫婦，終於團聚了。

7. 阿基米德最樂於在浴缸中和海灘思考數學，1966 年費爾茲獎得主，美國數學家斯麥爾 (S. Smale)，也經常在海灘拿著望遠鏡，遠眺美麗流型，思考數學；英國數學家牛頓在農場思考，發現微積分和萬有引力定律；英國數學家哈代 (Hardy) 和李特伍德 (Littlewood)，每年暑假都相約赴北歐，思考解決黎曼臆測 (Riemann hypothesis)；義大利數學家德久幾和史坦巴基亞相約每週末爬山，討論發現弱極大定理；愛因斯坦在美麗的 Princeton IAS 推嬰兒車想出相對論；在 1843 年某一天，漢米爾頓和太太沿著皇家運河散步時，靈感突然來到推廣四元組。

詩人<u>荷馬</u> 740 *B.C.*

<u>柏拉圖</u> 427 *B.C.*
設學校上課

<u>阿基米德</u> 287 *B.C.*
有史以來三大數學家之一

<u>泰勒斯</u> 610 *B.C.*
愛天空不愛美色

<u>歐多克索斯</u> 408 *B.C.*
首創窮盡法

<u>阿波羅尼斯</u> 262 *B.C.*
天文學與圓錐截面莫大的貢獻

<u>畢達格拉斯</u> 570 *B.C.*
發明畢氏定理

<u>托勒密</u> 85 *A.D.*
<u>亞里士多德</u> 370 *B.C.* 首創三角學
我愛我師，但我更愛真理

<u>蘇格拉底</u> 440 *B.C.*
知汝自己

<u>丟番圖</u> 200 *A.D.*
代數學之父

<u>歐幾里得</u> 325 *B.C.*
巨著「幾何原本」

800 *B.C.*   300 *A.D.*

3 解析幾何

笛卡爾說：我已決心離開那祇用來做心智練習的抽象幾何，而走進一種解釋自然界現象的新幾何「解析幾何」(Analytical Geometry)。

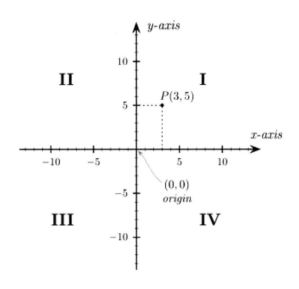

圖 **3.1:** 笛卡爾座標

古希臘國王喜歡幾何，差不多有 1500 年，幾何與天文佔盡了數學的領域，國亡其數學也停頓。羅馬繼希臘雄霸天下。羅馬治理天下一千餘年，分為西、東羅馬帝國，西羅馬帝國於西元 476 年滅亡，東羅馬帝國於西元 1453 年滅亡。此時期數學停頓不前。

東羅馬帝國滅亡，15 和 16 世紀文藝復興 (Renaissance) 蒞臨，文藝復興三傑：達文西 (Leonardo da Vinci 1452 – 1519)、米開朗基羅 (Michelangelo di Lodovico Buonarroti Simoni 1475 – 1564) 和拉斐爾 (Raffaello Sanzio 1483 – 1520) 為世界增加五彩濱紛的色彩。

從 17 世紀開始，數學也有了新面目，笛卡爾繼阿波羅尼斯發揚光大，對於曲線和

曲面賦予代數方程式,利用代數來學習幾何,這門學問被稱為「解析幾何」(座標幾何),這種思想突破被列為史上最成功的創造。牛頓和萊佈尼茲繼阿基米德的「阿基米德公理」和笛卡爾的「解析幾何」發揚光大,發現了微積分。數學的內容發生了大變化。17世紀開始研究發展許多近代數學:

1. 法國費馬 (Pierre de Fermat 1601 – 1665) 和笛卡爾 (René Descartes 1596 – 1650) 發現解析幾何。

2. 英國牛頓 (Sir Isaac Newton 1642 – 1726) 和德國萊佈尼茲 (Gottfried Wilhelm Leibniz 1646 – 1716) 發現微積分。

3. 法國費馬 (Pierre de Fermat) 和法國巴斯卡 (Blaise Pascal 1623 – 1662) 發現機率論。

4. 法國費馬發現高等數論。

5. 義大利伽利略 (Galileo Galilei 1564 – 1642) 和英國牛頓發現力學。

6. 英國牛頓發現萬有引力定律。

7. 法國狄沙科 (Girard Desargues 1591–1661) 和法國巴斯卡 (Blaise Pascal) 發現射影幾何。

8. 德國萊佈尼茲發現符號邏輯。

3.1　費馬

圖 3.2: 費馬   圖 3.3: 法國鈔票上費馬

費馬 (Fermat, Pierre de 1601 − 1665) 是極少見的一流天才之一。他醉心於科學的研究而不為公眾所知，例如他在 1629 年先於笛卡爾發明解析幾何，但是一直到 1636 年才為世人所知，而一直到 1679 年才發表於世。費馬是一個律師，性嗜數學，對於古希臘數學十分熟稔。他在數學上的貢獻是多方面的，計有: 解析幾何、無窮小分析 (微積分之前身) 和數論等。

1. 解析幾何：費馬唸了許多古希臘阿波羅尼斯的作品，他重建阿波羅尼斯的失書，促使他研究曲線，寫成「平面和立體軌跡入門」一書。費馬首創斜座標系。

    費馬得一方程式中若有二未知數，則方程式描述一直線或一曲線。例如: 設 a, b, c, k 為常數，其中 $k > 0$，則

    (a) $ax = by$ 和 $c(a − x) = by$ 表直線。
    (b) $a^2 − x^2 = y^2$ 表示圓。
    (c) $a^2 − x^2 = ky^2$ 表示橢圓，$a^2 + x^2 = ky^2$ 和 $xy = a$ 表示雙曲線。
    (d) $x^2 = ay$ 表一拋物線。

    費馬沒有考慮負座標，所以他所描述的曲線只是一部份而已。他也把複雜的二次方程式經過平移和旋轉使之變成簡單的形式。費馬在其著作「極大和極小方法論」中，設 $n > 0$，他介紹了 $y = x^n$ 和 $y = x^{−n}$ 的曲線，今天我們稱 $y = x^n$ 為費馬拋物線；$y = x^{−n}$ 為費馬雙曲線。

2. 無窮小分析：1638 年，笛卡爾發表其名著「幾何論」的第二年，費馬寄給他一份如何找曲線之切線的論文，這份論文雖是費馬初次檢查極大和極小問題，但已具今日微積分的雛形。就是 $f'(x) = 0$ 去找極大點和極小點，幾何上的意義是：切線水平那點的座標。

    雖然他並沒有考慮 f'', f''' 諸問題，也沒有把導數與極大極小關聯起來，但是他將這些理論應用到光學去。18 世紀大數學家拉普拉斯 (Laplace) 認為微分的發明者是費馬。費馬已經用

    $$\lim_{E \to 0} \frac{f(x + E) − f(x)}{E} = 0$$

    時的 x 求極大和極小，並且用 $\lim_{E \to 0} \frac{f(x+E)−f(x)}{E}$ 來表示在 x 時曲線 $f(x)$ 的切線斜率。但是費馬並沒有今日嚴格的極限意義的了解，祇是用其直觀的看法罷了。

3. 數論：見定理 10.34 (頁 178)。

3.2 笛卡爾

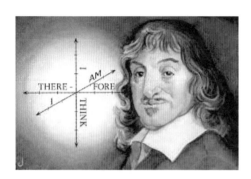

圖 **3.4:** 笛卡爾

圖 **3.5:** 笛卡爾與克里斯蒂娜女王

笛卡爾的生平 (Descartes)：

笛卡爾是近代第一大哲學家、近代生物學的建造者、第一流的物理學家和大數學家，笛卡爾創造解析幾何，由解析幾何牛頓和萊佈尼茲發現微積分，近代科技因而百花齊放。

圖 **3.6:** Decartes, France

笛卡爾 (René Descartes 1596 – 1650、拉丁名字 Renatus Cartesius、小名 Cartesian) 在 1596 年 3 月 31 日，出生在法國安德爾-羅亞爾省 (Indre-et-Loire Department) 的圖賴訥拉海 (La Haye en Touraine)(現改名為 Decartes, France，以紀念

笛卡爾這位偉人）。他出身於地位較低的貴族家庭，父親是議員。1歲多時母親患肺結核去世，而他也受到傳染，造成體弱多病。母親去世後，父親移居他鄉並再婚，而把笛卡爾留給了他的外祖母帶大，父親一直提供金錢方面的幫助，使他能夠受到良好的教育。笛卡爾20歲畢業於普瓦捷 (Poitiers) 大學法律系之後前往巴黎，在那兒遇上了迷斗得 (Mydorde) 和梅森 (Mersenne)，跟他們學了一年數學。

在笛卡爾的時代，拉丁文是學者的語言。他也如當時的習慣，在他的著作上簽上他的拉丁化的名字「Renatus Cartesius」（瑞那圖斯·卡提修斯）。正因為如此，由他首創的笛卡爾坐標系也稱卡提修坐標系 (Cartesian coordinate system)。

他解決了荷蘭的布蘭達 (Bredas) 廣告牌上的一道難題而信心大增，終於對數學認真起來。因為在當時的法國教會勢力龐大，不能自由討論宗教問題，因此笛卡爾在1628年移居荷蘭，在那裡住了20多年。在此期間，笛卡爾致力於哲學研究發表了多部重要的文集，包括了「方法論」(Discours de la méthode)、「形上學的沉思」(Méditations métaphysiques) 和「哲學原理」(Les Principes de la Philosophie) 等，成為歐洲最有影響力的哲學家之一。

笛卡爾關於心靈問題的一部重要著作「論靈魂的激情」(Les passions de l'âme)。笛卡爾認為，人是由人體和心靈構成的，心靈為一種非物質的，不遵循自然規律。人體就像一台機器，它具有材料特性。心靈控制身體，但身體也能影響心靈。

瑞典女王克里斯蒂娜 (Christina) 經常與法國大使沙尼討論笛卡爾哲學，透過沙尼邀請笛卡爾來到瑞典。笛卡爾在寒冷的1649年10月4日到斯德哥爾摩。笛卡爾和沙尼同住，但他每天早上5時就到王宮圖書館，跟克里斯蒂娜討論哲學。身處在這片「熊、冰雪與岩石的土地」上的笛卡爾於1650年2月患上肺炎，並在十天後病逝，享年54歲。克里斯蒂娜為他的死感到十分內疚。1663年他的著作在羅馬和巴黎被列入禁書之列，1740年，巴黎才解除了禁令。1667年法國將他的遺骸運回法國安葬，其墓誌銘是：笛卡爾，文藝復興以降，第一個為人類爭取與保證理性權利的人。

雖然笛卡爾也承認有神論，但他卻認為聖經並非科學知識的來源。教會反對其論調，並且在其死後將他的書刊為禁書，其在巴黎的葬禮也拒絕給予葬禮告別辭。笛卡爾由哲學家、自然界和科學應用三方面來看數學。那時候，科學正是欣欣向

榮的時候，且與神學的教條對敵、挑戰。而笛卡爾開始懷疑他的學校教育，他覺得他在第一流大學所受的教育使他更為困惑，唯一的好處便是使他自己更加明白自己的無知。他常常自問：**我們如何知道？**

笛卡爾在1619年11月10日於軍中做一個夢，使他悟得眾多科目中能建立一個真理的方法，那就是數學方法。數學的偉大在其證明所依據的公理是無缺點的、權威的、不受干擾的，數學是獲得確定和有效證明的方法，而且數學是形而上的。他說：「數學是人類知識活動留下來最具威力的知識工具，是一些現象的根源。凡是有關現象的次序與測量問題，都是數學。」笛卡爾用4個公設來公理化近代哲學：

公設 **1** 我思故我在。
公設 **2** 每現象必有因。
公設 **3** 因大於果。
公設 **4** 心智與生俱來有完美、空間、時間、和運動等觀念。

笛卡爾我思故我在的原文是拉丁文 (cogito ergo sum)，出現在「方法論」第四部和「哲學原理」第一部。

   1. 中文「我思故我在。」
   2. 法文「Je pense donc je suis。」
   3. 英文「I think therefore I am。」
   4. 拉丁文「cogito ergo sum。」

笛卡爾認為這世界有完美的存在「鳥語花香」，由公設3知有一完美的因，這完美的因就是上帝，故上帝 (完美) 存在。笛卡爾相信有清楚的數學觀念，不論你想不想它，這個概念的存在是不變的，因此數學是不變的和客觀存在的。

笛卡爾開始批判古希臘幾何，他說：「希臘幾何太過於抽象，使想像力大為疲勞的工具!」，又說：「代數太過於遵守原則與公式，這門藝術充滿了困惑與朦朧，計算過於繁雜，不是一門改良心智的科學。」笛卡爾要把代數與幾何融會貫通、互補短長。因此他創造「解析幾何。」

笛卡爾把代數用在解幾何問題之上，他覺得代數是一切科學的方法，他把他的心血結晶解析幾何寫在他的名作「幾何論」(La Géométrie) 上。該書難讀，他吹牛

說歐洲很少有數學家可以看懂它。他對於作圖和證明只起個頭,而把詳情留給讀者自證,他說他的書就如同建築師一樣,把計劃和設計圖弄好,其他瑣碎的工作留給泥水匠和工人,當時有很多人改寫該書,他主張只證特例而讓讀者由特例中得到一般性的方法。

該書開始時用代數解幾何問題,笛卡爾覺得幾何作圖需要加、減、乘、除和開方,因此可以用代數方法來處理。笛卡爾主張當我們談到一個問題時,必須**設問題的解為已知**,然後把已知和未知的東西表成字母,再依照問題所給關係結合起來,就得方程式。若有許多方程式,可以再結合起來一直到未知數 (線段) 可以用已知數 (線段) 表出為止。

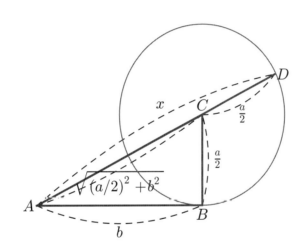

圖 **3.7:** 代數方法作幾何題

3.1 例. 一個幾何題欲找 x 滿足 $x^2 = ax + b^2$,其中 a, b 為已知線段。

解. 則由代數方法去掉負根後得,

$$x = \frac{a}{2} + \sqrt{\left(\frac{a}{2}\right)^2 + b^2} \text{。}$$

如圖 3.7,作一直角三角形 ABC,$AB = b$,$BC = \frac{a}{2}$,延長 AC 至 D,且 $CD = \frac{a}{2}$,得 $AC = \sqrt{(\frac{a}{2})^2 + b^2}$,則 $x = AD$。　　　　　　　　　　　■

3.2 定義. 幾何作圖是利用不刻度直尺和不刻度圓規有限次可作的圖。

3.2.1 曲線

曲線定義的演進 (evolution of the curve)：

1. 依據古希臘對幾何曲線的分類是這樣的：

   (a) 平面曲線為多邊形和圓等。
   (b) 立體曲線為二次錐線。

   機械曲線如螺線 (spiral)、蚌線 (conchoids) 和歧點蔓葉線 (mismatch cissoid) 等在古希臘都不算幾何曲線。

2. 笛卡爾反對希臘人只承認前兩者為幾何曲線。他用

   3.3 定義. 凡是能用 x, y 的代數方程式有限次所唯一決定者為幾何曲線。

   因此依照笛卡爾的定義蚌線和歧點蔓葉線都是幾何曲線，其餘的如螺線則為機械曲線。笛卡爾認為一、二次方程式的曲線為第一級，三、四次的為第二級，五、六次的為第三級，…。為何如此區別呢? 他覺得級數愈低愈容易了解。笛卡爾放寬曲線的定義，於是我們多了許多曲線，這是牛頓非常讚美的一件事。笛卡爾認為代數是對幾何最自然的分類方法，幾何作圖沒有代數這個工具根本就處理不了，因此系統和構造就由幾何而轉移到代數。我們可以看出來: 笛卡爾與費馬對解析幾何的處理方式是迥然不同: 笛卡爾完全打破古希臘的傳統而具有革命性；費馬則是改進阿波羅尼斯等的工作。

3. 萊佈尼茲比笛卡爾更進一步，他用

   3.4 定義. 代數曲線表笛卡爾的幾何曲線，而以超越曲線表機械曲線。

   萊佈尼茲反對笛卡爾所主張之曲線只能以代數方程式表示的論點，他認為不論是代數曲線，或是超越曲線都應稱為曲線，所以螺線也都算在曲線裏面。

4. 現在用

   3.5 定義. 設為 X 一拓撲空間，一個連續函數 $f : [a, b] \rightarrow X$ 為 X 上一曲線。

這個定義推廣萊佈尼茲的定義，因為曲線所在的空間可以由歐氏三度空間 $\mathbb{R}^3$ 到 $\mathbb{R}^n$，甚至到拓撲空間。過去以函數的像域為曲線，現在以函數為曲線，其優點是函數 f 繞了一圈而函數 g 繞了二圈，雖然他們的像域都是單位圓，其中

$$f(t) = \cos t + i \sin t, \; g(t) = \cos 2t + i \sin 2t, \text{ 其中 } 0 \le t \le 2\pi \text{。}$$

3.3 解析幾何的重要性

司庫特在 1649 年將笛卡爾的「幾何論」翻成拉丁文，而且再版了很多次，他加以討論移軸問題，並且頌揚解析幾何。英國數學家威力斯 (John Wallis) 在 1655 年著「二次錐線」(De Sectionibus Conics)，首先把阿波羅尼斯幾何圖形寫成方程式，證明二次方程式都是二次錐線。他是用方程式證明錐線性質的第一人，把解析幾何的威信更加地建立。威力斯考慮過負 x 坐標、負 y 坐標，其後牛頓也考慮負坐標。牛頓在其著作「流體方法和無窮級數」(The Method of Fluxions and Infinite Series)，討論極坐標和雙極坐標 (即兩個極)，由於牛頓的書到 1736 才為眾人所知，因此很多人都認為極坐標是由伯努利在 1691 年發明的。很多新曲線被發現，詹姆士・伯努利在 1694 年介紹了雙紐線 (lemniscate)，這曲線在 18 世紀，分析方面伴演著極重要的角色。

笛卡爾也介紹過對數螺線 $\rho = a^\theta$。笛卡爾認為他的理論都可以推廣到三維空間。費馬也做過三維的曲線，如：圓柱面、橢圓體、雙葉雙曲面、橢圓拋物面。拉海爾 (Philippe de La Hire 1640 – 1718) 在 1679 年著有「二次錐線之基礎」，也談到了三維解析幾何，但三維解析幾何在 18 世紀才發揚光大。

解析幾何改變了數學的面目。純幾何上必須分開討論的問題在解析幾何上只要用一種情形即可。例如用純幾何方法證明三角形的三高必相交於一點時，必須分成交點在形內或形外二種情形，但是解析幾何就不必分。

解析幾何是數學上一個兩面刀的工具，一方面幾何觀念用代數解釋，幾何目的由代數完成；另一方面代數透過幾何的直觀可以誘導出新結果，如同大數學家拉格朗日 (Joseph-Louis Lagrange 1736 – 1813) 所著「數學基礎」上說：代數與幾何單獨行動時既繁又慢，應用又狹，但一旦聯手則快速而趨於完美。

物理世界需要幾何，如運動路線是幾何曲線。笛卡爾覺得所有物理問題都是幾何問題，但是用之於測地、航海、預測天文、拋物體運動、設計透鏡等都需要定量，解析幾何把這種形狀和路線表為代數形式，然後就可以定量。解析幾何是把幾何圖形利用座標化成代數方程式，再利用方程式的性質同來找幾何性質與意義，因此解析幾何又稱為座標幾何。但不能稱為代數幾何，因為代數幾何在 18 和 19 世紀另有其義，所以不如此稱呼。

3.3.1 分析

分析定義的演進 (evolution of analysis)：

1. 柏拉圖所謂的分析 (解析) 意指由結論開始往前推直到已知某事實為止。

2. 但是 1690 年歐之南 (Ozanam 1640 – 1717) 在其所著的「字典」中，謂用代數方法解題稱為分析。

3. 在 18 世紀達朗貝爾 (Jean le Rond d'Alembert 1717 – 1783) 的名著「百科全書」中，代數與分析為同義。慢慢的，分析意指用代數方法解問題，故在 18 也紀末葉解析幾何漸漸變成普遍，它的意思就是用代數方法來解決幾何問題。

4. 微積分與無窮級數走進了數學園地之後，牛頓和萊佈尼茲都認為微積分是代數的推廣，是論無窮的代數，或者一種論無窮多項數的代數。

5. 1797 年拉格朗日在其著作「解析函數論」中，也說微積分是基本代數的推廣。因為代數與分析曾經同義過，故微積分也說成分析。

6. 1748 年歐拉在其出名的微積分教科書，用無限小分析來稱微積分。

7. 一直到 19 世紀末期，分析變成形容微積分和建立在其上的數學。

8. 現在的分析都涉及極限，而解析幾何並無用到極限，這的確有點怪，但是我們稱之「解析幾何」而非「分析幾何」也算是有一個小小的區別。

3.4 本章心得

1. 法國有很好的教育制度，和美國很不同。美國或台灣，1 年級法國稱 12 年級，表示 12 年後高中畢業。巴黎捷運 (Métro) 週票寫 7 週，表示今年還剩 7 週。法國有 5 所 2 年制專科學校，其中高等師範大學校 (École Normale Supérieure) 和綜藝大學校 (École Polytechnique) 均有數學系。每年約

有20萬高中生為了考這5所2年制專科學校，高中畢業後在學校多唸1年書，比台大醫學系還難考。高中前幾名都以數學系為第一志願。這是為何法國數學家非常傑出的原因。很多學生唸完了2年制專科學校，再進巴黎大學唸完博士。法國數學像巴黎鐵塔和凱旋門一樣一支獨秀。

圖 3.8: 巴黎鐵塔

圖 3.9: 凱旋門

2. 輕鬆一下：有位知名的植物學家在對他的學生講課，他說：「以後你們帶學生去植物園時，一定要走在學生前面，因為看到你不會的植物要先把它踩爛，那就不會在學生面前出醜了。」

3. 弗坦內里 (Fontenelle) 說：數學家就像情人一樣，給數學家最小的原理，他就會從中引出你必須承認的結果，並且從這個又引出另外一個。

4. 東羅馬帝國滅亡，文藝復興 (Renaissance) 蒞臨，文藝復興三傑：達文西 (Leonardo da Vinci 1452 1519)、米開朗基羅 (Michelangelo di Lodovico Buonarroti Simoni 1475 – 1564) 和拉斐爾 (Raffaello Sanzio 1483 – 1520) 為世界增加五彩濱紛的色彩。

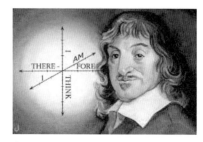

達文西 1452　　　　　　　蒙娜麗莎　　　　　　　　笛卡爾 1596
　　　　　　　　　　　　　　　　　　　　　　　　我思故我在

米開朗基羅 1475　　　　聖母憐子圖

拉斐爾 1483　　　　　　雅典學園

費馬 1601
費馬最後定理

1450　　　　　　　　　　　　　　　　　　　　　　　　　　1610

4　射影幾何

艾伯特提出了一個問題: 一個幾何圖形經過射影之後,有那些性質仍然保留?

一般說來,問題的產生都在於科學與實際的需要:1609年德國刻卜勒 (Johannes Kepler 1571 – 1630) 引用到二次錐線,促成重新檢查這些曲線在天文上應用的動機。古希臘時代所研究的光學,由於17世紀初期望遠鏡和顯微鏡的發明更引人注意,透鏡的設計也變成重要:鏡面是由那幾種曲線旋轉而成;地理上的需要,地圖也就產生了,例如船隻在球面上走動時,在地圖上應是那一種路線? 還有砲彈所走拋物體的路徑為何?

對問題的看法也不太一樣,二次錐線的定義不必如阿波羅尼斯要在圓錐上截取,義大利蒙特 (Guidobaldo Marchese del Monte 1545 – 1607) 在1579年定義:

4.1 定義. 橢圓為平面上一點到二個定點 (焦點) 之距離和為常數的軌跡。

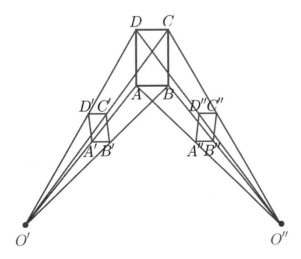

圖 **4.1**: 射影幾何

透視學的基本觀念就是射影原則。眼睛從點 O' 看水平面上的長方形 $ABCD$,從 O' 到上任一點的連線構成一個射影,若在其間有一透明平面橫過,則得

61

一 $A'B'C'D'$，這與 $ABCD$ 不一定相等、相似或等積。那麼其間到底有些什麼樣的性質相同呢？若再另一個角度橫截而得 $A''B''C''D''$，則它與 $ABCD$ 又有些什麼共同的地方呢？問題可以更進一步的推廣，由不同位置，看長方形 $ABCD$，問這些四邊形 $A'B'C'D'$，$A''B''C''D''$ 之間有何共同之處？因為這些問題的困擾，遂有射影幾何的發展。射影幾何的先驅是笛沙格 (Girard Desargues)、巴斯卡 (Blaise Pascal) 和拉海爾 (La Hire)。

4.1　笛沙格

圖 **4.2**: 笛沙格

法國數學家笛沙格 (Girard Desargues 1591-1661) 在 1636 年著有一本小冊子「論圓錐與平面相交」，討論射影幾何。笛沙格的書很難唸，因為其中標新立異的名詞很令人心煩，例如直線稱為掌尺，線外一點叫做本體。與他同一時代的許多人都稱他為狂人，甚至於他的朋友笛卡爾，聽說他要發明新方法處理錐線問題時，寫信告訴梅森說，他相信沒有人可以不用代數的幫忙而作錐線，但是當他知道了笛沙格研究的詳情之後，對於笛沙格極為尊敬與佩服，費馬也認為笛沙格是錐線的創造者。

艾伯特認為如圖 4.3，若 AB 和 CD 平行，則 $A'B'$ 和 $C'D'$ 交於 O'，且 AB 和 OO' 平行。

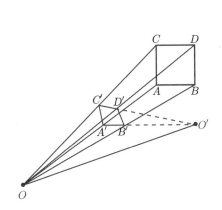 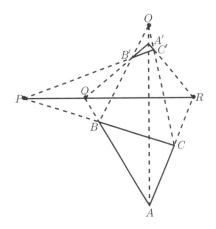

圖 **4.3**: 對應相交   圖 **4.4**: 笛沙格定理

1. 笛沙格認為兩平行線必交於無窮遠點。笛沙格的看法，並沒有跟歐氏幾何 (古希臘幾何) 互相矛盾，因為歐氏幾何是說兩平行線不相交於平面的點，有了笛沙格的假設我們就可以斷言說: 任何相異的二線必相交於一點且僅交於一點。

2. 刻卜勒認為直線可以看成一個圓，此圓之半徑為無窮大。

4.2 定理. *(笛沙格定理 Desargues Theorem)* 如圖 *4.4*，兩個三角形 *(不一定在同一平面上)* 三對應頂點連線共點之充要條件為對應邊或其延長線的交點共線。

4.2 巴斯卡與拉海爾

巴斯卡的生平： (Pascal's life)

射影幾何的第二大功臣為巴斯卡 (Blaise Pascal 1623 – 1962)。巴斯卡自幼體弱多病，但是巴斯卡在 12 歲之時便已熟知幾何、天才顯露。巴斯卡早年讀書環境極佳，當他 8 歲時舉家搬往巴黎，雖然還是個小孩，但他父親每週都帶他到馬森倪 (Mersenne) 學院，參加數學研討會。該學院後來改為賴伯賀 (Libre) 學院，在 1666 年改為今天聞名國際的法國國家科學院 (Collège de France)。當時在馬森倪學院的名數學家有馬森倪神父，笛沙格和費馬。

巴斯卡多才多藝，他不但是一個幾何學家，在算學和機率論方面也有不少新成就。他 19 歲時就發明了第一部計算機，以助他父親收稅用，同時他對數學物理也

圖 **4.5:** 巴斯卡

貢獻不少。

自從小時後，巴斯卡就希望由數學和科學的合理性來調解宗教信仰，這影響著他一生就從事於數學科學的了解和宗教的追求。如同笛沙格一樣，巴斯卡深信科學真理必須要做到理由清楚，或者做到該真理合乎邏輯結論。他主張數學和科學沒有神秘可言，任何權威更不能加諸於身。相反的，神學上不能問理由，祇有相信聖經，巴斯卡咀罵在科學上用權威和在神學上用理由。

在數學價值觀上，巴斯卡給予直觀很高的評價。巴斯卡在 1660 年 8 月 10 日給費馬寫了一封信 (兩年後巴斯卡就去世了)。信上說：「數學是最高級的精神鍛鍊，但在無所用上我分不出數學家與藝術家有些什麼不同，因此我稱作數學是世界上最美麗的職業，但是那只是一種職業，想念數學是好主意，但不必太過於勉強，我深信你必與我有同感。」在近代數學史上，巴斯卡是第一個用「數學歸納法」的人。

4.3 公理. *(數學歸納法)* 設 S 為一自然數子集，若 $1 \in S$, $k \in S$，則 $k+1 \in S$，得 S 為自然數集 $\mathbb{N}$。

巴斯卡在 1653 年，著「三角算術論」(Trait du triangle arithtique 1665)，中發明巴斯卡三角形用來處理展開二項式之係數：

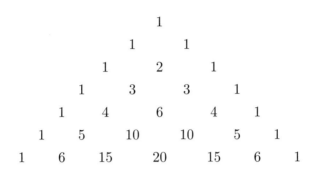

巴斯卡三角形

巴斯卡在其著作「學者的方法和心理」裏，曾有下述的看法：

4.4 定義. *(定義法則)*

1. 對那些眾人所知且仍然無明確東西可以來規定它的，不用定義。
2. 不清楚的概念不要定義。
3. 要定義時用已為眾人所熟知或已定義過的東西來定義。

4.5 定義. *(公理法則)*

1. 不管已經多清楚或多明顯，只要是必須的原則就用來當公理，當然其接受性也要考慮。
2. 完全明白的東西才可以用來當作公理。

4.6 定義. *(證明法則)*

1. 若事情很明顯，但是沒有明確的東西可以用來證明，它那就不要證明。
2. 對那些不太清楚的定理要證明，且在證明中可用已自明的公理，或是已證明過的定理。

4.7 定理. *(巴斯卡定理 Pascal Theorem)* 如圖 *4.6*，

1. 錐線內接六邊形，其三對邊的交點必共線，若對邊互相平行則三交點共線於無窮遠線。
2. 若一六邊形對邊的交點共線則此六邊形必內接於錐線。

法國拉海爾 (La Hire 1640 – 1718) 用射影的方法證明了 300 個定理，幾乎重証了阿波羅尼斯 364 個定理的大部份。他所要強調的是射影方法相當好，比古希臘幾何和當時已由笛卡爾和費馬介紹的解析幾何還要理想。

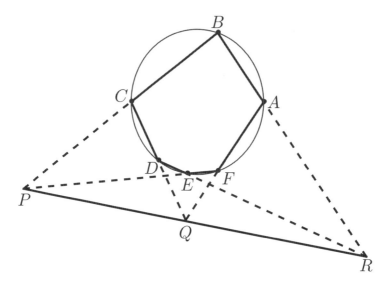

圖 4.6: 巴斯卡定理

4.3 十九世紀的射影幾何

笛沙格，巴斯卡和拉海爾引進來一些重要觀念：

1. 連續變換：刻卜勒在「光學天文」一書中，首先考慮拋物線、橢圓、雙曲線、圓和退化二次錐線互相間的變化情形。現在看一個橢圓，令左焦點固定，右焦點依照離心率趨近於1移動，當該焦點跑到無窮遠點時橢圓便形成拋物線。刻卜勒認為一直線是一個半徑無窮大之圓，所以左、右無窮遠點重合為一。因此當右焦點由左邊進入，漸往右移時則得雙曲線。(上面左右可互換)，當橢圓的兩個焦點移在一起時則變成圓，一個雙曲線的兩焦點移在一起時就退化成兩直線。

2. 變換與其不變性：由射影幾何知道射影是一種變換，經一變換群的任一變換而不改變其性質的謂該群的不變性。

3. 解析幾何善於定量，而射影幾何則良於定性。

4.4 本章心得

1. 研究之路是見山是山、見水是水；見山不是山、見水不是水；見山仍是山、見水仍是水。

2. 昨夜西風凋碧樹，獨上高樓，望盡天涯路; 衣帶漸寬終不悔，為伊消得人憔悴; 眾裡尋他千百度，驀然回首，那人卻在，燈火闌珊處。

3. 飛得夠高，無風無雨，潛得夠深，無波無浪。

4. 射影幾何由諸多法國數學家所建構，法國有非常肥沃的土地和新鮮的空氣，才有這麼多的數學家。

5. 照人口密度，世界上得費爾茲獎，最多的數學家就是法國。

6. 古希臘有三大哲學家：蘇格拉底、柏拉圖和亞里士多德，深刻的哲學，孕育出偉大的數學，有史以來三大數學家之一的阿基米德，微積分的先驅歐多克索斯，代數的先驅丟番圖和三角的先驅托勒密都來自古希臘。

7. 法國有大哲學家笛卡爾，深刻的哲學，孕育出偉大的數學，法國數學家發現解析幾何、射影幾何、微分、微分幾何、近世代數和實變數函數論。

8. 1950海明威巴黎頌：如果你夠幸運，在年輕的時候待過巴黎，那麼巴黎將永遠跟著你，因為巴黎是一席流動的饗宴。

狄沙科 1591
發明射影幾何

巴斯卡 1623
首用數學歸納法

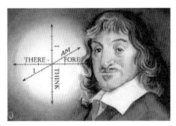

笛卡爾 1596
我思故我在

牛頓 1642
萬有引力定律

費馬 1601
費馬最後定理

萊佈尼茲 1646
符號邏輯

1590   1650

5 非歐幾何

很多數學領域，一下子在同一年代，由很多不同地方不同的人所發現，就如同紫羅蘭在春天到處開放一樣。數學不管多抽象，總有一天可以用到外在真實的世界。

19世紀偉大創作中觀念最深入，技巧最簡單的數學就是非歐幾何學。非歐幾何學的誕生，除了是一門新數學的產生之外，更有意義的是：強制數學家們去根本地修正過去對數學特性的了解，和其對物理世界的關係。因為它而產生的數學基礎問題，更是20世紀數學家猶在努力的對象。大家都知道非歐幾何是幾何學家們對歐氏幾何長期努力的結果與極點，非歐幾何完成於19世紀初期，也就是射影幾何的復活和光大時期。

一直到1800年，所有的數學家都確信歐氏幾何是物理空間性質和其上圖形的正確理想化。很多人深信歐氏幾何的正確性，像巴羅 (Barrow) 對幾何的信據列了8個理由來：

1. 概念清晰。
2. 定義分明。
3. 公理具有直觀的確定和絕對的真實。
4. 公設是明白清楚的。
5. 公理的數目少。
6. 模型清楚且可想像。
7. 證明容易且有次序。
8. 事物不知的避免。

巴羅問幾何原則如何應用於自然界？他認為幾何原則是天知的，再由經驗證實，而上帝所創的世界是不變的，幾何則是完美和確定的科學。

17、18世紀的哲學家問我們，何以肯定牛頓理論導出的知識是正確的？哈伯、洛克和萊佈尼茲認為，像歐氏幾何等數學是宇宙的設計。但玉姆否定法則的存在和

宇宙中事件的必然結果。科學是純經驗的，雖然他也相信歐氏幾何，但歐氏幾何的法則，不必是物理世界的真實。

玉姆的論調被康特所否定，康特回答人如何確定歐氏幾何，可應用於物理世界是這樣的：我們內心具有某些空間和時間組織的模型「直觀」，並且經驗依照這些直觀，經內心加以吸收和組織。我們內心的構造促成我們用一種方法去看外在的世界。由此知在經驗之先就已具空間的某些法則，這些法則和其邏輯結論 (稱為先知合成真理) 就是歐氏幾何。不管如何由經驗和先知真理，由康特看來，歐氏幾何具有唯一性和必然性。

5.1 非歐幾何的演進

從西元前 300 年至西元 1800 年，歐氏幾何都被認為是物理世界的正確理想化，歐幾里得採取的公理在物理世界中是自明的現象。沒有人能夠回答

5.1 問題. 平行公設是否可從其他公理推出？

一個相關問題是在物理空間中我們可以承認無限長直線的存在。歐幾里得雖然說，直線若有必要可以將之延長，但這顯然是指著有限長之意。非歐幾何史開端於數學家懷疑平行公設。主要的可以分成二大類：

1. 一類是企圖更改平行公設為一更自明的公設。
2. 一類是企圖由歐幾里得其餘公設推出平行公設。

非歐幾何的演進：

1. 托勒密 (Claudius Ptolemy 85 – 165) 試著要從歐幾里得其餘公設來推出平行公設，但其證明中不知不覺的用上了平行公設，二平行線被 FG 直線所截時 FG 兩側的內角必有同樣的性質。
2. 波樂斯認為二線被一直線所截，若有一邊的內角小於 180 度，則該二線必在該方向相交。
3. 番尼在 1769 年用下述公設來證明平行公設：兩相交直線不能同時平行於第三條直線。
4. 勒讓德 (Adrien-Marie Legendre 1752 – 1833) 用歐幾里得其餘公設證明下述定理：若一三角形內角和為二直角，則每一三角形的內角和必為二直角。

5. 接著有一群人想從歐幾里得其餘公設推出平行公設。我們知道平行公設與「過直線外一定點 P 恰有一直線平行於該直線」同義，因此可以有二種矛盾的形態。一是過 P 點沒有直線與之平行；另一是過 P 有兩條或兩條以上的直線與之平行。

6. 因為許多人企圖解平行公設，達朗貝爾 (Jean Le Rond d'Alembert 1717 – 1783) 在 1759 年稱該問題為「幾何原本」的醜聞。

7. 柯路干 (1739 – 1812) 在他的博士論文中作了一個看法，即「人們是由經驗而接受歐幾里得的平行公設。」

8. 龍貝考慮一個四邊形其中有三個角為直角，第四個角若為鈍角則得出矛盾。若為銳角則得到另外一些結果。龍貝設第四個角為鈍角和銳角所導出的結果，雖然有的矛盾，但卻是引人注目的。他得到：若第四個角為鈍角或是銳角時，任一 n 邊形之面積與 $\left| S - (2n-4) \cdot \frac{\pi}{2} \right|$ 成正比，其中 S 為此邊形之內角和。他注意到鈍角的假設，可以得到好像球表面的結果，因此他臆測由鈍角假設可以得到虛半徑的球的圖形，這樣導致他寫了一篇關於 iA，其中 $i = \sqrt{-1}$，之三角函數，那就是雙曲函數。龍貝確信任一不導出矛盾的假設，都可以導出一門幾何來。

9. 法律教授施威卡 (1780 – 1859) 作非歐幾何學的研究，他說「星星幾何」是由假設三角形內角和不為 180° 而導出的幾何，可能在星星上成立。他寫了一篇這方面結果在 1816 年送給高斯審閱。掏雷納說歐氏幾何是物理世界的真實，而星星幾何是邏輯上可容的，並且證明星星幾何其實是虛半徑球上幾何。

5.2   非歐幾何的誕生

數學的一個分支，往往不是由一個人所建造起來的，像非歐幾何學算起來龍貝、施威卡、掏雷納和柯路干都有功勞。高斯、俄國數學家羅巴切夫斯基 (N. I. Lobacevskii 1793 – 1856)、匈牙利數學家波爾約 (Janos Bolyai 1802 – 1860) 與黎曼為非歐幾何的創始人。但非歐幾何描述物理世界與歐氏幾何一樣準確，是由高斯所建立的。

非歐幾何 (Non-Euclidean geometry) 不是歐氏幾何，含高斯、羅巴切夫斯基和波爾約的雙曲幾何 (曲率為負常數的二維曲面的的幾何) 和橢圓幾何 (曲率為正常數的二維曲面的黎曼幾何)。但習慣上，我們稱高斯、羅巴切夫斯基和波爾約的常

數負曲率面的幾何為非歐幾何，曲率為正常數的二維曲面的幾何為黎曼幾何。

洛巴諾夫斯基 (Lobacevskii, Nikolai) 畢業於喀山大學 (Kazan University)，且 1827–1846 年任該大學教授兼校長，關於非歐幾何 (他叫做想像幾何) 有一連串的論文和專書。可惜的是後來眼睛瞎了。由於他在非歐幾何的貢獻，也有人把非歐幾何稱為羅氏幾何。

波爾約 (Bolyai, Janos) 是軍官沃夫根波爾約的兒子，關於非歐幾何 (他叫絕對幾何)，波爾約寫了一篇 26 頁之論文「絕對空間的科學」，發表在他父親著書「給勤學的年青人論數學原理」的附錄裏。雖然這書在 1832 – 1833 年出版，比羅巴切夫斯基的論文要晚，但是波爾約是在 1825 年就寫好的了。在 1823 年 11 月 23 日，波爾約寫信給他的父親說：我已經有美妙的發現，這發現使我很驚奇。

高斯、波爾約和羅巴切夫斯基的作品相像，以致於誤以為是互抄。在數學史上常發生同時代不同的人做出相同的東西。比如英國的牛頓和德國的萊佈尼茲的創立微積分；高斯、波爾約和羅巴切夫斯基的建造非歐幾何。我們知道每一樣東西都不是一蹴可及的，像上述這種情況的解釋大概可以用「水到渠成」來表示，因為時代的潮流已經到了。由於人類與生便俱有完美、時間、空間和運動等概念，所以不管是多粗糙、多簡單的起跑者，和多奧妙多複雜的接力者，都在適當時機順理成章地產生。

5.2 公設. *(羅巴切夫斯基公設 Lobacevskii' Axiom)* AB 為一直線，C 為線外一點，過 C 的直線分成兩種，一種與 AB 相交，一種與 AB 不相交。令 α 表 C 與 AB 的距離，則存在一角 $\pi(\alpha)$，若過 C 直線與垂線 CD 所成之角度小於 $\pi(\alpha)$，則與 AB 相交，否則不與 AB 相交。與 CD 恰好成 $\pi(\alpha)$ 的兩線 p 與 q 稱為平行線，而 $\pi(\alpha)$ 為平行角，與 AB 不相交的直線，且不為 p, q 的稱為不相交直線，用歐幾里得的話，就是說過 C 有無窮多條平行線。

18 世紀初，義大利薩開里（Girolamo Saccheri）過直線外一點，下面兩種情況可能成立：

1. 不存在一直線與給定直線平行。
2. 存在多於一條的直線與給定直線平行。

跟隨薩開里腳步的是黎曼 (Riemann)，他心想：「是否有一種平面幾何的系統，在其中，過直線外一點，不存在任何直線與給定直線平行？」他後來成功地建構

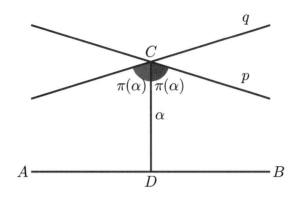

圖 5.1: 無窮多條平行線

了一種數學模型，能滿足歐幾里得的前四條公設以及過直線外一點，不存在任何直線與給定直線平行。黎曼在 1854 年發表他的新幾何系統。

總之，到 19 世紀中葉為止，數學上有三種不同「品牌」的幾何，因它們對待平行線的方式而有所不同，而發展出來。高斯、羅巴切夫斯基與波爾約的新系統與黎曼的新系統被稱為非歐幾何，以強調它們在邏輯上與歐氏幾何的矛盾立場。三種幾何都自成相容（不矛盾）的系統，但它們基於平行性的不同假設，會導出截然不同的幾何性質。例如，只有在歐氏幾何中才存在兩個相似、但不全等的三角形。在非歐幾何中，若兩三角形對應角相等則必定全等。另一個奇特的不同之處，在於三角形內角和會因你所在的幾何系統而有不同：

1. 在歐氏幾何中，三角形內角和恰為 180°。
2. 在高斯、羅巴切夫斯基與波爾約幾何中，三角形內角和小於 180°。
3. 在黎曼幾何中，三角形內角和大於 180°。

非歐幾何的最高評價在於愛因斯坦稱物理世界為四維非歐幾何，其最深遠的影響是與布爾發明的抽象代數同時促成廿世紀數學的特色「公理化」相同。

5.3　高斯

高斯的生平 (Gauss' life)：

古今三大數學家之一的德國數學家高斯 (Carl Friedrich Gauss 1777 − 1855) 在 1855 年 2 月 23 日去世時，由於他的天才與成就，世人稱呼高斯為「數學王

圖 5.2: 高斯

子」。阿基米德、牛頓和高斯被譽為有史以來三大數學家。

高斯在數論、代數、分析、應用數學和天文物理方面都有驚人的成就。他在任何方面的作品，必須要等到該方面都萬事俱備時才發表，如果他覺得作品尚未完全作成，決不輕易發表。當他去世後所整理出來的非歐幾何與橢圓函數論的價值，遠超過已發表之他人作品。他有一次寫信給他的朋友書馬雪說：

> 你知道我寫得很慢，主要的原因是，我要用短短
> 的話來說、來寫，所花的時間遠超過寫得長的。

瓦特浩賢說：高斯時常努力去檢查其作品，直到合乎其意的形式為止。他常說一個美好的建築物完成時，是看不到建築所用的台架的。就因為這樣數學王子的作品「亂漂亮的」，我們從其作品中很難找到他證明的思路。阿貝爾說：高斯像一隻狐狸，用尾巴抹去其在沙地上的痕跡。而賈可比說：高斯的證明硬且冰，因此想知道其證明必先對他的證法加以融化。

由於他要求完美無缺和簡單扼要，所以像橢圓函數論，人們以為是賈可比和阿貝爾建立的，而非歐幾何學人們以為是羅巴切夫斯基和波爾約建立的，但事實上其中主要的精神和理論高斯早就有了。

高斯生在德國的布朗斯溫克 (Brunswick) 城，是一個泥水匠的兒子。他的父親認為他唸適當的書便可了，而他的母親卻多方地鼓勵他多唸些書，當他獲得賞識時他的母親與之同享榮耀。高斯的小學校長對他的智慧十分驚訝！例如有一次老師為了偷懶一下，上辦公室去喝茶，要學生計算 $1 + 2 + 3 + \dots + 100 = ?$，當老師將要走出教室時，高斯便交了卷：答案 5050。他的作法是：

1	+2	+3	+⋯	+100	
100	+99	+98	+⋯	+1	
101	+101	+101	+⋯	+101	$=100\times 101$

故 $1 + 2 + 3 + \dots + 100 = (100 \times 101)/2 = 5050$。

這個方法就是今天我們用來求等差級數和之公式：設

$$a_1, a_2, a_3, \cdots, a_n$$

為一等差數列，則

$$a_1 + a_2 + a_3 + \cdots + a_n = \frac{n(a_1 + a_n)}{2}。$$

高斯的小學校長推荐高斯給布朗斯溫克城的公爵，該公爵送他進一所好的高中，然後在 1795 年進入世界名校哥廷根大學 (Universität Göttingen) 就讀。

古希臘的數學家早知道用圓規和沒有刻度的直尺畫出正 3, 4, 5, 15 邊形。但是在這之後的二千多年以來沒有人知道怎麼用直尺和圓規構造正 11, 13, 14, 17 邊形。18 歲時，高斯便想出正 17 邊形的作圖法，本來他還猶豫著唸數學或哲學，這件事使得高斯決定唸數學。數學巨人高斯在 1801 年出版的「算學研究」中的「二次同餘論」證得正 N 邊形能夠以尺規有限次作圖的充要條件，參見定理 10.23 (頁 173)。

1798 年高斯轉學到赫爾姆斯泰大學 (Universität Helmstadt)，在那裏畢業，博士論文是用分析方法證明代數基本定理 11.15 (頁 210)。後來他企圖用代數方法證明

代數基本定理，但是沒能成功，時至今日，仍未有人用代數方法證明代數基本定理。

畢業後高斯回到布朗斯溫克，在那裏他寫了一些有名的論文，因此被邀為哥廷根大學天文學教授和觀測所所長。從此，他都留在哥廷根大學，一輩子沒有離開過。1855 年 2 月 23 日逝世，1877 年布雷默爾奉漢諾威王為高斯做一個紀念獎章。上面刻著：「漢諾威王喬治獻給數學王子高斯」，自此，高斯就以「數學王子」著稱。

在 1801 年高斯出版了數論方面的巨著「算學研究」(Disquisitiones Arithmeticae) 一書，這書可說是數論第一本有系統的著作，在這書裏，他介紹「同餘」(Congruent) 這個概念。此外還有數論上很重要的「二次互逆定理」(Law of Quadratic reciprocity)，高斯稱為「數論的酵母」。

他同時也是有名的物理學家，對於電磁學和電學貢獻頗巨。克萊因 (Klein) 稱讚高斯如下：顯在我們面前的是一幅緊張和奇趣的活人劇，你們看那 18 世紀大數學家，就像一連串起伏的高山終止於動人的高峰高斯，越過該高峰是一片大且肥沃的田園了，充滿了生命的欣欣向榮。

在非歐幾何方面高斯並沒有發表其成果，1829 年 1 月 27 日他給貝塞爾 (Bessel) 的信聲稱自己可能永不發表非歐幾何，因為他害怕有人嘲笑或笨拙希臘人的騷擾。他對非歐幾何的貢獻是 1816 年和 1822 年「Gottingische gelehrte Anzeigen」所刊登給友人的二封信，和在他去世後發現的 1831 年的作品。高斯在哥廷根大學由他的老師處知道前人對平行公設奮鬥的經過，知道要建立平行公設是沒有效的。在 1792 年高斯就知道還有一個邏輯上成立的幾何，其上平行公設不成立，且在他的非歐幾何概念中知道：一四邊形若其中三個角為直角，另一角不為直角時，其面積與 $|360° - S|$ 成正比，其中 S 表四邊形內角和。雖然知道這些，但在 1799 年之前他還是相信非歐幾何是合邏輯的，而歐氏幾何則是物理空間的幾何。

從 1813 年開始，高斯融合發展新幾何。首先叫反歐氏幾何，其後叫星星幾何，後來又稱為非歐幾何。1817 年給歐伯信上稱：我愈來愈覺得物理需要歐氏幾何是不可證明的；至少不是因為人類或是為了人類而可證得；我們必須把幾何與力學看在一起，而不應與算術看在一起。

為了證明非歐幾何的可用性，他用三個山峰布羅肯 (Brocken)、高哈根 (Hohen-hagen)、島山 (Inselsberg) 為三角形去測其內角和，三角形三邊為 69, 85, 197 公里，他發現內角和比 180° 多 14″85。這個實驗有誤差，三角形要更大才行。

除了上述外，高斯的研究表現在每一領域都是最重要的，如

1. 在概率理論中，高斯分佈就是正常分佈 (normal distribution)。
2. 英國科學家麥克斯韋 (James Clerk Maxwell 1831 − 1879) 四個方程中有二個方程是高斯定律和高斯磁定律：麥克斯韋 (Maxwell) 四個方程：

   (a) 高斯定律 $\nabla \cdot \mathbf{E} = \frac{\rho}{\varepsilon_0}$。
   (b) 高斯磁定律 $\nabla \cdot \mathbf{B} = 0$。
   (c) 麥克斯韋−法拉第方程式 $\nabla \times \mathbf{E} = -\frac{\partial \mathbf{B}}{\partial t}$。
   (d) 安培定律 (含麥克斯韋修正項) $\nabla \times \mathbf{B} = \mu_0 \mathbf{J} + \mu_0 \varepsilon_0 \frac{\partial \mathbf{E}}{\partial t}$。

3. 微分幾何中高斯曲率和微分幾何中最重要公式為高斯−博內公式 (Gauss-Bonnet Formula)，參見「曲面概論」6.2 (頁 82)。
4.

   5.3-1 定理. *(高斯散度定理)* 設 Ω 為 $\mathbb{R}^3$ 上一開域和 E 為一簡連通域，滿足 $\overline{E} \subset \Omega$ 和 $S = \partial E$ 為一正向曲面和 $F = (p, q, r) : \Omega \to \mathbb{R}^3$ 為一向量場，則

   $$\iint_S F \cdot n \, ds = \iiint_E div F dx dy dz ,$$

   即

   $$\iint_S \left(p dy dz + q dz dx + r dx dy \right) = \iiint_E \left(p_x + q_y + r_z \right) dx dy dz .$$

高斯之所以能有非凡的成就，基於他具有：

集中意志和注意力的能力。他的個性
是具有奇特的自尊心和赤子之純心。

5.4　本章心得

1. 愛因斯坦在 15 歲就開始念非歐幾何，非歐幾何使人勇於創造。
2. 高斯說：寧可少些，但要好些。

歐拉 1707
首創變異法

羅巴切夫斯基 1793
非歐幾何的創始人之一

蒙日 1746
微分幾何的開山祖師之一

波爾約 1802
非歐幾何的創始人之一

高斯 1777
有史以來三大數學家之一

黎曼 1826
黎曼臆測

1700   1850

6 微分幾何

黎曼說：為了要了解流形的世界、其間的關係和其上的作用力、我們必須創出新幾何。

正當解析幾何大放光明時，微分幾何因為微積分的發明也就應運而生。微分幾何是利用微積分技巧研究曲線和曲面性質的一門學問。「微分幾何」(Differential Geometry) 這個名詞首由比安奇 (Bianchi 1859 – 1928) 在1894年所訂。微分幾何研究的對象很多，例如：曲線的法線和反曲點；平面曲線、空間曲線和曲面等的曲率；曲線族的包線；曲面上的測地學；光線和光的波面問題；沿曲面上曲線運動的動力學；由製地圖引起的曲線和曲面的問題。

圖 6.1: 蒙日

兩個微分幾何的開山祖師是瑞士數學家歐拉 (Leonhard Euler 1707 – 1783) 和微分幾何之父法國數學家蒙日 (Gaspard Monge 1746 – 1818)。微分幾何的擴建大師有高斯 (Carl Friedrich Gauss 1777 – 1855)、黎曼 (Friedrich Riemann 1826 – 1866)、嘉當 (Élie Cartan 1869 – 1951)、陳省身 (Shiing-Shen Chern 1911 – 2004) 和丘成桐 (Shing-Tung Yau 1949–)。微分幾何的應用大師，也是自古以來最大的應用數學家，那就是相對論的始祖愛因斯坦 (Albert Einstein 1879 – 1955)。

6.1 古典的微分幾何

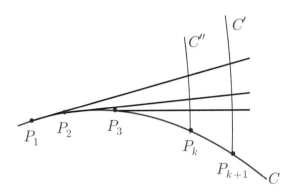

圖 **6.2:** 漸伸線

用微積分論曲線的第一人是荷蘭物理學家惠更斯 (Christiaan Huygens 1629 – 1695)，他研究曲線: 如圖 6.2，設有一繩子左端放在 P_1，繩子 $P_1 P_i$ 不動，其中 $i = 1, 2, \cdots, k, k+1$，其餘緊張起來，繩子 P_{k+1} 的軌跡為 C 的一漸伸線 C'，P_k 的軌跡為 C 的一漸伸線 C''。惠更斯證出漸伸線皆與緊張的繩子垂直，而這些緊張的繩子皆與 C 相切。

克萊洛 (Alexis Clairaut 1713 – 1765) 定義

6.1 定義. 設 $f = (x, y) : [a, b] \to \mathbb{R}^2$ 為一 C^2 曲線，則 f 在 $t \in (a, b)$ 的曲率 *(curvature)* 為 $\kappa = \left| \frac{d\alpha}{ds} \right|$，其中 $\alpha(t)$ 為切線在 $f(t)$ 的仰角和 $s(t)$ 為 $f(a)$ 到 $f(t)$ 的弧長。

6.2 定理. 設 $f = (x, y) : [a, b] \to \mathbb{R}^2$ 為一 C^2 曲線，則 f 在 $t \in (a, b)$ 的曲率為

$$\kappa = \frac{|x'y'' - x''y'|}{[(x')^2 + (y')^2]^{3/2}} \; 。$$

證.   因 $\alpha(t) = \tan^{-1} \frac{y'}{x'}$，故

$$\frac{d\alpha}{dt} = \frac{x'y'' - x''y'}{(x')^2 + (y')^2} \; ,$$

又 $\frac{ds}{dt} = \sqrt{(x')^2 + (y')^2}$，故

$$\kappa = \left| \frac{d\alpha}{ds} \right| = \frac{|x'y'' - x''y'|}{[(x')^2 + (y')^2]^{3/2}} \; 。$$

研究空間曲線論的第一人是法國數學家克萊洛 (Alexis Clauda Clairaut 1713 –
1765），他發覺一個空間曲線可以有無窮多法線，這些法線在一平面上，該平面
(法平面) 與切線垂直。

6.3 定理. *(歐拉定理 Euler's theorem)* 設 M 為 $\mathbb{R}^3$ 上曲面，$p \in M$，曲面 M 上
過 p 的切平面為 T，若 $x \in T$，過 p 的法平面與 x 垂直者為 P_x，令 P_x 與曲面 M 相
交之曲線的曲率為 κ_x，令 κ_a 為最大曲率，κ_b 為最小曲率，κ_a, κ_b 稱為主曲
率 *(principal curvature)*，我們有

1. P_a 垂直 P_b。
2. 若 $x \in T$，x 與 a 交角為 θ，則

$$\kappa_x = \kappa_a \cos^2 \theta + \kappa_b \sin^2 \theta \text{。}$$

歐拉設空間曲面為 $p(u,v) = \big(x(u,v), y(u,v), z(u,v)\big)$，得二切向量 P_u, P_v 分別平
行於 u, v 軸，此二切向量形成切平面，單位法向量為

$$\frac{P_u \times P_v}{\|P_u \times P_v\|} \text{。}$$

微分幾何除了歐拉外，還有一個開山祖師法國數學家蒙日 (Gaspard Monge
1746 – 1818)。蒙日 (Monge, Gaspard) 生在法國大革命時代 (1789 – 1870)，
見 4(頁 96)。蒙日生於科多爾省博納 (Beaune Côte-d'Or)，父親是商人，他
念里昂三一學院 (collège de la trinité at Lyon)，1777 成為法國國家科學院
(French Academy of Sciences) 研究員，協助創設高等師範大學校 (École Nor-
male Supérieure) 和綜藝大學校 (École Polytechnique)，見第 3 章 1(頁 58)，且任
教於該二大學校。

蒙日跟隨拿破崙赴埃及，在埃及科學和藝術學院做研究。蒙日當過海軍部長，
他是 19 世紀一個偉大和有力的數學教師。1818 蒙日去世，葬於巴黎萬神殿
(Panthéon in Paris)，72 名刻在艾菲爾鐵塔的基礎上之一。蒙日在 1775 年送到法
國國家科學院的一篇著名文章含：

6.4 定理. *(蒙日定理)* 一可展面 $z = z(x,y)$ 必滿足

$$z_{xx} z_{yy} - z_{xy}^2 = 0 \text{。}$$

6.2 高斯與微分幾何

微分幾何在歐拉 (Euler) 及蒙日 (Monge) 的手上固然已經有了很多的發展，但是真正決定性的結果則無疑的是在高斯 (Gauss)1827 年的那篇「曲面概論」(Disquisitiones generales circa superficies curvas) 論文上建立的。高斯設曲面為 $x = x(u, v)$, $y = y(u, v)$, $z = z(u, v)$，則

$$dx = x_u du + x_v dv, \ dy = y_u du + y_v dv, \ dz = z_u du + z_v dv \,。$$

當 u, v 線性相依時：$u = \lambda v$ 時，得曲面上一曲線方程式

$$x = x(t), \ y = y(t), \ z = z(t) \,，$$

設該曲線的弧長為 ds，則 $ds^2 = Edu^2 + 2Fdudv + Gdv^2$，其中

$$E = x_u^2 + y_u^2 + z_u^2$$
$$F = x_u x_v + y_u y_v + z_u z_v$$
$$G = x_v^2 + y_v^2 + z_v^2 \,。$$

高斯引進了一種全新的概念，那就是把曲面本身視為一個空間，而不僅是三度空間中的附屬品，他賦予曲面自己的座標 u, v 外，並引進第一基本量 $ds^2 = Edu^2 + 2Fdudv + Gdv^2$，來描述曲面上的弧長元素，從而曲面上的距離和角度都可由 E, F, G 三個函數來決定，他把這些僅與 E, F, G 有關的幾何性質稱之為曲面的內在性質。

高斯曲率 (Gaussian curvature)：給定一圓滑曲面上一開連通子集 U，一單位球 S。在 U 上一點 a 的有向單位法向量，就可以在單位球上得一點 A。依此對 U，可以在單位球上有對應區域 V，假設 U, V 有面積 $\pi(U), \pi(V)$，若 $p \in U$，對應 $P \in V$，則規定在 p 的高斯曲率 (全曲率) 為

$$\kappa = \lim_{\substack{V \to P \\ U \to p}} \frac{\pi(V)}{\pi(U)} \,。$$

高斯計算出曲面的全曲率為

$$\kappa = \frac{LN - M^2}{EG - F^2} = \kappa_1 \kappa_2 \,，$$

其中 κ_1, κ_2 為二主曲率，且

$$L = \begin{vmatrix} x_{uu} & y_{uu} & z_{uu} \\ x_u & y_u & z_u \\ x_v & y_v & z_v \end{vmatrix}$$

$$M = \begin{vmatrix} x_{uv} & y_{uv} & z_{uv} \\ x_u & y_u & z_u \\ x_v & y_v & z_v \end{vmatrix}$$

$$N = \begin{vmatrix} x_{vv} & y_{vv} & z_{vv} \\ x_u & y_u & z_u \\ x_v & y_v & z_v \end{vmatrix} 。$$

布利吉 (Brioschi) 公式可以把 $LN - M^2$ 表為量 E, F, G 之結合。高斯先是經由曲面的法線在三度空間的變動來定義曲率 κ，然而出乎他意外的是，他發現曲率僅用量 E, F, G 就可以完全的表示出來，因此曲率是一種曲面的內在性質，而與它所存在的三度空間無關。高斯稱之為優美定理 (拉丁語：theorema egregium)，這個結果，充分的顯示了曲率在幾何學裡的中心地位。

我們會知道籃球是彎的，那是因為我們站在籃球的外面，從外在的觀察瞭解它是彎曲的。如果有一隻只有針尖大的小小螞蟻住在籃球上，它能否感受到它所居住的地方事實上是彎曲的呢? 高斯告訴我們，如果夠聰明的話，你還是可以知道活在曲面裡。應用在實際生活上，如果不從外太空來看，我們如何知道地球是彎曲的呢? 相信大家在小學時期都被問過這樣的問題: 如果站在港邊遙望進港的船隻，首先會看到的是船頂的旗幟、駕駛艙、船身或是同時出現? 這個問題的答案告訴我們地表是彎曲的。因此，雖然我們定義曲率這個量是從外在來看的 (藉由法向量的變化求得)，但實際上曲率這個量可以由內在 (即空間度量長度的方法) 計算而得，這是高斯在幾何上一個非常重要的觀點。

高斯在 1827 年處理曲面上的測地線。測地線 (短程線) 並不見得唯一，例如球上直徑的兩端點顯然有無窮多條測地線。高斯還證明了一個關於曲率和測地線所圍成的三角形的有名定理。他證明了曲面上一個由測地線所圍成的三角形的內角和，並不像在平面上一樣等於 π，而是由下面的公式來表述:

$$\iint_A \kappa dA = \alpha_1 + \alpha_2 + \alpha_3 - \pi ,$$

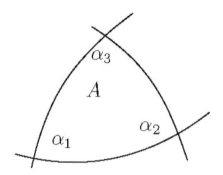

圖 **6.3:** 三角形的內角和

而當曲率的積分範圍擴充到整個曲面時，右邊的積分值又等於曲面的拓撲量「歐拉特徵數」(Euler Characteristic)。這個漂亮的定理現在一般稱之為高斯–伯涅特定理 (Gauss-Bonnet Theorem)：

6.5 定理. *(高斯–伯涅特定理)* 如果 S 是一個可定向 *(orientable)* 的封閉 *(closed)* 曲面，κ 代表 S 上的曲率函數，$\chi(S)$ 表示 S 的歐拉特徵數 *(Euler characteristic)*，則可以得到

$$\iint_S \kappa d\sigma = 2\pi\chi(S)。$$

它是第一個將曲面上的局部量「曲率」與大域量「示性數」連繫在一起的定理，而它更進一步的推廣，則更是幾何學發展的關鍵。

6.3 黎曼與微分幾何

高斯的工作很快的就被他的偉大的繼承者黎曼 (Riemann) 所推廣，在黎曼在 1854 年很年輕的時候在哥庭根大學要升教授，在德國當時要當教授以前要有一個就職的演說，他為這次演說提出三個不同的題目，結果高斯挑了第三個題目。黎曼沒有料到高斯挑這個題目，題目就叫做「建構幾何學的假設」(Über die Hypothesen welche der Geometrie zu Grunde liegen)，這是一個很有意思的問題，結果黎曼花了兩個多禮拜去準備這一篇文章，他沒想到高斯對這個問題有這麼大的興趣，原來這是因為高斯自己正在研究這個東西，在尋找答案。黎曼在這篇劃時代的論文中，將高斯的曲面論推廣到 n 維流形上。他將 n 維流形的每個點賦

予 n 個座標 $x = (x_1, x_2, \cdots, x_n)$，而兩個極靠近點間的距離平方設定為：

$$ds^2 = \sum_{k=1}^{n} g_{ij}(x) dx_i dx_j \text{ 。}$$

流形上所有的幾何量都可以由 g_{ij} 的組合來表示。黎曼最大的成就是將高斯曲率由二維推廣到 n 維的流形上，一般稱之為黎曼曲率張量，形狀相當複雜。為了要寫出它的樣子，我們必須透過所謂克利斯多夫符號 Γ (Christoffel symbol)：

$$\Gamma_{ki}^{l} = \frac{1}{2} \sum_{j=1}^{n} g^{jl} \left(\partial_i g_{kj} + \partial_k g_{ji} - \partial_j g_{ki} \right) \text{ 。}$$

而黎曼曲率張量則為：

$$R_{ijk}^{l} = \partial_k \Gamma_{ij}^{l} - \partial_j \Gamma_{ik}^{l} + \Gamma_{nk}^{l} \Gamma_{ij}^{n} - \Gamma_{nj}^{l} \Gamma_{ik}^{n} \text{ 。}$$

黎曼的生平： (Riemann's life)

圖 **6.4:** 黎曼

德國數學家黎曼 (Bernhard Riemann 1826 – 1866)，鄉下牧師的次子，1826 年誕生於漢諾威王國的一個小鎮。童年時代的他就已顯露出對數學的不凡天賦。中學時代，黎曼很幸運地遇到一位善於鑑人的老師，發現他對數學的敏銳領悟力，指導他接近科學的經典作品，所以當他進入大學時，他的學識背景已遠超過當時在大學所授各科學科的水準。黎曼是在 1846 年，當他十九歲時進入哥廷根大學的，最初專攻神學和哲學，但是不久就獲得家人的首肯改習他最熱愛的數學。或許由

於當時大數學家高斯正是哥廷根大學的數學講座，使人們對數學水準的低落感到
驚異。事實上高斯和其他大多數的德國大學的教授們一樣，只是講授一些基礎科
目。學生們對教授的權威敬畏有加而很隔閡，教授們也很少給有天賦的學生們
嘉勉鼓勵。事實上，學生完全沒有機會與教師們討論請益，也不知道教師們如何
思考問題。唯一的例外是柏林大學，那裡當時正激盪著民主的思潮。同時傑可比
(Jacob Jacobi 1804 − 1851) 和狄黎克雷 (Lejeune Dirichlet 1805 − 1859) 兩位大
數學家對相當多的學生講授他們自己仍然在思考中的題目。黎曼聽到這個消息，
在哥廷根大學待了一年之後，就前往柏林，在柏林非常留心聽著兩位大數學家的
熱切討論。狄黎克雷對黎曼非常有好感，黎曼也對狄黎克雷相當敬重。好些黎曼
的論文顯示狄黎克雷的研究結果對他有重大的影響。

在柏林過了兩年之後，回到哥廷根，1851 年在高斯指導下，完成博士論文「複
變數函數論基礎」，關於三角級數及分析基礎，是分析狄黎克雷的將一函數展成
傅立業級數的條件，其中條件之一為函數必須為「可積分」(黎曼可積)(Riemann
integral)。直到二十世紀，黎曼積分才又進一步地被推廣成更具一般性的實變
數函數論「勒貝格積分」(Lebesque integral)。黎曼的博士論文導出「黎曼曲面」
(Riemann surface) 的概念，轉而引進所謂拓樸理念於分析學。在當時，拓樸學可
說是幾乎完全還沒有開發的數學新預域。黎曼證實了拓樸在複變函數理論中的重
要性，這篇論文同時澄清了對一複變函數所下的定義: 其實數與虛數部份必須在
已知界域內滿足「柯西−黎曼方程」，進而發展 拉普拉斯方程，且證明狄黎克雷
原則 (Dirichlet principle)。

6.6 定理. *(狄利克雷原則 Dirichlet principle)* 若 $\Omega \subset \mathbb{R}^N$ 為一域，函數 $u : \Omega \to$
$\mathbb{R}$ 為下列泊松方程 *(Poisson's equation)* 的解

$$-\triangle u(x) + f(x) = 0 \quad \text{當 } x \in \Omega$$
$$u(x) = g(x) \qquad\qquad \text{當 } x \in \partial(\Omega) \, ,$$

則 u 為下列狄利克雷能階 *(Dirichlet's energy)* 的最小值

$$E(v) = \int_\Omega \left(\frac{1}{2} |\nabla v|^2 - vf \right) dx \, ,$$

其中 $v \in C^2$, $v(x) = g(x)$ 當 $x \in \partial(\Omega)$。

1855 年高斯去逝，狄黎克雷繼承高斯的數學講座的職位。四年之後，狄黎克雷去
世，黎曼被任命為正教授，繼承了狄黎克雷的遺缺，這時他是三十三歲。

圖 6.5: 狄利克雷

哥廷根頗為潮濕並且氣候不定，為了改變環境，他經常到義大利旅行。他並且在義大利住過幾年。尤其是義大利比薩，1862年，黎曼和他的朋友的妹妹結婚，1863年，他們的女兒誕生於比薩。三年後，也就是1866年7月，黎曼因身體健康惡化，在一個小鎮去世，年方四十歲。黎曼雖英年早逝，但是他所留給數學界的，在他少量的已出版的論文集中，已有太多的豐富的概念，至今還未為後世數學家研究殆盡。他的每一篇論文都具有其重要性，其中有幾篇甚至開創了全然嶄新的數學領域。

黎曼是一位純數學家，他對物理和數學在物質世界的應用也相當注意。他也曾寫過關於熱、光、氣體理論、磁、流體力學和音響方面的論文。他曾嘗試統一重力和光的理論，他對幾何基礎的研究在於探究確定什麼是我們物質空間中絕對可靠的知識。他自己曾說過他對物理定律的研究是他主要的興趣所在。身為數學家，他自如地利用數學直覺和物理推論。黎曼確信物理世界是一種特別幾何流形。歐氏公設可能祇是物理世界的近似真實。如同洛巴諾夫斯基一樣，黎曼認為天文可以決定那種幾何適合於空間。歐氏幾何法則不適用於一曲率隨時間和空間改變的空間，這促成相對論的產生。

黎曼還證明了黎曼–勒貝格引理 20.41 (頁394)。黎曼臆設是數學中一個重要而又著名的未解決的問題 (猜想界皇冠)，多年來它吸引了許多出色的數學家為之絞盡腦汁：

6.7 臆測. *(黎曼臆設)* 黎曼 $\zeta-$ 函數

$$\zeta(s) = \frac{1}{1^s} + \frac{1}{2^s} + \frac{1}{3^s} + \frac{1}{4^s} + \cdots$$

的非平凡零根的實數部份是 $\frac{1}{2}$。

6.4　嘉當、楊振寧、陳省身和丘成桐

圖 6.6: 嘉當

圖 6.7: 陳省身

微分幾何下一個飛躍是由嘉當 (Cartan, Élie 1869 – 1951) 帶領的。在 1887 年，克來因 (Felix Klein 1849 – 1925) 在德國的地方叫厄蘭格 (Erlanger)，他提出了他的教授就職論文厄蘭格綱領 (Erlanger Program)，裡面提到：不同的對稱群會引出不同的幾何。嘉當就把克來因的觀點和黎曼幾何結合，創造了纖維叢的連絡理論，關係到後來物理的規範場論 (gauge theory)。我們對時空的結構通過規範場論，也就是從嘉當引進的規範場論局部對稱性，得到很長遠的瞭解。

嘉當引進了所謂活動標架 (moving frame) 及外微分形式 (exterior differential form) 的技巧，使黎曼幾何中繁複的計算簡化不少。不過更重要的是他拓展了微分幾何的範疇，他在活動標架之間介紹進所謂嘉當聯絡 (Carton Connection)，這是一個類似克利斯多夫符號的幾何量，但是它不一定要與長度度量有任何關係。因此嘉當的幾何空間不必要有長度及角度的觀念，但是仍然可以有曲率及平

行位移等觀念。因此嘉當推廣了空間的觀念，而黎曼空間是它的一個特例。

場論及微分幾何分別是物理和數學中的兩門重要的學科。場論肇始於馬克士威爾的電磁學，如今已是解釋基本粒子的最有力的工具。這兩門學科在歷史上雖然是各自發展，但是現在大家已了解，事實上它們卻是同一件事情的一體兩面。然而這種認知過程卻是相當曲折，前後歷經了將近百年的時間，並且經過歷史上最聰明的頭腦的努力才達成的。

楊振寧 (Chen-Ning Yang 1922–) 和密爾斯 (Mills) 1954 年所發表的論文上。他們的出發點是如下的考慮：質子和中子除了在電荷有無及壽命長短不同外，它們其他的性質幾了完全一樣。不像廣義相對論就是黎曼幾何那樣明顯，楊振寧足足花了將近二十年的時間，在與幾何學家西蒙斯長期討論之下才找到了答案。現在一切都很清楚了，由於每個時空點上的同位旋空間不必看成是一樣，所以每個時空點都可以有其各自的同位旋空間，物理空間事實上是一個向量叢，而規範位勢則是其上的聯絡。

大概最令楊振寧意外的是，纖維叢理論是他的世交摯友「中國當代幾何學大師」陳省身的畢生功業。他們二人交情非淺，但卻不知道對方早已在自己的領域上作過了決定性的貢獻。因此後來楊振寧對陳省身說「這確實令人激動和費解，你們數學家憑空想像出了這些概念。」但陳省身當即反駁道「不，這些概念不是憑空想像出來的，而是自然的，真實的。」這正是「眾裡尋它千百度，驀然回首，那人卻在燈火闌珊處」。諾貝爾物理獎得主楊振寧，作詩讚譽大師陳省身 (Chern, Shiing-Shen) 對幾何學的貢獻：

> 天衣豈無縫，匠心剪接成，渾然歸一體，廣邃妙絕倫。
> 造化愛幾何，四力纖維能，千古寸心事，歐高黎嘉陳。

讚揚陳省身在幾何上的成就可以媲美歐幾理得、高斯、黎曼和嘉當。

陳省身的生平：

陳省身 (Shiing-Shen Chern 1911 – 2004) 於西元 1911 年出生於浙江嘉興，1926 年考入南開大學數學系，1930 年考取清華大學數學研究所，畢業後取得公費留學德

國漢堡大學，1936 年獲得博士學位後，轉赴法國隨大師嘉當問學。1943–1945 年
赴美國普林斯敦 (Princeton) 高等研究院 (IAS) 研究，抵美兩個月後，隨即完
成其著名的論文，從大域幾何的觀點賦予微分幾何最著名的高斯–伯涅特定理
(Gauss–Bonnet Theorem) 新的看法，陳省身將高斯–伯涅特定理推廣到高維空
間，同時因此發展成陳氏類 (Chern Classes)，這個發展在近代時空研究裡面是一
個很重要的工作，提供了宏觀的看法。舉例來講，在近代的弦理論裡面，可以看
到時空裡的質子數目與陳氏類有關。1960 年，他來到美國加州大學柏克萊分校教
書，在那裡一直工作到退休。

陳省身非常強調做數學研究和其他行業是截然不同的，並不求設備，隨時隨地可
做數學。譬如法國數學家彭斯勒 (Jean–Victor Poncelet 1788 – 1867) 隨拿破崙攻
打俄國時，兵敗被俘在冰冷的牢房中，他用樹枝在地上做數學，他的主要著作多
在此時完成。同樣的，陳省身在抗日期間，生活條件很不好，他照常發表論文。

陳省身對台灣數學的研究和發展極為關心，在其建議下，台灣大學、清華大學和
中央研究院數學所合作成立了數學研究中心。他的傳世文章共計百餘篇，對國際
數學界的貢獻眾所週知，許多國際知名的微分幾何學者都曾受教於他，菲爾茲獎
得主丘成桐，就是陳省身的學生。

1985 年，陳省身到中國建立南開大學數學研究所，並擔任第一任所長。陳省
身說：數學的微妙之處就在於它是不可預測的，它有可能擴展到任何我們能
夠想到的領域。但有一點我們可以肯定的是，幾何學將處於數學發展的前沿。
2004 年 9 月，陳省身獲香港邵逸夫數學獎，他自香港領獎回天津後，便將百萬獎
金全部捐獻給南開大學數學研究所，用於鼓勵數學新人。

陳省身生性淡泊，也以此教導後進，他平生得獎無數，如沃爾夫國際大獎等，可
是卻從不因此傲人。陳老師曾經多次邀請著者到他家中作客，餐後聆聽他介紹當
今數學大師的生平，至今仍記憶猶新。陳省身說 1936 年獲得博士學位後，轉赴法
國隨大師嘉當問學，嘉當每星期四下午到系上，給學生問問題，但嘉當特別讓陳
省身到他家討論數學。陳省身是實至名歸的一代大數學家，他的學術成就和高尚
品格高山仰止，是一代經師，亦是一代人師。

2004 年 12 月 3 日，陳省身病逝於中國天津，全球數學界同聲哀悼。國際數學家大
會，每四年舉行一次，是數學界頭等重要的盛事。2010 年在印度舉行的國際數學

家大會，共頒發四大獎項：菲爾茲獎、內萬林納獎、高斯獎和陳省身獎，分別紀念4位偉大的數學家。其中陳省身獎是國際數學聯盟第一個以華人命名的數學大獎，以表彰陳省身在微分幾何的卓越貢獻。

圖 **6.8:** 楊振寧

圖 **6.9:** 丘成桐

1983年菲爾茲獎得主丘成桐 (Shing-Tung Yau 1949–) 生於中國廣東汕頭，丘成桐 (Yau, Shing-Tung) 只有幾個月大時，全家移居香港。1966年入讀香港中文大學數學系。大學三年級時，獲 Stephen Salaff 教授推薦前往美國加州大學柏克萊分校深造，師從陳省身。兩年後 (1971年) 即獲得博士學位。1987年至今，任教於哈佛大學，現任哈佛大學 William Caspar Graustein 講席教授。

1976年，丘成桐解決關於凱勒–愛因斯坦度量存在性的卡拉比臆測，其結果被應用在超弦理論中，對統一場論有重要影響。丘成桐開創了將極小曲面方法應用於幾何與拓撲研究的先河。通過對極小曲面在時空中行為的深刻分析，1978年他與舍恩 (Richard Schoen) 合作證明廣義相對論中的正能量定理，因此表明愛因斯坦的理論具有一致性與穩定性。丘成桐是公認的當代最具影響力的數學家之一。他的工作深刻變革並極大擴展了偏微分方程在微分幾何中的作用，影響遍及拓撲學、代數幾何、表示理論、廣義相對論等眾多數學和物理領域。

6.5　微分幾何應用大師愛因斯坦

牛頓引進的一個很重要的觀念叫作絕對空間。牛頓宣稱他的時空是絕對的、靜止

的，它為整個宇宙提供一個剛性的、永恆不變的舞臺。

科學家想了解甚麼是絕對空間。一個極重要的事實是麥克斯韋 (James Clerk Maxwell 1831 – 1879) 發現光是電磁波，光的速度與慣性坐標無關，是一個常數。不久之後，又發現麥克斯韋電磁方程以洛倫茲 (Hendrik Lorentz 1853 – 1928) 變換作為對稱群。這些給愛因斯坦創造狹義相對論的靈感，終於在 1905 年愛因斯坦 25 歲的時候，他提出了狹義相對論，空間和時間終於融合在一起。

狹義相對論很快受到物理學家的認同，但其中有一個很重要的問題，就是引力場。由牛頓力學來看的引力場和狹義相對論是矛盾的，因為狹義相對論認為，任何訊息的傳遞不能超過光速；可是牛頓力學裡面是它傳遞的速度是一瞬間、是無窮快的，這與狹義相對論提到的矛盾。牛頓的傳遞的速度是無窮快是因為它與時間無關。所以愛因斯坦要擺平這個問題，這問題他想了十年。

當時愛因斯坦了解引力是力場的一種，它使物體加速，由於狹義相對論的要求，在速度平行的方向，速度加快很快很快的話，會使長度加長，因為我們手上的尺會變短，所以量出來的長度較長，在與速度垂直的方向，長度不變，沒有影響。所以發現很重要的一點：長度會在不同的方向和點改變，就是我們用狹義相對論來量一個加速的物體時，長度會對應改變，這正是黎曼幾何的特點；黎曼幾何容許長度在不同方向改變。

在同一個時間，愛因斯坦提出了他出名的等價原理，就是講在任何座標裡面，物理的引力場的理論是要成立的，他花了很多時間來加進等價原理才了解到它跟黎曼幾何的關係。他才明白黎曼度量滿足等價原理，同時黎曼曲率使得度量拉長或縮短，這正是他所需要的一個工具。這個黎曼曲率正的時候會使得度量收縮，負的時候使得長度會拉長。

在整個架構來講，我們曉得黎曼幾何是廣義相對論裡面的框架，能夠用時空來跟黎曼幾何連在一起，就等於將幾何與引力渾為一體，不能夠再分開。而因為引力場驅動整個宇宙的改變，時間再也不是一潭靜寂的死水。當天體變動的時候，時空的幾何與拓樸以光的速度在變化，這也是廣義相對論裡重要的部份，也就解決了剛才牛頓力學跟狹義相對論的矛盾。

愛因斯坦也用等價原理來看廣義相對論,所以愛因斯坦是第一個看到對稱群在物理學中最重要的物理學家。這影響了整個二十世紀的物理學,因為各種守恆定律都是由對稱群來決定的。等價原理產生了大的對稱群,導致愛因斯坦提出了廣義相對論。

黎曼幾何的發展,在當時被視為是人類一種抽象概念的自然演變過程,至於有無實際上的應用,則不得而知。促使黎曼幾何學成為二十世紀科學發展不可或缺的重要理論,乃是由於愛因斯坦所提出的「廣義相對論」的理論。

1917年愛丁頓爵士利用了一次日蝕的機會,觀察到廣義相對論所預言的光線彎曲,一時轟動了整個世界。從此重力場是幾何的說法也就為世人所接受,我們生存的空間一種黎曼空間,其彎曲情況則由物質分佈來決定。愛因斯坦可以說是歷史上第一個確實的認識到物理學就是幾何學的人,因此他下一個雄心壯志就是想將電磁學也能幾何化,以完成統一場論的鴻圖大業。不過很不幸的這卻是窮他後半生精力所未能完成的事。

圖 6.10: 愛因斯坦

圖 6.11: 愛因斯坦

愛因斯坦承襲了高斯及黎曼關於內在幾何的想法,並且把它實物化。我們活在一個四維的時空當中,而且可以知道它有沒有彎,以及彎曲的程度如何。這就是愛因斯坦的引力場方程式 (Field Equation):

$$R_{ij} - \frac{1}{2}g_{ij}R = -8\pi G T_{ij} ,$$

這裡 R_{ij} 表示里奇 (Gregorio Ricci-Curbastro) 張量，R 表數量 (scalar) 曲率，T_{ij} 表 (能量動量) 張量，G 表引力常數。愛因斯坦提出這一套理論，其中最重要的是說明當光線通過一個質量比較大的星球時，因其有等效的質量，它應該要走彎曲的路線，這是由於質量與能量是等價的，在質能的附近會產生彎曲的現象，亦即在時空中，「曲率是重力的偽裝」。

愛因斯坦的生平 (Einstein's life)：

愛因斯坦 (Albert Einstein 1879 – 1955) 更將微分幾何運用到相對論：在原子科學的領域裡，愛因斯坦的名望凌駕於其他科學家之上，且歷久不衰。這位具有猶太血統的科學家，幼年在德國渡過，高中時遷居義大利，大學時代則在瑞士蘇黎世工藝學院就讀。在 1900 年愛因斯坦完成了大學的學業。1902 年任職於瑞士專利局，工作乏味，下班後在家中進行自已所喜歡的研究。在他 26 歲時，也就是 1905 年，愛因斯坦共計發表了 5 篇論著，其中第二篇光電效應使他在 1921 年榮獲諾貝爾物理獎。最引人注目的是他所提出相對論的質量和能量的關係，這兩者是一體的兩面，可以互相轉換，這導致核能的實現 (質量的損失可以轉變成能量)。愛因斯坦發明公式

$$E = mc^2 ，$$

其中 E 表能量 (energy)；m 表質量 (mass)；c 表光速 (velocity of light= $3 \times 10^8 m/s$)。

1912 年秋天愛因斯坦回瑞士母校任教，他的座右銘為「研究的目的在追求真理」，時常告誡學生不要選擇輕鬆的途徑。1914 年他遷居柏林，任職於普魯士皇家科學院及柏林大學。由於身具猶太人血統，在德國受到歧視，他於 1931 年接受美國普林斯頓高級研究所的邀請，於第二年離開德國前往美國。

1938 年德國在希特勒統治下，已經發現以中子撞擊鈾會產生核分裂的現象。美國科學家乃上書羅斯福總統，由愛因斯坦具名簽署，信中建議展開鈾實際用途的研究，終於研製出核武器。第二次世界大戰戰後愛因斯坦倡議原子能的和平用途，阻止戰爭的再發生。愛因斯坦一生和志同道合的朋友共同探討科學的未知領域，休閒生活則為演奏音樂與讀書，淡泊明志，為本世紀的科學巨人。

6.6 本章心得

1. 法國數學家龐加萊說：良土生良物。

2. 輕鬆一下：有二人知生死二路，這二人一說真話，一說謊話。你問一句話而知生路？答案是：請問如果你是他的話，你會說那一條路是死路，他指的路就是生路。

3. Genius Among Geniuses 天才中的天才—愛因斯坦：

   Q：愛因斯坦有多聰明？

   A：愛因斯坦非常聰明！

   在美國，物理系的學生常常會玩一種問答遊戲，就是那種「誰比較聰明」（who is the greater genius）的遊戲。他們通常是這樣進行的：

   Q：伽利略跟開普勒，誰比較聰明？

   A：伽利略。

   Q：馬克斯韋爾和玻爾呢？

   A：馬克斯威，不過差距不會很大。

   Q：霍金和海森堡呢？

   A：沒長大腦的人也知道，當然是海森堡（海森堡測不準定理是量子力學的決定性定理）。

   Q：那牛頓跟愛因斯坦呢？

   A：噫這個嘛（遊戲不了了之）

   牛頓和愛因斯坦之間實在很難比。牛頓是現代科學之父，他一個人就把世界給解釋完了，在那個時代，「最高成就獎」無疑是頒給了牛頓，其他人根本望塵莫及。但是愛因斯坦不同。愛因斯坦曾在自傳裡寫道：

   > 牛頓，請你原諒我。在你的時代，你所成就
   > 的已是世界上最聰明的人所能成就的極限了。

   言下之意自然是說，由於時代進步的關係，他自己的成就已超越了牛頓。愛因斯坦不是自誇，他所說的是真的。從 1905 年到 1925 年，他的思想已徹底改變了人類的世界觀，他改變了人類對微觀世界的理解（愛因斯坦是量子力學的催生者，雖然他後來又出於感情因素而反對量力學，而與波爾展開了物理學界的世紀大論戰），也改變了人類對巨觀世界的認知（他的相對論用以解釋時空和宇宙）。不要忘了，當愛因斯坦在 1905 年發表狹義相對論的時候，他才 26 歲。

誰比較聰明？物理系的學生在玩這個遊戲時，心裡其實是在拿自己與這些知名科學家相比。也許比得上馬克斯威吧，也許比得上羅倫茲，不過愛因斯坦嘛，你還是別比了吧！自牛頓以降，沒有人有愛因斯坦的天才。而牛頓已經算是離他最近的了。

4. 法國大革命 (The French Revolution)：

圖 **6.12:** 法國第三級人

法國波旁王朝（843 – 1791）封建君主專制將人民分三級：第一級是天主教教士，第二級是貴族，其他各種人都歸入第三級。1789 年 5 月 5 日路易 XVI 召開三級會議 (後改名為制憲會議) 要增加第三級人之稅，一、二級人數共佔全人口 2%，但在三級會議中各級一票，通過增稅後，消息傳出來以後，巴黎人民群情激憤，怒不可遏。於是，醞釀很久的一場大革命就這樣爆發了。1789 年 7 月 13 日這一天，手執武器的人群攻占了一個又一個的陣地，巴黎市區到處都有起義者的街壘。到了 14 日的早晨，人民就奪取了整個巴黎，包括巴士底監獄 (Bastille)。1789 年 8 月 26 日發表人權宣言，1791 年憲法確立君主立憲制，1792 年 8 月 106 日吉倫特派八月起義，9 月擊退吉軍，國民公會宣布成立

第一共和國 (1792-1804)：

處死路易 XVI，羅伯斯比爾爲首的公安委員會推行恐怖政策，1796 –
1797 督政府派波拿巴·拿破崙遠征意大利取得重大勝利，軍人勢力開始抬
頭。1799 年 11 月 9 日霧月政變，波拿巴·拿破崙任第一執政，頒新憲法，建
立獨裁統治。

圖 **6.13**: 波拿巴·拿破崙

圖 **6.14**: 拿破崙加冕儀式

法蘭西第一帝國「拿破崙帝國」(1804.12.2–1814.1.3, 1815.3.20–1815.6.22)：

1804.12.2 在聖母院舉行的拿破崙加冕儀式，稱拿破崙 (Napoleon Bona-
parte) 一世，1812 兵敗俄國 (開始崩潰)，1813.10 兵敗萊比錫 (開始瓦解)，
1814.3.31 反法盟軍、路易 XVIII 進入巴黎，1814.4. 拿破崙在巴黎楓丹白露
簽署退位詔書，此前兩天拿破崙宣布無條件投降。法蘭西第一帝國滅亡了。
拿破崙後被放逐厄爾巴島，1815.3.1. 拿破崙登陸法國，3.20. 拿破崙重登皇
位，6.18. 滑鐵盧兵敗，6.22. 拿破崙退位，不久被流放聖赫勒拿島 (第一帝
國最終覆滅、波旁王朝複辟)。

波旁王朝複辟 (1815.6.22 1830.7.29)：路易 XVIII 頒大憲章，1824 查理 X 世
繼位。

七月王朝 (1830.7.29 1848.2.24)：
1830.7.29. 路易·菲利浦被推上王位，三色旗爲國旗，1831 和 1834 里昂工人
起義，1847 歐洲農業歉收，1848.2.22 – 24 二月革命。

法蘭西第二共和國 (1848.2.24 – 1852.11)：
1848.12 路易·拿破崙·波拿巴成爲第一位普選產生的總統，1851 波拿巴發動軍事政變，解散議會，開始獨裁，1852 頒布新憲法。

法蘭西第二帝國 (1852.11 – 1870.9.4)：
1852.11 路易·拿破崙·波拿巴登基稱帝，稱拿破崙三世。經濟繁榮，政治脆弱。1870.7 普法戰爭爆發，1870.9.2 法國降於色當。

法蘭西第三共和國 (1870.9.4-1940)：
1870.9.4 共和派在市政大廳宣布廢黜波拿巴家族，建立共和國，1875 憲法修正案確認共和制 (法國共和政體最終確立)，1878 國歌馬賽曲，國慶 7.14，法國每年 7 月 14 日大革命爆發紀念日都會在巴黎舉行大規模的閱兵儀式，揭示自由、平等、博愛精神永留於法國的藍、白、紅三色國旗，爲法國大革命留給世界的文明遺產。

歐拉 1707
主曲率

黎曼 1826
黎曼曲率張量

陳省身 1911
陳省身特徵類

蒙日 1746
微分幾何的開山祖師之一

嘉當 1869
嘉當聯絡

丘成桐 1949
證明卡拉比臆測

高斯 1777
優美定理

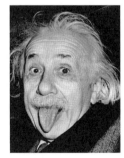
愛因斯坦 1879
廣義相對論

1700　　　　　　　　　微分幾何重大貢獻數學家　　　　　　　2000

7 幾何基礎

歐氏幾何一般被攻擊的是她過於拘泥於形式，稱讚的是她在邏輯上的優越。但這些稱讚有問題，因為她定義時常不定義，公理並非不可證，證明時用到不明的定理。

7.1 歐氏幾何的缺陷

古希臘時重疊圖形則全等是合乎經驗的，不是純直觀的，而是外在感官的經驗，且這些用到圖形在空間的移動「非幾何的」。19世紀一般認為重疊方法要另立公設或須要另想法子證明全等。

有些人批評直角皆相等的公設應可由其餘公設證出。萊佈尼茲 (Gottfried Wilhelm Leibniz) 也批評說歐幾里得不知不覺用了兩圓互過圓心，必有一交點。高斯 Carl Friedrich Gauss) 也批評「在中間」要交代，規定一平面是一曲面其上任二點的連線必在其上，這定義有問題。歐幾里得「證明」了一些「假結果」。

7.1 例. 每一三角形必為等腰三角形。

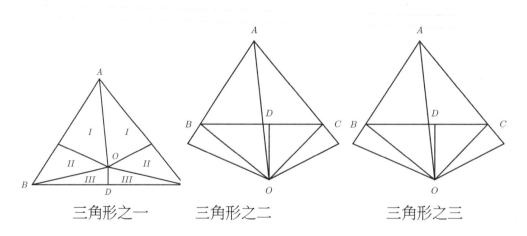

三角形之一　　　三角形之二　　　　　　三角形之三

證. (錯誤的證明)

作 $\angle A$ 的分角線和 BC 的垂直平分線。

1. 若這兩線平行，則 $AB = AC$。
2. 若不平行相交於 O，如圖 (三角形之一)，則 $AB = AC$。
3. 若不平行相交於 O，如圖 (三角形之二)，則 $AB = AC$。
4. 若不平行相交於 O，如圖 (三角形之三)，則 $AB \neq AC$。

由此可見歐氏幾何證明有一大缺點，即它被認為由圖形給予直觀感，進而有準確證明，而事實上是對準確圖形的直觀證明。

雖然歐幾里得的「幾何原本」，邏輯結構自寫出就遭到批評，但一直不廣被人所知，或被認為是小瑕；「幾何原本」一般被認為嚴格的模型。然而非歐幾何喚醒了人們認清歐氏幾何結構的缺點，這些缺點使得數學家重建一套歐氏幾何的基礎。

7.2   幾何的統一

非歐幾何使人類知道幾何是人造的，而可以用公理化為出發點，這促成德國數學家帕科 (Moritz Pasch 1843 – 1930) 首論幾何的基礎。如果希爾伯特是幾何基礎之父，則帕科是幾何基礎之祖父。帕科覺得像歐幾里得，規定點為不具有位置的，那等於沒有定義，因為什麼是位置？一直問下去何時完了？所以帕科主張點、線和面為無定義名詞，選一些無定義名詞，其他的就可由這些無定義名詞定義出來。帕科相信概念和公理是經驗而得，但邏輯上來說由何處得來都沒有太大關係，因為由這些概念和公理就可以推出一種幾何來。

1882 年，帕科 (Pasch) 在他的著作「新幾何論」(Vorlesungen über neuere Geometrie) 中將射影幾何公理化，這些公理中很多也可以用到歐氏幾何和非歐幾何。帕科對射影幾何除了點、線和平面外還加上了無窮遠點 (點)、無窮遠線 (線) 和無窮遠平面 (平面)，如此一來歐氏幾何和非歐氏幾何變成其特例，只要區別點與點等等即可。

克來因 (Felix Klein 1849 – 1925) 把幾何看成變換群的不變性。克來因為何稱高斯、羅巴切夫斯基和波爾約的非歐幾何 (曲率為負常數的二維曲面的幾何) 為雙曲幾何，黎曼幾何 (曲率為正常數的二維曲面的幾何) 為橢圓幾何，而歐氏幾何為拋物幾何呢？這是因為：

1. 雙曲線與無窮遠線交於兩點，而雙曲幾何每一直線與典型相交於兩實點。
2. 橢圓與無窮遠線沒有實交點，而橢圓幾何中，每一直線與其典型無實交點。
3. 拋物線與無窮遠線有一實交點，而歐氏幾何 (看成射影幾何的部份) 中，每一直線與其典型有一實交點。

雙曲幾何提出以後，一個最重要的結果是大數學家克萊因所發明的空間，他創造了一種解析的方法，通過在單位圓盤上任意兩點的某種距離，給出雙曲幾何的一個模型，這個模型叫做克萊因模型。

7.3 歐氏幾何的公理化

歐氏幾何的公理化有許多人嘗試過。1889年義大利數學家皮亞諾 (Giuseppe Peano 1858 – 1932) 在其著作「幾何原理」中，給歐氏幾何一套公理且規定點、線段和運動等為無定義概念。義大利數學家枚奉雷斯 (Giuseppe Veronese 1854 – 1917) 規定線、線段和線段全等，等無定義概念且給了一套公理。

但是將歐氏幾何的公理化做得最好，最簡單和最受世人歡迎讚美的，到現在為止是19世紀後期20世紀前葉的數學巨人，德國數學家希爾伯特 (David Hilbert 1862 – 1943) 的巨著「幾何基礎」(Grundlagen der Geometrie 1899) 中規定下列歐氏幾何的公理化之公理：

7.2 公理. *(連通公理 Axiom of Connection)*

   1. 對任二點 A, B，必存在有一直線 l，使得 A, B 在 l 上。
   2. 任二點 A, B，最多只有一直線 l，使得 A, B 在 l 上。
   3. 每一直線至少含有二點，每一直線至少有一點不在其上。
   4. 不在直線的任三點 A, B, C，至少有一平面 p，使得 A, B, C 在 p 上，每一平面至少含有一點。
   5. 不共線的三點 A, B, C，最多只有一個平面，使得 p，使得 A, B, C 在 p 上。
   6. 若一直線上的二點在一平面 p 上，則該線所有點在 p 上。
   7. 若二平面 p, q 有一共同點 A，則必至少還有一個點 B 在 p, q 之上。
   8. 至少有四點不在同一平面上。

7.3 公理. *(在其間公理 Axiom of Betweenness)*

1. 若一點 B 在兩點 A, C 之間，則 A, B, C 為不同三點在同一直線上，而且 B 也在 C, A 之間。

2. 任二點 A, C，至少有一點 B 在直線 AC 上，而且 B 在 C, A 之間。

3. 一直線上任三點，最多其中一點在其餘兩點之間。

4. (帕科公理 *Pasch Axiom*) A, B, C 為平面 p 上不共線之三點，p 上有一直線 l，其中 A, B, C 都不在 l 上。若 l 過線段 AB 的一點，則 l 必也過線段 AC 或線段 BC 的一點。

7.4 定義. 一直線 l 上二點 A, B，在 A, B 之間的點稱為內點，A, B 叫端點，內點和端點合為線段 AB，其他線上的點 (非內點、端點者) 稱為外點。

7.5 公理. (全等公理 *Axiom of Congruence*)

1. A, B 為直線 l 上兩點，若 A' 為 l 上一點，則 l 上有另外一點 B'，使得此二線段 AB 與 $A'B'$ 全等，記為 $AB \equiv A'B'$。

2. 若 $AB \equiv A'B'$, $AB \equiv A''B''$，則 $A'B' \equiv A''B''$。

3. 設 l 上，AB, BC 沒有共同內點，l' 上，$A'B', B'C'$ 沒有共同內點，$AB \equiv A'B', BC \equiv B'C'$，則 $AC \equiv A'C'$。

4. 設 $\angle(h, k)$ 為平面 p 上一角，h' 為另一平面 p' 上一射線，以 O' 為中心，則在 p' 上有一且僅有一射線 k' 以 O' 為中心，使得 $\angle(h, k) \equiv \angle(h', k')$。

5. 設二三角形 $ABC, A'B'C'$ 中

$$AB \equiv A'B', AC \equiv A'C', \angle BAC \equiv \angle B'A'C',$$

則 $\triangle ABC \equiv \triangle A'B'C'$。

7.6 公設. *(平行公設 The Axiom of Parallels)* l 為一直線，A 為線外一點，則在 l, A 的平面上，最多存在一直線過 A 且與 l 平行 (至少有一平行線可以證出，不必列為公設)。

7.7 公理. (阿基米德公理 *Archimedes Axiom*) 設 AB, CD 為二線段，則下列二者之一成立：

1. 則在 AB 線上有 $A_1, A_2, \cdots, A_n$，滿足

$$AA_1 \equiv A_1A_2 \equiv \cdots \equiv A_{n-1}A_n \equiv CD,$$

且 B 在 A 與 A_n 之間。

2. 則在 CD 線上有 C_1, C_2, $\cdots$, C_m，滿足

$$CC_1 \equiv C_1C_2 \equiv \cdots \equiv C_{m-1}C_m \equiv AB，$$

且 D 在 C 與 C_m 之間。

7.8 公理. *(完全性公理 Axiom of completeness)* 設一直線上的點若滿足連通公理、在其間公理、全等公理、平行公設和阿基米德公理，則不能再擴大成更大的集合，使滿足這些公理。

希爾伯特利用這些公理，證明出一些歐幾里得的重要定理，到底這樣公理化的系統會不會矛盾？希爾伯特證明出其五種公設是獨立的，他的方法是找出一種對四種公設是可容的模型，但是不滿足第五種公設的任一個。希爾伯特也證明過平行公設與其他公設既獨立又相容，因此非歐幾何是對的。

7.4   德國希爾伯特

圖 **7.1:** 希爾伯特

希爾伯特的生平：(Hilbert's life)

希爾伯特 (David Hilbert 1862 – 1943)，在 1884 年畢業於哥尼斯堡大學，獲得哲學博士學位。1893 – 1895 年任哥尼斯堡大學教授，之後長期任哥廷根大學教授，

是哥廷根學派的主要代表人物之一。先後被選為柏林科學院院士和英國皇家學會會員。研究成果涉及許多領域：

1. 在不變式理論方面，1888 年他用存在性方法，證明了多年來困擾著專家們的高登 (Paul Albert Gordan 1837 – 1912) 問題，成為抽象代數的先驅。

   7.9 問題. *(高登問題)* 對於給定的二次型，是否存在一組有限的基，使所有不變量都能夠用這組基的有理整式表達。

2. 在代數數論方面，1897 年他所著的「數論報告」(Zahlbericht)，將伽羅瓦 (Caloio) 應用到代數數論的研究，為同調代數和類域論奠定了基礎。

3. 在幾何基礎方面，1899 年他著的「幾何基礎」一書，成功地建立了歐氏幾何的公理化，發展了現代公理化方法。

4. 在變分法方面，1904 年他用對角線法證明了狄利克雷原則，參見定理 6.6 (頁 86)，豐富了變分法的經典理論。

5. 在積分力程方面，他發展了弗雷德霍爾姆 (Erik Ivar Fredholm 1866 – 1927) 的積分方程理論，為泛函分析的早期發展作出了貢獻。

6. 他創建希爾伯特空間 (Hilbert Space)、和法國勒貝格創建的勒貝格空間 (Lebesgue Space)、波蘭巴拿赫創建的巴拿赫空間 (Banach Space) 和俄國索伯列夫創建的索伯列夫空間 (Sobolev Space) 為分析四大空間。

7. 1900 年在法國巴黎舉行的國際數學家會議，希爾伯特提出 23 個待解問題，挑戰 20 世紀數學。其中大部分問題，在 20 世紀已被解決。這些問題領導 20 世紀數學的研究方向。這一種事先設定研究方向，在歷史上成功的例子很少，尤其在科學研究方面。很巧，在 1900 年 12 月 14 日，蒲郎克 (Max Planck 1858 – 1962)，在德國物理學會宣讀了一篇談「黑體幅射」的論文，而開啟了量子力學的研究。

7.5　法國龐加萊

法國龐加萊和德國希爾伯特為 20 世紀前半葉的二大數學家。

龐加萊的生平：(Poincaré's life)

圖 **7.2:** 龐加萊

法國龐加萊 (Jules Henri Poincaré 1854 – 1912) 是數學家、物理學家和天文學家。
法國最偉大的數學家之一，龐加萊被公認是 19 世紀後和 20 世紀初的領袖數學家，
是博學者 (Polymath)，是繼高斯之後對於數學及其應用具有全面知識的最後一
個人 (The Last Universalist)，很多人都說出身法國顯赫世家的龐加萊是個天才，
那簡直是太客氣了，在數學與物理學之城裡，滿大街都是天才！與萊布尼茲、羅
素一樣，我們名之以全才 (全面的天才)。龐加萊發表 500 篇科學論文和了 30 多本
書。

龐加萊的父親萊昂·龐加萊是南希大學醫學教授，龐加萊的表弟雷蒙德·龐加
萊是 1913 – 1920 年法國總統。1873 年，龐加萊以第一名考入巴黎綜藝大學校
(École Polytechnique)，他在那裡學習數學，師從夏爾·埃爾米特 (Charles Her-
mite 1822 – 1901)，成績依然優秀，並於 1874 年發表了第一篇論文「曲面指標
性新證」(Démonstration nouvelle des propriétés de l'indicatrice d'une surface)。
1975 – 1978 就學於高等礦業學校，1879 年獲得巴黎大學博士學位，並長期任巴
黎綜藝大學校和巴黎大學教授。1887 年被選為法國科學院院士，並曾任院長，同
時獲得許多外國科學院的褒獎和名譽院士稱號。他的研究成果涉及數學、力學和
物理學的許多領域。1912 逝世於巴黎。最重要的工作含：

1. 龐加萊與希爾伯特並稱為二十世紀數學雙雄。
2. 數學家達布 (Darboux) 宣稱龐加萊是直覺的 (un intuitif)，他不關心嚴格

性，且不喜歡邏輯。他相信邏輯不是發明之道，而是一個結構化想法的方法，而且邏輯限制思想。龐加萊有著與羅素 (Bertrand Russell) 和弗雷格 (Gottlob Frege) 截然不同的哲學思想。羅素和弗雷格相信數學是邏輯的一個分支，龐加萊對此強烈反對。他認為直覺 (intuition) 才是數學的生命。龐加萊在他的書「科學與假設」(Science and Hypothesis) 中寫道這樣一個有趣的觀點：對於一個膚淺的觀察者來說，科學真理是不存在任何懷疑的可能的；科學的邏輯是不會錯的，即使有時候科學家犯錯，那也只是因為他們錯誤運用了科學的法則。

3. 正確的推理無疑非常要緊，但更關鍵的是找到骨節眼上的問題。必須具有正確的直覺，才能夠選對最根本的問題。解決這些問題，對科學的整體發展，具有舉足輕重的作用。

4. 土魯斯 (Toulouse) 寫了一本稱為昂利·龐加萊的書 (1910 年)。在其中，他討論了龐加萊的通常時間表：

   (a) 他每天從事數學研究四小時，在 $10am - 2pm$，然後在 $5pm - 7pm$，他在每天晚上念論文。
   (b) 他有出眾的記憶力，並能記起他所讀過的文本中任意一項的頁和行。他也能夠記起耳朵聽到的準確詞句。他一生保有這些能力。
   (c) 他的通常工作習慣是在頭腦裡完全解決一個問題，然後把它寫下來。
   (d) 他總是急匆匆的，不喜歡返回來作改變或更正。
   (e) 他身體笨拙，近視和藝術上無能。
   (f) 當他參加講座的時候，因為他的視力差到無法看清他的演講者在黑板上所寫的東西，他能夠將他所聽到的東西圖像化。
   (g) 龐加萊的工作習慣被比作從一朵花飛到另一朵花的蜜蜂：他從不花了很長時間在一個問題上，因為他相信做另一個問題的工作時，潛意識將繼續做這一問題。
   (h) 他習慣於忽略細節，只看重點。他以驚人的迅捷在一個個想法之間跳躍。他發現的事實圍繞著問題的核心整合起來，並立即自動地分類儲存到了他的記憶裡。

5. 二體問題 (two-body problem)，已經由牛頓本人獲得了完美的精確解了。三體問題 (three-body problem)，我們所面臨的仍然是一組「壯觀的」微分方程 (differential equations)。龐加萊三體問題的「天體力學的新方法」，環繞這一問題以及軌道穩定性和天體形狀的研究，首創微分方程的定性理論和組合拓撲學。還是自守函數論 (automorphic functions) 的創始人之一，

將自守函數用於某些積分計算問題和非線性微分方程，龐加萊成了第一個
發現混沌確定系統的人並為現代的混沌理論打下了基礎。

6. 首創動態系統 (dynamical systems) 和龐加萊回歸定理 (Poincaré recurrence theorem)。

7. 在一篇 1894 年的論文中，他引入了基本群的概念。

8. 在微分方程領域，龐加萊給出許多微分方程的定性理論的許多結果，例如龐加萊 (Poincaré inequality)、不等式龐加萊球面和龐加萊映射。

9. 拓樸學先驅之一。

10. 龐加萊臆測 7.12 (頁 111)。

11. 首先研究洛倫茲變換。

12. 狹義相對論，龐加萊比愛因斯坦的工作更早一步，龐加萊群以他命名。在愛因斯坦其後的生涯中，他評論龐加萊為相對論的先驅之一。在愛因斯坦死前說：洛倫茲已經認出了以他命名的變換對於麥克斯韋方程組的分析是基本的，而龐加萊進一步深化了這個遠見。

7.6 古今大問題

我們介紹古今大問題 (big problems)。

7.6.1 三加一大問題

古希臘留下了三加一大問題，對人類智慧挑戰了二千多年。前三者是尺規作圖問題。

1. 方圓問題：給定了一個圓要作一個正方形與之等積？

2. 三分角問題：任意角是否可以尺規作有限多次將其三等分？

3. 倍積問題：給定一立體，是否可以尺規有限次作一立方體，其體積為原立方體的兩倍？

4. 平行公設：過線外一點恰有一線與已知直線平行？

三加一大問題 2000 年後終於解決：

1. 三分角問題和倍積問題的不可能幾何作圖，在 1837 年由萬則 (P. L. Wautzel 1814 – 1848) 利用伽羅瓦 (Galois) 理論證得。

2. 在1882年林德曼 (Ferdinand von Lindemann 1852 – 1939) 也證明了 π 為超越數,因此證明了方圓問題為不可能幾何作圖。

3. 許多數學家企圖由5個公理和其他4個公設推出平行公設,平行公設的諸多證明,雖是每每失敗,但其副產品卻是光芒四射,導致19世紀高斯 (Friedrich Gauss 1777 – 1855),羅巴契夫斯基 (Nikolai Lobatchevsky 1792 – 1856) 和包利耶 (János Bolyai 1802 – 1860) 非歐幾何學的興起。

7.6.2 費馬最後問題

7.10 問題. *(千古奇謎)* 1637年,費馬在閱讀丟番圖「算術」拉丁文譯本時,曾在第11卷第8命題旁寫道:將一個立方數分成兩個立方數之和,或一個四次冪分成兩個四次冪之和,或者一般地將一個高於二次的冪分成兩個同次冪之和,這是不可能的。關於此,我確信已發現了一種美妙的證法,可惜這裡空白的地方太小,寫不下。是美麗的謊言,抑是真的末頁容不下長的證明?這是古今數學一大謎。

即費馬利用無窮漸減的方法證明了沒有一個立方體可以分成二個立方體,即

$$x^3 + y^3 = z^3$$

沒有正整數解。費馬更進一步的提出古今奇謎。

7.11 定理. *(費馬大定理或稱費馬最後定理 Le dernier théorème de Fermat)*

$$x^n + y^n = z^n,\ n \geq 3$$

沒有正整數解。

許多種情形已經被證得費馬最後定理是正確的:

1. 杯西 (Bernard Frenicle de Bessy 1605 – 1675) 證 $n = 4$ 定理對。
2. 歐拉 (Leonhard Euler) 證 $n = 3$, $n = 4$ 定理對。
3. 勒讓德 (Adrien-Marie Legendre) 證 $n = 5$ 定理對。
4. 高斯 (Carl Friedrich Gauss) 企圖證 $n = 7$,但是失敗。
5. 拉美 (Gabriel Lamé 1795 – 1870) 證 $n = 7$ 定理對。
6. 狄利克雷 (Lejeune Dirichlet) 證 $n = 14$ 定理對。

7. 德國數學家庫默爾 (Ernst Eduard Kummer 1810 − 1893) 證出小於 100 時定理對。

德國數學家沃爾夫協 (P. Wolfshehl) 在 1908 年遺贈十萬馬克給德國科學院，懸賞能夠解決費馬最後定理的人。這獎金已經吸引數千人，然而沒有一個人有正確的證法，此問題誤證之多數學史上無出其右。此一費馬最後定理一直到 1995 年，才由美國普林斯頓大學懷爾斯 (Andrew Wiles) 解決，證明此定理是正確的。

7.6.3　希爾伯特 23 問題

希爾伯特 (David Hilbert 1862 − 1943) 於 1900 年之壯舉，當年在巴黎舉行的國際數學家會議上，這位德國偉大數學家為二十世紀數學，規劃了 23 道值得解決的難題，亦即後來所謂的「希爾伯特 23 問題」。

希爾伯特問題中的 1 − 6 是數學基礎問題，7 − 12 是數論問題，13 − 18 屬於代數和幾何問題，19 − 23 屬於數學分析。

第 1 題　連續統假設 (部分解決)。
第 2 題　算術公理之相容性 (已解決)。
第 3 題　兩四面體有相同體積之證明法 (已解決)。
第 4 題　建立所有度量空間使得所有線段為測地線 (太隱晦)。
第 5 題　所有連續群是否皆為可微群 (已解決)。
第 6 題　公理化物理 (非數學)。
第 7 題　若 b 是無理數、a 是非 0, 1 的代數數，那麼 a^b 是否超越數 (已解決)。
第 8 題　黎曼臆測及哥德巴赫臆測和孿生質數猜想 (未解決)。
第 9 題　任意代數數體的一般互反律 (部分解決)。
第 10 題　不定方程式可解性 (已解決)。
第 11 題　代數係數之二次形式 (已解決)。
第 12 題　一般代數數體的阿貝爾擴張 (未解決)。
第 13 題　以二元函數解任意七次方程式 (已解決)。
第 14 題　證明一些函數完全系統之有限性 (已解決)。
第 15 題　舒伯特演算之嚴格基礎 (部分解決)。
第 16 題　代數曲線及表面之拓撲結構 (未解決)。

第 17 題　把有理函數寫成平方和分式 (已解決)。

第 18 題　非正多面體能否密鋪空間、球體最緊密的排列 (部分解決)。

第 19 題　拉格朗日系統之解是否皆可解析 (已解決)。

第 20 題　所有有邊界條件的變分問題是否都有解 (已解決)。

第 21 題　證明有線性微分方程式有給定的單值群 (已解決)。

第 22 題　將解析關係以自守函數一致化 (已解決)。

第 23 題　變分法的長遠發展 (未解決)。

7.6.4　七大世紀難題

公元 2000 年，克雷研究所 (Clay Mathematics Institute) 在波斯頓舉辦的數學千禧年會議，擬定了七大百萬美金難題，作為二十一世紀數學的發展願景。顯然，這意在追隨希爾伯特 (David Hilbert 1862 – 1943) 於 1900 年之壯舉，當年在巴黎舉行的國際數學家會議上，這位德國偉大數學家為二十世紀數學，規劃了 23 道值得解決的難題，亦即後來所謂的「希爾伯特 23 問題」。現在，針對這七個世紀大難題，正如證明費馬最後定理的懷爾斯 (Andrew Wiles) 指出：「我們不知道它們會在何時解決：有可能要等五年，或者可能一百年。但我們相信解決這些難題，可以為數學發現與景象開創全新的局面。」想不到言猶在耳，其中的「龐加萊猜想」(Poincare Conjecture) 在 2002 年就獲得解決。

在 1904 年龐加萊提出龐加萊臆測：

7.12 問題. *(龐加萊臆測)* 在 $\mathbb{R}^3$ 裏，任何封閉平滑單連通的流形 *(manifold)* 一定和 $\mathbb{R}^3$ 裏的球同胚 *(diffeomorphic)*。

為了解決這個臆測，多位數學家在 1960 年代依序證明 7 維、5 維、6 維與更高維的情形。接著，證明的進展就完全停頓了下來，直到 1982 年，年僅 32 歲的美國數學家傅利曼 (Michael Freedman) 證明了 4 維的情形，而榮獲費爾茲獎。至於貢獻這個證明的「最後一哩路」之天才，正是俄國數學家格里高利·佩雷爾曼 (Grigory Perelman)。佩雷爾曼將他的證明發表在數學網站上，而非一般數學家所習慣發表的期刊。儘管如此，2006 年在馬德里召開的國際數學家會議，還是頒給他數學界的最高榮譽費爾茲獎 (Fields Medal)，這被視為數學界的諾貝爾獎，其獲獎條件甚至比諾貝爾獎還嚴苛，沒想到他竟然拒絕領獎。這種將自我從整個數學社群放逐的作風，甚至拒領克雷研究所所頒贈的百萬美金獎。

在此附帶一提的是，七大世紀難題其中的第五個難題，是楊振寧–米爾斯方程 (Yang-Mills Equations)，描述物理裏「楊振寧–米爾斯規範場理論」的數學方程式。

7.7 本章心得

1. 德國數學家希爾伯特說：我們必須知道，我們必將知道。

2. 龐加萊名言之一：甜蜜情人互約明天老地方見，老地方在那裡？地球在自轉、在公轉，宇宙在膨脹。

3. 龐加萊名言之二：良土生良物。

4. 鳥和青蛙 (這篇文章是摘錄自普林斯頓高等研究所弗里曼戴森 (Freeman Dyson) 教授的愛因斯坦講座講稿。)

   有些數學家是鳥，有些數學家是青蛙。鳥高高遨翔在空中，觀察各種數學領域，統一不同的思想，並不同的數學領域加以連結。青蛙在地面的泥土中生活，僅能看見附近出現的花，他們喜歡特定問題的細節，並且一次解決一個問題。我是青蛙，但是我的許多好朋友是鳥。數學需要鳥和青蛙：鳥可提供廣闊的視野，而青蛙可給予複雜的細節。數學是偉大的藝術和重要的科學，因為數學使概念的一般性與架構的深度結合。宣稱鳥比青蛙更好，因為他們較有遠見，或是青蛙比鳥更好，因為他們看得較深，都是愚蠢的。數學的世界既廣且深，我們需要鳥和青蛙一起合作來研究數學。

   我很感謝美國數學學會邀請我來愛因斯坦 (Albert Einstein) 講座演講。愛因斯坦是一個數學家和物理學家，一方面，他非常尊重數學描述運作的性質，他有一個本能的數學之美，這導致他走上正確的軌道，並發現自然的規律，不過他的思考方式是物理的，而非數學的。他是至高無上的物理學家之一，他是一隻看得比其他鳥更遠的超級鳥。

   法蘭西斯培根和勒內笛卡兒：在 17 世紀初，兩個偉大的哲學家：英國的培根 (Francis Bacon) 和法國的笛卡兒 (Rene Descartes)，宣告了現代科學的誕生。笛卡兒是鳥，培根是青蛙。他們各自描述自己對未來的遠見，他們的設想有很大的不同。培根說：一切取決於保持穩定的眼睛盯在事實的性質。培根認為科學家應該走遍地球來收集事實，累積的事實會透露自然法則如何運作，科學家則從各式各樣的事實來導出自然法則。笛卡兒說：我

思故我在。笛卡兒認為科學家應該留在家裡來推論自然法則，為了正確地推論自然法則，科學家僅僅需要邏輯和上帝存在的知識。對於 400 年以來培根和笛卡兒手所領導的方式，科學已經搶先透過以下兩種途徑同時進行，英國科學家往往是屬於培根派，而法國科學家則是笛卡兒派。英國科學家法拉第 (Michael Faraday)、達爾文 (Charles Darwin) 和拉塞福 (Emest Rutherford) 都是培根派的；而法國科學家巴斯卡 (Blaise Pascal)、拉普拉斯 (Pierre-Simon Laplace) 和龐加萊 (Henri Poincare) 則是笛卡兒派的。這兩派互相激勵，使科學大大地豐富肥沃。然而也有例外，英國科學家牛頓 (Isaac Newton) 就是屬於笛卡兒派的；而法國科學家瑪麗居里夫人 (Marie Curie) 則是培根派的。

在 20 世紀的數學史上，有兩個決定性的事件，其中一個屬於培根派，而另一個則屬於笛卡兒派。1900 年在法國巴黎舉行的國際數學家會議，德國大數學家希爾伯特 (David Hilbert) 提出了 23 個待解問題，來挑戰 20 世紀的數學。希爾伯特是一隻鳥，在整個數學領域上飛得高，但是他把他的問題遞交給一次只解決一個問題的青蛙。希爾伯特問題巨大的成功引導數學的研究方向。它們中，有一些已經解決，但和有一些仍尚未解決。然而，希爾伯特問題刺激了數學新思想的成長，也開展了數學的新領域。第二個決定性事件則是在 30 年代，法國數學鳥布爾巴基 (Bourbaki) 小組的形成，出版一系列的教科書，統一了數學的框架。布爾巴基一系列的教科書改變了接下來 50 年的數學風格，並且強調從具體例子得到抽象的一般性。

龐加萊 1854
具有全面知識的最後一個人
三體問題定性理論
引入基本群的概念
龐加萊臆測
首創動態系統

希爾伯特 1862
創建希爾伯特空間
歐氏幾何的公理化
希爾伯特 23 問題
同調代數奠定基礎
豐富了變分法的經典理論

1850   龐加萊與希爾伯特並稱為二十世紀數學雙雄   1950

8 命數法

人類與生俱來便有了數的概念。從西元前 10,000 年至西元前 3,000 年，人類對於數學的認識是這樣的：

1. 分清楚 1、2 和許多。
2. 知道數的一些抽象性。
3. 引進數的符號。
4. 用 2, 5, 10, 12, 20, 60 等等為數基來數東西。
5. 學會一些小數目的加、減、乘和除等運算。
6. 瞭解一些簡易的分數，如 $\frac{1}{2}$ 和 $\frac{1}{3}$ 等。

數學的發展一直到古希臘 (西元前 600 年至西元 300 年，才有嚴密的組織和專業的訓練。人類數東西最自然的方法是，借助於人的手，手指和身體等各種姿態。英國新吉尼亞地方方言中是用右手食指，指點人體某些部位來表示 1 到 10：

1. 左手小指。
2. 左手無名指。
3. 左手中指。
4. 左手食指。
5. 左手姆指。
6. 左手手腕。
7. 左手手肘。
8. 左肩。
9. 左胸。
10. 右胸。

當他們數一群動物時 (10 以內)，他們用右手食指點上述自己身體部位，例如點到左肩，那就表示動物的數目有「左肩」那麼多，以後再檢查時還是那麼數法，如果也是到 "左肩" 那就表示沒有錯。第 8 世紀時，英國歷史之父，也是修道士比德 (Bede 西元 673 年至西元 735 年) 利用手指，手和身體的諸部位，已經可以描

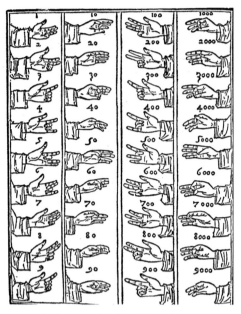

圖 **8.1:** 比得手指數圖

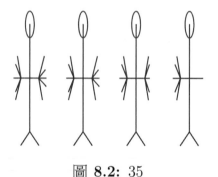

圖 **8.2:** 35

述到 $10,000,000$。

「命數法」常用的有下列五種:

1. 非位值命數法:中石器時代,數的時候經常借助于多人的手指頭來幫忙。
   當一個人的十個手指頭都用完之後,請另外一個人的手指頭拿出來,依此
   類推,如圖 8.2 表 35。

2. 位值命數法:以十進位為例來看,人類智慧輝煌的結晶:「位值命數法」。
   位值是在計算中用上記憶,第一個人一直算,找第二個人來記憶。例如第

一個人算到10時，手指恢復原狀「指頭收回」，第二個人伸出一個手指頭以代表之。第一個人再算下去，算到10時，手指又收回，第二個人又伸出一個手指頭來代表，如此可以算到99，如果要再算下去，便得再增加一個人，稱為第三個人。當第二個人數到10時，第二個人手指頭恢復原狀，第三個人伸出一個手指頭，因此又可以算到999 依此類推的方法稱為位值，圖 (8.3) 表 273。

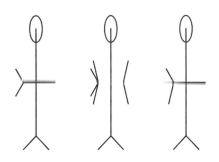

圖 **8.3:** 273

其實「位值命數法」在我們看來是一目了然，因為現今我們的命數法就是位值命數法。位值命數法是先選取一個數基 b，由此任意一個自然數 N，就可以唯一的決定了：

$$N = a_n b^n + a_{n-1} b^{n-1} + \cdots + a_1 b + a_0 = a_n a_{n-1} \cdots a_1 a_0 ,$$

其中 $0 \leq a_i < b,\ i = 0,\ 1,\ 2,\ \cdots,\ n$。

例如：

(a) 今日所習用的命數法 (印度–阿拉伯命數法)，是以10為數基的位值命數法，如：

$$3402 = 3 \times 10^3 + 4 \times 10^2 + 0 \times 10 + 2 。$$

(b) 在電子計算機語言裡，是以2為數基的位值命數法，如：

$$1011 = 1 \times 2^3 + 0 \times 2^2 + 1 \times 2 + 1 。$$

(c) 巴比倫命數法，是以60為數基的位值命數法，如：

$$524551 = 2 \times 60^3 + 25 \times 60^2 + 42 \times 60 + 31 。$$

若想知道 524551 如何表成 60 為數基的方法，可由下述計算而得：

60	524551	8752	145	2
	480000	6000	120	
	44551	2742	25	
	42000	2400		
	2551	342		
	2400	300		
	151	42		
	120			
	31			

即

$$
\begin{aligned}
524551 &= 8742 \times 60 + 31 \\
&= [145 \times 60 + 42] \times 60 + 31 \\
&= \big[(2 \times 60 + 25) \times 60 + 42\big] \times 60 + 31 \\
&= 2 \times 60^3 + 25 \times 60^2 + 42 \times 60 + 31 \text{。}
\end{aligned}
$$

(d) 馬雅命數法採取擬位值命數法：以 20 為數基，但 $n \geq 1$ 時，以 18×20^n 代替 20×20^n，

$$43487 = 6 \times 18 \times 20^2 + 0 \times 18 \times 20 + 14 \times 20 + 7 \text{。}$$

若想知道 43487 如何表成 60 為數基的方法，可由下述計算而得：

20, 18, 20	43487	2174	120	6
	40000	1800	120	
	3487	374	0	
	2000	360		
	1487	14		
	1400			
	87			
	80			
	7			

則

$$
\begin{aligned}
43487 &= 2174 \times 20 + 7 \\
&= [20 \times 18 + 14] \times 20 + 7 \\
&= \Big[(6 \times 20 + 0) \times 18 + 14\Big] \times 20 + 7 \\
&= 6 \times 18 \times 20^2 + 0 \times 18 \times 20 + 14 \times 20 + 7。
\end{aligned}
$$

3. 加法命數法：這是較早期的一種命數法，先選定數目 b 字為基，然後定出 $1, b, b^2, \cdots$，等數目字，其它的數目字由此相加而得，這就是加法命數法。古埃及的象形數目字就是以 10 基的加法命數法：

1
10
10²
10³
10⁴
10⁵
10⁶

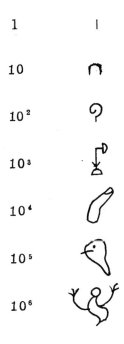

圖 **8.4:** 古埃及的象形數目字

例如：

13015=1(10⁴)+3(10³)+1(10)+5
=

圖 **8.5:** 古埃及加法命數法

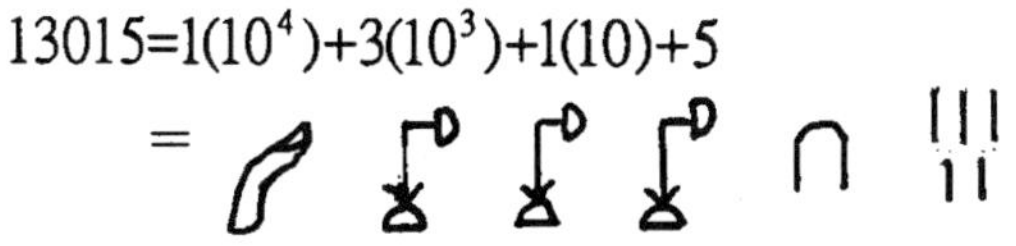

4. 乘積命數法：人類漸漸由加法命數法進步為乘積命數法。選定一數基 b，作出 $1, 2, 3, \cdots$ 和 $b, b^2, b^3, \cdots$ 等數目字，然後以乘積來表出任一自然數。若

$$
\begin{array}{ccc}
10 & 表 & a \\
10^2 & 表 & b \\
10^3 & 表 & c \\
& \vdots &
\end{array}
$$

則 $5625 = 5c6b2a5$。

中國的命數法就是基以 10 的乘積命數法：

$$
\begin{array}{cc}
1 & 一 \\
2 & 二 \\
3 & 三 \\
4 & 四 \\
5 & 五 \\
6 & 六 \\
7 & 七 \\
8 & 八 \\
9 & 九 \\
10 & 十 \\
10^2 & 百 \\
10^3 & 千
\end{array}
$$

例如：5625 ＝ 五千六百二十五。

5. 密碼命數法：選定一個數基 b，作出

$$
\begin{array}{l}
1, 2, \cdots, b \\
b, 2b, \cdots, (b-1)b \\
b^2, 2b^2, \cdots, (b-1)b^2 \\
\vdots
\end{array}
$$

等數目字。則任意自然數皆可表出來。希臘的字母數目字 (創於西元前 450 年) 就是密碼命數法，參見 8.3 (頁 127)。

綜觀人類對於數的發展，見下表以助了解。

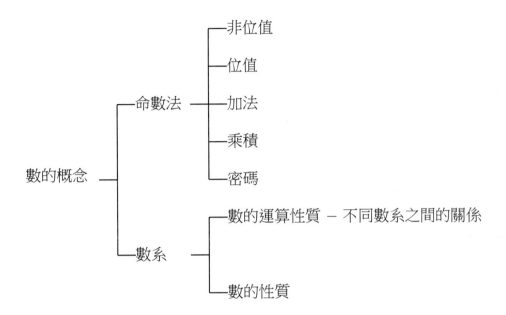

8.1 巴比倫命數法

巴比倫 (Babylonia) 位於今日伊拉克 (Irag) 領土的一部份。古巴比倫數目字經常刻在軟黏土板上，然後加以烘乾，持久性甚高。巴比倫數目字是楔形文字，如圖 8.6：

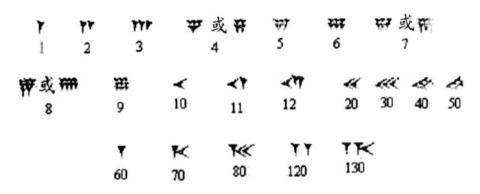

圖 **8.6:** 巴比倫命數法

巴比倫在數學和天文上經常以 60 為數基。但在日期、面積、重量和貨幣等方面則用 60, 24, 12, 10, 6 為數基。巴比倫使用加法命數法 (Babylonian numeration law)，例如以 10 為基時，如圖 8.7：

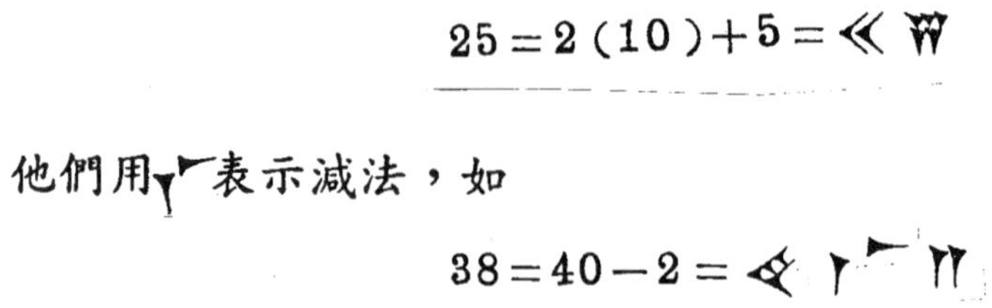

$$25 = 2(10) + 5 = \text{《} \text{W}$$

他們用 Y 表示減法，如

$$38 = 40 - 2 = \text{《} \text{Y} \text{Y} \text{YY}$$

圖 8.7: 巴比倫命數法

巴比倫在算術方面可以作一些平方、立方、平方根和立方根如他們得

$$\sqrt{2} = 1.414213 \cdots 。$$

8.2 埃及命數法

古埃及 (Egypt numeration law) 數目字起先是象形文字，每一個符號代表一件事物，是以 10 為數基的加法命數法

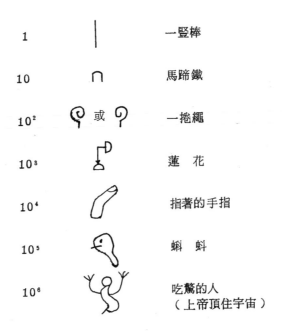

1	│	一豎棒
10	∩	馬蹄鐵
10^2	或	一捲繩
10^3		蓮 花
10^4		指著的手指
10^5		蝌 蚪
10^6		吃驚的人（上帝頂住宇宙）

圖 8.8: 古埃及象形數目字

埃及本來用象形數目字，後來在僧侶之間，演變成為另一型式的數目字，稱為僧侶數目字。雷因書卷就是用僧侶數目字寫成的。下面是象形和僧侶兩種數目字的圖形。

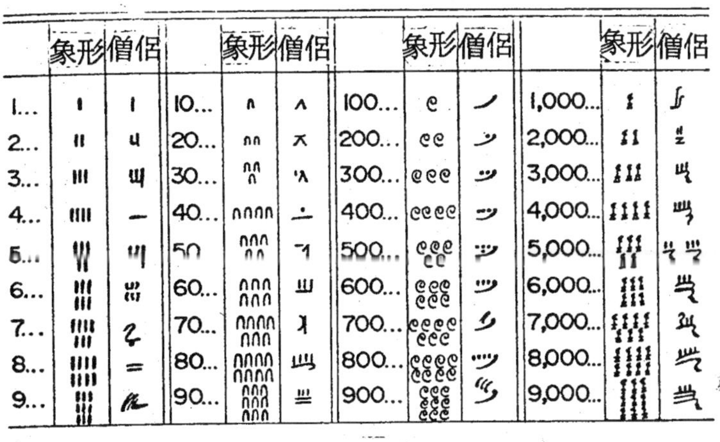

圖 8.9: 古埃及象形和僧侶數目字

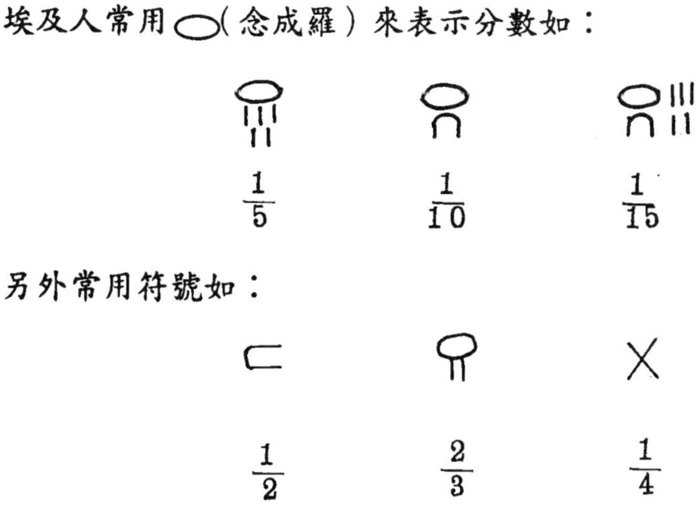

埃及人常用 ◯（念成羅）來表示分數如：

$$\frac{1}{5} \qquad \frac{1}{10} \qquad \frac{1}{15}$$

另外常用符號如：

$$\frac{1}{2} \qquad \frac{2}{3} \qquad \frac{1}{4}$$

圖 8.10: 古埃及分數數目字

古埃及的乘法和除法都以疊加法處理：

8.1 例. $12 \times 12 = ?$。

解.　先作成下表：

$$
\begin{array}{ll}
1 & 12 \\
2 & 24 \\
4 & 48 \\
8 & 96 \\
\end{array}
$$

故 $12 \times 12 = (4+8) \times 12 = 48 + 96 = 144$。

8.2 例. $19 \div 8 =?$。

解.　先作成下表：

$$
\begin{array}{ll}
1 & 8 \\
2 & 16 \\
\frac{1}{2} & 4 \\
\frac{1}{4} & 2 \\
\frac{1}{8} & 1 \\
\end{array}
$$

故 $19 \div 8 = (16 + 2 + 1) \div 8 = 2 + \frac{1}{4} + \frac{1}{8}$。　　　　■

其實古埃及最重要和最豐富的數學遺產，首推雷因書卷。其內含的 85 道問題雖然相當的古老，但是本身所蘊含的真理，一直到今天還是非常的引人注意，許許多多的數論方面的大師，還經常地沉醉於雷因書卷的懷抱裡！雷因書卷代表著古埃及數學的一大特色：即將 $\frac{2}{n}$ 分解為諸 $\frac{1}{m}$ 的和。並且列出 $\frac{2}{n}$ 的分解表，其中 $n = 3, 4, 5, \cdots, 101$ 例如：

$$
\begin{aligned}
\frac{2}{5} &= \frac{1}{3} + \frac{1}{15} \\
\frac{2}{15} &= \frac{1}{10} + \frac{1}{30} \\
\frac{2}{31} &= \frac{1}{20} + \frac{1}{124} + \frac{1}{155}。
\end{aligned}
$$

分數的乘法靠查表與疊加而得，如雷因書卷的第 2 題：

8.3 例. 二塊麵包分給十個人，每人得到多少？

解.　每人得到 $\frac{1}{5}$ 片。驗算：

$$
\begin{array}{ll}
1 & \frac{1}{5} \\
2 & \frac{1}{3} + \frac{1}{15} \quad 查表得 \frac{2}{5} = \frac{1}{3} + \frac{1}{15} \\
4 & \frac{2}{3} + \frac{1}{10} + \frac{1}{30} \quad 查表得 \frac{4}{5} = \frac{2}{3} + \frac{1}{10} + \frac{1}{30} \\
8 & 1\frac{1}{3} + \frac{1}{5} + \frac{1}{15} \quad 查表得 \frac{8}{5} = 1\frac{1}{3} + \frac{1}{5} + \frac{1}{15},
\end{array}
$$

得 $\frac{1}{5} \times 10 = \frac{1}{5} \times (2+8) = \frac{1}{3} + \frac{1}{15} + 1\frac{1}{3} + \frac{1}{5} + \frac{1}{15} = 2$。故得證。 ∎

古埃及的人用「擬設法」解一次方程式,如第25題:

8.4 例. 一堆東西的全部加上其 $\frac{1}{7}$ 為 *19*,問該堆東西一共有多少?

解. 由題意設所求的東西為 x,則 $x + \frac{x}{7} = 19$,設 $x = 7$,得 $7+1 = 8$,即 $7 : 8 = x : 19$,故 $x = 7 \times \frac{19}{8}$。由例 8.2(頁 124),得 $19 \div 8 = 2 + \frac{1}{4} + \frac{1}{8}$ 故 $x = 7 \times \frac{19}{8} = 14 + \frac{7}{4} + \frac{7}{8}$。 ∎

雷因書卷的第 79 題迷惑了許多牛代的計多數學家。書卷上面記載著:

房屋	7	7^1
貓	49	7^2
老鼠	343	7^3
小麥穗	2401	7^4
希克(重量單位)	16807	7^5

題目除了這些資料外沒有別的,真是一幅抽象畫。歷史學家摩立次·康托爾在 1907 年認為這是下列兩件事的寫照:

1. 萊昂納多·斐波那契 (Leonardo Fibonacci) 著「Liber Abaci(1202)」書上記有:

   通往羅馬的道路上
   有七位老婦人,
   每人有七隻騾,
   每隻騾上背著七個袋子,
   每袋含有七塊麵包,
   每塊麵包上有七把刀,
   每把刀上有七個鞘。

   問:通往羅馬的道上共有多少婦人?多少騾?多少袋子?多少麵包?多少刀?多少鞘?

2. 英國有一首人人會唱的童歌。

As I was going to St. Ives，

I met a man with seven wives，

Every wife had seven sacks，

Every sack had seven cats，

Every cat had seven kits，

Kits, cats, sacks, and wives，

How many were going to St. Ives？

8.3 希臘命數法

古希臘 (Greek numeration law) 幾何的發展正達高峰，他們輕視一般的計算，認為那些東西是用來做生意的形而下的東西，要研究就要研究有結構美的數論。畢達格拉斯年代的記數法於今不詳。在西元前 500 年左右，記數法是以 10 為基的加法命數法。

1	|	10	△	6	Γ|
2	||	10^2	H	50	Γ△
3	|||	10^3	X	500	ΓH
4	||||	10^4	M	18	△Γ|||
5	π 或 Γ				

如：2857 = XXΓHHHHΓΔΓΙΙ 。

圖 8.11: 希臘命數法

到了亞歷山大年代，他們用 24 個希臘字母，再加上 F, $\wp$, λ 共 27 個字母。

α	β	γ	δ	ε	F	ζ	η	θ
1	2	3	4	5	6	7	8	9
ι	κ	λ	μ	ν	ξ	o	π	$\wp$
10	20	30	40	50	60	70	80	90
ρ	σ	τ	υ	ϕ	χ	ψ	ω	λ
100	200	300	400	500	600	700	800	900
$\iota\alpha$	$\rho\nu\gamma$	$,\alpha\tau\varepsilon$	$,\alpha$	$,\beta$	M	$\overset{\beta}{M}$	$\overset{\gamma}{M}$	$\alpha L"$
11	153	1305	1000	2000	10000	20000	30000	$1\frac{1}{2}$
$\gamma L"$								
$3\frac{1}{2}$								

至於根號方面畢達格拉斯研究群以 $\frac{49}{25} \approx 2$，得 $\sqrt{2} \approx \frac{7}{5}$。鐵亞多樂斯以 $\frac{49}{16} \approx 3$，得 $\sqrt{3} \approx \frac{7}{4}$。阿基米德最為神妙，他算得 $\frac{265}{153} < \sqrt{3} < \frac{1351}{780}$。古希臘的減法如下：其中空白處表 0：

$$
\begin{array}{c}
\overset{\theta}{M} \quad ,\gamma \quad \chi \quad \lambda \quad F \\
\underline{\overset{\beta}{M} \quad ,\gamma \quad \upsilon \qquad \theta} \\
\overset{\zeta}{M} \qquad \sigma \quad \kappa \quad \varsigma
\end{array}
\qquad
\begin{array}{c}
9 \quad 3 \quad 6 \quad 3 \quad 6 \\
\underline{2 \quad 3 \quad 4 \quad 0 \quad 9} \\
7 \quad 0 \quad 2 \quad 2 \quad 7
\end{array}
$$

8.4 羅馬命數法

羅馬 (Roman numeration law) 的記數法如下：

I	II	III	IV	V	VI	VII	VIII	IX	X
1	2	3	4	5	6	7	8	9	10

XX	XXX	XL	L	LX	LXX	LXXX	XC	C	CC
20	30	40	50	60	70	80	90	100	200

CCC	CD	D	DC	DCC	DCCC	CM	M
300	400	500	600	700	800	900	1000

X 和 M 代表 10 和 1000 的由來是這樣的：

1. 兩個 V 可以寫成一個 X。
2. 兩個 D 可以合成一個 M。

舉個簡單的例子：

$$\text{CXXVIII} \quad \text{CCXXXIX}$$
$$128 \qquad\quad 239$$

羅馬數目字到今天還很有用。如紀念碑或公共建築物的日期，書本的章節或頁數，另外鐘錶的時數也經常用及。1998 國際數學家會議（International Congress of Mathematicians，ICM）在德國柏林舉行。他們用下述標誌表示 1998 ICM：

$$
\begin{vmatrix} M & C & M \\ X & C & V \\ I & I & I \\ I & C & M \end{vmatrix}
\qquad
\begin{vmatrix} 1000 & 0 & 900 \\ 90 & 0 & 8 \\ 0 & 0 & 0 \\ I & C & M \end{vmatrix}
$$

8.5　馬雅命數法

馬雅 (Mayan numeration law) 文化是中美文化，起源於西元前 400 年，對於天文、日曆、建築和商業諸方面皆有莫大的貢獻。馬雅命數法以·代表 1，以———代表 5，個位數在下，十位數在其上，依此類推。採用「擬位值命數法」。

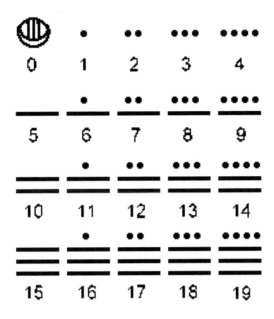

圖 8.12: 馬雅命數法

$$a = a_1(18 \times 20^{n-2}) + \cdots + a_{n-3}(18 \times 20^2) + a_{n-2}(18 \times 20) + a_{n-1} \times 20 + a_n \text{ ,}$$

如圖 8.13：

$$43{,}487 = 6\,(\,18 \times 20^2\,) + 0\,(\,18 \times 20\,) + 14 \times 20 + 7$$

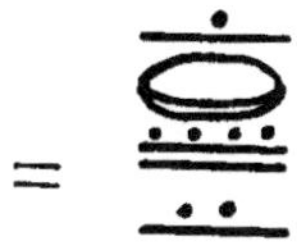

圖 8.13: 43487

8.6　中國命數法

中國 (Chinese numeration law) 有許多偉大的文化傳入世界許多國家。易經上說：

太極生兩儀，兩儀生四象，四象生八卦，$\cdots$。

兩儀含陰和陽。兩儀、四象和八卦與二進位有密切的關係。

陽　　　陰

———　　—　—

1　　　0

四象表數目字如下：

═══　══　══　══

3 = 11　2 = 10　1 = 01　0 = 00

八卦表數目字如下：

天　　氣　　火　　雷　　風　　水　　山　　地

7 = 111　6 = 110　5 = 101　4 = 100　3 = 011　2 = 010　1 = 001　0 = 000

S　　SE　　E　　NE　　SW　　W　　NW　　N

中國大約在西元前 300 年發明命數法，採用乘積命數法：726 = 七百二十六。

一　二　三　四　五　六　七　八　九　十　百　千　萬

1　2　3　4　5　6　7　8　9　10　10^2　10^3　10^4

到了西元前 200 年命數法另生一支，由筷子放在桌上來表示數目字，稱為算籌。

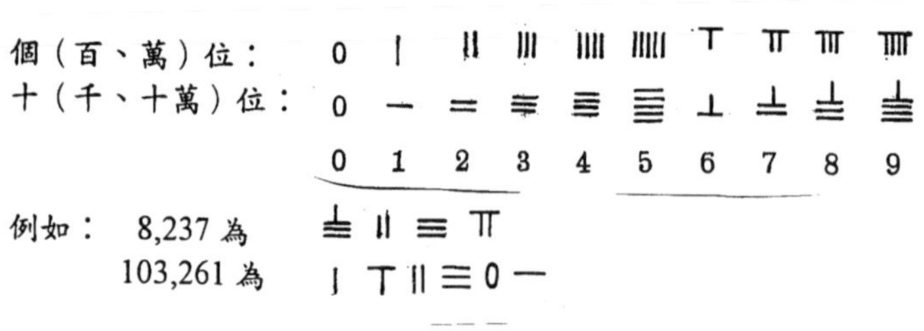

個（百、萬）位：

十（千、十萬）位：

0　1　2　3　4　5　6　7　8　9

例如：　8,237 為

103,261 為

圖 **8.14**: 8237

圖 8.15: 八卦圖

8.7　印度-阿拉伯命數法

今天科學之突飛猛進，實在是得力於數學的一日千里，而數學之能一日千里實有賴於今日數目字記法與運算之簡易與方便。今日普遍使用的數目字，源自印度-阿拉伯命數法 (India-Arab numeration law)，西元前 250 時，在印度的寺廟石欄干上，發現今日普遍使用的 1 – 9 的數目字，由此可知：印度–阿拉伯命數法首創於印度，然後傳入阿拉伯。西元前 900 年左右的印度—阿拉伯命數法如下：

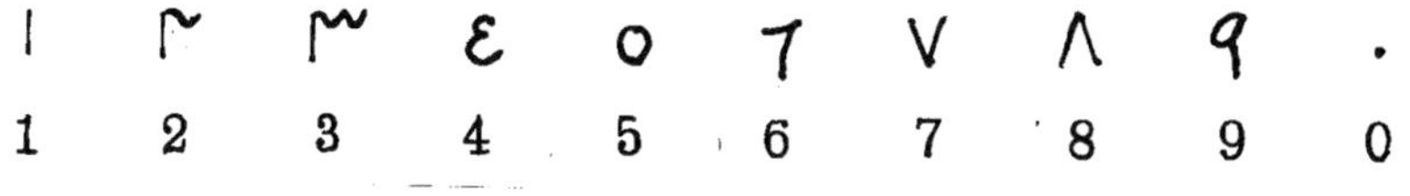

$$1 \quad 2 \quad 3 \quad 4 \quad 5 \quad 6 \quad 7 \quad 8 \quad 9 \quad 0$$

圖 8.16: 印度—阿拉伯命數法

他們創造以 ● 表「零」(唸成尚牙，尚牙乃空無之意，首先出現在印度霸克薩力 (Bakhshali 西元前 300 年) 的抄本中。印度–阿拉伯命數法是以 10 為數基的位值命數法，用印度–阿拉伯命數法寫成的數學書，慢慢地傳入西方國家。

雖然我們今天將 0 的發明歸功於印度，但是實際上，古代世界各地對零的發現都各有其貢獻，如：中國的算盤可以啟發零的發現。巴比倫用過符號代表零（不在

個位)，古希臘三角發明人托勒密在「天文學大成」(Almagest) 中用 $\bar{0}$ 或 $\ddot{0}$ 代表 0，其中 0 是希臘字「Ouden」(空無之意) 的字首。相信今天的 0 是由此得來的。

8.8　本章心得

本章心得

1. 位置不同，立場就不同。

   立場不同，看的方向就不同。

   方向不同，看到的形狀就不同。

   形狀不同，得到的結論就不同。

   既然你不可能跟另一個人在所有維度都重疊同樣坐標，就不會同時擁有跟其他人完全一樣的觀點。

   我喜歡用波粒二像性的圖來解釋這種現象；三維圓柱的投影可方可圓。

   什麼是對的? 什麼是錯的?

   答案是既是方的，也是圓的。

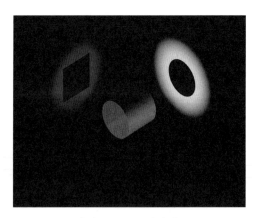

圖 8.17: 方圓

2. 德國數學家克羅內克 (Leopold Kronecker 1823 – 1891) 創造克羅內克符號，其中。克羅內克認為上帝創造自然數，人類創造其他的數。但是義大利數學家皮亞諾 (Giuseppe Peano 1858 – 1932) 認為自然數也是人類創造，用皮亞諾五公設刻劃自然數。令表 N 自然數集，皮亞諾五公設為

   8.5 公設. 我們有

   公設 **1** $1 \in \mathbb{N}$。

公設 **2** 每一 $n \in \mathbb{N}$，必有一繼承數 $n^{\star} \in \mathbb{N}$。

公設 **3** 1 不是任一 $n \in \mathbb{N}$ 的繼承數。

公設 **4** 若 $n, m \in \mathbb{N}$, $n^{\star} = m^{\star}$，則 $n = m$。

公設 **5** *(數學歸納法)* 設滿足 $\emptyset \neq S \subset \mathbb{N}, 1 \in S$，若 $n \in S$，則 $n^{\star} \in S$，則 $S = \mathbb{N}$。

9 計算法

達朗貝爾 (Jean Le Rond d'Alembert 1717 – 1783) 說：代數是寬大的，她給的總是比你要的還多。

9.1 為什麼要計算

計算起始於人類生活的需要，從古代中國、埃及和巴比倫等地都可以發現用以計算的機器。「計算」這個字的拉丁文是「Calculus」，今天「Calculus」意為微積分，是比較深入的計算。計算在古希臘為 chalix，其原意為小石頭，可見得古時候經常利用小石頭計算。人類基於下述兩項主要的需要而計算：

1. 為了商業上的交易，如：數羊群、牛群、換 (找) 錢和田地分配等。
2. 為了算四季的節氣，西元前 800 年時，黑西歐說：「當金牛星座的七星升起時開始收穫，落下時開始耕作。」

人類的計算首先轉向注意天空星體的運轉。埃及的尼羅河每年必定氾濫一次，而洪水氾濫之時常是天狼星和太陽同時出現之時，這個重大的發現對於埃及以後年表的算法，有很大的影響。

計算之首要是數目字，當然不可能對一個數就發明一個數目字，因此每一命數法常有一基，古時候世界各地用 60, 20, 12, 10, 5, 2 等等為基，數目字 digit 源自拉丁字 digitus，意指手指頭。一個英國歷史之父，也是修道士比德 (Bede 西元 673 年至西元 735 年)，在其著作中利用手、手指和身體各部位，可以由 1 描述到 10,000,000，參見 8 (頁 115)。阿基米德稱宇宙是有限的，因此可以用有限的砂來填滿而發明數砂機，就是利用 10^n 表示大數。他用萬 (10^4) 為單位，而萬之萬 ($10^{2 \times 4}$) 為第一階，繼續下去

$$10^{3 \times 4} \quad 10^{4 \times 4}, \cdots,$$

結果他算出來可填滿宇宙的砂少於 $10^{16 \times 4}$。類似的情形是幾年前名天文學家愛丁騰估計：宇宙間的氫原子數約為 10^{79}。

9.2 算盤

最早的計算機就是算盤 (abacus)。羅馬算盤，以鐵為盤。中國的算盤首用於第六世紀，而日本的算盤卻盛行於十七世紀。一個有趣的問題是算盤與計算機的計算威力誰大? 在公元 1946 年，日本松崎 (Kigoshi Matsuzaki) 用算盤和美國湯姆斯·武德用電子計算機比賽 (加法是加到六位數的 50 個數)，結果松崎贏得了加、減和除，而武德贏得了乘法。

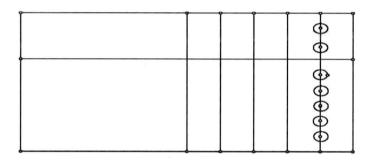

圖 **9.1:** 中國算盤

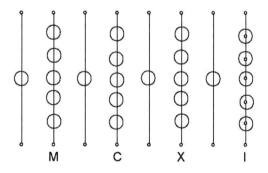

圖 **9.2:** 羅馬算盤

算盤採用同檔同珠位值相同，古中國，圖 9.1，算盤分九檔，每檔上二下五，最右檔 (或任定一檔) 的下珠每一珠表 1，上珠每一珠表 5，其左一檔下珠的每一

珠表 10，上珠的每一珠表 50，餘此類推。1868 年左右，<u>日本</u>的算盤是上一下五，
1940 年後又改良為今天的上一下四。

<u>羅馬算盤</u>，圖 9.3，的計算用下例說明：平行擺設一些串有珠子的鐵條，依 M, C, X, I（分
別表示 $10^3, 10^2, 10, 1$），各檔上擺五珠，每一檔的左檔又串一珠表其 5 倍。

9.1 例. 作 MDCCLXIX = 1769 與 MXXXVII = 1037 之和。

解.   先把 1769 表出來如圖 9.3，：

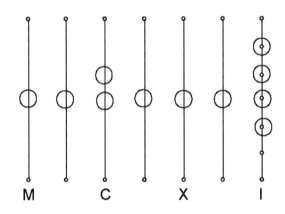

圖 **9.3:** 1769

7 加到 I 檔，在 X 檔上進 1，I 檔上留下 1 如圖 9.4，：

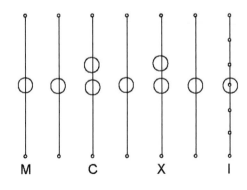

圖 **9.4:** +7

3 加到 X 檔上，去掉 X 檔二珠和其左檔一珠，在 C 檔上加一珠如圖 9.5，：

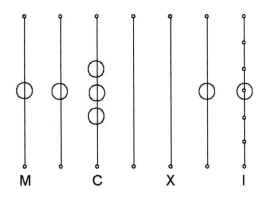

圖 0.5: |30

最後在 M 檔上加一珠得到答案如圖 9.6，即 $1769 + 1037 = 2806$。

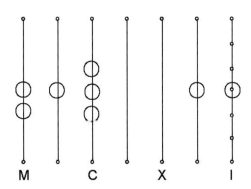

圖 9.6: +1000

黃龍吟算法指南說明中國珠算如下：「夫算盤每行七珠，中隔一梁，上梁二珠，每一珠當下梁五珠，一珠只是一數。算盤放於人之位次，分其左右上下，右位為前，左位為後，前位為上，後位為下。凡前位一珠，當後位十珠，故云逢幾還十，退十還幾之說。上法、退法、九歸、歸除，皆從右起，因法、乘法，俱從左起。」

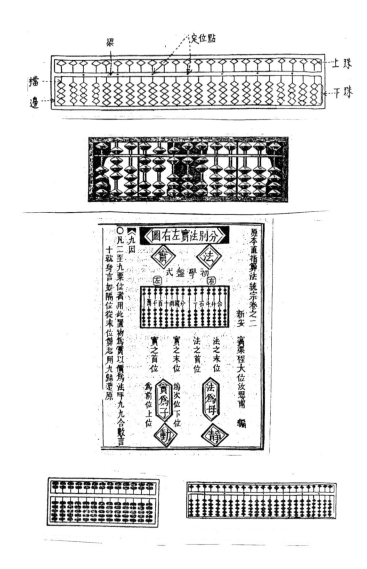

圖 9.7: 各種算盤圖

9.3 手指算法與算籌

希臘、羅馬、阿拉伯和印度等國的人們都曾用過手指和手的不同姿勢來計算。在中世紀的歐洲，手指算法變成國際貿易的媒介，中世紀時比 90 小的手指法是一致的，而且是國際性的。

中世紀時人們還由手指表法，發展成手指算法。到了廿世紀初葉，<u>法國</u>農民曾用
手指求 6, 7, 8, 9, 10 任二數 (可以相同) 相乘，稱為<u>法國農民乘法</u>：

9.2 例. $6 \times 8 =$?

$$1 + 3 = 4$$
$$4 \times 2 = 8$$

圖 **9.8:** <u>法國</u>農民乘法

左手伸出 1 (= 6−5) 指，左手不伸出 4 指，右手伸出 3 (8−5) 指，右手不伸出 2 指，
則 48 即為所求。

解.

$$6 \times 8 = (10 - 4) \times (10 - 2) = 10 \times (5 - 4 + 5 - 2) + 4 \times 2 \text{。}$$

∎

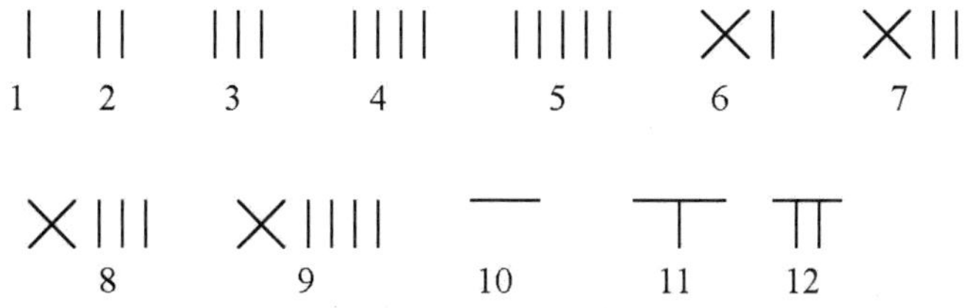

			||	|||	||||	|||||	×|	×||
1	2	3	4	5	6	7

×|||	×||||	―	⊤	⊤⊤
8	9	10	11	12

圖 **9.9:** <u>韓國</u>的算籌命數

<u>中國</u>早在西元前 500 年便使用算籌 (counting rod)，其後傳入<u>日本</u>與<u>韓國</u>。當<u>中</u>
<u>國</u>與<u>日本</u>都改用算盤之後，<u>韓國</u>仍然沿用算籌。<u>中國</u>首代計算用籌 (又稱策，算
子)，是細竹。"前漢書律曆" 志曰：「其算法用竹徑一分，長六寸，二百七十一

枚，而成六瓠為一握。」韓國算籌只用 150 枚，每枚只數寸，改良為三角形或方形如此較不易滾動。中國和日本也用數桿來表示三、四次方程式的解，且以紅桿表示正數，黑桿表示負數，空位表零。

9.4　乘法、除法與分數

乘法、除法與分數身歷諸年代許多國家，一身風塵，終於以今日堂皇富麗之容與大家見面。

9.4.1　乘法

1. 中國乘法：孫子算經上記有以算籌作乘法計算：

   9.3 例. $432 \times 521 =$?

   解.　如求首先列表

		4	3	2	上位
					中位
5	2	1			下位

   然後因為 $4 \times 5 = 20$，在中位 5 上放 0 其左一格上放 2。$4 \times 2 = 8$ 置於 2 上。$4 \times 1 = 4$ 置於 1 上，去掉上位 4 得下表

		3	2	上位
2	0	8	4	中位
5	2	1		下位

   $3 \times 5 = 15$，5 置 2 上，1 置 5，$3 \times 2 = 6$ 置 1 上，$3 \times 1 = 3$ 置 1 上右一格，去掉 3 得

		2	上位
2	0	8	4	中位
1	5	6	3	中位
5	2	1		下位

依此類推得

<table>
<tr><td></td><td></td><td></td><td></td><td></td><td></td><td>上位</td></tr>
<tr><td>2</td><td>2</td><td>5</td><td>0</td><td>7</td><td>2</td><td>中位</td></tr>
<tr><td></td><td></td><td></td><td></td><td></td><td></td><td>下位</td></tr>
</table>

得 $432 \times 521 = 225072$。   ■

關於乘法，中國早有九九歌訣。管子云：「伏羲作九九之數，以應天道」。敦煌所遺「九九術殘木簡」如下：

九九八十一，八九七十二，七九六十三，六九五十四，五九卌五，四九卌六，三九廿七，二九十八，八八六十四，七八五十六，六八卌八，五八卌，四八卅二，三八廿四，二八十六，七七卌九，六七卌二，五七卌五，四七廿八，三七廿一，二七十四，六六卅六，五六卅，四六廿四，三六十八，二六十二，五五廿五，四五廿，三五十五，二五十，四四十六，三四十二，二四而八，三三而九，二三而六，二二而四。

2. 埃及乘法：

9.4 例. $26 \times 33 =$?

解.

```
        1    33
  ♠     2    66    66
        4   132
  ♠     8   264   264
  ♠    16   528   528
                 ─────
                  858
```

即 $26 \times 33 = (2 + 8 + 16) \times 33 = 858$。   ■

3. 印度乘法：

9.5 例. $569 \times 5 =$?

解.　　　寫下569，然後在9的遠右方寫上5。5 × 5 = 25，放25在5上，
5 × 6 = 3放0在6上，將5去掉置8於其上，5 × 9 = 45放5在9上，去
掉0置4於0上，得到559 × 5 = 2845。

$$
\begin{array}{ccccc}
 & 8 & 4 & & \\
2 & \not{5} & \not{0} & 5 & \\
5 & 6 & 9 & & 5 \\
\end{array}
$$

■

俄國農民法 (Russian peasants method) 又稱為 (重半法)：一直盛行於中古
(西元前1100年至西元500年) 歐洲：

9.6 例. $43 \times 45 = ?$

解.

將43寫在左邊，45寫在右邊，左邊一直取其半 (去掉餘數)，右邊一直取
其倍，把對應到左邊為奇數的右邊數，加起來即為答案。

♠	43	45	45
♠	21	90	90
	10	180	
♠	5	360	360
	2	720	
♠	1	1440	1440
			1935

即 $43 \times 45 = 1935$。這個道理由下列式子可以看出來：

$$43 = 2^5 + 2^3 + 2 + 1 = 二進位\ 101011，$$

故

$$
\begin{aligned}
43 \times 45 \ &= (2^5 + 2^3 + 2 + 1) \times 45 \\
&= 2^5 \times 45 + 2^3 \times 45 + 2 \times 45 + 1 \times 45 = 1935。
\end{aligned}
$$

■

4. 希臘乘法：

9.7 例. $265 \times 265 =?$

解.

$$265 \times 265 = (200 + 60 + 5) \times (200 + 60 + 5),$$

			265		
α	ξ	ε	265		
α	ξ	ε	265		
$\overset{\delta}{M}$	$\overset{\alpha}{M}, \beta$	α	40000	12000	1000
$\overset{\omega}{M}, \beta$	$, \gamma\chi$	τ	12000	3600	300
$, \alpha$	τ	$\kappa\varepsilon$	1000	300	25
	$\overset{\xi}{M} \sigma\kappa\varepsilon$				70225

故 $265 \times 265 = 70225$。 ∎

5. 在特拉咪 (Trevis) 算術書中描述三種乘法如下：

9.8 例. $934 \times 314 =?$

解.

	9	3	4		
	3	7	3	6	4
		9	3	4	1
2	8	0	2		3
2	9	3	2	7	6

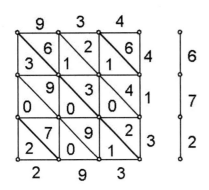

圖 **9.10**: 反斜加

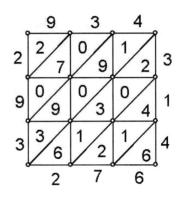

圖 **9.11**: 斜加

故 $934 \times 314 = 293276$。   ■

現今用的乘法是<u>印度·阿拉伯</u>算法，開始於西元 1600 年。

$$
\begin{array}{ccccccc}
 &   &   & 9 & 3 & 4 \\
 &   & \times & 3 & 1 & 4 \\
\hline
 &   & 3 & 7 & 3 & 6 \\
 &   & 9 & 3 & 4 &   \\
 & 2 & 8 & 0 & 2 &   \\
\hline
 & 2 & 9 & 3 & 2 & 7 & 6 \\
\end{array}
$$

9.4.2 　除法

除法方面我們介紹<u>埃及</u>除法：

9.9 例. $753 \div 26 = ?$

解. 列表

$$
\begin{array}{ccr}
 & 1 & 26 \\
 & 2 & 52 \\
\star & 4 & 104 \\
\star & 8 & 208 \\
\star & 16 & 416 \\
\end{array}
$$

因為

$$753 = 416 + 337 = 416 + 208 + 129 = 416 + 208 + 104 + 25,$$

得 $16 + 8 + 4 = 28$，故 $753 \div 26 = 28$ 餘 25。

現今我們所用的除法是在 1491 年卡拉多林算術書上首用的!

```
          2  8
  2  6 | 7  5  3
        5  2
      ─────────
        2  3  3
        2  0  8
      ─────────
           2  5
```

9.4.3 分數

巴比倫在西元前 2000 年，就用小數點表示分數。古埃及雷因書卷也描述了許多的分數，並且經常將分數表為分子為 1 的分數和。希臘用兩撇表示幾分之一，如 $(\lambda\beta)''$ 表示 $\frac{1}{32}$，$\varepsilon\eta''$ 表示 $\frac{5}{8}$。今日通用的符號是阿拉伯人在西元 1000 年開始用的：

$$ab, \ a - b, \ \frac{a}{b} \ 。$$

小數點的表示法有下列數種:

1. 5.912 (現代)。
2. $\begin{matrix} 0123 \\ 5912 \end{matrix}$ 。
3. $5 \text{⓪} 9 \text{①} 1 \text{②} 2 \text{③}$ 。

將 $75/321$ 寫為 $75 / \underline{321}$ 或 $75^{\underline{321}}$ 或 $75, 321$。即使在今天，小數點符號還是沒有統一，例如: 美國用 3.25，英國和法國用 $3, 25$。

9.5 運算符號與消 9 驗算法

「＋」和「－」首先被印於來比錫大學教授約翰·威德門所著的書中。據說「－」首由古希臘海倫 (Heron of Alexandria 10 − 75) 和丟番圖 (Diophantus of Alexandria

200 – 284) 所創，而「+」源自拉丁字 et (和之意)。

威廉·歐特首先在其所著書上用「×」來表示乘法，但是萊佈尼茲反對用「×」表乘法，因為此符號容易與 x 混淆，他主張用「·」來表示乘法。

大約在西元 1200 年，阿拉伯作家阿哈捨和義大利數學家斐波那契用 $\frac{2}{3}$ 表示 2 除以 3。邁克爾·史提費爾用 8)24 表示 24 除以 8，瑞士約翰·海利許·拉恩，則在 1659 年首用 ÷ 表示除以。

早期印度人發明了消 9 驗算法。現舉例說明之：下面是一些數的和，我們用消去 9 來驗算：把橫線上所有的數目字都寫出來，不一定要寫得整整齊齊的，然後碰到 9，8 和 1，7 和 2，6 和 3，5 和 4 等加起來為 9 的劃去，剩下來的加起來去掉 9 的倍數，結果是 8。然後寫下橫線以下的數目字，也用同法劃去得 8。則知答案可能對。如果上下不同那一定不對。

$$
\begin{array}{rrrr}
9 & 6 & 3 & 2 \\
  & 5 & 7 & 8 \\
6 & 7 & 9 & 1 \\
1\quad2 & 5 & 8 & 3 \\
6 & 7 & 3 & 2 \\
5 & 7 & 9 & 2 \\
  &   & 3 & 2 \\
+ &   & 6 &   \\
\hline
4\quad2 & 1 & 4 & 6
\end{array}
$$

這個道理是這樣的：

9.10 定理. 令 $a \in \{1, 2, \cdots, 8\}$，則 $a\overbrace{00\cdots000}^{n} \div 9$ 的餘數為 a。

解.

$$a00\cdots000 \div 9 = a \times (99\cdots99 + 1) \div 9,$$

故 $a\overbrace{00\cdots000}^{n} \div 9$ 的餘數為 a。   ∎

9.6　納皮爾尺桿

蘇格蘭約翰·納皮爾 (John Napier 1550−1617)，在其名著「骨頭棒算盤」(Rabdolo-gia 1617) 中描述三種不同的計算。其中的一種是四面刻數的計算尺桿 (Napier rod)。

9.11 例. $7259 \times 364 = ?$。

解.

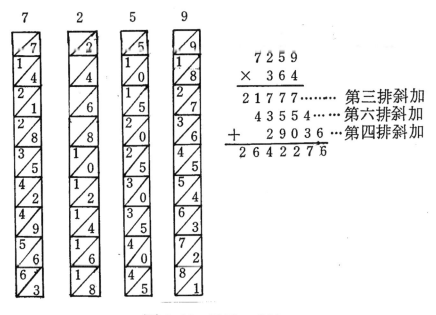

圖 **9.12:** 7259×364

把以 7, 2, 5, 9 開頭的尺桿按照先後次序排好，然後取第 3, 6, 4 排斜加起來，再如右式，總加起來即得答案。 ∎

納皮爾首用 logarithm 字眼，意指比數。約翰·威力斯在 1685 和約翰·伯努利在 1694 看出對數為指數的逆函數。

9.7　巴斯卡數輪機與萊佈尼茲數輪機

天才數學家巴斯卡年值弱冠時，就設計了一個小巧玲瓏的計算機，來替他的父親收稅。該計算機能夠計算加法與減法，是其後幾年法國製造計算機的典型。

1652 年巴斯卡又造了一個數輪機,後來存放在巴黎藝術館。巴斯卡計算機的原理十分簡單,就是把普通位值用機器的輪轉來顯示。

圖 9.13: 巴斯卡數輪機   圖 9.14: 萊佈尼茲數輪機

巴斯卡數輪機發明幾拾年之後,微積分開山祖師之一萊佈尼茲 (Gottfried Wilhelm Leibniz 1646 – 1716) 發明了一種直到今天還在使用的數輪機,世人稱之為萊佈尼茲數輪機。萊佈尼茲數輪機比巴斯卡數輪機更好,不但可以自動作加減法,還可以作乘除法,萊佈尼茲比較這兩種機器說:「本機器分為兩部份,其一算加減與巴斯卡數輪機完全相同,另一作乘除,當然這兩部份是互相配合的」,這部機器引起了巴黎科學院與倫敦皇家學會的莫大興趣。當 1673 年,其機器在倫敦展覽的時候,萊佈尼茲因而被選為倫敦皇家學會的會員。

萊佈尼茲對於近代計算機的貢獻除了萊佈尼茲數輪機之外,還有他對於符號邏輯的發明。符號邏輯促成范·諾依曼 (John von Neumann 1903 – 1957) 想出「程式儲存計算機」(Stored-program computer),開了近代計算機之路!

9.8 差異計算機

英國劍橋大學三一學院數學家查理·巴貝祺 (Charles Babbage 1791-1858) 是一個銀行家之子,當他 20 歲時,發明了差異計算機。差異計算機利用多項式的一些性質。若一多項式 $f(n) = n^2 + 2n + 3$,則

$$f(0) = 3$$
$$f(1) = 6$$
$$f(2) = 11$$
$$f(3) = 18$$
$$f(4) = 27$$
$$f(5) = 38$$

得一階差

$$\triangle f(0) = f(1) - f(0) = 3$$
$$\triangle f(1) = f(2) - f(1) = 5$$
$$\triangle f(2) = f(3) - f(2) = 7$$
$$\triangle f(3) = f(4) - f(3) = 9$$
$$\triangle f(4) = f(5) - f(4) = 11$$

又得二階差為

$$\triangle^2 f(0) = \triangle f(1) - \triangle f(0) = 2$$
$$\triangle^2 f(1) = \triangle f(2) - \triangle f(1) = 2$$
$$\triangle^2 f(2) = \triangle f(3) - \triangle f(2) = 2$$
$$\triangle^2 f(3) = \triangle f(4) - \triangle f(3) = 2$$

巴貝祺發現二次多項式的二階差必為常數，其實 n 次多項式的 n 階差必為常數。利用他想出來的這些數學理論，巴貝祺發明了差異計算機。原理是這樣的: 計算 $f(6)$ 時，已知 $f(5) = 38, \triangle^2 f = 2, \triangle f(4) = 11$，故

$$f(6) - f(5) = \triangle f(5) = \triangle f(4) + 2 = 13，$$

因此 $f(6) = 51$。這樣一來算多項式的值不需作乘法，祇作加法，真是奇妙。更由多項式的逼近可以計算複利、對數和三角函數，這比萊佈尼茲數輪機進步甚多。英國政府曾經花了 100 萬磅，支持巴貝祺改良差異計算機。

在 1883 年巴貝祺更進一步構想「分析計算機」。分析計算機是想利用運算卡指示代數運算，數值卡指示運算用的數值。這個構想是今日計算機的特徵，但是因為當時科技未達於理想，故巴貝祺並沒能夠設計成分析計算機。

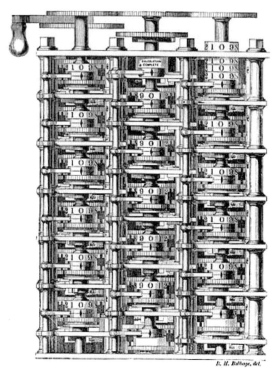

圖 **9.15:** 巴貝祺改良差異計算機

9.9 電子製表機與哈佛馬克 I

赫爾曼·何樂禮 (Herman Hollerith 1860 – 1929) 畢業於美國哥倫比亞大學，博士論文是關於製表系統論。1889年，何樂禮首創在卡片上打各式各樣的洞表各種不同的性質，如男或女，黑或白，本國人或外國人等。一張張卡片或捲紙在一串刷子下轉動，卡片上有洞就通電，沒有洞則不通。通一次電則由電力繼電器帶動的計算機運轉一格，這樣來計算具有某些特定性質的數目，如男人有多少。到了1890年人口調查時，已經放棄了捲紙而專用卡片，這是因為何樂禮認為卡片可以由不同人在不同地方不同時間來製造，而且可以依照已知性質而分類。

何樂禮設計了一種 $7\frac{3}{8}$ 吋 $\times$ $3\frac{1}{4}$ 吋的卡片，其上含有288個位置可以打孔。這個卡片的尺寸與一元紙幣的尺寸一樣大，如此可以不用另外設製卡機器，(何樂禮任職財政部) 然後他又發明了一部打卡機，和一部分類機。分類機是一個箱子，內含24倉，倉上設有蓋子，蓋子連電磁彈簧鎖由彈簧來控制。通常蓋子關著，但是

圖 **9.16:** 何樂禮電子製表機

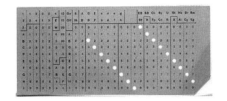

圖 **9.17:** 何樂禮卡片

當電流通過孔時電流使彈簧關閉而致蓋子張開，因此卡片就掉進倉裡，這樣來分類。

以前美國人口調查後一年資料也整理不出來，但是在 1890 年美國人口調查時，用何樂禮的打卡機和分類機一個月就完成了調查。人口調查主持人羅伯·波忒調查報告說：「第十一次人口調查記錄下 63,000,000 人和 150,000 公民區，每一性質需打十億個孔，由於何樂禮製表法的方便使得下列問題可以有解答。

1. 小孩出生數。
2. 活著的小孩子數。
3. 講英語的家庭數。

何樂禮在 1896 年開了一家造製表機的公司 (造機器和卡片)，這公司後來成為舉世聞名的 I.B.M.(International Business Machines) 公司。

霍華德·艾肯 (Howard Aiken 1900 – 1973) 是哈佛大學數學研究生，他眼見數學家窮己身之力求 π 和 e，乃引起以數值計算機來算 π 和 e 的動機。他引用了巴貝祺差異計算機的概念，1944 年，造成了舉世聞名的哈佛馬克 I(Harvard Mark I)。

哈佛馬克 I 含有 51 呎長呎 8 高的列盤，上嵌讀帶、繼電器和輪轉系統，利用數輪子來算數，每一記錄器含有很多輪子，每一輪子含有 10 個數字，共有 72 個加法記錄器，機器由個 24 打孔帶子來控制，每分鐘 200 步。該機器可以計算 $\sin x, 10^x, \log x$。經過改良的哈佛馬克 II、哈佛馬克 III、哈佛馬克 IV 和哈佛馬克 V 相繼問世。

圖 **9.18:** 哈佛馬克 I

9.10　<u>圖靈機</u>、ENIAC 和 IAS

<u>圖靈</u>的生平 (Turing's life)：

　　　　<u>圖靈</u>　　　　　　恩尼格瑪密碼機　　　　　<u>圖靈機</u>

<u>英國圖靈</u> (Alan Turing 1912 – 1954) 是電腦科學家、數學家、邏輯學家、密碼分析學家和理論生物學家，他被視為電腦科學之父。1931 年<u>圖靈</u>進入<u>劍橋大學國王學院</u>，畢業後到<u>美國普林斯頓大學</u>攻讀博士學位，<u>圖靈</u>與<u>馮·諾依曼</u>一齊研究人工智慧，二戰爆發後回到<u>劍橋</u>，1939 年，<u>圖靈</u>造出的著名的圖靈機，協助軍方破解<u>德國</u>的著名密碼系統「恩尼格瑪密碼機」(Enigma)，對盟軍取得了二戰的勝利有一定的幫助。

1945年到1948年，圖靈在國家物理實驗室負責自動計算引擎的研究工作。1949年，他成為曼徹斯特大學電腦實驗室的副主任，負責最早的真正的電腦「曼徹斯特一號」的軟體工作。圖靈對於人工智慧的發展有諸多貢獻，圖靈曾寫過一篇名為「機器會思考嗎？」(Can Machines Think? 1950) 的論文，其中提出了一種用於判定機器是否具有智慧的試驗方法，即圖靈測試。至今，每年都有試驗的比賽。

圖靈是男同性戀者，並因為其性傾向而遭到當時的英國政府迫害，職業生涯盡毀。圖靈還是一位世界級的長跑運動員，他的馬拉松最好成績是2小時16分3秒，比1948年奧林匹克運動會金牌成績慢11分鐘。1948年的一次跨國賽跑比賽中，他跑贏了同年奧運會銀牌得主湯姆·理查茲 (Tom Richards)。

蘋果公司的商標有時會被誤認為是源於圖靈自殺時咬下的半個蘋果，但該圖案的設計師和蘋果公司都否認了這一說法。而公司創辦人史蒂夫·賈伯斯在接受史蒂芬·弗萊問到此事時說：「上帝啊，我們希望它 (LOGO 向圖靈致敬) 是真的。但它只是巧合。」(God we wish it were. It's just a coincidence)。

圖 9.19: ENIAC

美國賓夕凡尼亞大學兵工署的艾克 (John Presper Eckert 1919 – 1995) 和莫齊利 (John Mauchly 1907 – 1980) 在1946年，受圖靈機的啟示，首創電子數值積分計算機 (ENIAC Electronic Numerical Integrator And Computer)。電子數值積分計算機 (ENIAC)最大的改進是用真空管代替機器的輪轉。真空管的開關完全由電流的進入與否而定。ENIAC用了18,000個真空管、10,000個電容器、

70, 000 個電阻、6, 000 個開關、30 重噸、消耗電力 140 千瓦、100 呎長、10 呎高和 3 呎寬。ENIAC 於 1955 年陳列在斯密生學院。

馮·諾依曼是電子數值積分計算機 (ENIAC) 計畫的審查人，馮·諾依曼與圖靈一齊研究過人工智慧，在 1945 – 1951 年，馮·諾依曼製成一個「Stored-program」計算機，稱為「IAS」，或稱為馮·諾依曼計算機。該計算機已經具有今日計算機的結構，現代電腦創始人之一。首創邏輯設計的計算機，可貯存指令。

由於電子工業的進步，由機械輪改進為真空管，再進為電晶體，更進為積體電路 IC (Integral Circuit)，使得今日的計算機不論在速度，可信性，易於使用和佔用體積等方面都有一日千里之進展。今日的計算機分為輸入輸出機、控制機、貯藏機和運輸機，故今日的計算機，應該稱為計算機系。

圖 9.20: 范·諾依曼

圖 9.21: 范·諾依曼計算機

馮·諾依曼的生平 (von Neumann's life)：

美籍匈牙利數學家馮·諾依曼 (John von Neumann 1903 – 1957) 是這個世紀最傳奇的數學人物之一。在他三十多年的學術生涯之中，其工作範圍幾乎函蓋了當時所有的數學，還獨自開創了三、四種全新的數學學派，並創造了自動機理論 (automata)。

關於他的奇聞軼事中，最常見的就是他那驚人的記憶力和推理速度。據說他在剛

到紐約的時候,真的表演過翻看電話號碼簿,就能在半小時內記得幾千人的電話。他寫的板書很大,而且速度又快,所以一個黑板立刻就被他寫滿。因此,在他演講的時候,總是一邊寫、一邊擦。然後,他會不斷地指著黑板的某處,說根據前三次寫在這個位置的式子,或許再加上前五次寫在那個位置的式子,可以得到以下的結論,如此這般。所以,有些數學家就說馮·諾依曼是個「用板擦證明」數學定理的人。馮·諾依曼在學術上,當然有他堅持和嚴肅的一面。但是在日常生活中,他是個和藹、容易相處的人。在他的周圍總是充滿了歡笑。

馮·諾依曼同時在匈牙利布達佩斯大學學數學,又在蘇黎士大學學化工。在蘇黎士時,波利亞 (George Pólya 1887 – 1985) 曾經這樣描述馮·諾依曼:「他是我唯一害怕的學生。在課堂如果我提出一個當時未解的問題,通常他在下課後就會直接來找我,給我幾頁完整的解答。」馮·諾依曼於 1926 以一篇集合論的論文獲得獲布達佩斯大學哲學博士學位,然後以洛克菲勒 (Rockefeller) 獎學金前往哥廷根大學跟隨希爾伯特 (David Hilbert) 作博士後研究,隨後執教於柏林大學和漢堡大學。1930 年去美國,任普林斯頓大學和普林斯頓高級研究所教授,馮·諾依曼的家庭宴會在普林斯頓非常熱鬧知名,1954 年任美國原子能委員會委員。研究成果遍及數學各個領域:

1. 初期工作以數理邏輯 (公設集合論) 和測度論為主。

2. 1927 年出版名著『量子力學的數學基礎』,創立了算子理論。

3. 三十年代初,給出形式的遍歷定理的證明,在緊群情況下解決了希爾伯特第五問題。

4. 1936 – 1940 年和默里 (F. J. Murray) 一起建立了算子代數理論,現稱為「馮·諾依曼代數」。

5. 第二次世界大戰期間,為第一顆原子彈的研製作出重要貢獻,並從事與軍事有關的一系列研究工作。

6. 馮·諾依曼為對局論的發明人,他首先証明零和對局的極小化極大 (minimax) 定理,1944 年與經濟學家摩根斯特恩 (O. Morgenstern, 1902-1977) 合著「博奕論與經濟行為」,成為博奕論學科的奠基性著作。

7. 1938 年,遍歷性 (Ergdic) 定理的証明。

8. 馮·諾依曼對應用數學的興趣,從流體力學始,並對非線性偏微分方程產生莫大的興趣。而對他而言,數值計算是最可能的「實驗」方法,這也使馮·諾依曼成為今日電腦之奠基者,並因此發展細胞自動機 (cellular automata) 的理論。

9.11 本章心得

1. 蝴蝶效應：<u>東京</u>一隻蝴蝶的翅膀扇一下，過了一個月<u>美國佛羅里達州</u>刮颱風。

2. 輕鬆一下：一宴會主人要求其客人，怕太太的站左邊，不怕太太的站右邊。結果大家都站左邊，祇有一位客人站右邊。站左邊的客人齊聲向站右邊的那一位客人歡呼：英雄! 英雄! 接著宴會主人問右邊的那一位客人，您為何敢站右邊? 那一位客人答：我太太叫我不要去人多的地方。

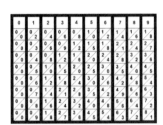
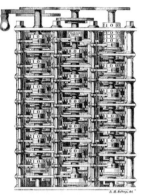

納皮爾尺桿 1617　　　　巴貝祺差異計算機 1811　　　圖靈機 1939

巴斯卡數輪機 1652　　　何樂禮電子製表機 1889　　艾克-莫齊利ENIAC 1946

萊佈尼茲數輪機 1673　　　艾肯哈佛馬克 I 1944

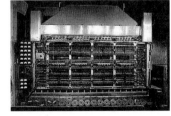

馮·諾依曼IAS　1951

1620　　　　　　　電子計算機的演進　　　　　　　　　　1960

10　數論

數論是一門非常古老的數學分支，有人說，最古老的謎最難猜，在數論中，有不少古老又玄妙的數學謎語，尚未找到謎底，諸如哥德巴赫臆測 (Goldbach's conjecture)，又或者是找出可以找到質數的公式，直到如今，還沒有人給他過一個明確的答案。通世數學大師高斯曾說過：「數學是科學之王，而數論是數學之王。」可見他對數論的推崇。高斯曾把數論描繪成一座倉庫，貯藏著取之不盡的，能引起人們興趣的真理。數論研究整數。

10.1　畢氏三元數

畢達格拉斯 (Pythagoras of Samos) 研究群所研究的內含主要是幾何、算術、音樂和天文等四樣東西，而這些研究又以數為基礎。亞里士多德 (Aristotle) 說過：「畢達格拉斯 (Pythagoras of Samos) 認為宇宙是由音階和數相輔相成的。」畢達格拉斯固定一弦，取其 $\frac{1}{2}$ 長命為八音程，$\frac{2}{3}$ 為五音程，$\frac{3}{4}$ 為四音程。有趣的是 $\frac{6}{12} = \frac{1}{2}$, $\frac{8}{12} = \frac{2}{3}$, $\frac{9}{12} = \frac{3}{4}$，由此畢達格拉斯認為 6, 8, 9, 12，構成一組諧和數。我們更注意到 9 是 6 和 12 的算術均數，而 8 是 6 和 12 的調和均數，真應了音階和數美妙的結合。

畢達格拉斯 (Pythagoras of Samos) 認為點是 1，線是 2，面是 3，體是 4，因此 $10 = 1 + 2 + 3 + 4$ 是神聖萬能之力。他們用 1, 2, 3, 4 來作為立誓時的典型。由此導出球的和諧，更進而相信宇宙是由音階和數的原則所構成，這與中國古代的說法「一生二，二生三，三生萬物」有異曲同工之妙。

$$
\begin{array}{ll|ll}
1 & = 1 & 2 & = 2 \times 1 \\
1 + 3 & = 2^2 & 2 + 4 & = 3 \times 2 \\
1 + 3 + 5 & = 3^2 & 2 + 4 + 6 & = 4 \times 3
\end{array}
$$

畢達格拉斯認為 1 是數之始，也是萬物之元。畢達格拉斯為什麼認為奇數和為好而偶數和為惡。如圖 10.1，奇數和表正方形，而偶數和則表長方形，正方形是正

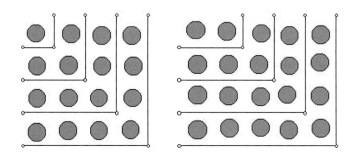

圖 **10.1:** 奇數和為好而偶數和為惡

的，而長方形則不正。因此奇數和好而偶數和惡。

10.1 定義. 我們有

1. 畢氏三元數 *(Pythagorean triple)* 是三個正整數 a, b, c，看成一組 (a, b, c) 且要滿足

$$a^2 + b^2 = c^2 ，$$

   如 $(3, 4, 5)$、$(5, 12, 13)$ 和 $(119, 120, 169)$ 都是畢氏三元數。

2. 一畢氏三元數 (a, b, c) 中，若 a, b, c 互質，則稱為原始畢氏三元數 *(primitive Pythagorean triple)*。

(a, b, c) 為一畢氏三元數的充要條件為 (ka, kb, kc) 為一畢氏三元數。畢氏三元數有各種造法：

1. (畢式公式)：由圖 10.1可知，$n^2 + (2n + 1) = (n + 1)^2$。若 $2n + 1 = m^2$，則 m 必為奇數且 $n = \frac{m^2 - 1}{2}$。故

$$m^2 + \left(\frac{m^2 - 1}{2}\right)^2 = \left(\frac{m^2 + 1}{2}\right)^2 ，$$

   即 $(2m)^2 + (m^2 - 1)^2 = (m^2 + 1)^2$，得畢氏三元數

$$\left(m^2 - 1, 2m, m^2 + 1\right) ，$$

   此式中 m 不必為奇數。

2. 若 $m > n$，很容易證明 $(m^2 - n^2, 2mn, m^2 + n^2)$ 為一畢氏三元數。歐幾里得巨著「幾何原本」第 10 冊引理一更指出：

10.2 引理. (歐式公式) 任何一原始畢氏三元數 (a, b, c) 都可以表示成

$$(m^2 - n^2, 2mn, m^2 + n^2)，$$

其中 $m > n$ 且 $(m, n) = 1$，且 m, n 一奇數一偶數。

證.　　設 (a, b, c) 為原始畢氏三元數，則 a, b, c 三數中二奇一偶，不妨假設 a 是奇數。由 $a^2 + b^2 = c^2$，移項得 $b^2 = c^2 - a^2$，得 $b^2 = (c + a)(c - a)$，則 $\frac{c+a}{b} = \frac{b}{c-a}$，令 $m > n$，$(m, n) = 1$，且

$$\frac{m}{n} = \frac{c + a}{b} = \frac{b}{c - a}，$$

得

$$\begin{cases} \frac{c}{b} + \frac{a}{b} = \frac{m}{n} \\ \frac{c}{b} - \frac{a}{b} = \frac{n}{m} \end{cases}$$

即

$$\begin{cases} \frac{c}{b} = \frac{m^2+n^2}{2mn} \\ \frac{a}{b} = \frac{m^2-n^2}{2mn} \end{cases}$$

$(m, n) = 1$，故不會 m, n 都是偶數。若 m, n 都是奇數，則

$$m^2 - n^2 = 4r, \ 2mn = 4s + 2，$$

得 a 為偶數，矛盾，m, n 一奇數一偶數，得 $\left(m^2 - n^2, 2mn\right) = 1$ 和 $\left(m^2 + n^2, 2mn\right) = 1$。故

$$a = m^2 - n^2, \ b = 2mn, \ c = m^2 + n^2。$$

■

3. 古巴比倫人曾經列出 15 組畢氏三元數，其中數目最大者為 $(12, 709, 13, 500, 18, 541)$。

4. 印度在西元前 800 年到西元前 500 年之間寺廟常用畢氏三元數 $(5, 12, 13)$ 來蓋成。

5. 中國最古老的數學名書「周髀算經」共分八部份，第一部份記述周公和商高論直角三角形，而有「勾三股四弦五」之說。(3, 4, 5) 為一簡易美麗的畢氏三元數。趙君卿的「勾股方圓圖注」上提到

10.3 定理. *(商高定理 Sangau Theorem)* 勾股各自乘，併之為弦實，開方除之，即弦也。

解. 其證法巧奪天工：

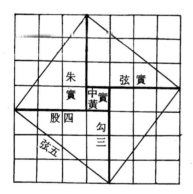

圖 **10.2:** 商高定理

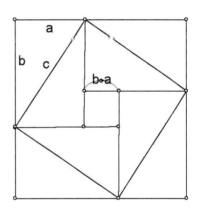

圖 **10.3:** 商高定理

圖 10.2 中，

$$
\begin{aligned}
中黃實 &= (b-a)^2 \\
朱實 &= \frac{ab}{2} \\
弦實 &= c^2
\end{aligned}
$$

圖 10.3 中，

$$
\begin{aligned}
c^2 &= 弦實 = 4朱實 + 中黃實 \\
&= 4 \times \frac{ab}{2} + (b-a)^2 \\
&= 2ab + b^2 - 2ab + a^2 = a^2 + b^2 \text{。}
\end{aligned}
$$

∎

10.2　圖形數

圖形數主要由古希臘數學家尼科馬庫斯 (Nicomachus) 著「算數介紹」首先描述。
丟芳圖 (Diophantus of Alexandria) 和費馬 (Pierre de Fermat) 都應用過圖形數。
圖形數 (graphics number) 比較簡單的有三角形數、方形數和五邊形數。

三角形數：

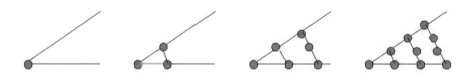

圖 **10.4:** 三角形數

$$T_n = 1 + 2 + \cdots + n = \frac{n(n+1)}{2} \text{。}$$

圖 10.5，將兩個三角形排成一個平行四邊形，則 $2T_n = n(n+1)$，即 $T_n = \frac{n(n+1)}{2}$。

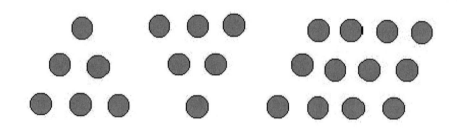

圖 **10.5:** 平行四邊形

四邊形數：

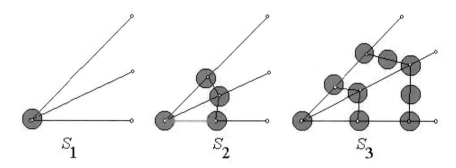

圖 **10.6:** 四邊形數

$$S_1 = 1$$
$$S_2 = 1 + 3 = 2^2$$
$$S_3 = 1 + 3 + 5 = 3^2$$
$$\vdots$$
$$S_n = 1 + 3 + \cdots + (2n - 1) = n^2$$

圖 10.7，將兩個三角形數排成一個四邊形數 $S_n = T_{n-1} + T_n$，或由 $n^2 = \frac{n(n-1)}{2} + \frac{n(n+1)}{2}$，得

$$1 + 3 + \cdots + (2n - 1)$$
$$= \big(1 + 2 + \cdots + (n - 1)\big) + (1 + 2 + \cdots + n) \text{。}$$

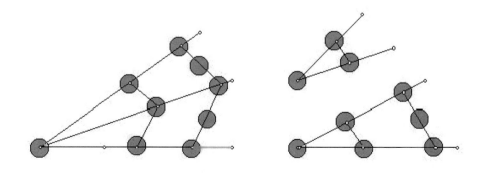

圖 **10.7:** 四邊形數與三角形數

五邊形數：

$$P_n = 1 + 4 + 7 + \cdots + (3n{-}2),$$

得 $P_n = \frac{n(3n-1)}{2}$。

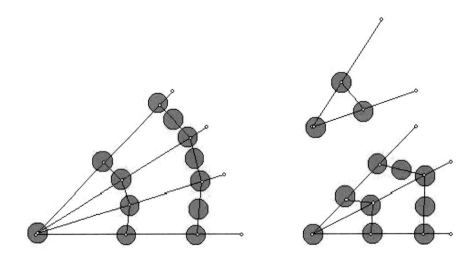

圖 **10.8**: 五邊形數與四邊形數

由圖 10.8，知 $P_n = T_{n-1} + S_n$，故

$$P_n = T_{n-1} + S_n = \frac{n(n-1)}{2} + n^2 = \frac{n(3n-1)}{2}。$$

n 邊形數：

令 a_k^n 表 n 邊形數第 k 項，$n-1$ 條線，每條線上有 k 點。利用圖 10.9，亞里士多德之子尼科馬庫斯 (Nicomachus of Gerasa) 指出

$$a_k^n = a_k^{n-1} + a_{k-1}^3。$$

西伯西里斯於西元前 180 年算出 a_k^n：令 $d = n - 2$，則

$$
\begin{aligned}
a_k^n &= 1 + (n-1) + \big((n-1)+d\big) + \big((n-1)+2d\big) \\
&\quad + \cdots + \big((n-1)+(k-2)d\big) \\
&= 1 + \frac{(k-1)\big((n-1)+(n-1)+(k-2)d\big)}{2} \\
&= \frac{n(k^2-k)-2k^2+4k}{2},
\end{aligned}
$$

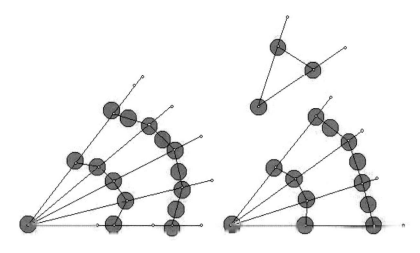

圖 **10.9:** n 邊形數

得公式

$$a_k^n = \frac{k}{2}\big(2 + (k-1)(n-2)\big)。$$ (10-1)

由公式 10-1，圖形數表如下：

三角形數	1	3	6	10	15	21	28	36	45	55
四邊形數	1	4	9	16	25	36	49	64	81	100
五邊形數	1	5	12	22	35	51	70	92	117	145
六邊形數	1	6	15	28	45	66	91	120	153	190
七邊形數	1	7	18	34	55	81	112	148	189	235

10.4 註.　　55是三角形數，也是七邊形數，81是四邊形數，也是七邊形數。

長方形數：

形如 $n(n+1)$ 之數稱為長方形數。如 2, 6, 12, 20, $\cdots$ 都是長方形數。有趣得很，由2算起任意多個偶數之和必為長方形數

$$2 + 4 + 6 + \cdots + 2n = n(n+1)。$$

更進一步地發覺：

$$\underbrace{1}_{1^3} \quad \underbrace{3+5}_{2^3} \quad \underbrace{7+9+11}_{3^3} \quad \underbrace{13+15+17+19}_{4^3} \quad \cdots$$

由此，<u>尼科馬庫斯</u>得到

$$1^3 + 2^3 + \cdots + n^3 = 1 + 3 + 5 + \cdots + \big(n(n+1) - 1\big)$$
$$= \frac{n(n+1) \cdot n(n+1)}{4} = \left(\frac{n(n+1)}{2}\right)^2 = T_n^2 \text{ 。}$$

10.3 友誼數、完全數、虧數和盈數

友誼數：(amicable numbers)

10.5 定義. 兩數中若任一數等於其他一數真因數和時，此兩數稱為友誼數對。

10.6 定理. 220 與 284 是最小的友誼數對。

解.
$220 = 2^2 \times 5 \times 11$ 的真因數集為

$$\{1, 2, 4, 5, 10, 11, 20, 22, 44, 55, 110\} \text{ 、}$$

$284 = 2^2 \times 71$ 的真因數集為

$$\{1, 2, 4, 71, 142\} \text{ 、}$$

而

$$1 + 2 + 4 + 5 + 10 + 11 + 20 + 22 + 44 + 55 + 110 = 284$$
$$1 + 2 + 4 + 71 + 142 = 220 \text{ 。}$$

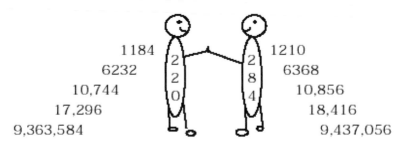

圖 10.10: 友誼數

<u>畢達格拉斯</u>曾說：「所謂朋友者，就是你是另一個我，我是另一個你，如同 220 和 284 。」

友誼數的研討經由阿拉伯傳入西歐。數論大師歐拉 (Euler) 對於友誼數的研討有獨特的成就。

10.7 定理. (歐拉定理) 若

$$\begin{cases} p = (2^{n-m} + 1)\, 2^m - 1 \\ q = (2^{n-m} + 1)\, 2^n - 1 \\ r = (2^{n-m} + 1)^2\, 2^{m+n} - 1 \end{cases}$$

其中 $n > m > 0$ 為整數且 p, q, r 為質數，則 $2^n pq$ 與 $2^n r$ 為友誼數。

在 1747 年，由歐拉定理，歐拉列出了 60 對友誼數。令人驚奇的是相當小的一友誼數 $1184 = 2^5 \times 37$ 和 $1210 = 2 \times 5 \times 11^2$，別人不曾發現，卻由一個年輕的小伙子，16 歲的倪扣洛·帕格倪倪在 1866 年發現。時至今日已有 400 友誼數對被發現。更舉三友誼數對以饗讀者：

$$\begin{array}{ccc} 2620 & 與 & 2924 \\ 5020 & 與 & 5564 \\ 6232 & 與 & 6368 \end{array}$$

近年來數學家更研討友誼三重組 (即三數中任一數真因數之和等於其他兩數之和)；和友誼數串 (一串數中任一項為其前一項真因數之和)。如

$$14, 288,\ 15, 472,\ 14, 536,\ 14, 264,\ 12, 496$$

為一友誼數串。

完全數、虧數與盈數：

10.8 定義. 完全數 (perfect number) 是一個數本身等於其真因數之和。一個數若其真因數之和小於該數，稱為虧數 (deficiency number)。一個數若其真因數之和大於該數，稱為盈數 (surplus number)。

10.9 例. $6 = 2 \times 3$ 和 $28 = 2^2 \times 7$ 都是完全數。$8 = 2^3$ 是虧數，$12 = 2^2 \times 3$ 是盈數。

歐幾里得巨著「幾何原本」中有一偉美的發現：

10.10 定理.

$$1 + 2 + 2^2 + 2^3 + \cdots + 2^n + \cdots,$$

若其部份和為質數，則該部份和乘以末項必為完全數。

10.11 例. 如 $1+2=3$ 為一質數，故 $3 \times 2 = 6$ 為一完全數。

由於

$$1 + 2 + 2^2 + 2^3 + \cdots + 2^{n-1} = 2^n - 1,$$

所以<u>歐幾里得</u>的發現可重述如下：

10.12 定理. *(歐幾里得定理)* 若 $2^n - 1$ 是質數，則 $(2^n - 1)2^{n-1}$ 為一個完全數。

解. 令 $p = 2^n - 1$，則 $\frac{p(p+1)}{2} = (2^n - 1)2^{n-1}$。令 $\sigma(n)$ 表示 n 之諸因數和，則

$$\begin{aligned}
\sigma\left(\frac{p(p+1)}{2}\right) &= \sigma\left((2^n - 1)2^{n-1}\right) = \sigma(2^n - 1)\sigma\left(2^{n-1}\right) \\
&= \frac{2^n - 1}{2 - 1}2^n = p(p+1) = 2\left(\frac{p(p+1)}{2}\right),
\end{aligned}$$

因此 $(2^n - 1)2^{n-1}$ 為一完全數。 ∎

完全數簡表：

n	$2^n - 1$	$(2^n - 1)2^{n-1}$	完全數
2	3	6	是
3	7	28	是
4	15	120	非
5	31	496	是
6	63	2016	非
7	127	8128	是

關於完全數的理論更有下列有趣的結果：

1. <u>尼科馬庫斯</u> (Nicomachus of Gerasa) 曾經列出 6, 28, 496, 8128 這四個完全數，而且臆測完全數是交錯以 6, 8 為個位數，更甚者：1 到 10，10 到 100，100 到 1000，1000 到 10000，10000 到 100000 之間等等都有一完全數，這個臆測是錯誤的，在第五世紀時發現了第 5 個完全數：33,550,336 共有 8 個數目字而非為 6 個數目字。

2. 在 1961 年發現了第 20 個完全數是 $(2^{4423} - 1)2^{4422}$，含有 2,663 個數目字。目前所知道的最大完全數是 $(2^{11213} - 1)2^{11212}$ 含有 6,751 個數目字。

3. 每一個偶完全數的個位數不是 6 就是 8。

10.13 問題. 有沒有奇完全數？

已經有人證明少於 10^{20} 的數沒有奇完全數。

尼科馬庫斯 (Nicomachus of Gerasa) 名著「算數」中首次描述虧數與盈數。首六個盈數是 12, 18, 24, 30, 36。在 1 到 100 之間一共有 21 個盈數而且全部為偶數。第一個奇盈數為 $945 = 33 \times 5 \times 7$。

10.14 定理. 一個質數的冪必定是一個虧數。

解. 設 p 為質數，則

$$1 + p + p^2 + \cdots + p^{n-1} = \frac{p^n - 1}{p - 1} < p^n。$$

10.15 定理. *(虧保因定理)* 一完全數或是一虧數的真因數必為一虧數。

解. 設 m 為一個完全數或是虧數。令 $m = nk$, $k \neq 1$，設 $n_1, n_2, \cdots, n_i$ 為 n 的真因數。若 n 不是一虧數，則

$$n_1 + n_2 + \cdots + n_i \geq n，$$

即

$$1 + (n_1 + n_2 + \cdots + n_i)k \geq nk + 1 > nk = m。$$

此時 m 為盈數，產生矛盾，故知 n 必為虧數。   ∎

10.16 定理. *(盈保倍定理)* 完全數或是盈數的任意倍數必為盈數。

解. 此命題為上述命題之否定逆命題，故為真。   ∎

10.4　梅森數

10.17 定義. 形如 2^n-1 的自然數稱為<u>梅森</u>數 *(Mersenne number)*，若 2^n-1 為質數則稱為<u>梅森質數</u>。

10.18 定理. 若 2^n-1 為質數，則 n 為質數。

解.　設 $n=kl$ 為合成數且 $k<n$，則 $2^k-1|2^n-1$，即 2^n-1 非為質數，矛盾。∎

並非<u>梅森</u>數都是<u>梅森</u>質數：例如：$2^{11}-1=89\times23$ 並非質數。<u>歐幾里得</u>定理 10.12(頁 168) 告訴我們，每一個<u>梅森</u>質數都可以湊成一個完全數。在 1750 年，<u>歐拉</u>證明 $2^{31}-1$ 是一個質數。在 1876 年法國數學家<u>盧卡斯</u> (Lucas) 證明：$2^{127}-1$(有 39 個數字) 是質數。

10.19 問題. <u>梅森</u>質數有無限多個？

在 1950 年利用計算機花 100 小時算出 $2^{2281}-1$ 是質數，而 $2^{8191}-1$ 為合成數。在 1961 年<u>美國</u>數學家<u>赫爾維茨</u> (Hurwitz) 證明 $2^{4253}-1$ 為質數，且用 IBM 7090 花 50 分鐘算出 $2^{4423}-1$ 為質數，而 $2^{4422}(2^{4423}-1)$ 為第 20 個完全數共含有 2663 個數目字。今日我們知道最大的質數是 $2^{11213}-1$，約含有 3376 個數目字。
當 n 為下列數字時：

2, 3, 5, 7, 13, 17, 19, 31, 61, 89, 107, 127, 521, 607, 1279, 2203, 2281, 4253, 4423, 11213，

則 $(2^n-1)2^{n-1}$ 為完全數。

10.5　質數與合成數

質數的個數是否為無限多呢? 這是一個很自然的問題，換句話說：能否找到一個數 M 使其後的自然數皆為合成數 (composite number) 呢? <u>古希臘</u>的數學家利用間接證法，巧妙簡單的證明了質數的個數為無限多 10.37 (頁 181)。關於質數 (prime number) 更有下列有趣的發展：

1. 在 1845 年<u>伯特蘭</u> (Bertrand) 證得：對任一個 m，$7<m<6,000,000$，則在 $[\frac{m}{2},m]$ 必有一個質數。

2. 歐幾里得的發現經過改良：對任一質數 p，必另有一質數 q 位於 $(p, 2p-2)$，故次於 p 的質數 r，必小於 $2p$。

3. 在 1837 年狄利克雷 (Dirichlet) 證明集合

$$\{an + b \mid (a,b) = 1, \, n \in \mathbb{N}\}$$

中含有無限多個質數，例如

   (a) 由 $3n + 1$ 所定之集合 $\{4, 7, 10, 13, \cdots\}$，

   (b) 由 $6n + 5$ 所定之集合 $\{11, 17, 23, 29, \cdots\}$，

都含有無限多個質數。

歐幾里得巨著「幾何原本」含：

10.20 定理. *(算術基本定理)* 比 1 大的任一整數，次序不論且 1 不算，則必可唯一地分解為質因數的冪乘積。

1 算不算質數？古今都不算。古希臘不算的理由是他們根本不認為 1 是一個數，而是一個數之源。今日之不算，是為了定理和公式描述的簡便。

歐幾里得證明了質數有無限多之後，希臘天才數學家埃拉托色尼 (Eratosthenes) 建立了一種濾套 (現稱為埃拉托色尼濾套) 來找質數：寫下從 2 開始的整數。

$$2, 3, 4, 5, 6, 7, 8, 9, 10, 11, 12,$$
$$13, 14, 15, 16, 17, 18, 19, 20,$$

留下 2 去掉 2 之倍數得：

$$2, 3, 5, 7, 9, 11, 13, 15, 17, 19,$$

留下 3 去掉 3 的倍數得：

$$2, 3, 5, 7, 11, 13, 17, 19,$$

留下 5 去掉 5 的倍數，連續使用這種方法，最後留下來的：

$$2, 3, 5, 7, 11, 13, 17, 19,$$

都是質數。

10.21 定理. 定理：若 $2^m + 1$ 為質數，則 $m = 2^n$。

解. 設 $m = qs$，其中 q 為奇質數，則

$$2^m + 1 = 2^{qs} + 1 = \left(2^s + 1\right)\left(2^{s(q-1)} - \cdots + 1\right),$$

與 $2^m + 1$ 為質數矛盾，故 $m = 2^n$。 ∎

在 1638 年，費馬看出來檢驗質數 n 的方法是，看 n 有沒有小於或等於 $\sqrt{n}$ 的因數。每一個形如 $F_n = 2^{2^n} + 1$ 的數稱為費馬數。費馬驗算 $n = 0, 1, 2, 3, 4$ 時，$2^{2^n} + 1$ 皆為質數：

$$F_0 = 3, \ F_1 = 5, \ F_2 = 17, \ F_3 = 257, \ F_4 = 65537,$$

費馬因此臆測：

10.22 臆測. *(費馬臆測)* 每一個形如 $2^{2^n} + 1$ 的數都是質數。

歐拉首先發現這個臆測不對，他在 1732 年證明了

$$2^{2^5} + 1 = 641 \times 6700417$$

是個合成數。近年來又發現

$$n = 6, 7, 8, 9, 11, 12, 18, 23, 36, 38, 73$$

時 F_n 皆為合成數。很有趣而且令人吃驚的是現在有人反臆測：臆測形如 $2^{2^n} + 1$ 的費馬數，當 $n \geq 5$ 時都是合成數。瑕不掩瑜，費馬臆測雖然不對，但這對數論的發展貢獻甚大。不過這是費馬唯一被證明錯誤的臆測，而其他的臆測都被證明是正確的：如費馬最後定理與費馬小定理。

費馬數與幾何作圖 (Fermat number and geometric drawing)：

數學巨人高斯在 1801 年出版的「算術研究」中的「二次同餘論」證得正 N 邊形的作圖 (set)：

10.23 定理. 正 N 邊形能夠以尺規有限次作圖的充要條件為

$$N = 2^m p_1 p_2 \cdots p_k，$$

其中 p_1, p_2, $\cdots$, p_k 為費馬質數。

因此正 3 邊、5 邊、17 邊、257 邊、65537 邊形都可作圖。正三邊形與正五邊形，古希臘已經證出 2.7 (頁 13)。高斯在弱冠之年證得正 17 邊形，促使他一生專攻數學，現在他的墓碑上刻有一正 17 邊形。正 257 邊形則由希爾伯特 (Hilbert) 的學生朱利葉斯 (F. J. Richelot) 作出。1832 年德國的愛馬仕 (J. G. Hermes) 利用了 10 年的時間不斷研究繪畫正 65537 邊形的方法，並在 1894 年發表了超過 200 頁手稿的計算方法，目前在哥廷根大學中保管。

十七、十八世紀，數學家們列出了合成數的分解表。在 1659 年萊茵列出了 1 – 24,000 的分解表，而庫立克 (Kulik 1773-1863) 花了二十年，造成了 24,000 – 100,000,000 的分解表。

合成數的發展：

1. 在 1772 年歐拉證得 n^2-n+41, $n = 0, 1, 2, \cdots, 40$ 都是質數，但 $41^2-41+41$ 卻為合成數。

2. 在 1879 年耶斯寇特 (Escott) 證得

$$n^2 - 79n + 1601, n = 0, 1, 2, \cdots, 79$$

   皆為質數，但是 $80^2-80 \times 79 + 1601$ 卻為合成數。

3. 近年來數學家更發現：對任一多項式 $P(x)$，必有自然數 n 使 $P(n)$ 為合成數。

歐拉、勒讓德和高斯臆測的質數定理 (Prime Number Theorem)：

10.24 定理. *(質數定理)* 如果用 $\pi(n)$ 表示比 n 小的質數個數，則

$$\lim_{n \to \infty} \frac{\pi(n)}{\frac{n}{\ln n}} = 1。$$

在 1896 年阿達瑪 (Jacques Hadamard 1865 – 1963) 和普桑 (Vallée Poussin 1866 – 1962) 分別證得質數定理。

哥德巴赫臆測 (Goldbach conjecture) (哥德巴赫在 1742 年給歐拉的信)：

10.25 臆測. 我們有

    1. 每一個偶數 $n \geq 6$ 必能表為兩質數之和。

    2. 每一個奇數 $n \geq 9$ 必能表為三個奇質數之和。

    3. 有無窮多對形如 $p,\ p+2$ 的雙生質數對。

10.6　歐幾里得輾轉相除法

歐幾里得輾轉相除法 (Euclidean algorithm) 是一個偉大的發現,可用來求任二自然數的最大公因數 (G.C.D.),由此也可以看出此兩數是否互質。這種方法出現在歐幾里得巨著「幾何原本」第 7 冊,命題 1 和 2,不過這可能是畢達格拉斯研究群或是更早數學家的成果。

10.26 例. 用歐幾里得輾轉相除法求 26381 與 73 的最高公因數,表為 $(26381, 73)$。

解.

3	2	6	3	8	1	7	3	2
	2	1	9			5	6	
6			4	4	8	1	7	1
			4	3	8	1	1	
1			1	0	1		6	1
				7	3		5	
1				2	8	1(G.C.D.)		
				1	7			
1				1	1			
					6			
5					5			
					5			
					0			

故 $(26381, 73) = (73, 28) = (28, 17) = (17, 11) = 1$。   ■

10.27 註. 餘數 ⌢ 除數 ⌢ 被除數 ⌢ 退隱山林或下臺一鞠躬。

輾轉相除法有許多的應用:

1. 印度在西元 500 年用它來求方程式的根。

2. 史提分 (1548–1620) 用輾轉相除法求多項式之最高公因式。

3. 胡得 (1633–1704) 用輾轉相除法求重根：即求出一多項式和其導來式的最高公因式，此最高公因式之根即為該多項式的重根。

4. 法國數學家拉美 (Lamé 1795 – 1850) 證明了輾轉相除法，除法步驟數目最多是兩數中小數數目字的 5 倍。

5. 整係數方程式 $ax + by = c$ 有整數解的充要條件為 $(a,b)\big|c$。當 $(a,b) = 1$ 且 x_0, y_0 為其一組特別解，則其通解為

$$\begin{cases} x = x_0 + mb \\ y = y_0 - ma, \end{cases}$$

其中 m 為任一整數。

我們介紹延伸輾轉相除法 (extended Euclidean algorithm)：

10.28 定理. *(輾轉相除法的兩個遞迴等式)* 設 $s_{-1} = 1$, $s_0 = 0$, $t_{-1} = 0$, $t_0 = 1$，且

$$s_k = s_{k-2} - q_k s_{k-1}$$
$$t_k = t_{k-2} - q_k t_{k-1},$$

則 $r_k = s_k a + t_k b$。

解. 　 用數學歸納法來證明。假設遞迴至第 $k-1$ 步是正確的，也就是假設：在 $j \leq k$ 時

$$r_j = s_j a + t_j b$$

皆成立。則第 k 步運算得出以下等式：

$$r_k = r_{k-2} - q_k r_{k-1},$$

因

$$\begin{aligned} r_k &= (s_{k-2}a + t_{k-2}b) - q_k(s_{k-1}a + t_{k-1}b) \\ &= s_k a + t_k b。 \end{aligned}$$

∎

我們介紹法國數學家貝祖 (Étienne Bézout 1730 – 1783) 的定理：

10.29 定理. *(貝祖定理 Bézout Theorem)* 設 $(a, b) = g$，則存在整數 s, t，使得

$$g = sa + tb \text{。}$$

證.　由延伸輾轉相除法 10.28 (頁 175) 得

$$g = r_N = s_N a + t_N b \text{。}$$

　　　　　　　　　　　　　　　　　　　　　　　　　　■

利用輾轉相除法求證

10.30 例. $(731,\ 254) = 1$。

解.

$2(q_1)$	7	3	1(b)	2	5	4(a)	1(q_2)
	5	0	8	2	2	3	
$7(q_3)$	2	2	3(r_1)		3	1(r_2)	5(q_4)
	2	1	7		3	0	
$6(q_5)$			6(r_3)			1(r_4)	
			6				
			0(r_5)				

　　　　　　　　　　　　　　　　　　　　　　　　　　■

$(731,\ 254) = 1$，依貝祖定理，則存在整數 s, t，使得

$$1 = s \cdot 731 + t \cdot 254 \text{。}$$

s, t 的求法如下：

10.31 例. $1 = (-41) \times 731 + 118 \times 254$。

解.　依延伸輾轉相除法 10.28 (頁 175)，得

j	-1	0	1	2	3	4	5
q_j			2	1	7	5	6
t_j	0	1	-2	3	-23	118	
s_j	1	0	1	-1	8	-41	

得 $1 = (-41) \times 731 + 118 \times 254$。　　　　　　　　　　　　■

10.7 斐波那契數列

義大利十三世紀數學家斐波那契 (Leonardo Fibonacci 1170 – 1250) 著「計算之書」(Liber abaci 1202)：第一部分介紹了印度–阿拉伯數字。第二部分介紹轉換貨幣和測量，以及計算利潤和興趣。第三部分討論了許多數學問題，例如中國剩餘定理，完全數和梅森素數以及斐波那契數列。第四部分討論近似值和平方根。

斐波那契數列 (Fibonacci sequence) 問題：

10.32 問題. *(斐波那契問題)* 一月初時有一對兔子，兩個月之後每一個月生一對兔子，這些新生的兔子也都是兩個月後每月生 對兔了，問每月初有多少對兔子？

解. 一年內的兔子可由下表算出：

1	1	1	1	1	1	1	1	1	1	1	1
	1	1	1	1	1	1	1	1	1	1	1
		1	1	1	1	1	1	1	1	1	1
			2	2	2	2	2	2	2	2	2
				3	3	3	3	3	3	3	3
					5	5	5	5	5	5	5
						8	8	8	8	8	8
							13	13	13	13	13
								21	21	21	21
									34	34	34
										55	55
1	1	2	3	5	8	13	21	34	55	89	144

即一年內每月初兔子有 1, 1, 2, 3, 5, 8, 13, 21, 34, 55, 89, 144 這麼多對兔子，這種數列稱為斐波那契數列。

1. 在 1611 年刻卜勒 (Johann Kepler) 發現斐波那契數列 $\{a_n\}_{n=0}^{\infty}$，其中 $a_0 = 0$，具有下列特性

$$a_n + a_{n+1} = a_{n+2} \text{。}$$

2. 古希臘的黃金分割 2.6 (頁 12)。古希臘用 $\phi = \frac{1+\sqrt{5}}{2} \approx 1.618 \approx \frac{8}{5}$。

3. 在 1509 年帕西奧利 (Luca Pacioli) 著「黃金比例」(De divina Proportione)，書中利用平方和立體圖形說明這個數 $\frac{1+\sqrt{5}}{2}$，該數也是方程式 $x^2 - x - 1 = 0$ 之一根。

4. 蘇格蘭數學家羅伯·信農在 1753 年首先發現斐波那契數列與黃金分割數有莫大的關係，即

$$\phi = \lim_{n \to \infty} \frac{a_{n+1}}{a_n} \,,$$

因為 $\frac{a_{n+1}}{a_n} = \frac{a_{n+2}}{a_{n+1}} \frac{a_{n+1}}{a_n} - 1$，故

$$\phi = \phi^2 - 1 \,,$$

因 $\phi > 0$，得 $\phi = \frac{1+\sqrt{5}}{2}$。

5. 比奈 (Binet) 在 1843 年證得 $a_n = \frac{\phi^n - (-\phi)^{-n}}{\sqrt{5}}$。

10.8　費馬大定理與費馬小定理

畢達格拉斯研究群在西元前 1600 年，就證明了方程有正整數解，一直到十七世紀，數學家才嚴肅地去找正整數解。

10.33 問題. *(千古奇謎)* 1637年，費馬在閱讀丟番圖「算術」拉丁文譯本時，曾在第 11 卷第 8 命題旁寫道：將一個立方數分成兩個立方數之和，或一個四次冪分成兩個四次冪之和，或者一般地將一個高於二次的冪分成兩個同次冪之和，這是不可能的。關於此，我確信已發現了一種美妙的證法，可惜這裡空白的地方太小，寫不下。是美麗的謊言，抑是真的末頁容不下長的證明？這是古今數學一大謎。

即費馬提出費馬大定理 (Fermat's Big Theorem) 或稱費馬最後定理 (Le dernier théorème de Fermat)：

10.34 定理. *(費馬最後定理)*

$$x^n + y^n = z^n, \; n \geq 3$$

沒有正整數解。

許多種情形已經被證得費馬最後定理是正確的：

1. 杯西 (Bernard Frenicle de Bessy 1605 − 1675) 證 $n = 4$ 定理對。

2. 歐拉 (Leonhard Euler) 證 $n = 3, 4$ 定理對。

3. 勒讓德 (Adrien-Marie Legendre) 證 $n = 5$ 定理對。

4. 高斯 (Carl Friedrich Gauss) 企圖證 $n = 7$，但是失敗。

5. 拉美 (Gabriel Lamé 1795 – 1870) 證 $n = 7$ 定理對。

6. 狄利克雷 (Lejeune Dirichlet) 證 $n = 14$ 定理對。

7. 利用理想數德國數學家庫默爾 (Ernst Eduard Kummer 1810 – 1893) 證出 $n < 100$ 時定理對。

8. 瑞士日內瓦大學教授迷你馬洛夫 (Dimitry Mirimanoff 1861-1945) 利用庫默爾的方法，證到在 $n < 256$ 以內，其中 x, y, z 各與 n 互質，定理正確。

德國數學家沃爾夫協 (P. Wolfshehl) 在 1908 年遺贈十萬馬克給德國科學院，懸賞能夠解決費馬大問題的人。這獎金已經吸引數千人，然而沒有一個人有正確的證法，此問題誤證之多數學史上無出其右。此一費馬最後定理一直到 1995 年，才由美國普林斯頓大學懷爾斯 (Andrew Wiles 1953–) 解決，證明此定理是正確的。

圖 **10.11:** 懷爾斯

懷爾斯的生平 (Wiles' life)：

英國數學家懷爾斯 (Andrew Wiles 1953–) 於 1979 年在劍橋大學獲博士學位。懷爾斯的父親是神學家莫里斯·懷爾斯牧師 (Rev. Prof. Maurice Wiles)。

懷爾斯兒時看貝爾 (Eric Temple Bell) 的書「最後問題」(The Last Problem) 讀到了費馬最後定理，啟發了他解決臆測的心。他的綿長解題之旅始於 1985 年，其時里貝 (Ken Ribet) 從弗賴 (Gerhard Frey) 獲得靈感，證明出谷山–志村臆測，

可以推導出費馬最後定理。谷山–志村–韋伊 ((Taniyama–Shimura–Weil) 臆測指出，所有橢圓曲線都有模形式的參數表示。這臆測雖不及費馬最後定理有名，卻因為觸到了數論的核心故更為重要，然而沒有人能證明它。懷爾斯秘密地工作，只與普林斯頓大學另一位數學教授卡茨 (Nicholas Katz) 通信，分享想法和進展。懷爾斯終於證明出這臆測的特例，從此解決了費馬最後臆測。他的證明匠心獨運，創造出許多新概念。

證明的第一版本依賴於構造一個物件，稱為歐拉系統，可是這方面出了問題。同行評審發現了在精細複雜的數學中出現了錯誤。差不多一年過去，懷爾斯的證明看來像其他許多證明般有致命傷，雖然他作了很多重要發現，但最終達不到目的。懷爾斯要放棄時，決定作最後一試，與他的前博士生理察·泰勒合作解決證明中最後的問題。最後他採用了原本第一版本裡不採用的方法，並獲得突破，從而證明了費馬最後定理。他評論道：

「很突然地，完全沒料到我會得到這般難以置信的啟示。這是我工作生涯最重要一刻。將來的工作我也不再如此看重，這是難以言喻的美麗，這樣的簡潔優美，我呆呆看著它有二十分鐘，然後一整天在系裡踱步，時常回到我的櫃子要看它還在。」

懷爾斯的論文刊登在 1995 年 141 期的「數學紀事」(Annals of Mathematics) 第 443 至 551 頁。1998 年獲菲爾茲獎特別獎。

在費馬之前兩千年，中國曾誤有 n 為質數的充要條件是 $n \big| 2^n - 2$，其實這件事只是一邊正確，即 n 為質數時，則 $n \big| 2^n - 2$。另外一邊卻不對，如 $341 \big| 2^{341} - 2$，但是 $341 = 11 \cdot 31$ 並非質數。費馬舉出費馬小定理 (Fermat's Little Theorem)，其敘述如下：

10.35 定理. *(費馬小定理)* 若 p 為質數，且 $(a, p) = 1$，則 $p \big| a^{p-1} - 1$。

1736 年，歐拉出版了一本名為「一些與素數有關的定理的證明」(拉丁文：Theorematum Quorundam ad Numeros PRIMOS Spectantium Demonstratio)」的論文集，其中第一次給出了費馬小定理的證明。但從萊布尼茨未發表的手稿中發現他在 1683 年以前已經得到幾乎是相同的證明。高斯深討同餘式，且在其巨著「算術研究」(Disquisitiones Arithmeticae) 第三節證出費馬小定理。

10.9 歐幾里得巨著「幾何原本」之數論

歐幾里得巨著「幾何原本」之數論 (Euclidean number theory)：

「幾何原本」(Elements) 第 7 冊以 23 個定義首開其端，茲略述一、二

1. 大數若被小數可測，則大數必為小數之倍數。
2. 質數就是除了本身外僅為 1 可測之數。
3. 互質數只有 1 為其公測。
4. 合成數必能被本身和 1 之外的一數可測。
5. 可以寫成兩數相乘之數稱為平面數，以該兩數為邊。
6. 可以寫成三數相乘之數稱為立體數，以該三數為菱。
7. 一完全數是一個數等於其真因數之和。

10.36 定理. 設 p 為一質數且 $p|ab$，則 $p|a$ 或 $p|b$。

第 8 冊討論幾何級數。第 9 冊討論平方、立方、平面數和立體數。

10.37 定理. 質數 *(prime number)* 個數有無窮多。

證. 因若 $p_1 = 2, p_2 = 3, \cdots p_n$ 是最初 n 個質數，令 $a = p_1 \cdot p_2 \cdots p_n + 1$，則 p_i 不能整除 a，其中 $i = 1, 2, \cdots, n$，故 a 必由一個不等於 $2, 3, \cdots p_n$ 中仕一個質數的新質數 p_{n+1} 所除盡，

$$p_n < p_{n+1} \leq a，$$

故質數的個數為無窮多。 ∎

10.38 例. 在定理 *10.37(頁 181)* 中，$a = p_1 \cdot p_2 \cdots p_n + 1$ 不一定是質數。

解.

$$
\begin{aligned}
2 + 1 &= 3 \\
2 \times 3 + 1 &= 7 \\
2 \times 3 \times 5 + 1 &= 31 \\
2 \times 3 \times 5 \times 7 + 1 &= 211 \\
2 \times 3 \times 5 \times 7 \times 11 + 1 &= 2311 \\
2 \times 3 \times 5 \times 7 \times 11 \times 13 + 1 &= 30031
\end{aligned}
$$

但 $30031 = 59 \times 509$ 非為質數。　　　　　　　　　　　　　　　　　■

10.39 定理. $a + ar + ar^2 + \cdots + ar^n = \frac{a(1 - r^{n+1})}{1 - r}$，其中 $r \neq 1$。

還有歐幾里得定理 10.12 (頁 168)。

10.10　同餘式

中國古代「孫子算經」有「物不知其數」一問之「同餘式」(congruence)：

> 今有物不知其數
> 三三數之賸二　　　$x \equiv 2 (mod\, 3)$
> 五五數之賸三　　　$x \equiv 3 (mod\, 5)$
> 七七數之賸二　　　$x \equiv 2 (mod\, 7)$
> 問物幾何?　　　　$x =?$

「物不知其數」又名「鬼谷算」、「秦王暗點兵」、「孫子定理」、「韓信點兵」、「剪管數」、「隔牆算」、「神奇妙算」和「大衍求一術」等。古時解法甚多：

1. 程大位的「算法統宗 1593」

   > 三人同行七十稀
   > 五樹梅花二一枝
   > 七子團圓正半月
   > 除百零五便得知。

2. 「孫子算經」:「術曰：三三數之賸二，置一百四十；五五數之賸三，置六十三；七七數之賸二，置三十；并之，得二百三十三，減二百一十即得。」

3. 秦九韶在「數書九章」中的大衍求一數 (就是今天歐幾里得輾轉相除法，也就是解同餘方程式法)

元素　3, 5, 7

衍母　105

衍數　35, 21, 15

奇數　2, 1, 1

乘率　2, 1, 1

乘數　$2 \times 35, 1 \times 21, 1 \times 15$

餘數　2, 3, 2

用數　$2 \times 2 \times 35 = 140, 3 \times 1 \times 21 = 63, 2 \times 1 \times 15 = 30$

則答數為 $140 + 63 + 30 - 2 \times 105 = 23$ 。

詳細說明：

1. 70×2 (2 是 3 除 x 之餘數)。
2. 21×3 (3 是 5 除 x 的餘數)。
3. 15×2 (2 是 7 除 x 之餘數)。

這些數之和減去 105 之倍數即得

$$70 \times 2 + 21 \times 3 + l5 \times 2 - 2 \times 105 = 23。$$

這些道理是這樣的：

1. 70 是 5 和 7 的倍數，用 3 去除剩 1。
2. 21 是 3 和 7 的倍數，用 5 去除餘 1。
3. 15 是 3 和 5 的倍數，用 7 去除剩 1。

故 $70 \times 2 + 21 \times 3 + 15 \times 2$ 用 3 去除剩 2，用 5 去除剩 3，用 7 去除剩 2。

70, 21, 15 如何得來的呢? 用今天的符號來說，求 70 之法：

$$x \equiv 1(mod\,3),\ x \equiv 0(mod\,5),\ x \equiv 0(mod\,7)，$$

由後兩式得 $x = 5 \times 7y$，即 $35y{-}3t = 1$，依延伸輾轉相除法 10.28 (頁 175)，得 $y = -1, t = -12$ ，故 $x = -35 \equiv 70(mod\,105)$，當然取 -35 亦可。

同餘式的理論，是中國首創，今洋人稱解聯立同餘式為中國餘式定理。後來歐拉、拉格朗日和勒讓德都曾涉及過。高斯更加以有系統且深入研討。現今同

餘的符號 ≡ 便是<u>高斯</u>著「數論」書中第一節介紹的。選定一自然數 m，任二整數 a, b 稱為同餘，記為

$$a \equiv b \pmod{m} \text{ 若且唯若 } m \mid (a{-}b),$$

否則稱 a 與 b 不同餘。我們很容易地可以驗證同餘 ≡ 是一個等價關係。據此可分整數為同餘類，而 m 稱為模。

10.40 定義. 我們有

1. 設 X 為一非空集合，若 $\sim \subset X \times X$，則稱 $\sim$ 為 X 上一關係 *(relation)*，$a \sim b$ 表 $(a, b) \in \sim$。

2. 若 $\sim$ 為 X 上一關係，對任 $a, b, c \in X$，滿足

   (a) 自反性 *(reflexive relation)*：$a \sim a$。
   (b) 對稱性 *(symmetric relation)*：若 $a \sim b$，則 $b \sim a$。
   (c) 傳遞性 *(transitive relation)*：若 $a \sim b$ 和 $b \sim c$，則 $a \sim c$。

   則稱 $\sim$ 為 X 上一等價關係 *(equivalence relation)*。

10.41 例. 選定 3 為模，則 2 與 5 在一同餘類，而 2 與 1 不在一同餘類。

模為 m 時，其導出之同餘類共有 m 類，即 $\overline{0}, \overline{1}, \cdots, \overline{m-1}$，其中 $\overline{1}$ 表示與 1 同餘之數集。設 n 表示任一整數，則由<u>歐幾里得</u>輾轉相除法得 $n = qm + r$, $0 \le r < m$，即 $n \in \overline{r}$。因為 ≡ 是等價關係，所以 $\overline{0}, \overline{1}, \cdots, \overline{m-1}$ 皆不相同。≡ 具有下述加法、減法、乘法之性質：

10.42 定理. 若 $a_1 \equiv b_1 \pmod{m}$, $a_2 \equiv b_2 \pmod{m}$，則

$$a_1 + a_2 \equiv b_1 + b_2 \pmod{m} \quad a_1 - a_2 \equiv b_1 - b_2 \pmod{m} \quad a_1 a_2 \equiv b_1 b_2 \pmod{m}$$

但是除法方面卻與一般等號 = 不同。例如：$3 \times 2 \equiv 6 \times 2 \pmod{6}$，但是 $3 \not\equiv 6 \pmod{6}$。

10.43 定理. 若是 $ac \equiv bd \pmod{m}$, $c \equiv d \pmod{m}$，而且 $(c, m) = 1$，則 $a \equiv b \pmod{m}$。

10.44 定理. 設 $ax + b \equiv 0 \pmod{m}$，若 $(a, m) \mid b$，則原方程式對模有 (a, m) 個互不同餘的解。若 $(a, m) \nmid b$，則無解。

解. 原式可以寫為 $ax + b = my$。

1. 若 $(a, m) = 1$ ，由<u>貝祖</u>定理 10.29 (頁 176)，則存在 x_0, y_0，使得 $ax_0 + my_0 = 1$。即 $mby_0 = b - abx_0$，由此得 $x = -bx_0$ 為其一解。但若 $at + b \equiv 0 (mod\, m)$，則 $a(x - t) \equiv 0 (mod\, m)$。由 $(a, m) = 1$ 得 $x \equiv t (mod\, m)$，故對模 m 有唯一解。

2. 若 $(a, m) = d > 1$，則 $d|b$，否則無解，此時 $\frac{a}{d}x + \frac{b}{d} \equiv 0 (mod\, \frac{m}{d})$，$(\frac{a}{d}, \frac{m}{d}) = 1$，由 1. 知此時有唯一解 $x = x_1$，$0 \leq x_1 < \frac{m}{d}$，得 $x = x_1 + \frac{m}{d}t$ 皆為其解，故對於模 m ，$x_1, x_1 + \frac{m}{d}, \cdots, x_1 + (d - 1)\frac{m}{d}$ 皆為其解。

∎

現在讓我們看同餘式的一些應用：

10.45 定義. 設 a_i, b_i, x, y 皆為整數，$x \equiv y (mod\, m)$，$a_i \equiv b_i (mod\, m)$，其中 $i \in \{0, 1, \cdots, n\}$，且

$$\begin{aligned} f(x) &= a_n x^n + a_{n-1} x^{n-1} + \cdots + a_0 \\ g(y) &= b_n y^n + b_{n-1} y^{n-1} + \cdots + b_0 \end{aligned}$$

則稱 $f(x) \equiv g(y) (mod\, m)$。

由此，<u>高斯</u>找出一個驗算一個整係數多項式是否有整數根 (有理數根) 的方法：

10.46 定理. 設 $f(x) = a_n x^n + a_{n-1} x^{n-1} + \cdots + a_0$ 為一整係數多項式，令 r 為 $f(x) = 0$ 的一個整數根，則 $f(r) \equiv 0 (mod\, m)$，對任一自然數 m 都成立。

10.47 例. 求 $f(x) = x^4 + x^3 - x^2 + x - 6 = 0$ 之整數根。

解. $f(x) = 0$ 若有整數根，則必出現在集合中 $\pm 6, \pm 3, \pm 2, \pm 1$，現在一一加以驗證，我們得到

$$\begin{aligned} f(1) &= 1 (mod\, 5) \\ f(-1) &= 4 (mod\, 5) \\ f(2) &= 1 (mod\, 5) \\ f(-2) &= 1 (mod\, 5) \\ f(3) &= 1 (mod\, 5) \\ f(-3) &= 1 (mod\, 5) \\ f(6) &= 1 (mod\, 5) \\ f(-6) &= 4 (mod\, 5) \end{aligned}$$

故 $f(x) = 0$ 沒有整數根。

<u>高斯</u>也曾經處理同餘多項式，設 A, B 為二個實係數多項式，則 $A = BQ + R$，其中 R, Q 為實係數多項式，R 之次數比 B 之次數為少。給定一實係數多項式 P，則兩個多項式 A_1, A_2 稱為對模 P 同餘，記為 $A_1 \equiv A_2 (mod\, P)$，若 $P|A_1 - A_2$。<u>柯西</u> (Cauchy) 用同餘的概念來定義複數，設 $f(x), g(x)$ 為實係數多項式，則存在實數 a, b, c, d 使得

$$f(x) \equiv a + bx \big(mod (x^2 + 1)\big)$$
$$g(x) \equiv c + dx \big(mod (x^2 + 1)\big)。$$

<u>柯西</u>指出，若 $A_1 = PQ_1 + R_1, A_2 = PQ_2 + R_2$，則

$$A_1 + A_2 \equiv R_1 + R_2 (mod\, P)$$
$$A_1 A_2 \equiv R_1 R_2 (mod\, P)$$

利用這些事實和 $x^2 \equiv -1 (mod (x^2 + 1))$ 得到

$$f(x) + g(x) \equiv (a + c) + (b + d)x \big(mod (x^2 + 1)\big)$$
$$f(x)g(x) \equiv (a + bx)(c + dx) \equiv (ac{-}bd) + (ad + bc)x \big(mod (x^2 + 1)\big)$$

<u>柯西</u>並且證明：若 $f(x) \not\equiv 0 (mod (x^2 + 1))$，則有 $g(x)$ 滿足

$$f(x)g(x) \equiv 1 (mod (x^2 + 1))。$$

因此實係數多項式對 $x^2 + 1$ 的同餘類形成複數。

<u>高斯</u>更介紹

10.48 定義. 我們有

1. <u>高斯整數</u> *(複數整數)* 是實數和虛數部分都是整數的複數。<u>高斯整數</u>就是集合 $\{a + bi \,|\, a, b \in \mathbb{Z}\}$ 中的元素。規定 $\pm 1, \pm i$ 為其單位。

2. 一複數整數，若可分解為二個非單位複數整數之乘積，謂之合成數，否則為質數。

如 $5 = (1 + 2i)(1{-}2i)$ 為合成數。整數的唯一分解性對複數整數也成立，祇要不把四個單位數算成因數。

10.49 定義. 若是 $x^2 \equiv q\,(mod\,p)$ 有解，則 q 稱為 p 之二次剩餘。

勒讓德證得：

10.50 定理. 若 p, q 為質數，則 $x^2 \equiv q(mod\,p)$ 和 $x^2 \equiv p(mod\,q)$，要不是通通有解便是通通無解，除非 p 與 q 皆為 $4n+3$ 型，此時一個有解，另一個無解。

最後我們比較一下＝與≡之間的異同，相同處為都是等價關係，兩邊都可以作加減與乘法。相異處有

1. $6x = 15$ 無 (整數) 解。
2. $6x \equiv 15(mod\,9)$ 有 3 組解 $x = 1, 4, 7$。
3. 若 $xy = 0$，則 $x = 0$ 或 $y = 0$。但是當 $6 \times 5 = 0(mod\,15)$ 時，其中 $6 \not\equiv 0(mod\,15)$ 且 $5 \not\equiv 0(mod\,15)$。
4. 若 $ax = ay$, $a \neq 0$，則 $x = y$。然而 $3 \times 4 \equiv 3 \times 7(mod\,9)$，但 $4 \not\equiv 7(mod\,9)$。

10.11 魔方陣

魔方陣 (magic square) 又名為魔術正方型或縱橫圖。西元前 2200 年左右，大禹治理水患時，有人送他兩幅靈龜背殼圖案，名曰「洛書」和「河圖」，據稱可用以治理天下，這是數的神話的另一個例證。「易經」上「洛書圖」見圖 10.12，是歷史上第一個魔方陣。

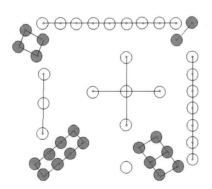

圖 **10.12**: 洛書圖   圖 **10.13**: 洛書圖魔方陣

洛書圖以黑結表偶數 (陰數)、白結表奇數 (陽數) 是三階魔方陣。宋朝楊輝的「續古摘奇」算法說明「洛書」之作法是：九子斜排、上下對易、左右相更、四維挺出、戴九履一、左三右七、二四為肩、六八為足。

4	9	2
3	5	7
8	1	6

圖 10.14: 「洛書」之作法

10.51 定義. 一個 n 階魔方陣是把整數 $1, 2, \cdots, n^2$，放在 n^2 的方格裡，使得每一列、每一行與每對角線之和皆相等，為一固定的常數 c，即

$$c = \frac{1 + 2 + \cdots + n^2}{n} = \frac{n(1 + n^2)}{2}。$$

例如: 洛書的常數 c 為 15。

4	9	5	16
14	7	11	2
15	6	10	3
1	12	8	13

四四圖

12	27	33	23	10
28	18	13	26	20
11	25	21	17	31
22	16	29	24	14
32	19	9	15	30

五五圖

4	13	36	27	29	2
22	31	18	9	11	20
3	21	23	32	25	7
30	12	5	14	16	34
17	26	19	28	6	15
35	8	10	1	24	33

六六圖

4	43	40	49	16	21	2
44	8	33	9	36	15	30
38	19	26	11	27	22	3
3	13	5	25	45	37	47
18	28	23	39	24	31	12
20	35	14	41	17	42	6
48	29	34	1	10	7	46

七七圖

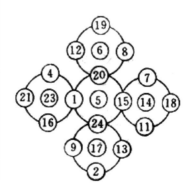

聚五圖

宋朝楊輝的「續古摘奇」算法上卷中有二十餘個魔方陣，四四圖，五五圖、六
六圖、七七圖、六十四圖樣、九九圖、百子圖、聚五圖、聚六圖、聚八圖、攢九
圖、八陣圖、連環圖等。

「續古摘奇」算法也提到四四圖的做法：以十六子依次遞做四行排列，先以外四
角對換，一換十六，四換十三；後以內四角對換，六換十一，七換十，橫直上下
斜角，皆三十四數。

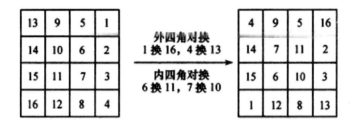

圖 **10.15:** 四四圖之作法

河圖如圖 10.16，連線方向奇數之和以及偶數之和都是20。

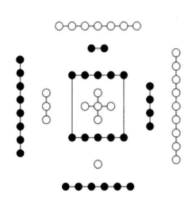

圖 **10.16:** 河圖

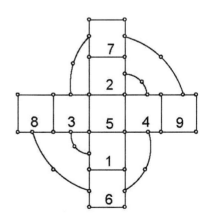

圖 **10.17:** 河圖魔方陣

欲造奇數階方陣，有一妙法可循，此法是盧貝 (De La Loubére) 在路易十四世時
為駐泰國大使之時 (1687 – 1688) 所研究出來的。

	18	25	2	9	■
17	24	1	8	15	17
23	5	7	14	16	23
4	6	13	20	22	4
10	12	19	21	3	10
11	18	25	2	9	

現在以 5 階為例：先做一個 5×5 方格，再往右往上各作一格，稱為補助格，兩補助格的交集稱為轉格。5×5 方格一被佔有數目字就稱為轉格。放 1 於上端中間，再放 2 於其右上格，2 就在補助格上，將之沈到最下端，再於其右上方放 3，繼於其右上方放 4 碰到補助格，左放其端，再於其右上放 5，5 之右上碰到轉格，就把 6 放於 5 下方，6 之右上方放 7，如此下去。即凡補助格就下沈或極左移，轉格就轉到正下方。

10.12　代數數與超越數

高斯 (Carl Friedrich Gauss)、庫默爾 (Ernst Kummer) 和戴德金 (Richard Dedekind) 開創代數數論的天地。

10.52 定義. 任一個整係數多項方程式的根都稱為代數數，一個數如果不是代數數便稱為超越數。

所有的有理數都是代數數 (algebraic number)，像 $\sqrt{2}, \sqrt{5}, \sqrt{-1}$ 也都是代數數。令人意料不到的是，到十九世紀以前還沒有人找到一個超越數 (transcendental number)。1844 年劉維 (Joseph Liouville l809 – 1882) 找到了一些超越數：

$$a_1 10^{-1!} + a_2 10^{-2!} + \cdots + a_n 10^{-n!} + \cdots$$

其中 $a_i \in \{1, 2, \cdots, 9\}$ 都是超越數。

德國數學大師康托爾 (Cantor,Georg) 發明數學基礎的「集合論」。想不到的事情是劉維舉出超越數的 30 年後康托爾 (Georg Cantor 1845 – 1918) 證明出「幾乎」所有的實數都是超越數。

10.53 定理. 代數數集與自然數集間有 $1 - 1$ 對應關係。

圖 **10.18:** 康托爾

解.　令 E_n 為所有 n 次整係數多項方程式的解集合，則 E_n 顯然是個可數集合，代數數集為這些的聯集 $\cup_{n=1}^{\infty} E_n$，故代數數集為可數集合。　　　　　　■

在 1873 年埃爾米特 (Hermite) 證得 e 是超越數，其後不久，林德曼 (Lindemann) 在 1882 年證得 π 為超越數，因此解決了二千多年來古希臘留下來的懸案之一：方圓問題不能以尺規有限次作圖。

代數數與超越數，不斷地對廿世紀的數學家挑戰。1900 年第二次國際數學家會議在巴黎舉行，希爾伯特提出了著名的 23 道問題，聲明廿世紀的數學必朝著解這些問題方向而走 (果然如此！)，其中之一就是問 $2^{\sqrt{2}}$ 是代數數或是超越數。格爾豐德 (Aleksander Gelfond) 在 1934 年和施奈得 (Theodo Schneider) 在 1935 年分別證明了

10.54 定理. 若 $\alpha \neq 0$，α 為代數數，β 為無理代數數，則 α^{β} 是超越數。

其特別情形解決了希爾伯特問題之一：即 $2^{\sqrt{2}}$ 為超越數。事實上

$$\log n, \ n \notin \{1, 10, 100, 1000\}, \ 1 \leq n \leq 1000$$

皆為超越數。

10.55 問題. π^{π} 為代數數或是超越數？

高斯整數 (複數整數) 點燃了代數數的研究，但是真正進入情況是為了解決
費馬最後定理。高斯和狄利克雷的學生柏林大學教授庫默爾 (Ernst Kummer
1810 – 1893) 對這方面有莫大的貢獻。庫默爾(Kummer, Ernst) 令 p 為質數，
$\alpha^p - 1 = 0, \alpha \neq 1$，即

$$\alpha^{p-1} + \alpha^{p-2} + \cdots + \alpha + 1 = 0，$$

庫默爾推廣了複數整數，並稱

$$f(\alpha) = a_{p-1}\alpha^{p-1} + a_{p-2}\alpha^{p-2} + \cdots + a_1\alpha + a_0$$

為 $K-$ 代數數，其中 a_i 為整數。

庫默爾誤證 $K-$ 代數數的唯一分解性論文，送給數學大師狄利克雷看。分解性若
能成立，則費馬最後定理就可解決。狄利克雷在 1843 年指出庫默爾唯一分解性是
錯的，令人吃驚的是拉美和柯西也犯了同一錯誤。

為了補修其唯一分解性，庫默爾在 1844 年首創「理想數」(ideal number)，理想數
終於由庫默爾引近數學天地來，而成為其驕子。在整數域 $\{a+b\sqrt{-5}, |, a, b,$ 為整數$\}$ 中。

$$6 = 2 \times 3 = (1 + \sqrt{-5})(1 - \sqrt{-5})，$$

令

$$\alpha = \sqrt{2}, \beta_1 = \frac{1 + \sqrt{-5}}{\sqrt{2}}, \beta_2 = \frac{1 - \sqrt{-5}}{\sqrt{2}}$$

為該整數域的理想數，則 $6 = \alpha^2 \beta_1 \beta_2$，此時分解具有唯一性。

利用理想數庫默爾證明 n 在 100 以內費馬最後定理是正確的。以後瑞士日內瓦
大學教授迷你馬洛夫 (Dimitry Mirimanoff 1861-1945) 利用庫默爾的方法，證到
在 256 以內，其中 x, y, z 各與 n 互質，費馬最後定理正確。

高斯的學生，在德國高級工校執教 50 年戴德金 (Richard Dedekind 1831−1916) 推
廣高斯整數和 $K-$ 代數數成為今天環的理想 (ideal of a ring)。戴德金 (Dedekind,
Richard) 發現代數數集構成一個體 (field)，見定義 12.35 (頁 235)。

10.13　解析數論

利用解析的方法來處理數論的問題，變成了一個極為有力的工具。歐拉 (Leon-hard Euler) 和勒讓德 (Adrien-Marie Legendre) 臆測：算術數列

$$a, a+d, a+2d, \cdots, a+nd, \cdots$$

中含有無限多個質數，其中 $(a, d) = 1$。勒讓德在 1808 年給過一個錯誤的證法。正確的證法在 1837 年由狄利克雷利用解析的方法證得，他的證明既難且長，狄利克雷主要的工具是今天稱之為狄利克雷級數

$$\sum_{k=1}^{\infty} a_k k^{-z}$$

其中 a_k, z 皆複數。解析數論最主要的對象是證明歐拉、勒讓德和高斯臆測的質數定理 10.24 (頁 173)。

利用黎曼 $\zeta-$ 函數 $\zeta(z) = \sum_{k=1}^{\infty} \frac{1}{k^z}$，其中 z 為複數，俄國貝脫哥郎大學教授切比雪夫 (Tchebycheff 1821 − 1894) 證得質數定理具有：

$$A_1 < \frac{\pi(n)}{\frac{n}{\ln n}} < A_2, 0.922 < A_1 < 1 < A_2 < 1.105。$$

黎曼 (Riemann) $\zeta-$ 函數，由歐拉首用，其中 z 為實數，以後黎曼將 z 推廣成複數，企圖用來證明質數定理。現在世界上最著名的臆測是黎曼臆測 6.7 (頁 87)。

10.14　本章心得

1. 雞兔問題：1981 年 11 月 13 日早上，我陪三男偉華 (國小三年級) 走路去搭校車上學。路上我問他，一籠子裏，關有雞兔共 5 頭 18 隻腳，問有雞兔各若干？他答說有 4 隻兔 1 隻雞。他且告訴我他的算法：先設雞 2 兔 2，則腳 12。增加兔 1 得腳共 16，還是不到 18。所以試兔 4 雞 1，得腳 18。

2. 多邊形對角線的個數：有一個早晨，我們全家去爬十八尖山。沿途風景美麗，鳥語花香。我利用機會邊走邊談多邊形對角線的個數。三男偉華想到一個有用算法。先在水平線點兩點，往下做第 2 水平線再點三點，同法點四點，五點等等。怎樣算多邊形的對角線呢？第 1 水平線 2 上的點，即 2 點，那就是四邊形對角線的個數。前 2 水平線上的總和點，即 5 點，那就是五邊形對角線的個數。這種方法可以推算到任意多邊形對角線的個數。

3. 黃金比例數和美學：

(a) 巴黎羅浮宮「米羅維納斯」，下半身長度（腳底到肚臍）佔身高的 0.618，身材比例為黃金比例，所以看起來最美。

(b) 文藝復興時代巨匠達文西的作品蒙娜麗莎的微笑為黃金比例數。

(c) 法國法郎斯瓦·米勒的拾穗是黃金比例數，現藏於巴黎奧賽博物館。

(d) 希臘巴特農神殿為黃金比例數。

(e) 自然界許多黃金比例數。

(f) 心理學：德國心理學家費希納 (Gustav Theodor Fechner) 和伍得特 (Wilhelm Max Wundt) 在一連串心理測驗中發現人們在選擇卡片、包裹、及其他矩形事物時，經常不自覺傾向選擇具黃金比例數者。

米羅維納斯

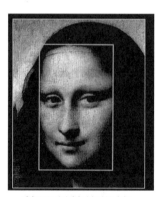

蒙娜麗莎的微笑

拾穗

心理學

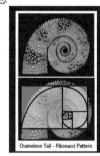

希臘巴特農神殿   自然界

11 代數學

穆罕默德刺激了阿拉伯，使阿拉伯征服印度、波斯、北非和西班牙。阿拉伯從此獲得希臘和印度的科學作品，翻成阿拉伯文。阿拉伯人花拉子米(al-khomarizmi)，是一位波斯數學家、天文學家及地理學家，也是巴格達智慧之家的學者。花拉子米 (al-khomarizmi 780 – 850) 著有代數書阿拉伯字「al-jabr」，是第一本解決一次方程及一元二次方程的系統著作，他因而被稱為代數的創造者，與丟番圖齊名。代數 (algebra) 由其書「al-jabr」而來，書中也談及計算 (algorithm)。其後「al-jabr」翻成拉丁文，影響歐洲的數學頗深。

圖 11.1: 花拉子米

今天我們講代數 (Algebra) 有兩種意思：其一為學習方程式和其解法的基礎代數，另一個是指學習群、體和環等結構的抽象代數。本章討論的主題是基礎代數。

代數符號的生長分為三個時期: 第一期為「逐字式」，第二期是「簡字式」，第三期為「符號式」。第三時期符號用法幾經變遷，一直到牛頓才趨於一致。其實即使在今日，還有一些意思相同但是符號不同的用法。例如美國人用 $3.1415\cdots$ 表示圓周率，但是英國人和法國人則用 $3,1415\cdots$ 來表示圓周率。

第一期：文辭式

195

1. 巴比倫：代數起源地之一的巴比倫採用文辭式，現舉一例，右行是今日符號式的註解。

   11.1 例. 有一矩形，長寬相乘得面積 252，長寬相加得 32，則長寬各若干?

   解. $x + y = k, xy = p$，

32 之半得 16	$\frac{k}{2}$
$16 \times 16 = 256$	$\left(\frac{k}{2}\right)^2$
$256 - 252 = 4$	$\left(\frac{k}{2}\right)^2 - p = t^2$
4 之方根為 2	$\sqrt{\left(\frac{k}{2}\right)^2 - p} = t$
$16 + 2 = 18$	$\frac{k}{2} + t = x$
$16 - 2 = 14$	$\frac{k}{2} - t = x$

   答：長 18，寬 14。   ■

   由例 11，知道古巴比倫人很偉大，他們發明了參變數解法。令
   $$x = \frac{k}{2} + t, y = \frac{k}{2} - t,$$
   則
   $$xy = \left(\frac{k}{2}\right)^2 - t^2 = p,$$
   得 $t = \sqrt{\left(\frac{k}{2}\right)^2 - p}$。

2. 埃及：古埃及的代數發展約與古巴比倫同時，也是文辭式。首創虛設法 (rule of false position) 解方程式。即先選一數為答，再修正成答案，例如：

   11.2 例. $x + \frac{x}{4} = 30$，求 x?

   解. 令 $x = 4$，得 $x + \frac{x}{4} = 5$，而 30 為 5 之 6 倍，故答案應為 $4 \times 6 = 24$。 ■

   代數之父丟番圖、中國、印度和阿拉伯都用過虛設法解方程式。

3. 希臘幾何代數: 希臘畢達格拉斯和歐幾里得時代的代數是幾何的代數。如代數上的公式
   $$(a + b)^2 = a^2 + 2ab + b^2,$$
   以幾何方式：圖 11.2 出現在歐幾里得著「幾何原本」第 2 冊第四個定理：

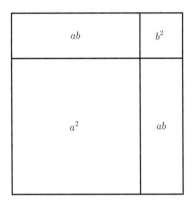

圖 **11.2:** $(a+b)^2$

11.3 定理. 若一直線分成兩部份，則全部的平方等於兩部份的平方和再加上由該兩部份為邊做成矩形面積的兩倍。

再舉「幾何原本」第 6 冊定理 28 為例：

11.4 例. 已知線段 AB 分成兩部份，以此兩部份為邊造一個矩形，使其等於已知面積 p。

以幾何方式：$x+y=k$, $xy=p$，圖 11.3證明之：

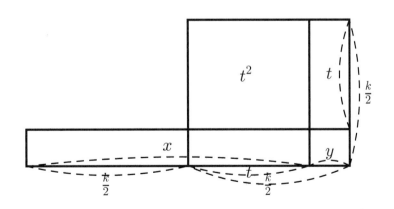

圖 **11.3:** $x=a+t$, $y=a-t$

第二期：簡字式

1. 丟番圖代數：幾個世紀後希臘數學家丟番圖沿用古巴比倫參數，創造簡字式。丟番圖(Diophantus) 在亞歷山大大學教書。關於丟番圖 (Diophantus of Alexandria 200 – 284) 有首聞名的打油詩。路過者駐腳注視著，利用代數的藝術，墓碑上告訴著人們他活過多久：

> 這裡躺著代數之父丟番圖，
> 上帝送給他一生的六分之一當少年時代，
> 一生的十二分之一後鬍上長鬚，
> 又過生平的七分之一後結婚，
> 五年後生了一個胖胖的嬰孩，
> 哎呀! 聖人可愛之子，
> 活了他父親半生時不幸辭世，
> 四年來他努力學習藉以忘憂，
> 隨著他也消失在人生的舞台。

我們利用
$$\frac{x}{6} + \frac{x}{12} + \frac{x}{7} + 5 + \frac{x}{2} + 4 = x ,$$

可以解得丟番圖活了 84 歲。丟番圖名著「算術」共分 13 冊，含有 150 道題目。書中對於不定方程式組有很巧妙的解法，因此今天的二元不定方程式稱為丟番圖方程式 (Diophantus equation)。

舉例說明丟番圖的簡字方程式

$$K^\gamma \beta \quad s\eta \quad A \quad \Delta^\gamma \varepsilon \quad \overset{\circ}{M} \ \delta' \varepsilon \varsigma \tau \mu \delta$$
$$x^3 2 \quad +x8 \quad - \quad (x^2 5 \quad +4) = 44$$

或 $2x^3 + 8x - (5x^2 + 4) = 44$ 。

2. 印度-阿拉伯代數

印度出了兩個大數學家婆羅摩芨多 (Brahmagupta 598 – 670 年) 和婆什迦羅 (Bhaskara 1114 – 1185)。他們用配方法解二次方程式，而且接受負根和有理根，他們並且知道二次方程式有兩個根。婆羅摩芨多和婆什迦羅且研

究過佩爾方程式：$y^2 = ax^2 + 1$，其中 a 為非完全平方整數。<u>婆羅摩芨多</u>的簡字式舉例如下：他把 $5xy + \sqrt{35} - 12$ 寫成

ya	ka	5	bha	k(a)35	ru	−12
x	y	5	乘	無理式35	常數	−12

第三期：符號式：下圖為符號式的演進。

1494	$Trouame.I.n°.che$	$gi\bar{o}to\,al\,suo$	$\bar{q}drat \circ facia.12.$
$Pacioli$	x	$+$	$x^2 = 12.$
1514	$4Se.$	$-51Pri.$	$-30N\,dit\,is\,ghelije\,45.$
$Vander$	$4x^2$	$-51x$	$-30 = 45.$
1521	$I\square$	$e32C°$	$-320numeri$
$Ghaligai$	x^2	$+32x$	$= 320.$
1525	$Sit\,Iz$	$aequatus\,12\mathfrak{X}$	-36
$Rudolff$	x^2	$= 12x$	-36
1545	$eubus$	$\bar{p}\,6\,rebus$	$sequalis\,20$
$Cardano$	x^3	$+6x$	$= 20$
1553	$2\mathfrak{X}A$	$+2z.$	$aequatq.\,4335$
$Stifel$	$2x\,A$	$\dashv 2x^2$	$= 4335.$
1557	$14.\mathfrak{X}$	$+.15.$	$== 71.$
$Recorde$	$14x$	$+15$	$= 71.$
1559	$I\diamondsuit P6\rho P9$	$[I\diamondsuit P3\rho P24.$	
$Buteo$	$x^2 + 6x + 9$	$= x^2 + 3x + 24$	
1572	$\overset{6}{\breve{I}}$	$\overset{3}{\breve{p.}}\,8$	$Eguale\,à\,20$
$Bombelli$	x^6	$+8x^3$	$= 20.$
1585	$3②$	$+4$	$egales\,à\,2①+4$
$Stevin$	$3x^2$	$+4$	$= 2x + 4$
1591	$IQC - 15QQ$	$+85C - 225Q$	$+274N\,aequatur\,120.$
$Viète$	$x^6 - 15x^4$	$+85x^3 - 225x^2$	$+274x = 120.$
1631	$aaa - 3bba$	$== +2ccc$	
$Harriot$	$x^3 - 3b^2x$	$= 2c^3$	
1637	$yy \propto cy - \frac{cx}{b}y$	$+ay - ac$	
$Descartes$	$y^2 = cy - \frac{cx}{b}y$	$+ay - ac$	
1693	$x^4 + bx^3$	$+cxx + dx$	$+e = 0$
$Wallis$	$x^4 + bx^3$	$+cx^2 + dx$	$+e = 0$

11.1 代數

數學是一門研討數的概念。整個的數學語言，是符號的廣泛應用。一般說來，由算術轉變成代數只是引進符號和用符號說明理由。

1. 很多讀者都玩過這類數字遊戲：主持人要求任一個觀眾選定一個數，該數加上 10，然後乘以 3，總數減去 30，當他告訴主持人最後所得之數值時，主持人便能很快地猜出觀眾當初所選取的數目是多少。這個魔術其實很簡單，如果我們用代數方法，令原數為 a，依題意得

$$3(a + 10) - 30 = 3a。$$

這樣一來，如果觀眾最後所得之值為 6 則主持人便知原數必為 2。

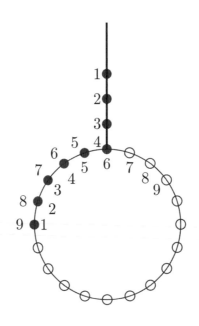

圖 **11.4**: 遊戲

2. 另一種遊戲是用牌 (如樸克牌) 擺一圓圈，上有一柄如圖 11.4：主持人要任一觀眾，記一個數目：如 9，開始數之，由柄的上端開始往下數，然後沿順時針方向數圓圈上的牌至 9。停下來後沿圓圈逆時針方向數回去至 9，最後您會知道他數到那一張。不管他用那一個數目，答案一定是柄下端沿逆時針方向數與柄同數之牌。道理是很簡單的代數，即:$a + b = b + a$。

代數不僅是用一字母表一個數或是一些數，而是用許多符號和協約來表示量和量的運算，如 $3(a+10)$, b^2, a^2+ab。注意在 a^2+ab 中，a 所代表的數只有一個，不能第一項和第二項 a 所代表的數不相同。

為什麼數學家要用一些特別的符號和協約來煩人，就像在圈內人與圈外人之間築一層籬笆呢？其實並非數學家有意如此，這是不幸的必須品，符號可以使得數學家將繁長的敘述化為簡短的式子，這樣子可看得快而且易於表達。由於吾人眼與心之不幸極限，對於冗長複雜的句子不克處理，例如：$3ab^2+abc$，要用話來描述那可多了：3乘以一個數，再乘第二個數，又乘一次第二數，然後加上第一數、第二數和第三數之積。

如果不用符號寫數學書，那麼每一本書一定都是厚度驚人的。符號是代數威力最顯著的根源之一。例如我們不需要一一地討論

$$2x+3=0,\ 3x-7=0,\ 4x-9=0$$

之解法。我們只需要討論一般式 $ax+b=0$ 之解法便可。

當然我們必須學這些新語言，以便精通某方面的數學。其實最公平的抱怨應該是法國人堅持用法語，德國人堅持使用德語，英國人堅持使用英語，這樣形成重重的困難導致問題無法溝通。但是數學的語言是全世界性的。

不過數學符號也被批評，例如有些人覺得用 ◇ 代表＋更有美感，然而寫起來＋要比 ◇ 簡單。另一方面表法常不一致，如 ab 表示 a 與 b 之乘積，但是 $3\frac{1}{2}$ 卻表示 $3+\frac{1}{2}$。

符號進入數學王國是十六、十七世紀的事情，像古中國、埃及、巴比倫、印度、希臘和阿拉伯都用文辭式和簡字式代數。代數的主要功能是將一型式轉換為另一個型式，使得問題更易於處理。例如：$(x+4)(x+3)$ 變換為 $x^2+7x+12$，或 $x^2+7x+12$ 變換為 $(x+4)(x+3)$。代數的轉換就像是語言的文法，學起來並不那麼有趣，比較有趣的是用代數解題。

11.5 例. 一汽車的冷卻器含 10 加侖的液體，其中 20% 為酒精，欲取出一些液體，再加入同數的純酒精，使得酒精含量達到 50%，問有多少加侖的液體被取出？

解. 　　車主不懂得代數–高等算術，他計算如下：首先他取出 5 加侖液體，加入 5 加侖的酒精，結果酒精含量達 60%(5 × 0.2 + 5 = 6) 是一種浪費的做法。第二次重來，他用取出 4 加侖的液體，加入 4 加侖的酒精，則 10 加侖液體中所含酒精量為 6 × 0.2 + 4 = 5.2，也浪費了。第三次重來，他取出了 3 加侖的液體，加入 3 加侖的酒精，則 10 加侖的液體中含酒精量為

$$7 \times 0.2 + 3 = 4.4，$$

不足 50%，現在車主知道答案介於 3 加侖和 4 加侖之間，但是不知道如何去試。

代數解法：設 x 為必需取出的液體加侖數，由題意得

$$0.2(10 - x) + x = 5，$$

得 $x = \frac{15}{4}$。

有些日常生活問題要用二次方程式才能解得：

11.6 例. B 船在 A 船正北 10 哩處，向東以每小時 2 哩行駛，A 船想以每小時 5 哩直線駛去與 B 船相遇，問他們相遇處距離 B 船原處多遠？

解. 　　假設相遇處 C 距 B 船原處為 x，則 $AC = \sqrt{100 + x^2}$。但是

$$\frac{x}{2} = \frac{\sqrt{100 + x^2}}{5}，$$

得 $x = \frac{20\sqrt{21}}{21} \approx 4.4$。　　　　　　　　　　　　　■

自古巴比倫、埃及到西元 1550 年，討論的方程式係數都是數值，法國數學家韋達 (François Viète 1540 – 1603) 才開始處理一般係數，以 a, b, c 為係數的方程式。學習技巧並非學數學之本旨，就像音樂家學習音階，主要是為了要能彈奏更優美的曲子，並非學習音階乃是音樂家的本旨。

11.2　二項式定理

巴斯卡三角形用來討論展開二項式 (binomial) 之係數 (參見頁 202)。其實比他更早，在中國元朝時候朱世傑著「四元玉鑑」中，首頁就已提及古法「七傑方圖」，即七階算術三角形：

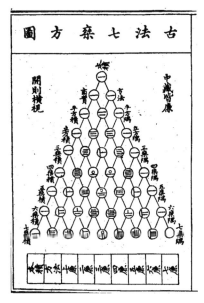

圖 **11.5**: 七傑方圖

11.7 例. 求 5 之平方根

解. 令
$$y = x^2 + dy = (x + dx)^2 = x^2 + 2xdx + (dx)^2 \text{,}$$
得 $dx = \frac{dy}{2x}$，這也可由導來數得：若 $y - x^2$，則 $dy = 2xdx$，即 $dx = \frac{dy}{2x}$。令
$$5 = 2^2 + 1 = (2 + dx)^2 \text{,}$$
得 $dx = \frac{dy}{2x} = \frac{1}{4} = 0.25$。再令
$$5 = (2.25)^2 + (-0.0625) = (2.25 + dx)^2 \text{,}$$
得 $dx = \frac{dy}{2x} = \frac{-0.0625}{2 \times 2.25} = -0.01389$，即 $5 \approx 2.25 - 0.01389 = 2.23611$。 ∎

11.8 例. 任給一數 a，求 a 之立方根。

解.
$$a = x^3 + dy = (x + dx)^3 = x^3 + 3x^2 dx + 3x(dx)^2 + (dx)^3 \text{,}$$
得 $dy \approx 3x^2 dx$，這也可由導來數得：若 $y = x^3$，則 $dy = 3x^2 dx$，即 $y \approx x + \frac{dy}{3x^2}$。

■

已知二項式 $(1+a)^{n-1}$ 的係數，利用巴斯卡三角形，可得二項式 $(1+a)^n$ 之係數。不需要用這樣來算，在 1676 年，牛頓 (Sir Isaac Newton) 寫給歐德柏格的兩封信中敘述 (但未證明) 二項式定理 (Binomial Theorem)：

11.9 定理. 若 n 為一自然數，則

$$(a+b)^n = a^n + na^{n-1}b + \frac{n(n-1)}{1 \cdot 2}a^{n-2}b^2 + \cdots + b^n \text{ 。}$$

夾克·伯努利首先證明上述二項式定理。展開式中第 $k+1$ 項的係數

$$C_k^n = \frac{n(n-1)\cdots\left(n-(k-1)\right)}{k(k-1)\cdots 1} \text{ ，}$$

在組合學中，表 n 物中取 k 物的方法數。這件事情很容易了解，因為

$$(a+b)^n = (a+b)(a+b)\cdots(a+b) \text{ ，}$$

展開式中的係數，在 n 個含 a 物和 b 物的箱中，取 k 個 b 物的方法數。巴斯卡把二項式定理引進機率論園地，點燃了機率論如火如荼的研究。二項式有下類結果：

$$e = \lim_{n \to \infty}\left(1 + \frac{1}{n}\right)^n \text{ 。}$$

在 1826 年，年方 24 歲的天才數學家阿貝爾，推廣二項式定理為 $(a+b)^z$，其中 z 為複數。此時展開項式無限，不像 n 為一自然數時，展開項式有限。

11.3 方程式論

設 $a \neq 0$，則一元一次方程式 $ax = b$ 的解為 $x = \frac{b}{a}$。

設 $a \neq 0$，則一元二次方程式 $ax^2 + bx + c = 0$ 的解為

$$x = \frac{-b \pm \sqrt{b^2 - 4ac}}{2a} \text{ 。}$$

古希臘的倍積問題即求三次方程式 $x^3 = 2$ 解的作圖問題。古巴比倫列出 $n^3 + n^2$ 表，用來解一元三次方程式：

11.10 例. 求解 $2x^3 + 3x^2 = 540$。

解.

$$
\begin{array}{ll}
\text{兩邊乘以}4 & 8x^3 + 12x^2 = 2160 \\
\text{令}y = 2x & y^3 + 3y^2 = 2160 \\
\text{令}y = 3z & 27z^3 + 27z^2 = 2160 \text{ 或 } z^3 + z^2 = 80 \\
\text{查表}n^3 + n^2 & z = 4
\end{array}
$$

故 $y = 12$, $x = 6$。

一元三次方程式解者之謎:

一般一元三次方程式的解是義大利文藝復興時期的副產品之一。它籠罩著一團到現在 (甚至永遠) 也弄不清楚的神秘氣氛。該方法出現在米蘭數學家卡爾達諾 (Girolamo Cardano 1501 – 1576) 所著的「偉大的藝術」(Ars magna) 書上。因為這種緣故現在解三次方程式的公式稱為「卡爾達諾公式」。

卡爾達諾 (Cardano, Girolamo) 說過,費羅 (Scipione del Ferro 1465 – 1526) 在 1515 年解型如 $x^3 + bx = c$ 的三次方程式。如同其他那時候的數學家一樣,費羅保密,以備與其他數學家挑戰用。他去世時,他把解法告訴他的一個學生,也是他的女婿費耶 (Fior)。

意大利數學家塔爾塔利亞 (Nicolo Tartaglia 1499 – 1557) 本名是 Niccolo Fontana。他 12 歲那年,被入侵的法國兵砍傷了頭部和舌頭,從此說話結結巴巴,人們就給他一個綽號塔爾塔利亞 (在意大利語中,這是口吃的意思),真名反倒少有人叫了,他自學成才,成了數學家,宣布自己找到了三次方程的的解法。

在 1535 年,傳說塔爾塔利亞 (N. Tartaglia) 也發現型如 $x^3 + bx = c$ 方程式的解。費耶 (Fior) 馬上向塔爾塔利亞挑戰。在比賽前幾天塔爾塔利亞突然也想出解型如 $x^3 + ax^2 = b$ 的方法。比賽結果因為塔爾塔利亞懂得兩型的解法,但是費耶只懂得其中一型的解法,所以由塔爾塔利亞獲勝。

卡爾達諾聽到塔爾塔利亞勝利的消息,急於想知道他的方法,到處找塔爾塔利亞,但是塔爾塔利亞一直躲著他。後來卡爾達諾對塔爾塔利亞假裝說要推薦他去當西班牙砲兵顧問,並稱自己有許多發明,唯獨無法解三次方程而內心痛苦。還

發誓，永遠不洩漏塔爾塔利亞解一元三次方程式的秘密。塔爾塔利亞這才把解一
元三次方程的秘密告訴了卡爾達諾。六年以後，卡爾達諾訪問費耶，費耶跟他又
談一元三次方程式的解法。卡爾達諾以從費耶處知道為理由，將解法發表於他的
著作「偉大的藝術」(Ars magna) 書上，將經過改進的三次方程的解法公開發表。
後人就把這個方法叫作卡爾達諾公式，塔爾塔利亞的名字反而被湮沒了，正如他
的真名在口吃以後被埋沒了一樣。這個行動引起塔爾塔利亞極端的憤恨，認為他
被出賣了。最終在一個不明的夜晚，卡爾達諾派人秘密刺殺了塔爾塔利亞。

一元三次方程應有三個根。卡爾達諾公式給出的只是一個實根。又過了大
約200年後，隨著人們對虛數認識的加深，到了1732年，才由瑞士數學家歐拉找
到了一元三次方程三個根的完整的表達式。

一元三次方程式的解法：(cubic equation)

11.11 例. 求解 $x^3 + 6x = 20$。

解. 設 p, q 滿足 $p - q = 20$, $pq = 2^3$，則 $\sqrt[3]{p} - \sqrt[3]{q}$ 為方程 $x^3 + 6x = 20$ 其一根，
由此得其解為

$$p = \sqrt{108} + 10, \; q = \sqrt{108} - 10 \text{。}$$

∎

圖 **11.6:** 韋達

韋達 (Viéte 1540 – 1603) 是 16 世紀法國最有影響的數學家之一。韋達 (Viéte, François) 的研究工作為近代數學的發展奠定了基礎。他也是名律師，是皇家顧問，曾為亨利三世和亨利四世效力。1540 年，韋達生於法國普瓦圖，早年在普瓦捷學習法律，後任律師。數學是他的業餘愛好。

韋達神奇的一元三次方程式的解法：

11.12 例. 求解 $x^3 + bx^2 + cx + d = 0$。

解. 設 $x = y - \frac{b}{3}$，得方程式 $y^3 + py + q = 0$，令 $y = z - \frac{p}{3z}$，得方程式 $z^6 + qz^3 - \frac{p^3}{27} = 0$，變成解的一元二次方程式。 ∎

卡爾達諾的學生法拉利 (Lodovico Ferrari 1522 – 1565)，在未滿 20 歲時 (1540) 就解決的一元四次方程式解法：

一元四次方程式的解法：(quartics equation)

11.13 例. 求解 $x^4 + bx^3 + cx^2 + dx + e = 0$。

解. 由原式得 $x^4 + bx^3 + cx^2 + dx + e = 0$，
得方程式 $\left(x^2 + \frac{bx}{2}\right)^2 = \left(\frac{1}{4}b^2 - c\right)x^2 - dx - e$，得

$$
\begin{aligned}
&\left(x^2 + \tfrac{bx}{2}\right)^2 + \left(x^2 + \tfrac{bx}{2}\right)y + \frac{y^2}{4} \\
&= \left(\tfrac{1}{4}b^2 - c + y\right)x^2 + \left(\tfrac{1}{2}by - d\right)x + \tfrac{1}{4}y^2 - e,
\end{aligned} \tag{11-1}
$$

令 $\left(\frac{1}{4}b^2 - c + y\right)x^2 + \left(\frac{1}{2}by - d\right)x + \frac{1}{4}y^2 - e$ 的判別式為 0，即

$$
\left(\frac{by}{2} - d\right)^2 - 4\left(\frac{b^2}{4} - c + y\right)\left(\frac{y^2}{4} - e\right) = 0 \tag{11-2}
$$

設此一元三次方程式 (11-2) 的解為 $y = y_0$，代入方程式 (11-1)，得一元二次方程式：

$$
\left(x^2 + \frac{bx}{2}\right)^2 + \left(x^2 + \frac{bx}{2}\right)y_0 + \frac{y_0^2}{4} = 0。
$$

∎

圖 **11.7**: 阿貝爾

一元五次或是五次以上方程式的解法：(quintics equation)

超過250年，數學家一直在尋找一元五次方程的根式解：像一元五次方程式
$x^5 - 1 = 0$ 和

$$x^5 - x^4 - x + 1 = (x-1)(x-1)(x+1)(x+i)(x-i) = 0$$

都有根式解。高斯在1799年證得每一個 n 次方程式必有一個複數根 (由此得 n 個
複根) 的定理 11.15 (頁 210)。

阿貝爾的生平：(Abel's life)

阿貝爾 (Niels Abel 1802 – 1829) 出生在挪威，他的父親擔任牧師。阿貝爾13歲
進入教會學校，他後來念皇家弗雷德里克大學。1799年，義大利數學家魯菲尼
(Paolo Ruffini 1765 – 1822) 找到了解決一元五次方程的根式解辦法，但其證明又
長又不完整，在1824年，阿貝爾終於證明一元五次方程式沒有根式解，並發表於
「Crele」雜誌第一期：

11.14 定理. *(阿貝爾–魯菲尼定理)* 一元五次方程式沒有根式解。

阿貝爾證明了一般一元五次方程不能用根式解，也舉例說有的方程能用根式解。
問題是，能用根式解或者不能用根式解的方程，到底怎麼來判斷呢？阿貝爾沒有

給出證明。換句話說，阿貝爾沒有完全解決一元五次方程的求根問題，遺憾的是，對於什麼樣的特殊方程能用根式解，他還未及得到的答案就因病去世了。一元五次方程的可解性理論，19 世紀法國天才數學家伽羅瓦 (Galois) 完成

阿貝爾在橢圓函數和超越函數方面有重大貢獻。他的海外之旅被看作是一個失敗：他沒有到到哥廷根大學的高斯，他也沒有在巴黎出版的任何東西。在巴黎期間，阿貝爾染上肺結核。在 1828 年的聖誕節，他前往挪威弗羅蘭 (Froland) 去看望他的未婚妻，他在旅途中得重病，雖然夫婦一起度假，他不久後，於 1829 年 4 月 6 日去世。克雷勒 (August Crelle) 一直在為阿貝爾在柏林找工作，已找到柏林大學教授職，但它來得太晚了。阿貝爾說的一句名言：高斯的論文，就像隻狐狸，用它的尾巴抹去了它在沙地上的腳印。

在 1929 年 4 月 6 日，挪威頒發了阿貝爾去世一百週年郵票。他的肖像出現在 500 克朗紙幣上。阿貝爾的雕像矗立在奧斯陸。2002 年，阿貝爾獎建立於國際數學聯合會 (IMU)。法國埃爾米特 (Charles Hermite) 說：阿貝爾留給數學家們忙 500 年。法國勒讓達 (Adrien-Marie Legendre) 說：這位挪威年輕人的頭裡裝甚麼東西 (quelle tête celle du jeune Norvégien!)

阿貝爾的雕像
在奧斯陸

阿貝爾的雕像
在耶爾斯塔

500 克朗紙幣

阿貝爾的工作刺激了法國年輕數學家伽羅瓦 (E. Galois 1811 – 1832)，作出每一方程式對應一個特徵解，見定理 12.51 (頁 240)。用群的可解與否來決定方程式的可解與否。因此伽羅瓦找到一般一元五次方程式或一元五次以上方程式沒有根式解的充要條件。

卡爾達諾看出一個三次方程式恰有 3 個根，四次方程式恰有 4 個根，依此類推。吉拉爾也述及若複數也可以當作根則一個 n 次方程式有 n 個根 (重根也算)。笛卡兒著「幾何」第 3 冊述及方程式根的個數與方程式的次數相同。

1. 共軛根成雙出現：卡爾達諾認為實係數方程式中非實複數根必成雙出現，本事實由牛頓著「宇宙算術」(Arithmetica Universalis 1707) 加以證明。

2. 萊佈尼茲、伯努利和哥德巴赫都不相信代數基本定理：

11.15 定理. (代數基本定理 *Fundamental Theorem of Algebra*)

   (a) 每一複係數多項式至少有一複數根：即任一複係數多項式皆可分解為複係數一次多項式之積。
   (b) 每一實係數多項式必可分解為一次和二次實係數多項式的積：即當 z 為一多項式之根時，則其共軛數 $\bar{z}$ 也為其一根。

達朗貝爾、歐拉和拉格朗日雖深信不疑，卻無法證明。通世數學大師高斯在 1799 年畢業於德國黑斯塔大學，博士論文就是證明了代數基本定理，唯一美中不足的是用分析來證得的。真是無奇不有，代數基本定理要靠分析方能解決，代數本身卻無能為力。高斯後來又用三種不同的方法來證明代數基本定理，但沒有一個是代數方法。最近有一位數學家宣稱能用代數方法證得代數基本定理，經過仔細檢查，發現其證法還是屬於分析的。

3. 符號規則: 笛卡兒著「幾何」(La Géométrie) 中有一符號規則：

11.16 定理. 設 $f(x) = 0$ 為一方程式，則其正根數最多為方程式中係數的變號數，而負根數最多為係數連號數。

本符號規則後來由臻·保羅 (1712 − 1785) 證得。

4. 待定係數法: 笛卡兒著「幾何」述及待定係數法，如欲分解 $x^2 - 1$ 則令 $x^2 - 1 = (x+a)(x+b)$，解 a, b 就可分解。卡爾達諾發現：

11.17 定理. 若

$$f(x) = x^n + a_1 x^{n-1} + \cdots + a_n$$

為一多項式，而其根為 $\alpha_1, \alpha_2 \cdots, \alpha_n$，則有

$$\alpha_1 + \alpha_2 + \cdots + \alpha_n = -a_1$$

$$\sum_{i<j} \alpha_i \alpha_j = a_2$$

$$\vdots$$

$$\alpha_1 \alpha_2 \cdots \alpha_n = (-1)^n a_n \text{。}$$

這件事情由代數基本定理和待定係數法可得。

5. 關於方程式的根: 韋達和笛卡兒發現一方程式中若以 $y+m$ 代 x,則其根減少 m,若以 mx 代 x,則其根變為原來的 $\frac{1}{m}$ 倍。

6. 笛卡兒著「幾何」第 3 冊斷定:若 $p(x)$ 為一多項式,則 $(x-a)|p(x)$ 的充要條件為 a 是 $p(x)$ 的一根。

7. 牛頓首先發現實係數方程式 $ax^2 + bx + c = 0$ 有等根、實根或虛根端賴方程式的判別式 $\triangle = b^2 - 4ac$ 之為等於 0,大於 0 或小於 0 而定。

11.4 四元體

空間中的有向線段導致向量的概念,而平行四邊形律表示力的合成導致向量的加法概念。德國格拉斯曼 (Grassmann 1809 – 1877) 名著「大小」(1844),脫離了古典三維空間的束縛,討論 n 維曲體且發展其代數結構,擴充複數為超複數。他的張量理論是相對論的主要工具。「大小」發表的前一年,愛爾蘭都柏林大學三一學院天文教授漢米爾頓 (William Rowan Hamilton 1805 – 1865) 發明了四元體 (quaternion),吉布斯 (Gibbs) 由四元體發展向量分析。漢米爾頓擴大三維空間為四元體以保持一、二維空間的可除性。

圖 **11.8**: 漢米爾頓

一個四元數是型如

$$u = a_0 + a_1 i + a_2 j + a_3 k,$$

其中 $a_i \in \mathbb{R}$，且

$$ij = k,\ ji = -k,\ jk = i,\ kj = -i,\ ki = j,\ ik = -j$$
$$i^2 = j^2 = k^2 = -1 \text{。}$$

若

$$u = a_0 + a_1 i + a_2 j + a_3 k,\ v = b_0 + b_1 i + b_2 j + b_3 k,$$

規定

1.
$$u + v = (a_0 + b_0) + (a_1 + b_1)i + (a_2 + b_2)j + (a_3 + b_3)k \text{。}$$

2.
$$\begin{aligned} uv &= (a_0 b_0 - a_1 b_1 - a_2 b_2 - a_3 b_3) + (a_0 b_1 + a_2 b_3 - a_3 b_2 + a_1 b_0)i \\ &\quad + (a_0 b_2 - a_1 b_3 - a_2 b_0 - a_3 b_1)j + (a_0 b_3 - a_1 b_2 - a_2 b_1 - a_3 b_0)k \text{。} \end{aligned}$$

3. 加法單位元素 $0 = 0 + 0i + 0j + 0k$。

4. 乘法單位元素 $1 = 1 + 0i + 0j + 0k$。

5. 若 $u \neq 0$，u 的模為
$$|u| = \sqrt{a_0^2 + a_1^2 + a_2^2 + a_3^2} \text{。}$$

6. u 的共軛四元數為 $\overline{u} = a_0 - a_1 i - a_2 j - a_3 k$。

故四元數集是一個域 (非交換體)，見定義 12.35 (頁 235)，我們特地稱為四元體。
n 次方程式恰有 n 個根，在四元體上是不成立的。例如

11.18 例. 在四元體中 $x^2 + 1 = 0$ 有無限多個解。

解. 若 $x = a_0 + a_1 i + a_2 j + a_3 k$，則

$$\begin{aligned} 0 = x^2 + 1 &= (a_0^2 - a_1^2 - a_2^2 - a_3^2) + (a_0 a_1 + a_2 a_3 - a_3 a_2 + a_1 a_0)i \\ &\quad + (a_0 a_2 - a_1 a_3 - a_2 a_0 - a_3 a_1)j + (a_0 a_3 - a_1 a_2 - a_2 a_1 - a_3 a_0)k + 1 \text{。} \end{aligned}$$

的充要條件為

$$a_0^2 + 1 = a_1^2 + a_2^2 + a_3^2,\ a_0 a_1 = a_1 a_3 = a_1 a_2 = 0 \text{。}$$

取 $a_1 = 0$, $a_2^2 + a_3^2 - a_0^2 = 1$ 為在四元體中方程 $x^2 + 1 = 0$ 的無限多個解。 ∎

11.5 行列式與矩陣

「天元術」是中國宋代方程式的解法。李治著「測圓海鏡」，益古演段書記述：以太極的太表常數項，以天元的元表未知數，太上一格的元表示 x，上二格表 x^2，$\cdots$，下一格表 x^{-1}，下二格表 x^{-2}，$\cdots$，按這個次序只要表出太或元，其餘可以省略。

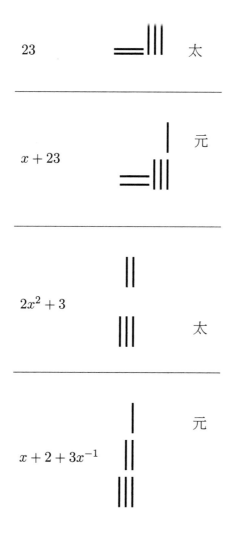

中國元朝朱世傑創造四元術處理多元方程式，是中國人智慧的結晶。

	物	
地	太	人
	天	

	z	
y	常數	w
	x	

中國古代數學巨著「九章算術」(據說是漢朝的產物) 發明了方程術，以解聯立方程式組：

11.19 例. *(九章算術第十六題)* 今有令一人、吏五人，從者十人，食雞十；令十人、吏一人、從者五人，食雞八；令五人、吏十人、從者一人，食雞六。問令、吏、從者，食雞各幾何？

解. 依題意得

$$\begin{cases} x + 5y + 10z & = 10 \\ 10x + y + 5z & = 8 \\ 5x + 10y + z & = 6 \end{cases}$$

用消去法解之得 $x = \frac{45}{122}$, $y = \frac{41}{122}$, $z = \frac{97}{122}$。   ∎

萊佈尼茲在 1693 年明顯地描述行列式 (determinant)，萊佈尼茲寫給羅必達 (Guillaume de L'Hôpital 1661 – 1704) 的信上記述行列式的初期形式。聯立方程組

$$\begin{cases} a_{10} + a_{11}x + a_{12}y & = 0 \quad (1) \\ a_{20} + a_{21}x + a_{22}y & = 0 \quad (2) \\ a_{30} + a_{31}x + a_{32}y & = 0 \quad (3) \end{cases}$$

$a_{22}\times$ 式 (1) 減去 $a_{12}\times$ 式 (2)，和 $a_{32}\times$ 式 (1) 減去 $a_{12}\times$ 式 (3)，得

$$\begin{cases} (a_{10}a_{22} - a_{12}a_{20}) + (a_{11}a_{22} - a_{12}a_{21})x & = 0 \quad (4) \\ (a_{10}a_{32} - a_{12}a_{30}) + (a_{11}a_{32} - a_{12}a_{31})x & = 0 \quad (5) \end{cases}$$

$(a_{11}a_{32} - a_{12}a_{31})\times$ 式 (4) 減去 $(a_{11}a_{22} - a_{12}a_{21})\times$ 式 (5)，整理後得

$$a_{10}a_{21}a_{32} + a_{11}a_{22}a_{30} + a_{12}a_{20}a_{31}$$
$$-a_{10}a_{22}a_{31} - a_{11}a_{20}a_{32} - a_{12}a_{21}a_{30} = 0$$

即

$$\begin{vmatrix} a_{10} & a_{11} & a_{12} \\ a_{20} & a_{21} & a_{22} \\ a_{30} & a_{31} & a_{32} \end{vmatrix} = 0$$

行列式等於 0 是，原式所表三相異直線共點的必要條件。

用兩條線 $||$ 當作行列式符號是英國數學家凱萊 (Arthur Cayley 1821 – 1895) 在 1841 年率先使用的。行列式之另一創始人是瑞士數學家克萊姆 (Gabriel Cramer 1704–1752)，於 1750 年首創行列式解聯立方程式的方法 (現稱克萊姆解法)。在 1812 年柯西首用「行列式」為名且制定其乘法律，而英國數學家西勒維斯特 (James Sylvester 1814 – 1897) 首用矩陣 (matrix)。邏輯上來看，矩陣應該比行列式率先問世，但是歷史上卻是恰好相反。而且當矩陣被介紹出來時，奇怪的是那些運算似乎早已深植人心。

凱萊 (Cayley) 把線性方程式組看成矩陣乘積

$$\begin{cases} ax + by = x' \\ cx + dy = y' \end{cases} \qquad \begin{pmatrix} a & b \\ c & d \end{pmatrix} \begin{pmatrix} x \\ y \end{pmatrix} = \begin{pmatrix} x' \\ y' \end{pmatrix}$$

即向量 (x, y) 被矩陣 (線性變換) $\begin{pmatrix} a & b \\ c & d \end{pmatrix}$ 映至向量 (x', y')。

凱萊把息息相關的矩陣與線性變換分離出來，矩陣集形成一線性空間，方陣集為一非交換代數，稱為方陣代數。線性變換集也形成一線性空間。用 2×2 階矩陣來看矩陣的一些基本性質：

1.
$$\begin{pmatrix} a & b \\ c & d \end{pmatrix} = \begin{pmatrix} e & f \\ g & h \end{pmatrix}$$

   的充要條件為

$$a = e,\ b = f,\ c = g,\ d = h \text{。}$$

2.
$$\begin{pmatrix} a & b \\ c & d \end{pmatrix} + \begin{pmatrix} e & f \\ g & h \end{pmatrix} = \begin{pmatrix} a+e & b+f \\ c+g & d+h \end{pmatrix}$$

3.
$$\begin{pmatrix} a & b \\ c & d \end{pmatrix} \cdot \begin{pmatrix} e & f \\ g & h \end{pmatrix} = \begin{pmatrix} ae+bg & af+bh \\ ce+dg & cf+dh \end{pmatrix}$$

方陣代數與一般的複數系有些不同，方程式論在方陣代數上變得離奇怪異。

1. $\begin{pmatrix} 0 & 1 \\ 0 & 0 \end{pmatrix}$ 沒有平方根。

2.
$$k \in \mathbb{R}, \begin{pmatrix} k & 1+k \\ 1-k & -k \end{pmatrix}^2 = \begin{pmatrix} 1 & 0 \\ 0 & 1 \end{pmatrix},$$

即 $\begin{pmatrix} 1 & 0 \\ 0 & 1 \end{pmatrix}$ 有無限多個平方根。

3. 若是考慮一個對應 $a+bi \Leftrightarrow \begin{pmatrix} a & b \\ -b & a \end{pmatrix}$，則複代數可被嵌入 2×2 階方陣代數裏，成為一個子代數。

4. 若是考慮一對應

$$a+bi+cj+dk \Leftrightarrow \begin{pmatrix} a+bi & c+di \\ -c+di & a-bi \end{pmatrix},$$

其中 $a, b, c, d \in \mathbb{R}$，則四元體可被嵌入 2×2 階複數方陣代數裏成為一個子代數。

11.20 定義. 設 M 為一個方陣，

1. 則方程式 $\left| M-xI \right| = 0$，稱為 M 的特徵式，其中 I 為單位方陣。
2. 特徵式的根稱為 M 的特徵值 (eigen value)。
3. 向量 $A_i = (a_i, b_i)$ 稱為 M 的特徵向量 (eigen vector)，若

$$MA_i = \lambda_i A_i,$$

其中 λ_i 為 M 的特徵值。

11.21 例. 令 $M = \begin{pmatrix} a & b \\ -b & a \end{pmatrix}$，則其特徵式為

$$\left| \begin{pmatrix} a & b \\ c & d \end{pmatrix} - \begin{pmatrix} x & 0 \\ 0 & x \end{pmatrix} \right| = \left| \begin{pmatrix} a-x & b \\ c & d-x \end{pmatrix} \right| = 0 \,,$$

即為 $x^2 - (a+d)x + (ad - bc) = 0$。

令 $D = \begin{pmatrix} 1 & 0 \\ 0 & -1 \end{pmatrix}$，為鏡射方陣。$D$ 的特徵值為 $1, -1$，對應的單位特徵向量為 $A_1 = (1, 0), A_2 = (0, 1)$。令 $L = \{ tA_1 \,|\, t \in \mathbb{R} \}$ 代表一通過原點的直線。A_2 是直線 L 的單位法向量。特徵值和特徵向量刻劃出鏡射方陣的特徵。

11.6 布爾代數

圖 **11.9:** 布爾

英國布爾 (George Boole 1815 − 1864) 在數學剛剛開始走向公理化時，在 1847 年和 1854 年發表兩篇數學公理化「布爾代數」(Boolean algebra) 的基石之文章：

1. Mathematical analysis of logic。
2. An Investigation of the Laws of Thought on which are Foundedthe Mathematical Theories of Logic and probability。

當初布爾的符號與集合符號的比較：

	Boole	集合符號
符號	$x, y, z, \cdots$	$A, B, C, \cdots$
空集合	0	$\emptyset$
宇集	1	I
交集	xy	$A \cap B$
交集	$x^2 = x$	$A \cap A = A$
聯集	$x + y$	$A \cup B$
德摩根律	$1 - (x + y) = (1 - x)(1 - y)$	$(A \cup B)' = A' \cap B'$
德摩根律	$1 - xy = (1 - x) + (1 - y)$	$(A \cap B)' = A' \cup B'$
交換律	$xy = yx$	$A \cap B = B \cap A$
分配律	$x(y + z)$	$A \cap (B \cup C) = (A \cap B) \cup (A \cap C)$
餘集	$1 - x$	A'
餘集	$x - y$	$A - B$
包含	$xy = x$	$A \subset B$
交集空	$xy = 0$	$A \cap B = \emptyset$
交集非空	$xy \neq 0$	$A \cap B \neq \emptyset$
交集非空	$x(1 - y) \neq 0$	$A \cap B' \neq \emptyset$

與布爾同時代的英國維恩 (John Venn 1834 – 1923) 發明圖解法，現在稱為「維恩圖解法」。

布爾相信人類良知是邏輯的公理，如：

1. $a \in B$ 與 $a \notin B$ 不能同時為正確，表成 $x(1 - x) = 0$，即對每一個 x，$x^2 = x$。

2. $xy = yx$, $x + y = y + x$, $x(u + v) = xu + xv$。

布爾代數是一個滿足 $x^2 = x$ 的代數，且具有排中性 $x + (1 - x) = 1$。

上面性質可以導致下述性質：

1. $1 \cdot x = x$, $0 \cdot x = 0$。

2. $zx + z(1 - x) = z$。

3. 若 $xy = x$, $yz = y$，則 $xz = x$。

   證. 由 $xy = x$, $yz = y$，得 $xz = (xy)z = x(yz) = xy = x$。   ∎

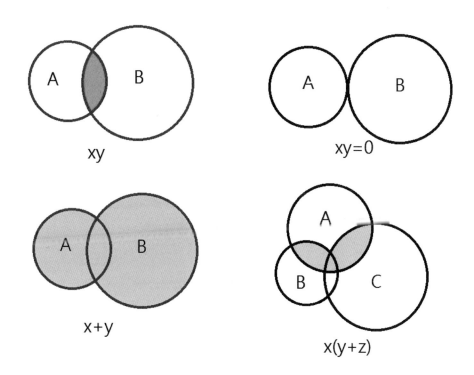

圖 11.10: 維恩圖解與布爾代數

布爾看出集合的計算可以推廣到命題的計算：x, y 表示兩命題，則 xy 表示兩命題同時為真，$x + y$ 表有一為真即可，$x = 1$ 表示 x 為真，$x = 0$ 表示命題 x 為假，$1 - x$ 表示 x 之反面。

布爾代數又稱之為集合代數或邏輯代數，它與電流結了緣，而且走向了電子計算機的舞台，扮演著極重要的角色。當電流通過設有開關的線路時，這些現象可以用布爾代數加以解釋：

1. xy 表開關 x 和 y 都關 (電流才通)。

2. $x + y$ 表開關 x 和 y 只要有一個關上去或二者皆關 (電流就通)。

3. $x(y + z)$ 表示 x 必關，y 與 z 至少有一個關 (電流即流)。

4. $xy + xz$ 表 x, y 都關與 x, z 都關，至少一者成立 (電流之本裝置須使用機械使得 x 同時開或同時關)，因此 $xy + xz = x(y + z)$。

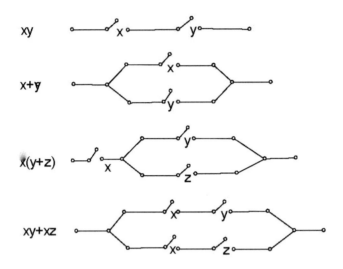

$$xy$$

$$x+y$$

$$x(y+z)$$

$$xy+xz$$

圖 11.11: 電流通過與開關

11.7 虛數 $\sqrt{-1}$ 的故事

文明和數學的進步都需要產生新數。最早的負數平方根,出現在古希臘海倫著「立體感」(Stereometrica) 書上的 $\sqrt{81-144}$。其次是希臘丟番圖解

$$336x^2 + 24 = 172x,$$

得 $x = \frac{43 \pm \sqrt{1849-2106}}{168}$。印度馬哈維拉 (Varahamihira 505 – 587) 稱自然界物中,負數永不為一數的平方,即無平方根。

11.22 例. 把 10 分為兩部份,使其兩部份的乘積為 40。

解. 卡爾達諾解得此兩部份為 $5 + \sqrt{-15}$ 和 $5 - \sqrt{-15}$。 ∎

卡爾達諾一方面視為強詞奪理,另一方面又認可而運用之。卡爾達諾用 Rx 15 表示 $\sqrt{-15}$;義大利邦貝利 (Rafael Bombelli 1526 – 1572) 用 dm 表 $\sqrt{-1}$;法國吉拉爾 (Albert Girard 1595 – 1632) 寫 $\sqrt{-2}$;笛卡兒定名為虛數;歐拉用 i 表示 $\sqrt{-1}$;

挪威韋塞爾 (Caspar Wessel 1745 – 1818) 用 ε 表 $\sqrt{-1}$；高斯介紹複數；漢米爾頓 (Hamilton) 用實數對 (a, b) 表示複數 $a + bi$。邦貝利解

$$x^2 + a = 0 \text{,}$$

得 $x = \sqrt{-a}$, $x = -\sqrt{-a}$；韋塞爾稱 $+1, -1, +\varepsilon, -\varepsilon$ 皆表單位向量，$+1$ 的角度為 $0°$，-1 的角度為 $180°$，$+\varepsilon$ 的角度為 $90°$，$-\varepsilon$ 的角度為 $270°$。利用向量之積的方向角為各向量方向角之和，即

$$r_1 e^{i\theta_1} \cdot r_2 e^{i\theta_2} = r_1 r_2 e^{i(\theta_1 + \theta_2)} \text{,}$$

可得

$$(+1)(+1) = +1 \quad (+1)(-1) = -1 \quad (-1)(-1) = +1$$
$$(+1)(+\varepsilon) = +\varepsilon \quad (+1)(-\varepsilon) = -\varepsilon \quad (-1)(-\varepsilon) = +\varepsilon$$
$$(+\varepsilon)(+\varepsilon) = -1 \quad (+\varepsilon)(-\varepsilon) = +1 \quad (-\varepsilon)(-\varepsilon) = -1$$

韋塞爾和阿爾岡考慮過 $\sqrt{-1}$ 的幾何表法：在等腰直角 $\triangle ABC$ 圖 11.12中，

$$\angle C = 90°, \ AC = BC, \ CD \perp AB, \ AD = d_1 = -1, \ DB = d_2 = +1$$
$$d = \sqrt{d_1 d_2} = \sqrt{(-1)(+1)} = \sqrt{-1} = i \text{。}$$

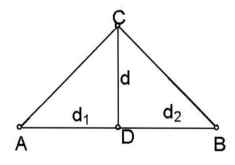

圖 **11.12:** $\sqrt{-1}$ 的幾何表法

我們也可以利用 $a + bi$ 來證明直角三角形，弦的中點到三頂點等距離：這是因為

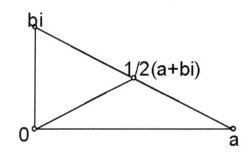

圖 11.13: 弦的中點到三頂點等距離

$$\left|\frac{a+bi}{2} - a\right| = \frac{\sqrt{a^2+b^2}}{2}$$
$$\left|\frac{a+bi}{2} - bi\right| = \frac{\sqrt{a^2+b^2}}{2}$$
$$\left|\frac{a+bi}{2} - 0\right| = \frac{\sqrt{a^2+b^2}}{2} \text{。}$$

最值得一提的是法國棣莫弗 (Abraham de Moivre 1667 − 1754) 在1730年證得用途極大的棣莫弗公式:

$$(\cos\theta + i\sin\theta)^n = \cos n\theta + i\sin n\theta$$

物理學家德國薛丁格 (Erwin Schrodinger 1887 − 1961) 將 $i = \sqrt{-1}$ 之放進波方程式。早在百年前,愛爾蘭漢米爾頓 (William Rowan Hamilton 1805 − 1865) 就用光學統一了古典力學,但薛丁格要擴展到光學波動和力學波動。然而光學波動可得,但是力學波動卻沒能成功。最後,薛丁格試著將 $i = \sqrt{-1}$ 放進方程式,竟成功的得到波方程式。雖然在19世紀,數學家阿貝爾 (Niels H. Abel)、黎曼 (Bernhard Riemann) 和維爾斯特拉斯 (Karl Weierstrass) 已經創造了華麗的複變數函數論,但他們為的只是數學的擴充,卻沒有物理的解釋。直到薛丁格將 $i = \sqrt{-1}$ 放進方程式而得波方程式,複數才有物理意義。

11.8 從西元500年到西元1600年的歐洲代數

1. 黑暗時代:從第五世紀中葉羅馬帝國衰落起到十一世紀的歐洲,史稱黑暗時代。該時期文明低落,學校關閉,若干古代世界遺留下來的藝術和技術

都遭到破壞或失傳，祇有修道院的僧侶和一些文化的門外漢保留些許希臘和拉丁文化。當時暴力充斥，宗教信仰變得極為熱烈，數學沒有多少發展。羅馬博伊西斯 (Boethius 475 – 524) 寫了一本幾何和算術的書，教會學校採用了幾世紀。英國比得 (Bede 673 – 735) 著「The Venerable」敘述曆算和手指算法。法國熱爾貝 (950 – 1003) 第一個以基督徒身份留學西班牙穆斯林 (Moslem) 學校，從那裡他把印度－阿拉伯命數法帶回，傳入中歐。

2. 過渡年代：希臘科學和數學慢慢傳入歐洲。十二世紀是翻譯的世紀，英國教士阿德拉德遊學西班牙、希臘、敘利亞和埃及。他把歐幾里得著「幾何原本」和花拉子米的天文表翻成拉丁文。給那都把 90 本阿拉伯著作翻成拉丁文，包括托勒密的「三角」，歐幾里得的「幾何原本」和花拉子米的「代數」等等數學巨著．一些與阿拉伯世界常相往來的商業都市如義大利的熱那亞、比薩、威尼斯、米蘭和佛羅倫斯，成為綴拾東方文化－算術與代數，並發揚光大的地方。

3. 費波那契和十三世紀：中世紀最傑出的數學家費波那契 (Leonardo Fibonacci 1170 – 1250) 出生於義大利的比薩。費波那契在北非海岸長大，然後遊歷埃及、西西里、希臘和敘利亞，跟阿拉伯數學有多方面的接觸。在 1202 年著「算術」論算術和基礎代數。該書深受花拉子米著「代數」的影響，採用印度－阿拉伯符號。書中介紹：

   (a) 讀和寫印度－阿拉伯命數法。
   (b) 計算整數、分數、平方根和立方根。
   (c) 用虛設法和其他方法解一次和二次方程式 (不承認負根和虛根)。
   (d) 費波那契數列和一些雷因書卷問題新論。

4. 十四世紀：十四世紀的數學了無建樹。橫行的黑死病，摧毀了歐洲三分之一的人口，北歐且有百年戰爭，真是多事之秋。當時祇有法國數學家奧雷姆 (Nicole Oresme 1323 – 1382) 寫了 5 本書，並翻譯一些亞里士多德的作品，其後對於文藝復興和笛卡兒有所影響。

5. 十五世紀：15 世紀是歐洲文藝復興之起始。拜占庭王朝沒落，戰爭迫使難民攜帶希臘文明和遺物逃入義大利，義大利得以從原版書來研究古代數學。15 世紀數學活動集中在義大利和中歐的都市如維也納和布拉格。庫薩是業餘數學家，後來當了羅馬市長，對日曆的重訂有所貢獻，他的學生波·依巴赫巨 (1423-1461) 編寫過正弦函數值表。15 世紀最具影響力的德國數學家是米勒 (Johann Muller 1436 – 1476)，首先把平面和球面三角從天文分

離出來，40 歲時應教皇西斯特 (Sixtus) 九世之邀到羅馬重訂日曆，但是抵達之後不久突然去世，謠傳他是被敵人毒死的。15 世紀法國優秀數學家許凱（Nicolas Chuquet 1450—1500)，著「數的科學」(TripartyenlaSCI—encedesnombres 1484) 一書，計算有理數、無理數、和方程式論的問題。

6. 十六世紀：十六世紀法國最傑出的數學家是韋達 (François Viète 1540 – 1603)，他也是律師和國會議員。有一個弱國的駐法大使對亨利四世吹牛說: 法國沒有人能夠解他們國家羅曼紐斯 (1561-1615) 所提出的一個 45 次方程式。韋達奉詔應戰，利用三角他先求得二根，然後再得 21 根。韋達反過來向羅曼紐斯挑戰，要他解一個阿波羅牛斯問題，羅曼紐斯沒能成功。兩個人後來成為好友。韋達和笛卡兒首創用母音代表未知數，用子音代表已知數：現在常用 x, y, z 表未知數，a, b, c 表已知數。

11.9 本章心得

1. 因為分析有緊緻定理，故代數基本定理用分析方法證明。

2. 輕鬆一下：公司經理對一位求職者說：若你認識 0, 1，我就用你。認識 0, 1 就是會電腦。

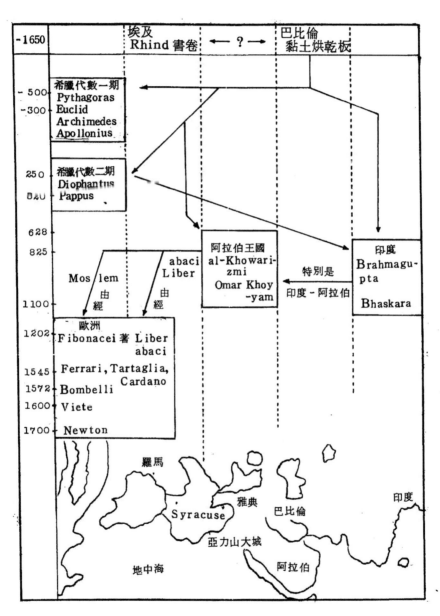

圖 11.14: 代數流程圖

12　抽象代數

十九世紀是數學的黃金年代，不論在質或量方面都遠超過其前年代的總和。數學在十九世紀，由於數學家的汲汲經營，數學改頭換面，煥然一新：

1. 1829年，高斯 (Carl Friedrich Gauss)、包利耶 (Janos Bolyai) 和羅巴契夫斯基 (Nikolai Ivanovich Lobachevsky) 發現非歐幾何。

2. 1874年德國康托爾 (Georg Cantor 1845 – 1918) 首創集合論。

3. 法國的伽羅瓦 (Evariste Galois 1811 – 1832) 創下了蓋世的基業「體論」。

4. 如同歐幾里得公理化幾何一樣，英國劍橋大學三一學院皮科克 (George Peacock 1791 – 1858) 著有代數論說，企圖公理化代數。他介紹加法，乘法的交換律和結合律，加法對乘法的分配律等。

5. 英國劍橋大學三一學院德摩根 (Augustus De Morgan 1806 – 1871)，他出生於印度，一個眼睛看不見，任教於倫敦大學。德摩根創下今天所謂德摩根律：
$$(A \cap B)' = A' \cup B', (A \cup B)' = A' \cap B' \text{。}$$

6. 愛爾蘭數學家漢米爾頓 (William Rowan Hamilton) 在1833年提出一篇意義深長的論文給愛爾蘭學術院，介紹實數序對中的乘法：
$$(a, b)(c, d) = (ac - bd, ad + bc)，$$

這是今日複數的實數序對的看法。漢米爾頓花了十年企圖推廣實數三元組，但是乘法交換律一直無法獲得成功。在1843年某一天，他和太太沿著皇家運河散步時，靈感突然來到，何不推廣四元體且放棄乘法交換律，四元體於是誕生。這與愛因斯坦在森林裏推嬰兒車時，想出相對論的主要部份有異曲同工之妙。

7. 最特出的代數躍進是由英國劍橋大學三一學院的凱萊 (Arthur Cayley 1821 – 1895) 所促成，他讓矩陣脫離線性變換，而論方陣代數。方陣代數是廿世紀抽象代數的主要淵源。它推廣了複數代數，但失去了複數的一些性質：

   (a) 乘法交換性不成立

(b) $AB = 0 \Rightarrow A = 0$ 或 $B = 0$ 不成立：如

$$\begin{pmatrix} 1 & 1 \\ 1 & 1 \end{pmatrix} \begin{pmatrix} a & a \\ -a & -a \end{pmatrix} = \begin{pmatrix} 0 & 0 \\ 0 & 0 \end{pmatrix} 。$$

廿世紀抽象代數發展的概念和目標由十九世紀所決定。十九世紀很多數學家創造新觀念，代數不祇論及實數和複數。向量、四元體、矩陣、二次型、排列和線性變換等都是代數關注的範圍，各種類集由於其上不同的運算而有所不同。如：群、環、理想、體、子群、不變性子群和擴張體等。

12.1 群論

伽羅瓦理論把方程式論用擴張體和縮小群來刻畫，創造群論。伽羅瓦研究置換群、正規子群和商群。

英國數學家凱萊 (Arthur Cayley 1821 − 1895) 自小即喜歡解決複雜的數學問題。後來進入劍橋大學三一學院，在希臘語、法語、德語、義大利語以及數學方面成績優異。凱萊 (Cayley, Arthur) 就讀大學時已發表了 3 篇論文。為了謀生，他在 1849 年起正式執業為律師。到了 1863 年，他才正式成為劍橋大學的教授。1878 年，凱萊提出抽象群的定義：

12.1 定義. 一個集合 G 上，賦予一個運算 $\circ$：

1. 對任 $a, b \in G$，有 $a \circ b \in G$。
2. 對任 $a, b, c \in G$，有 $(a \circ b) \circ c = a \circ (b \circ c)$。
3. 存在單位元素 $e \in G$，對任 $a \in G$，滿足 $e \circ a = a \circ e = a$。
4. 對任 $a \in G$，存在逆元素 $b \in G$，滿足 $a \circ b = b \circ a = e$，此時記為 $b = a^{-1}$。
5. 對任 $a, b \in G$，有 $a \circ b = b \circ a$。

若 $(G, \circ)$ 滿足 $(1. - 4.)$，則稱 $(G, \circ)$ 為一群 *(group)*；若 $(G, \circ)$ 滿足 $(1. - 5.)$，則稱 $(G, \circ)$ 為一交換群 *(abelian group)*。

12.2 例. 整數集 $(\mathbb{Z}, +)$ 形成一交換群。

12.3 例. $(\mathbb{Z}_n, +)$ 形成一交換群，其中 $n \geq 2$，

$$\mathbb{Z}_n = \{\overline{0}, \overline{1}, \overline{2}, \cdots, \overline{n-1}\}$$

和

$$\bar{r} = \{r + nk \mid k = 0, \pm 1, \pm 2, \cdots\} \text{。}$$

12.4 例. 設 p 為質數，$(\mathbb{Z}_p \backslash \{\bar{0}\}, \cdot)$ 形成一交換群。

12.5 例. 設 $M_{2\times 2}$ 為 $\mathbb{R}$ 上所有 2×2 方陣 *(matrix)* A 的集合，其中

$$A = \begin{pmatrix} a_{11} & a_{12} \\ a_{21} & a_{22} \end{pmatrix},$$

和 $a_{ij} \in \mathbb{R}$, $i = 1, 2$, $j = 1, 2$。對 $M_{2\times 2}$ 中任

$$A = \begin{pmatrix} a_{11} & a_{12} \\ a_{21} & a_{22} \end{pmatrix} \text{、} B = \begin{pmatrix} b_{11} & b_{12} \\ b_{21} & b_{22} \end{pmatrix},$$

規定 $M_{2\times 2}$ 上加法運算：

$$A + B = \begin{pmatrix} a_{11} + b_{11} & a_{12} + b_{12} \\ a_{21} + b_{21} & a_{22} + b_{22} \end{pmatrix}$$

則 $M_{2\times 2}$ 是一交換群。

12.6 定義. 設 G 為一有限群，

1. 群 G 所有元素的個數稱為群 G 的秩 *(order)*，記為 $|G|$。
2. 設 H 為 G 的一子群，$x \in G$，

$$xH = \{xh \mid h \in H\},$$

   xH 稱為 H 的一左陪集 *(left coset)*。同樣的，Hx 稱為 H 的一右陪集 *(right coset)*。規定 H 在 G 的指標 *(index)* 為 $[G : H] = \frac{|G|}{|H|}$。

12.7 定理. *(拉格朗日定理 Lagrange theorem)* 設 G 為一有限群，H 為 G 的一子群，則 $[G : H]$ 為正整數且滿足

$$|G| = |H|[G : H] \text{。}$$

12.8 定義. 設 G 為一有限群，H 為 G 的一子群，令 $[G : H] = r$ 且

$$G/H = \{x_1 H, x_2 H, \cdots, x_r H\}$$

12.9 定理. 設 G 為一有限群，H 為 G 的一子群，$[G:H] = r$，則存在 $x_i \in G$ 滿足

$$G = \left\{ \cup_{i=1}^r x_i H \mid x_i H \cap x_j H = \emptyset \text{ 當 } i \neq j \right\}。$$

12.10 定義. 設 G 為一群，H 為 G 的一子群，若對每一 $x \in G$，$xH = Hx$，則稱 H 為 G 的一正規子群 (normal subgroup)，記為 $G \triangleright H$。

12.11 定理. 設 G 為一群，H 為 G 的一正規子群，記 $xH = \overline{x}$，規定 $\overline{x}\,\overline{y} = \overline{x \circ y}$，則 G/H 形成一群，稱為商群 (quotient group)。

置換群：

12.12 定義. 設 $X = \{1, 2, \cdots, n\}$，S_n 是所有 X 到 X 的雙射的集合，$(S_n, \circ)$ 對於合成成群，稱為 n 元對稱群 (symmetric n group, permutation group)，S_n 上任一元素稱為一置換 (permutation)，S_n 的秩為 $n!$。

12.13 例. 設 $X = \{1, 2, 3\}$，$\sigma \in S_3$ 滿足 $\sigma(1) = 2, \sigma(2) = 3, \sigma(3) = 1$，表 $\sigma = \begin{pmatrix} 1 & 2 & 3 \\ 2 & 3 & 1 \end{pmatrix} = (123)$，$S_3$ 含 6 個置換：

$$\begin{pmatrix} 1 & 2 & 3 \\ 1 & 2 & 3 \end{pmatrix} \quad \begin{pmatrix} 1 & 2 & 3 \\ 2 & 1 & 3 \end{pmatrix} \quad \begin{pmatrix} 1 & 2 & 3 \\ 3 & 2 & 1 \end{pmatrix}$$

$$\begin{pmatrix} 1 & 2 & 3 \\ 1 & 3 & 2 \end{pmatrix} \quad \begin{pmatrix} 1 & 2 & 3 \\ 2 & 3 & 1 \end{pmatrix} \quad \begin{pmatrix} 1 & 2 & 3 \\ 3 & 1 & 2 \end{pmatrix}$$

12.14 定義. 如 $\sigma = \begin{pmatrix} 1 & 2 & 3 & 4 & 5 \\ 2 & 1 & 3 & 4 & 5 \end{pmatrix} = (12)$ 的置換稱為對換 (transposition)。每一置換皆可表為對換的合成：如 $(12345) = (15)(14)(13)(12)$

12.15 定理. 在對稱群 S_n 中，

1. 每一置換皆可表為偶數個對換或奇數個對換的合成，但不會即是偶又是奇。
2. 有一半置換可表為偶數個對換的合成，這一半置換所形成的集合 A_n 是對稱群 S_n 的子群，稱為交錯群 (alternating group)，交錯群 A_n 的秩為 $\frac{n!}{2}$。

1870 年，克羅內克 (Leopold Kronecker 1823 – 1891) 由庫馬理想數定義有限交換群。且論抽象元、抽象運算、運算的封閉性、結合性和交換性和逆元素的存在，克羅內克 (Kronecker, Leopold) 證得：

12.16 定理. 我們有

1. 若 l 是最小使得 $a^l = 1$ 的數，又 $l|m$，則 $a^m = 1$。
2. $a^l = 1$，$b^m = 1$，l, m 是最小使得 $a^l = 1$，$b^m = 1$，$(l, m) = 1$，則 $(ab)^{lm} = 1$。
3. 有限群中，存在元素 a_1, a_2, $\cdots$，使得 $a_1^{h_1} a_2^{h_2} \cdots$ 表示所有群的元素，若 n_i 為 $a_i^{n_i}$ 中最小數，則 $n_1 n_2 \cdots$ 必為群的秩。

1887 年，德國數學家弗羅貝紐斯 (Georg Frobenius 1849 − 1917) 證明西羅定理 (Sylow's theorem):

12.17 定理. *(西羅定理)* 設一群 G 有 n 秩，若 p 為質數，$p^m|n$, $p^{m+1} \nmid n$，則 G 含一 p^m 秩子群 H。

1893 年，赫爾德 (Otto Hölder 1859 − 1937) 研究群的同態 (homomorphism) 與同構 (isomorphism):

12.18 定義. 設有二群群 $(G, \circ)$, $(H, \star)$，存在函數 $f : G \to H$ 滿足

1. 對任 $x, y \in G$，有
$$f(x \circ y) = f(x) \star f(y),$$
   則稱 f 為一同態。
2. 若 f 為一雙射同態，則稱 f 為一同構。

1879 年，弗羅貝尼烏斯 (Georg Frobenius) 首論無窮群。1880 年，克萊因 (Christian Klein 1849 − 1925) 在舉世聞名的其埃爾蘭根計劃 (Erlanger Program) 提出: 可用無限連續變換群來分類幾何。1874 年，李 (Sophus Lie 1842 − 1899) 在 1870 年曾與克來因一起作過研究，深受克來因的影響，用連續變換群處理常微分方程式，在 1874 年，他介紹一般變換群，就是今天的李群。1882 年，克來因的學生迪克 (1856 − 1934) 受凱萊的影響，發表非交換群論。應用群論到置換群、有限轉換群、數論群和變換群等方面。

12.2 環與其理想

環 (ring) 及其理想 (ideal) 源自戴德金 (Richart Dedekind) 和克羅內克 (Leopold Kronecker) 代數數論的工作，和德國哥根丁大學女數學家諾特 (Emmy Noether 1882 − 1935) 教授的研究工作。環這名稱是希爾伯特 (David Hilbert) 首定的。

12.19 定義. 一個環 *(ring)* 是一集合 R 上有兩種運算加法 $+$ 和乘法 $\cdot$，$(R+,\cdot)$ 滿足

1. R 對加法 $+$ 構成交換群。

2. R 對乘法 $\cdot$ 結合律成立，存在乘法單位元素 1 滿足對每一 $a \in R$ 有

$$1 \cdot a = a \cdot 1 = a \text{。}$$

3. 乘法 $\cdot$ 對加法 $+$ 的分配性成立。

若 $(R+,\cdot)$ 有乘法交換律，則稱 R 為一交換環。

12.20 定義. 一個環 $(R+,\cdot)$ 若滿足 $u, b \in R$, $a \neq 0$, $b \neq 0$，則 $a \cdot b \neq 0$，我們稱 R 為一整環 *(integral domain)*。若交換環 $(R+,\cdot)$ 也是整環，我們稱 R 為一交換整環。

12.21 例. 我們有

1. $(\mathbb{Z}_n; +, \cdot)$ 形成一交換環。

2. 若 p 為一質數，則 $(\mathbb{Z}_p; +, \cdot)$ 形成一交換整環。

3. 設 $M_{2\times 2}$ 為 $\mathbb{R}$ 上所有 2×2 方陣 *(matrix)* A 的集合，其中

$$A = \begin{pmatrix} a_{11} & a_{12} \\ a_{21} & a_{22} \end{pmatrix},$$

和 $a_{ij} \in \mathbb{R}$, $i = 1, 2$, $j = 1, 2$。對 $M_{2\times 2}$ 中任

$$A = \begin{pmatrix} a_{11} & a_{12} \\ a_{21} & a_{22} \end{pmatrix} \text{、} B = \begin{pmatrix} b_{11} & b_{12} \\ b_{21} & b_{22} \end{pmatrix},$$

規定 $M_{2\times 2}$ 上加法運算和乘法運算：

$$A + B = \begin{pmatrix} a_{11} + b_{11} & a_{12} + b_{12} \\ a_{21} + b_{21} & a_{22} + b_{22} \end{pmatrix}$$

和

$$AB = \begin{pmatrix} a_{11}b_{11} + a_{12}b_{21} & a_{11}b_{12} + a_{12}b_{22} \\ a_{21}b_{11} + a_{22}b_{21} & a_{21}b_{12} + a_{22}b_{22} \end{pmatrix},$$

則 $M_{2\times 2}$ 是一環 *(非交換非整環)*。

12.22 例. 設 R 為一環，令

$$R[x] = \{f(x) = a_n x^n + a_{n-1} x^{n-1} + \cdots + a_0 \,\big|\, a_i \in R\} \, ,$$

則 $(R[x]; +, \cdot)$ 形成一交換整環，稱為多項式環。

12.23 例. 整數集 $\mathbb{Z}$、有理數集 $\mathbb{Q}$、實數集 $\mathbb{R}$、複數集 $\mathbb{C}$ 和代數數集對加法 $+$ 和乘法 $\cdot$ 成為交換整環。

12.24 定義. 設 R 為一交換環，若 $I \neq \emptyset$ 為環 R 的一個子集，且滿足

    1. 若 $a, b \in I$，則 $a + b \in I$。

    2. 若 $a \in I$, $x \in R$，則 $ax \in I$。

則稱 I 為環 R 的一個理想 *(ideal)*。

12.25 定義. 設 R 為一交換環，若 $a \in R$，規定

$$(a) = \{ax \,\big|\, x \in R\} \, ,$$

則 (a) 為環 R 的一個理想，稱 (a) 為環 R 的一個主理想 *(principal ideal*。

12.26 定理. $R[x]$ 的理想都是主理想。

證.   設 $I \neq \emptyset$ 為 $R[x]$ 的一理想，若 $I = \{0\}$，則 $I = (0)$。若 $I = \{R[x]\}$，則 $I = (1)$。設

$$n = \min\{\deg f(x) \,\big|\, 0 \neq f \in I\} \, ,$$

令 $p(x) \in I$, $\deg p = n$。若 $f \in I$，則

$$f = pq + r, \text{ 其中 } q, r \in R[x], \deg r < n \, ,$$

故 $r \in I$，即 $r = 0$。   ■

12.27 定義. 設 R 為一環，$I \neq \emptyset$ 為 R 的一理想，對 $a_1, a_2, \cdots, a_n \in R$，令

$$(a_1, a_2, \cdots, a_n) = \left\{ \sum_{i=1}^{n} a_i x_i \,\Big|\, x_i \in R \right\} \, ,$$

若 $I = (a_1, a_2, \cdots, a_n)$，則稱 I 有有限基底。

12.28 定理. *(希爾伯特基底定理)* 若環 R 有一個有限基底,則多項式環 $R[x]$ 也有有限基底。

12.29 定義. 設 R 為一環,若 R 的每一理想都有有限基底,則稱 R 為諾特環 *(Noetherian ring)*。

12.30 定理. *(希爾伯特基底定理)* 若環 R 為諾特環,則多項式環 $R[x]$ 也是諾特環。

12.31 定義. 設 R 為一交換環,I 為 R 的一個理想,對

$$R/I = \{x + I = \overline{x} \mid x \in R\},$$

規定

$$\overline{x} + \overline{y} = \overline{x + y},\ \overline{x}\ \overline{y} = \overline{xy},$$

則 R/I 成為一環,稱為商環 *(quotient ring or factor ring)*。

12.32 定義. 設 R 為一交換整環,若存在一函數 $\varphi : R \to \mathbb{N} \cup \{0\}$ 滿足,若 $a, 0 \neq b \in R$,存在 $q, r \in R$,使得

$$a = bq + r,\ \varphi(r) < \varphi(b),$$

則稱 R 為一歐氏整環 *(Euclidean integral domain)*。

12.33 定理. $\mathbb{Z}[i]$ 為一歐氏整環。

證. $\mathbb{Z}[i] = \{a + bi \mid a, b \in \mathbb{Z}\}$,令 $\varphi : \mathbb{Q}[i] \to \mathbb{N} \cup \{0\}$ 滿足

$$\varphi(a + bi) = a^2 + b^2,$$

因對任 $x, y \in \mathbb{Q}[i]$,有 $\varphi(xy) = \varphi(x)\varphi(y)$。令 $\frac{a}{b} = \alpha + \beta i \in \mathbb{Q}[i]$,存在 $m, n \in \mathbb{Z}$,使得

$$|\alpha - m| < \frac{1}{2},\ |\beta - n| < \frac{1}{2},$$

令 $q = m + ni \in \mathbb{Z}[i],\ r = a - bq \in \mathbb{Z}[i]$,則

$$\begin{aligned} \varphi(r) &= \varphi\left(b\left(\tfrac{a}{b} - q\right)\right) = \varphi(b)\varphi\left(\tfrac{a}{b} - q\right) \\ &= \varphi(b)\varphi((\alpha - m) + (\beta - n)i) = \varphi(b)\left[(\alpha - m)^2 + (\beta - n)^2\right] < \varphi(b). \end{aligned}$$

∎

偉德伯恩更推廣和發展環的理想為代數。

12.34 定義. 設 F 為一體 (見定義 12.35 (頁 235))，A 為一環。若 $\alpha, \beta \in F$, $a, b \in A$ 滿足

1. $\alpha a \in A$。
2. $\alpha(a + b) = \alpha a + \alpha b$。
3. $(\alpha\beta)a = \alpha(\beta a)$。

則稱 A 是位於體 F 上的一代數 (algebra)。

<u>諾特</u>的生平 (Noether's life)：

圖 **12.1**: <u>諾特</u>

<u>諾特</u> (Emmy Noether 1882 – 1935) 生於<u>德國巴伐利亞埃朗根</u> (Erlangen)。她的父親<u>馬克斯·諾特</u>是傑出數學家，任<u>埃朗根</u>大學 (University of Erlangen) 教授。<u>諾特</u>在 1907 年在<u>埃朗根</u>大學取得博士學位，聲譽很快傳遍了世界，<u>哥廷根</u>大學，因為她是女人，拒絕讓她教學。但<u>希爾伯特</u>說：「我看不出候選人的性別會阻撓她申請私人講師，說到底大學又不是澡堂。」她最終在 1919 年獲<u>哥廷根</u>大學接納。

<u>諾特</u> (Emmy Noether) 是 20 世紀初一個才華洋溢的<u>德國</u>女數學家，引進了交換環的理想的升鏈條件，證明了這些環存在基本分解，稱為<u>拉斯克–諾特定理</u> (Lasker–Noether theorem)。現代物理相當多建基於對稱性的種種性質，<u>諾特定</u>

理的結果就構成了現代物理基礎的一部分。諾特善於藉透徹的洞察建立優雅的抽象概念，再將之漂亮地形式化。被亞歷山德羅夫 (Pavel Alexandrov)，愛因斯坦 (Albert Einstein)，迪厄多內 (Jean Dieudonné)，外爾 (Hermann Weyl) 和維納 (Norbert Wiener) 形容為數學史上最重要的女人。她徹底改變了環，域和代數的理論。

1924年，荷蘭年輕數學家范德瓦爾登 (B. L. van der Waerden) 來到哥廷根大學與諾特作研究，范德瓦爾登名著「近世代數」(Moderne Algebra) 中包含許多諾特的作品。

諾特是猶太人，被迫在1933年處離納粹德國，加入在美國布林莫爾學院 (Bryn Mawr College)。她在1935年於布林莫爾逝世。

12.3 體論

伽羅瓦首創有限體，又稱為伽羅瓦體。伽羅瓦理論是十九世紀代數的巨大發現，它並且提供一個方法來找一個根式可解方程式的根。伽羅瓦的研究不僅把方程式論群論化，且影響了戴德金 (Richard Dedekind 1831 – 1916)，克羅內克 (Kronecker) 和庫馬 (Kummer) 對分析算術化 (代數) 方面的貢獻。分析算術化並非回到中世紀和文藝復興時期，所謂代數是計算未知數的事情，而是對各種數學小心地處理其代數結構。

體 (field) 的觀念隱藏在阿貝爾和伽羅瓦的研究工作中，戴德金在1879首先定義體。

12.35 定義. 在一個體 *(field)* 是一個集合 F 上賦予「$+, \cdot$」二運算滿足

1. F 對 $+$ 構成交換群。
2. $F \backslash \{0\}$ 對 $\cdot$ 構成交換群。
3. $\cdot$ 對 $+$ 具有分配性。

若體缺少乘法交換律，稱為域 *(domain)*。

12.36 例. 當 p 為質數時，Z_p 為伽羅瓦體。

12.37 定理. *(摩爾定理)* 每一有限抽象體，必與 p^n 階伽羅瓦體同構，其中 p 為一個質數。

下面定理由偉德伯恩 (Maclagen Wedderburn 1882 – 1948) 和迪克森 (Leonard Dickson 1874 – 1954) 建構：

12.38 定理. *(偉德伯恩–迪克森 (Dickson) 定理)* 一有限域必為一體。

無限體含

1. 有理數體 $\mathbb{Q}$。
2. 實數體 $\mathbb{R}$。
3. 複數體 $\mathbb{C}$。
4. $\{a + b\sqrt{2} \,|\, a,\, b \in \mathbb{Q}\}$。
5. 代數數體。
6. 有理函數集。
7. p 進體。

p 進體：亨賽爾 (Kurt Hensel 1861 – 1941) 觀察到每一個整數都可以唯一的表為某一質數 p 之冪的和：即

$$d = d_0 + d_1 p + \cdots + d_k p^k,$$

其中 $d_i \in \{0,\, 1,\, 2,\, \cdots,\, p-1\}$，如

$$14 = 2 + 3 + 3^2,\ 216 = 2 \times 3^3 + 2 \times 3^4 \,。$$

同樣的每一個異於零的有理數，必可寫成

$$r = \frac{a}{b} p^n,\ p \nmid a,\ p \nmid b,\ n \in \mathbb{Z} \,。$$

亨賽爾推廣這些觀察而且介紹 p 進數，

12.39 定義. 形如

$$\left\{ \sum_{i=n}^{\infty} c_i p^i \,\middle|\, n \in \mathbb{Z},\ c_i = \frac{l_i}{m_i},\ (l_i, m_i) = 1,\ p \nmid m_i \right\},$$

都是 p 進數。

引進加法 (對應位相加，係數相加後超過 p 進位，小於 0 就退位) 和乘法 (同冪級數乘法) 之後，p 進數系構成一個體，有理數體可嵌入 p 進位數體。

伽羅瓦理論 (Galois' theory)：

12.40 定義. 設 K 為係數體，令 $f(x)$ 為 K 內多項式。若 $f(x)$ 在 K 內可分解，則稱 f 可約，否則稱 f 既約。

12.41 例. 設 $\mathbb{Q}$ 為有理數體，令 $f(x) = x^2 - 3x + 2$, $g(x) = x^2 + 1$。則 f 可約，g 既約。

12.42 例 設 $\mathbb{Q}$ 為有理數體，$f(x) = x^2 - 3x + 2$ 的根排成一列 $(\alpha_1 \alpha_2)$，其中 $\alpha_1 = 1$, $\alpha_2 = 2$。令 $\sigma = (12)$ 為一置換，則 $\sigma(\alpha_1 \alpha_2) = (\alpha_2 \alpha_1)$。

12.43 定義. 設 F 為體 E 的子體，則稱 E 為 F 的擴張。若每一 $a \in E$ 為 F 上一代數數，則稱 E 為 F 的代數擴張。此時 E 為 F 的向量空間，維數記為 $[E, F]$，若 $[E, F] = n$，令 $\{v_1, v_2, \cdots, v_n\} \subset E$ 為一組基底 *(basis)*，則

$$E = F(v_1, v_2, \cdots, v_n)。$$

12.44 例. 設 $f(x)$ 為體 F 上 n 次最小既約多項式，$f(u) = 0$，令 $E = F(u)$，則 $[E, F] = n$，且 $\{1, u, \cdots, u^{n-1}\}$ 為一組基底。

12.45 定義. 設 $f(x)$ 為體 F 上 n 次多項式，若有一體 E 擴張體 F，記為 E/F 滿足 $E = F(\alpha_1, \alpha_2, \cdots, \alpha_n)$ 且 f 在 $E(x)$ 分解成

$$f(x) = a(x - \alpha_1)(x - \alpha_2), \cdots, (x - \alpha_n)，$$

稱 E 為 $f(x)$ 為體 F 上的一分裂體 *(splitting field)*。

12.46 定義. 設 E 為 F 的代數擴張。若 $F(x)$ 中任一在 E 中有根既約多項式都可以在 $E(x)$ 中分解成一次因式的乘積，則稱 E 為 F 的正規擴張 *(normal extension)*。

12.47 定理. 設 E 為 F 的有限擴張。則 E 為 F 的正規擴張的充要條件為 E 是 $F(x)$ 中一個 n 次多項式 $f(x)$ 在 F 上的一分裂體。

12.48 定義. 設 $f(x)$ 為體 F 上 n 次多項式，E 為 $f(x)$ 為體 F 上的一分裂體。f 無重根，其根為

$$x_1, x_2, \cdots, x_n \text{，}$$

G 為 S_n 的子群使得根的代數關係式不變，則稱 G 為方程 $f(x) = 0$ 關於體 F 的伽羅瓦群。

體擴張與群縮小：

12.49 例. 求方程式 $f(x) = x^3 - 2x = 0$ 的伽羅瓦群。

解.

1. 令 $K = \mathbb{Q}$，方程式 $x^3 - 2x = 0$ 的根為

$$\alpha_1 = 0, \ \alpha_2 = \sqrt{2}, \ \alpha_3 = -\sqrt{2} \text{。}$$

   在 K 中，3 個根 x_1, x_2, x_3 滿足代數關係式：

$$x_2 + x_3 = 0, \ x_2 x_3 = -2 \text{。} \tag{12-1}$$

   S_3 中子群 $G = \{(1), (23)\}$，若 $\sigma \in G$，則 $\sigma(x_2 + x_3) = 0$, $\sigma(x_2 x_3) = -2$，即 G 為代數關係式 (12-1) 的不變群，即 G 為方程 $f(x) = 0$ 關於體 K 的伽羅瓦群。

2. 設 $a = \sqrt{2}$，則 $a^2 \in K$，擴張體 K 為 $K_1 = K(a)$，在 K_1 中，3 個根 x_1, x_2, x_3 滿足代數關係式：

$$x_2 - x_3 = 2a \text{。} \tag{12-2}$$

   令 $G_1 = \{(1)\}$，則 G_1 為 G 的一正規子群，且 G_1 為代數關係式 (12-2) 的不變群，即 G_1 為方程 $f(x) = 0$ 關於體 K_1 的伽羅瓦群。我們有 $[K_1, K] = [G, G_1] = 2$。

在 K_1 中，

$$x^3 - 2x = (x - x_1)(x - x_2)(x - x_3) \text{，}$$

且 $K_1 = K(a) = K(x_1, x_2, x_3, x_4)$。   ∎

12.50 例. 求方程式 $x^4 + px^2 + q = 0$ 的伽羅瓦群。

解.

1. 令 $K = \mathbb{Q}(p, q)$，$x^2 = \frac{-p \pm \sqrt{p^2 - 4pq}}{2}$，方程式 $x^4 + px^2 + q = 0$ 的根為

$$x_1 = \sqrt{\frac{-p + \sqrt{p^2 - 4pq}}{2}} \quad x_2 = -\sqrt{\frac{-p + \sqrt{p^2 - 4pq}}{2}}$$

$$x_3 = \sqrt{\frac{-p - \sqrt{p^2 - 4pq}}{2}} \quad x_4 = -\sqrt{\frac{-p - \sqrt{p^2 - 4pq}}{2}} \text{。}$$

在 K 中，4 個根 x_1, x_2, x_3, x_4 滿足代數關係式：

$$x_1 + x_2 = 0, \; x_3 + x_4 = 0 \text{。} \tag{12-3}$$

S_4 中子群

$$G = \{(1), (12), (34), (12)(34), (13)(24), (14)(23), (1423), (1324)\},$$

若 $\sigma \in G$，則 $\sigma(x_1 + x_2) = 0$, $\sigma(x_3 + x_4) = 0$，即 G 為代數關係式 (12-3) 的不變群，即 G 為方程 $f(x) = 0$ 關於體 K 的伽羅瓦群。

2. 設 $a = \sqrt{p^2 - 4pq}$，則 $a^2 \in K$，擴張體 K 為 $K_1 = K(a)$，在 K_1 中，4 個根 x_1, x_2, x_3, x_4 滿足代數關係式 (12-3) 和代數關係式：

$$x_1^2 - x_3^2 = a, \; x_1^2 - x_4^2 = a, \; x_2^2 - x_4^2 = a, \; x_2^2 - x_3^2 = a \text{。} \tag{12-4}$$

令 $G_1 = \{(1), (12), (34), (12)(34)\}$，則 G_1 為 G 的一正規子群，且 G_1 為代數關係式 (12-4) 的不變群，即 G_1 為方程 $f(x) = 0$ 關於體 K_1 的伽羅瓦群。我們有 $[K_1, K] = [G, G_1] = 2$。

3. 設 $b = \sqrt{\frac{-p + a}{2}}$，則 $b^2 \in K_1$，擴張體 K_1 為 $K_2 = K_1(b)$，在 K_2 中，4 個根 x_1, x_2, x_3, x_4 滿足代數關係式 (12-3)、代數關係式 (12-4) 和代數關係式：

$$x_1 - x_2 = 2b \text{。} \tag{12-5}$$

令 $G_2 = \{(1), (34)\}$，則 G_2 為 G_1 的一正規子群，且 G_2 為代數關係式 (12-5) 的不變群，即 G_2 為方程 $f(x) = 0$ 關於體 K_2 的伽羅瓦群。我們有 $[K_2, K_1] = [G_1, G_2] = 2$。

4. 設 $c = \sqrt{\frac{-p - a}{2}}$，則 $c^2 \in K_1$，擴張體 K_2 為 $K_3 = K_2(c)$，在 K_3 中，4 個根 x_1, x_2, x_3, x_4 滿足代數關係式 (12-3)、代數關係式 (12-4)、代數關係式 (12-5) 和代數關係式：

$$x_3 - x_4 = 2c \text{。} \tag{12-6}$$

令 $G_3 = \{(1)\}$，則 G_3 為 G_2 的一正規子群，且 G_3 為代數關係式 (12-6) 的不變群，即 G_3 為方程 $f(x) = 0$ 關於體 K_3 的伽羅瓦群。我們有 $[K_3, K_2] = [G_2, G_3] = 2$。

在 K_3 中，

$$x^4 + px^2 + q = (x - x_1)(x - x_2)(x - x_3)(x - x_4)，$$

且 $K_3 = K_2(c) = K_1(b, c) = K(a, b, c) = K(x_1, x_2, x_3, x_4)$。 ∎

12.51 定理. *(伽羅瓦定理)* 令方程式 $f(x) = 0$ 的係數都在體 K 之內，G 是方程式 $f(x) = 0$ 的伽羅瓦群。則方程式 $f(x) = 0$ 有根式解的充要條件是，可以找到置換群列 *(permutation group sequence)*

$$G = G_0, \ G_1, \ G_2, \ \cdots, \ G_s，$$

其中 G_i 是 G_{i-1} 的正規子群，$[G_{i-1} : G_i]$ 是質數，且 G_s 是單位群。

伽羅瓦的生平：(Galois' life)

圖 **12.2:** 伽羅瓦

伽羅瓦 (Évariste Galois 1811 – 1832) 生於巴黎近郊的布爾格拉漢 (Bourg la Reine) 村。父親是村長，也受過良好教育，但是對數學並沒有特別愛好。伽羅

瓦 12 歲才進小學，對拉丁文、希臘文，和代數並沒有多大興趣，但對於勒讓達 (Adrien-Marie Legendre 1752 – 1833) 幾何卻是興趣盎然。他唯盼能唸數學大家，濟濟一堂的綜藝大學校 (École Polytechnique)，但是沒有考取。

法國有五個大學校是法國名校。這五個大學校是二年專科學校，含綜藝大學校和師範大學校，念完大學校再上法國的大學。法國中小學共 12 年，年級是以火箭倒數算法，如三年級表再三年就畢業，即台灣的高一。法國成績好的高中生，有很多念了 12 年後，在學校再多念 1 年後，參加這五個大學校的入學考試，要進這五個大學校，比進台大醫學系還難。法國有很多總統念綜藝大學校，有很多大數學家念綜藝大學校或高等師範大學校 (École Normale Supérieure)。

伽羅瓦十七歲時寫了一篇論文，請求數學大師柯西提到法蘭西學院 (college de France)，柯西卻給弄丟了。這時的伽羅瓦心中充滿了憤怒，不但怨恨綜藝大學校的出題者，而且怨恨法蘭西學院的學者。所謂屋漏偏逢連夜雨，不幸的事接二連三地到來，他第二次投考綜藝大學校又告名落孫山，而他的父親也因為受到迫害而自殺身亡。

伽羅瓦後來進入高等師範大學校。不久他提出另一篇論文，參加法蘭西學院數學論文競賽，法蘭西學院的秘書，數學大師傅立葉 (Fourier)，把論文帶回家去，不久不幸去逝，伽羅瓦的論文也消失無形。這麼多的不幸激怒了伽羅瓦，在 1830 年他毅然休學參加革命。他發表了一篇文章，批鬥高等師範大學校 (École Normale Supérieure) 的校長，以致於被開除學籍。

隨後他又向法蘭西學院提出一篇巨著，就是我們今日近世代數伽羅瓦理論的主要部份。數學大師泊松 (Poison) 當審查人，泊松退回其論文，並註曰：無法理解。伽羅瓦參加革命因而被補下獄。後來與一公爵夫人戀愛，該公爵約以手槍比鬥。伽羅瓦自忖必死無疑，寫信給其友人「我已被約比鬥」，我不能拒絕，並要求其友人將其作品投稿於「Revue Encyclopódique」，希望賈可比或高斯能夠看到他的作品。1832 年 5 月 30 日比鬥時被手槍打中，一農夫後來發現，將他送往醫院，隔天凌晨結束其偉大而不幸的一生，年僅 21 歲。歷史上從沒有一個數學家，像他那麼年青時就有那麼偉大的成就，同時又遭受那麼多的不幸。

到了 1846 年劉維 (Liouville) 才在他的期刊「數學與應用數學雜誌」(Journal de Mathématiques Pures et Appliquées) 上發表伽羅瓦的論文。該論文證明了巨大

美麗的定理 12.51 (頁 240)。

劉維的生平 (Liouville's life)：

圖 **12.3:** 劉維

法國數學家劉維 (Joseph Liouville 1809－1882)，1827年畢業於綜藝大學校 (École Polytechnique) 之後，在巴黎中央大學 (École Centrale Paris) 當講師，1838年任命為綜藝大學校教授，1857年任命為法蘭西學院 (Collège de France) 講座。劉維成立聲譽極高的「數學與應用數學雜誌」(Journal de Mathématiques Pures et Appliquées)，以促進數學家的工作。劉維是第一個閱讀和承認伽羅瓦的論文的大數學家，在 1846 年劉維將伽羅瓦的論文發表在他的「數學與應用數學雜誌」上。

劉維還參與了政治，他在 1848 年成為了制憲會議議員。然而，他在 1849 年的議會選舉失利後，他就不再從政。劉維曾在許多數學的不同領域研究，包括數論、複變數函數論、微分幾何、拓樸、數學物理和天文學。複變數函數論上的劉維定理 (Liouville's theorem)。在數論上，1844年劉維 (Joseph Liouville $l809 － 1882$) 第一個找到了一些超越數，見 10.12 (頁190)，在數學物理，斯特姆－劉維定理 (Sturm–Liouville theorem)，在哈密頓動力學，劉維–阿諾德定理 (Liouville-Arnold theorem)。1851年，他被選為瑞典皇家科學院的外籍院士。

12.4 本章心得

1. 沒有學問的天才，是不可能有成就的。

2. 有時候經驗不一定是對的，但一定有它參考的價值從前，有一個賣草帽的人，每一天他都很努力賣帽子，有一天他賣的很累，剛好旁邊有一棵大樹，他就把帽子放在樹下，坐在樹下打起盹來，等他醒來的時候，發現身旁的帽子都不見了，抬頭一看，樹上有很多猴子，每個猴子的頭上都有一頂草帽，他很驚慌，因為如果帽子不見了，他無法養家活口，突然他想到猴子很愛模仿別人，他就試著舉左手，果然猴子也跟他舉手，他拍拍手，猴子也拍手，機會來了，他趕緊把頭上的帽子拿下來丟在地上，猴子也將帽子紛紛都在地上，賣帽子的高高興興撿起帽子回家去了，回家之後，他也將今天發生這件奇特的事告訴他的兒子和孫子。多年後，賣草帽的孫子也繼承了家業。有一天，在他賣草帽的途中，也跟爺爺一樣在大樹下睡著，帽子被猴子拿走，孫子想到爺爺曾經告訴他的方法，於是，舉左手，猴子也舉左手，拍拍手，猴子也跟著拍拍手。果然，爺爺說的話很有用，最後，他脫下帽子丟在地上，可是，奇怪了，猴子竟然沒有跟著他做，還瞪著他看，不久，猴王出現了，把他丟在地上的帽子撿起來，還很用力的打了孫子一巴掌，說：騙誰啊！你以為只有你有爺爺嗎。

阿貝爾 1802 – 1829
證明一元五次方程式
沒有根式解

伽羅瓦 1811 – 1832
體擴張與群縮小

諾特 1882 – 1935
環論貢獻很大

13 微積分

牛頓墓誌銘：人類如神的心靈，終於了解行星的運轉，慧星的軌跡和海潮的漲退。

13.1 微積分的問題

古希臘歐氏幾何，由發源到全盛，成就輝煌。希臘在第五世紀沒落，數學的命運也跟著衰弱。數學在世界上默默地度過一千餘年。一直到了十七世紀，數學家笛卡兒在平面畫上了兩條垂直線，創造解析幾何，從此代數和幾何互通有無，相映成輝。解析幾何引進函數概念，加上古希臘歐都撒斯窮盡法和阿基米德的阿基米德原理，激發牛頓、萊佈尼茲和費馬等的創意，在他們相繼的努力下，劃時代的創作微積分誕生了。

問題是數學的靈魂；問題促成數學領域的誕生。微積分的問題 (problems of Calculus) 是：

1. 位移、速度和加速度問題：若已知一物體運動的位移 s 是時間 t 的函數，求該物體運動時的速度 v 和加速度 a；反過來，若已知一物體運動時的加速度 a 是時間的函數，求該物體運動時的位移 s 和速度 v。

2. 曲線的切線 (tangent line of a curve) 問題：這是幾何的，也是光學的問題。海更斯和牛頓製造光鏡時，都急於想知道光線擊中鏡面的角度，以便應用光學反射律。想知道鏡面的法線，因為法線與切線垂直，所以找曲線的切線便是光學的工作之一。一物體運動時，其運動方向剛好是運動曲線在那點的切線方向 (如果有切線的話)，所以曲線的切線問題也是物理問題。古希臘時期，橢圓切線的定義是一直線與該橢圓恰交於一點。這定義不能夠推廣到一般曲線。如圖 13.1所示，曲線的切線與該曲線相交不只一點。圖 13.2的直線與曲線僅相交於一點，但直線並非該曲線的切線。

3. 函數的極值問題：我們知道砲彈之射程是它的發射角的函數。伽利略在十七世紀初葉，證得砲彈最大射程是它的發射角 45 度時。此外諸如尋找行星與太陽間最遠和最近距離，都是函數的極值問題。

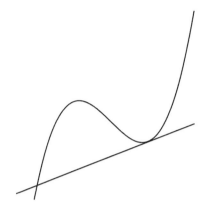 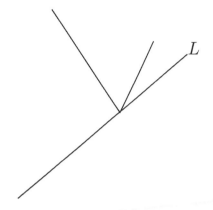

圖 **13.1**: 曲線的切線   圖 **13.2**: 非曲線的切線

4. 求曲線長、面積、體積和重心等問題。

曲線的切線：

1. 羅伯佛將曲線看成運動體的軌跡：如圖 13.3，軌跡上一點 P 有水平速度 PQ 和垂直速度 PR，以 PQ, PR 為鄰邊作一矩形。則矩形的對角線 PT，就是曲線在點的切線方向。

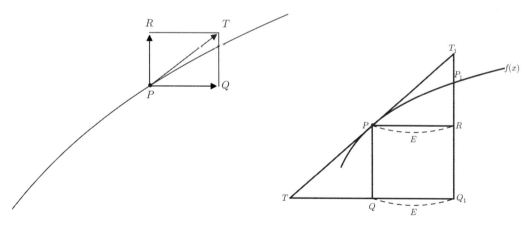

圖 **13.3**: 切線方向   圖 **13.4**: 曲線之切線

2. 費馬求曲線之切線：

   如圖 13.4，設 P 為曲線上一點，因 $\triangle TPQ \cong \triangle PT_1R$，得
   $$\frac{TQ}{PQ} = \frac{E}{T_1R} \ ,$$

當 E 很小時，將 T_1R 看成 P_1R，得

$$\frac{TQ}{PQ} \approx \frac{E}{P_1R} = \frac{E}{P_1Q_1 - QP} \, ,$$

因為 $PQ = f(x)$，$P_1Q_1 = f(x + E)$，所以割線斜率為

$$\tan\theta = \frac{f(x)}{TQ} = \frac{f(x+E) - f(x)}{E} \, 。$$

當 $E \to 0$，割線斜率就是切線斜率。

3. 笛卡兒求曲線的切線，來了解兩曲線在交點的交角。

極值問題：

費馬證矩形定周長下，最大面積為正方形：

13.1 例. 設已知一線段，將它切成兩段做為矩形的兩鄰邊。求矩形為何時，面積最大。

解. 解：設已知線段長為 B。矩形面積最大時，一段之長為 A，此時矩形面積為 $A(B-A)$。設 A 增加為 $A+E$，此時矩形面積為 $(A+E)(B-A-E)$。讓 E 很小，所以

$$A(B-A) \approx (A+E)(B-A-E) \, ,$$

展開化簡得 $BE = 2AE + E^2$，去掉小數項 E^2 得 $A \approx \frac{B}{2}$，故固定周長時，矩形中以正方形面積最大。 ∎

曲線長、面積、體積和重心問題：

1. 刻卜勒求圓的面積：他將圓看成許多個等腰三角形，頂點在圓心，底在圓周上。將圓看成很多底之和為周長 $l = 2\pi r$，高為半徑 r 的三角形。設圓的面積為 A，則

$$A \approx \frac{1}{2}lr = \pi r^2 \, 。$$

2. 刻卜勒求球的體積：把球看成許多個圓錐，頂在球心，底在球面。將球看成很多圓錐底面積之和為 $A = 4\pi r^2$，高為半徑 r。設球的體積為 V，則

$$V \approx \frac{1}{3}Ar = \frac{4}{3}\pi r^3 \, 。$$

3. **卡瓦列里**(Cavalieri, Bonaventura)：

卡瓦列里 (Bonaventura Cavalieri 1598 – 1647，伽利略的學生)，對面積和
體積的求法頗有貢獻：卡瓦列里認為一線段是由一串點構成，就如同一串
鍊子由一粒粒珠子所串成。一平面形由許多平行線段所連成，就如同一塊
布由一條條線所織成。一立體由諸多平行面形所連成，就如同一本書由一
頁頁紙所合成。

圖 **13.5:** 卡瓦列里

13.2 定理. *(卡瓦列里定理)*

(*a*) 假設在一個平面上，兩條平行線之間，含有兩個區域 A, B。如果平
行於兩條平行線的每一平行線，交兩個區域 A, B 於 P_A, P_B。若存在
常數 c 滿足

$$\frac{length\ P_A}{length\ P_B} = c,$$

則

$$\frac{area\ A}{area\ B} = c。$$

(*b*) 假設在一個三維空間上，兩平行面之間，含有兩個區域 A, B。如果
平行於兩平行面的每一平行面，交兩個區域 A, B 於 P_A, P_B。若存在
常數 c 滿足

$$\frac{area\ P_A}{area\ P_B} = c,$$

則
$$\frac{volume\ A}{volume\ B} = c \text{。}$$

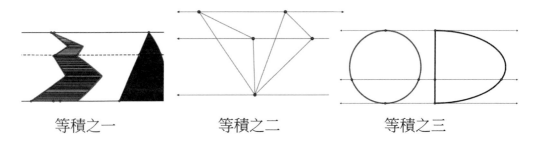

等積之一   等積之二   等積之三

13.3 定理. 設一圓錐體的體積是 $\frac{1}{3}bh$，其中 b 表底面積和 h 表高，則一半徑為 r 球體的體積為 $\frac{4}{3}\pi r^3$。

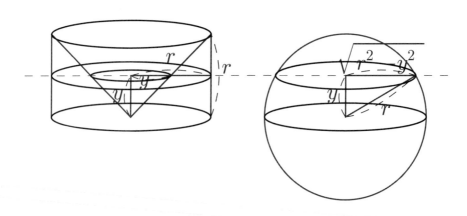

圖 **13.6**: 球的體積

解.　如圖 13.6，考慮半徑為 r 的球體，和半徑為 r 高為 h 的圓柱體。圓錐體的頂點在圓柱體下底圓心，其底與圓柱體的上底同。高 h 平面截圓錐體外圓柱體內面積為 $\pi(r^2 - y^2)$，高平面截上半球體面積也為 $\pi(r^2 - y^2)$，故圓錐體外圓柱體內體積與半球體體積相等，得

$$volume\ 球體體積 = 2\,volume\ 半球體體積 = 2\left(\pi r^3 - \frac{1}{3}\pi r^3\right) = \frac{4}{3}\pi r^3 \text{。}$$

∎

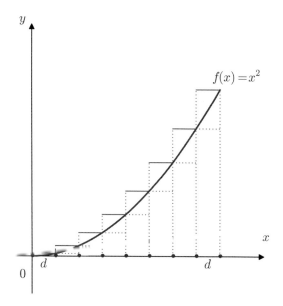

圖 **13.7**: 區域的面積

4. 古希臘窮盡法的改良：

13.4 例.   求在平面上被 $x = 0$, $x = a$, $y = 0$, $y = x^2$ 所圍成區域的面積。

解.   如圖 13.7，將區間 $[0, a]$ 加以 n 等分，每一等分長為 d，得 n 個長方形，其面積和 A，則

$$\begin{aligned} A &= dd^2 + d(2d)^2 + \cdots + d(nd)^2 \\ &= d^3\left(1 + 2^2 + \cdots + n^2\right) \\ &= d^3 \tfrac{2n^3+3n^2+n}{6} = a^3 \tfrac{2n^3+3n^2+n}{6n^3} \\ &= a^3\left(\tfrac{1}{3} + \tfrac{1}{2n} + \tfrac{1}{6n^2}\right) , \end{aligned}$$

n 很大時，右邊第二項和第三項可以忽略。得到面積為 $A = \tfrac{a^3}{3}$。∎

上例告訴我們，欲求函數 $y = x^2$ 所圍面積，要先求級數之和

$$1 + 2^2 + \cdots + n^2 ,$$

函數不同，級數也不同。大部份級數之和不好計算，因此本法用處有限。

5. 牛頓終於發明了微積分基本定理 (Fundamental Theorem of Calculus)：

13.5 定理. *(微積分基本定理)* 設 $f : [a,b] \to \mathbb{R}$ 為一連續函數。

(a) 設 $F : [a,b] \to \mathbb{R}$，其中對任 $t \in [a,b]$，有 $F(t) = \int_a^t f(x)dx$，則函數 $F \in C^1([a,b])$ 且對任一 $t \in [a,b]$ 有 $F'(t) = f(t)$，即

$$\frac{d}{dt}\int_a^t f(x)dx = f(t)。$$

(b) 若 $G : [a,b] \to \mathbb{R}$ 為一可微函數，且對任一 $t \in [a,b]$，有 $G'(t) = f(t)$，則

$$\int_a^b f(x)dx = G(b) - G(a)。$$

利用微積分基本定理求積分：

13.6 例. 求在平面上被 $x = 0$, $x = a$, $y = 0$, $y = x^2$ 所圍成區域的面積。

解.

$$\int_0^a x^2 dx = \frac{x^3}{3}\bigg|_0^a = \frac{a^3}{3}。$$

∎

13.2 通世數學家牛頓與大數學家萊佈尼茲

古今三個通世數學家是阿基米德、牛頓和高斯。

牛頓的生平 (Newton's life)：

數學和科學一樣，偉大的進步是由許多人經過許多百年的努力。然後出來一個人，他能將前人的努力成果，融會貫通，過濾出有價值的概念。依此創新，形成一個偉大的局面，造成巨大的衝擊，得以生成一頗具威力的新天地。對微積分這新天地而言，這一個人就是牛頓。

牛頓 (Isaac Newton 1642 – 1727) 出生於英國的鄉村小鎮物碩浦 (Woolsthorpe)，牛頓是物理學家、數學家、天文學家和自然哲學家，是英國皇家學會會員。他

牛頓　　　　　　　　　　　　　自然哲學的數學原理

父親在牛頓出生前兩個月就去世了，遺留下一個農場。牛頓小學和中學都在他家附近念的。課業方面表現平凡無奇，祇是對器械較有興趣。中學畢業之後，在 1661 年牛頓考進英國劍橋大學三一學院 (Trinity College, Cambridge University)。雖然他後來是數學巨人，他入學考試的歐氏幾何科目成績很差。甚至於在大學求學期間，差一點不主修科學而改念宗教學。在大學中他讀了笛卡兒著「幾何學」((La Géométrie)) 使他對數學發生了興趣。

圖 13.8: 三一學院

劍橋大學三一學院是劍橋大學中規模最大、財力最雄厚、名聲最響亮的學院之一，擁有約 700 名本科生，350 名研究生和 180 名教授。同時，它也擁有全劍橋大學中最優美的建築與庭院。在 20 世紀，三一學院獲得了 32 個諾貝爾獎以及 5 個菲爾茲獎，為劍橋大學各個學院中最多。

牛頓大學畢業那一年，倫敦流行瘟疫，學校關門。牛頓在 1665 – 1666 回到他鄉

下的農場，那裏安靜，空氣新鮮。他開始致力於力學、光學和數學研究工作，成
果非凡。重要的發現是：

1. 萬有引力定律。
2. 發明微積分。
3. 如日光之白光乃由紫到紅七色光所合成。

這兩年的農村生活 (那時他 23, 24 歲)，是牛頓發明生涯中最重要的年代。
在 1667 年，牛頓回到劍橋大學三一學院念碩士學位。在 1669 年他的老師巴羅
(Isaac Barrow 1630 – 1677) 辭職，牛頓繼任為三一學院數學教授。牛頓教書並不
甚麼特別，學生不多。他的同仁對他那新穎的教材也不感興趣。祇有巴羅和哈雷
能識千里馬，不斷地鼓勵他。

開始的時候牛頓怕挨批評，只做研究而不敢發表論文。德摩根說過牛頓一輩子，
戰戰兢兢怕挨人家批評。他終於在 1672 年首次發表論文，曲高和寡，果然遭受莫
大批評。甚至於連科學大師胡克和海更斯也表示不敢苟同。這個打擊太大，幾乎
使牛頓下定決心，不再發表論文。後來他還是鼓起勇氣，在 1675 年又發表了一篇
文章，述及光是粒子束。像上一次，又是一陣狂風暴雨的批評。甚至於有人說過
這個概念他早就知道了。牛頓接著發表了許多文章，還有幾本書，皆為巨著，如
「自然哲學的數學原理」(Philosophia Naturalis Principia Mathematica)、「光學」
(1704) 和「宇宙算術」(1707) 等。

牛頓的巨著「自然哲學的數學原理」(Philosophia Naturalis Principia Mathemat-
ica)，在哈雷幫忙下，於 1687 年初版，1713 年第二版，1726 年第三版。這本書雖
然使牛頓舉世聞名，但是書寫得非常難念。他向朋友說他書寫得難念是故意的，
這樣才可以避免那些一知半解的二流角色數學家和科學家再那麼無情殘酷的批評
他。

牛頓當了 35 年教授，到了晚年人變得消沈，精神幾臨崩潰。他決定放棄研究，
在 1705 年轉任職倫敦大英造幣廠。在那裏待了廿幾年沒再做研究。在 1703 年任
英國皇家學會主席，1705 年被封為爵士，1727 年 3 月 31 日，偉大的牛頓逝世，
死時年 85 歲。同其他很多傑出的英國人一樣，他被埋葬在了西敏寺 (Palace of
Westminster) 教堂，成為史上第一個獲得國葬的自然科學家。他的基碑上鑴刻
著：

　　讓人們歡呼這樣一位多麼偉大的人類榮耀曾經在世界上存在。

他認為科學的研究是困難且淒涼。然而真理是上帝的手工，可以融會貫通。

牛頓的主要數學工作有：

1. 牛頓發明了微積分基本定理 13.5 (頁 250)。牛頓也用級數做積分：

13.7 例. 求 $\frac{a^2}{b+x}$ 的積分。

解.
$$y = \frac{a^2}{b+x} = \frac{a^2}{b} \frac{1}{1+\frac{x}{b}} = \frac{a^2}{b}\left(1 - \frac{x}{b} + \frac{x^2}{b^2} + \cdots\right)$$
$$= \frac{a^2}{b} - \frac{a^2 x}{b^2} + \frac{a^2 x^2}{b^3} - \cdots ,$$

項項積分得
$$\int y\, dx = \frac{a^2 x}{b} - \frac{a^2 x^2}{2b^2} + \frac{a^2 x^3}{3b^3} - \cdots ,$$

∎

可見牛頓已經有級數收斂和發散的概念。牛頓說：有限項能做的，無限多項也經常能做。這種無限多項的做法，稱為分析。

2. 發明二項式定理 11.9 (頁 204)。

3. **牛頓求根法**：(Newton's method for roots)

13.2-1 定理. *(牛頓求根法)* 設 $f : [a,b] \to \mathbb{R}$ 為一 C^2 函數滿足 $f(a) < 0$ 和 $f(b) > 0$，若存在常數 $m > 0$ 和 $M > 0$，對每一 $x \in [a,b]$，有

$$m \leq f'(x) \、 0 < f''(x) \leq M ,$$

令 $c \in (a,b)$ 為函數 f 的唯一零根，存在一數列 $\{x_n \in (c,b)\}$，對每一 $n \in \mathbb{N}$，有

(a) $x_{n+1} = x_n - \frac{f(x_n)}{f'(x_n)}$。

(b) $x_{n+1} < x_n$。

(c) $x_{n+1} - c = \frac{f''(t_n)}{2f'(x_n)}(x_n - c)^2$ 其中 $t_n \in (c, x_n)$。

(d) $0 \leq x_{n+1} - c \leq A\left(x_n - c\right)^2$。

(e) $0 \leq x_{n+1} - c \leq \frac{1}{A}\left(A(x_1 - c)\right)^{2^n}$，其中 $A = \frac{M}{2m}$。

(f) 若 $x_1 - c < \frac{1}{A}$，則 $\lim\limits_{n \to \infty} x_n = c$。

4. 牛頓開始研究微分方程：設有兩個函數 $x(t)$ 和 $y(t)$，其中 t 為時間。若已知 x' 和 y' 的關係，求 x 和 y 的關係，這就是微分方程，牛頓研究過下類型微分方程：

13.8 例. 解 $\frac{dy}{dx} = f(x)$。

解. $dy = f(x)dx$，得 $y(x) = \int_0^x f(t)dt$。 ∎

13.9 例. 解 $2x' - z' + y'x = 0$。

解. 設 $x = y^2$，則 $x' = 2yy'$ 代入原式得

$$4yy' - z' + y^2y' = 0,$$

即 $z' = 4yy' + y^2y' = \left(2y^2\right)' + \left(\frac{y^3}{3}\right)'$，得 $z = 2y^2 + \frac{y^3}{3}$。 ∎

5. 牛頓介紹隱函數微分，曲線的切線，函數的極值，曲線的曲率，曲線的拐點，曲線長和面積等。

牛頓的主要物理工作有：

1. 萬有引力定律：$F = c\frac{m_1m_2}{r^2}$。
2. 運動三定律：

   第一定律 一物體不受外力作用時，靜者恒靜，動者恒沿著一直線作等速度運動。
   第二定律 $F = ma$。
   第三定律 作用力與反作用力大小相等，方向相反。

3. 二物體運動：當一物體繞一定點 (常以太陽為準) 運動，時間相等時，掃過的面積相等。
4. 三物體運動：牛頓得到一些三物體運動結果。到今天為止三物體運動問題，仍然很熱門，誰解決三物體運動問題，他就可以得諾貝爾獎。
5. 開創了水力學的研究：研討物體在流體 (氣體或液體) 中運動的情形。牛頓發現空氣中聲速的公式和水波的波動研討。

圖 **13.9:** 萊佈尼茲

6. 討論宇宙系統：由地球質量推算太陽質量。推論海潮之漲退主要是受月亮的影響。他算出地球平均密度是水密度的五到六倍 (今天的資料是 5.5 倍)。

萊佈尼茲的生平 (Leibniz's life)：

微積分的發明除數學家牛頓外，另一個大功臣是德國萊佈尼茲 (Gottfried Leibniz 1646 – 1716)。他在阿特杜夫大學求學期間先念法律後改修哲學，在 1666 年得博士學位，論文是「組合藝術」。畢業後留校任教。在 1670 發表第一篇力學論文。在 1671 年親手製造計算機給他父親算帳用。在 1672 年以外交家身份駐法國巴黎。在那裏他碰到許多數學家，因而對數學發生濃厚興趣。他曾親自說過在 1672 年來巴黎之前，他不真正懂數學。1673 年往英國倫敦，又碰到許多數學家，含倫敦皇家學院秘書奧登堡。在倫敦他念了笛卡兒和巴斯卡的作品。萊佈尼茲窮其一生在政治圈裏，卻又能從事數學研究工作，在 1716 年去世。

萊佈尼茲多才多藝，性情外向。他對哲學、法律、歷史、地質、邏輯、力學、光學、數學和政治都有貢獻。他參與政治，因而得以建立了德國科學院和柏林科學院等。

萊佈尼茲的主要數學工作有：

1. 微積分：萊佈尼茲在微積分上，用的符號特別簡捷方便：如 $\int$ 表積分，

dx 表微分，$\frac{dz}{dx} = \frac{dz}{dy}\frac{dy}{dx}$ 表鏈法則。<u>萊佈尼茲</u>做出許多微積分基本公式：

$$\int x\,dy = xy - \int y\,dx \text{ 分部積分公式}$$
$$dx^r = rx^{r-1}dx, \, r \text{ 為有理數}$$
$$\int x^n\,dx = \frac{x^{n+1}}{n+1}$$
$$d(u+v) = du + dv$$
$$d(au) = a\,du$$
$$d(uv) = u\,dv + v\,du \text{ 萊佈尼茲公式}$$
$$ds = \sqrt{(dx)^2 + (dy)^2} \text{ 曲線長}$$
$$V = \pi \int y^2\,dx \text{ 沿 } x\text{-軸轉動體的體積}$$
$$de^x = e^x\,dx$$
$$d(\ln x) = \frac{1}{x}dx \text{ 。}$$

2. 階差級數：$0, 1, 2^2, 3^2, 4^2, 5^2, 6^2$ 的一階差為

$$1, 3, 5, 7, 9, 11 \text{ ，}$$

二階差為

$$2, 2, 2, 2, 2 \text{ ，}$$

三階差為

$$0, 0, 0, 0 \text{ ，}$$

即平方級數 $0, 1, 2^2, 3^2, 4^2, 5^2, 6^2$ 的三階差為 $0, 0, 0, 0$。他證明 n 方級數之 $n+1$ 階級數為 0。若原平方級數從 0 出發，原級數最後一項為 36，剛好等於其一階差之和

$$1 + 3 + 5 + 7 + 9 + 11 = 36 \text{ 。}$$

<u>萊佈尼茲</u>的數學工作具有啟發性，但顯得不完整。後來經<u>伯努利</u>家族兄弟<u>詹姆斯</u>和<u>約翰</u>加以補全。

<u>牛頓</u>和<u>萊佈尼茲</u>研究工作的共同點是：

1. 創造微積分成為新且一般的方法。

2. 用代數方法代替幾何方法。

3. 利用微分和積分方法解決了四型問題：變率、切線、極值和求和。

牛頓和萊佈尼茲研究工作的不同處是：

1. 牛頓發展 $\lim_{\triangle x \to 0} \frac{\triangle y}{\triangle x}$ 的概念，萊佈尼茲著重微分 dx。

2. 牛頓研討微分概念主要是要應用來解決物理問題，萊佈尼茲研究微分概念是為了想了解曲線的切線。

3. 牛頓為了函數的微分或積分，經常將該函數表為級數，然後項項微分或積分而得。萊佈尼絲為了函數的微分和積分，常利用閉式 (closed form)。

4. 牛頓研究方法是實驗的，具體的和慎密週到的。牛頓創造方法，不加以修飾，但其影響之深遠少可倫比。萊佈尼茲研究方法是理論的，推廣的和勇敢的。萊佈尼茲替微積分導公式，定規則和選擇好符號，使得微積分順利自然的流傳下去。

微積分論文，萊佈尼茲在 1684 年發表，牛頓在 1687 年才發表。所以歐洲大陸學派如伯努利兄弟認為萊佈尼茲先發明微積分。牛頓雖然遲到 1687 年才發表微積分論文，但是 1665 – 1687 年間，牛頓與友人通信時就經常將其微積分結果告訴他的友人。如在 1669 年告訴科林斯。所以英國數學家認為牛頓先發明微積分。

牛頓處理微積分的符號較繁，作品較難發展，方法較幾何。英國數學家堅持照牛頓的方法發展下去，因而落後不少。歐洲大陸學派數學家採用萊佈尼茲的分析方法：符號簡單，規則有條理，更進而加以推廣和改良。所以歐洲大陸學派數學進步較快。

微積分又有新結果出現，洛爾 (Michel Rolle 1652 – 1719) 定理和羅必達 (Guillaume de L'Hôpital 1661 – 1704) 法則：

13.10 定理. *(洛爾定理 Rolle' Theorem)* 設 $f : [a,b] \to \mathbb{R}$ 為一連續函數和 $f : (a,b) \to \mathbb{R}$ 為一可微函數，且 $f(a) = f(b) = 0$，則存在 $c \in (a,b)$，使得 $f'(c) = 0$。

13.11 定理. *(羅必達法則 L'Hôpital's Rule $\frac{0}{0}$ 型)* 設 (a,b) 為一有界區間，$c \in (a,b)$，$n = 0, 1, 2, \cdots$ 和 $f, g : (a,b)\backslash\{c\} \to \mathbb{R}$ 為二 $C^{(n+1)}$ 函數滿足

$$\lim_{x\to c} f(x) = \lim_{x\to c} f'(x) = \cdots = \lim_{x\to c} f^{(n)}(x) = 0,$$

$$\lim_{x\to c} g(x) = \lim_{x\to c} g'(x) = \cdots = \lim_{x\to c} g^{(n)}(x) = 0,$$

$$\lim_{x\to c} g^{(n+1)}(x) \neq 0 \text{、} \lim_{x\to c} \frac{f^{(n+1)}(x)}{g^{(n+1)}(x)} = A \text{。}$$

則 $\lim_{x\to c} \frac{f(x)}{g(x)} = A$。

<u>羅必達法則</u>真正原作者：著者參加 1994 年在<u>瑞士蘇黎世</u>舉行的國際數學家會議得知，<u>約翰·伯努利</u>和<u>羅必達</u>訂契約，<u>羅必達</u>每年給<u>約翰·伯努利</u> 200 磅，但是<u>約翰·伯努利</u>的數學作品要掛<u>羅必達</u>的名。故事實上<u>羅必達法則</u>是<u>約翰·伯努利</u>的數學作品。

13.3　數學大師<u>歐拉</u>

十七世紀在<u>牛頓</u>和<u>萊佈尼茲</u>努力下微積分降臨人間。春天一到百花齊放，百鳥齊鳴。<u>牛頓</u>和<u>萊佈尼茲</u>也繼微積分之後，引進五個新的數學領域：

1. 微分方程。
2. 無窮級數。
3. 微分幾何。
4. 變分法。
5. 複數函數論。

許許多多新的函數被創造。為了解決這些新函數新問題，微分和積分新技巧與新方法紛紛出籠。微積分在十八、十九和二十世紀繼續發揚光大，得以大成。十八世紀推廣微積分，建立新科目，在黑暗中摸索前進：起先是直觀的和物理的，而非數學的嚴密；他們分不清楚代數與分析；極限和無窮級數的收斂概念一片朦朧。十七世紀出了偉人<u>牛頓</u>，還好十八世紀也出了一位大師<u>歐拉</u>。

<u>歐拉</u>的生平 (Euler's life)：

圖 **13.10:** 歐拉

十八世紀的數學家中，祇有瑞士的歐拉 (Leonhard Euler 1707 – 1783)，可以比美古今三位通世數學大師：阿基米德、牛頓和高斯。

歐拉出生於瑞士商業大城，萊茵河西北區的巴舍 (Basel)。巴舍位於瑞士、法國和德國交界處。父親是傳教士，歐拉自小聰敏過人，十五歲就已經從巴舍大學畢業。大學時期跟約翰·伯努利念數學。十八歲就開始發表論文。十九歲由於發表船桅方面理論得法國國家科學院獎。在約翰·伯努利之子尼古拉 (1695 – 1726) 和但尼爾 (1700 – 1782) 推荐下，遠赴俄國聖彼得斯堡學院教書，不久由助教躍昇為正教授。1733 – 41年間，歐拉在俄國，由於政府獨裁，日子不好過，在那種環境下他仍然在聖彼得斯堡學院院刊上發表許多文章。並且替俄國解決了很多物理方面的問題。在德國腓特烈大帝的邀請下，1741 年到 1766 年，在柏林受聘教普魯士國王的姪女德韶公主，教的科目很多含數學、天文、物理、哲學和宗教。這大數學家給中學生深入淺出的講義，後來成書出版，書名為「給德國公主的信」(Letters to a German Princess)，到今天讀起來還是愉快萬分。歐拉還幫忙腓特烈大帝研究保險制度、運河和水利設計。歐拉在德國期間共廿五年，投聖彼得斯堡學院院刊上發表文章數百篇。

在俄國加德林大帝邀請下，歐拉於 1766 年返回俄國。起初歐拉並不想返俄國，那時候他一個眼睛已經瞎了，俄國天氣又是那麼的惡劣。但是他還是去了，果然不出所料，返回俄國不久，兩眼失明。在他人生最後的七年是在兩眼全瞎之下過日

子。意想不到的是歐拉憑著驚人的記憶，人瞎了，但是計算力比明眼人還快。

歐拉出生地巴舍衹有一所巴舍大學，教授名額很少，又有同鄉大數學家伯努利兄弟父子佔住教授名額，所以歐拉一生流落他鄉教學。

歐拉是最多產的數學家：

1. 平均每年高品質作品有 800 頁，得獎無數。許多書和大約 400 篇論文是全瞎之下寫出來的。歐拉全集有 70 冊。著書中以下列三本最出名：「無窮小分析」(1748)、「微分」(1755) 和「積分」(1768-70)。歐拉的作品不但數量驚人，涉及範圍也廣：含微積分、微分方程、解析幾何、微分幾何、數論、級數、變分學和數學物理等。雖然不像笛卡兒、牛頓和柯西創造數學新科目，但是很難找到一個人像歐拉能把各種數學連貫在一齊，得出這麼多數學新結果。歐拉在諸多數學上留名如歐拉公式、歐拉多項式、歐拉常數、歐拉積分和歐拉線。

2. 歐拉不衹在數學作品上多產，他還生了十三個小孩。他為人慈祥，個性溫和。常常教他的小孩和孫子玩數學和科學遊戲。歐拉人格高尚，譽滿學林，桃李滿天下。

13.4 函數的概念

十七世紀科學家們研究單擺運動等物理現象，因而開始研究初等函數 (Function)：代數函數、三角函數、反三角函數、對數函數、指數函數等。

1. 對數函數和指數函數：到了十七世紀，對數函數的積分表示是

$$\ln x = \int_0^x \frac{1}{t} dt \, ,$$

並且將指數函數 e^x 和對數函數 $\ln x$ 看成互為逆函數。十八世紀歐拉更進一層，將指數函數和對數函數看成極限函數

$$e^x = \lim_{n \to \infty} \left(1 + \frac{x}{n}\right)^n, \ \ln x = \lim_{n \to \infty} n \left(x^{\frac{1}{n}} - 1\right)^n \, 。$$

2. 三角函數：牛頓和萊佈尼茲將三角函數表為無窮級數。約翰·伯努利發展

$$\sin(x + y) = \sin x \cos y + \cos x \sin y$$

等三角公式。歐拉重視三角函數的週期性，且開始用弧度單位。

3. 代數函數與超越函數：<u>歐拉</u>的函數定義：

   13.12 定義. 我們有

   (a) 代數函數是可表為有限級數者。
   (b) 超越函數是可表為無窮級數者：含三角函數，對數函數和指數函數。

4. <u>黎曼</u>可積不連續函數：1854，年<u>黎曼</u>得準備一篇關於富式級數的就職論文「建構幾何學的假設」(Über die Hypothesen welche der Geometrie zu Grunde liegen)。恰巧在這一年的秋天，柏林大學的<u>狄利克雷</u>到<u>哥根丁</u>大學度假，<u>黎曼</u>就向<u>狄利克雷</u>請教。宴會之後，第二天早上兩人在一起談了兩個小時，<u>狄利克雷</u>把他的筆記給了<u>黎曼</u>。<u>黎曼</u>在「論函數通過三角級數的可表示性」，<u>黎曼</u>將<u>狄利克雷</u>關於函數用三角級數表達的結果推廣到不連續函數。<u>黎曼</u>必須找尋比<u>柯西</u>積分 (連續函數的積分) 更廣的積分定義。因此<u>黎曼</u>發明<u>黎曼</u>可積函數。

5. <u>黎曼</u>不可積函數：<u>狄利克雷</u>還特別引進以他為名的<u>狄利克雷</u>函數

$$f(x) = \begin{cases} 1 & \text{若 x 為有理數} \\ 0 & \text{若 x 為無理數。} \end{cases}$$

   <u>狄利克雷</u>函數不但無法以一般的代數函數、超越函數表示，甚至連圖形都畫不出來。

6. 函數名稱由來：<u>德國</u>數學家<u>萊布尼茲</u>首先採用「函數」(拉丁文 functio，英文 function) 一詞，並用曲線上的點的「橫坐標」、「縱坐標」和「切線長度」等。

7. 嚴格函數的定義：19 世紀末，<u>德國</u>數學家<u>康托爾</u> (Georg Cantor 1845 – 1918) 創立了集合論，給嚴格函數的定義如下：

   13.13 定義. 設 X, Y 為二非空集合。若每一 $x \in X$ 恰有一 $y \in Y$ 與之對應，記為 $y = f(x)$ 則

   (a) $f : X \to Y$ 稱為一函數。
   (b) X 稱為函數 f 的定義域，記為 $X = dom\, f$。
   (c) $f(X)$ 稱為函數 f 的像域，其中 $f(X) = \{y \in Y \mid y = f(x),\, x \in X\}$。

8. <u>勒貝格</u>可積函數：何種函數可以表成一三角級數或富式級數？這問題導致<u>勒貝格</u>可積函數的發明。

13.5 積分技巧

在十七世紀時，牛頓開始研究積分技巧。將一函數先表為級數，然後逐項積分而得，繼之發明微積分基本定理，使積分可以計算。十八世紀繼續發展新的積分技巧。

13.14 例. 求 $\int \frac{a^2 dx}{a^2 - x^2}$。

解.

1. 詹姆斯·伯努利用變數變換法解：令 $x = a\frac{b^2 - t^2}{b^2 + t^2}$，則

$$a^2 - x^2 = a^2 \frac{4b^2 t^2}{(b^2 + t^2)^2}, \ dx = a\frac{-4b^2 t}{(b^2 + t^2)^2} dt,$$

故

$$\int \frac{a^2 dx}{a^2 - x^2} = (-a) \int \frac{dt}{t} = -a \ln t \, \text{。}$$

2. 約翰·伯努利和萊佈尼茲用部份分式法解：因

$$\frac{a^2}{a^2 - x^2} = \frac{a}{2}\left(\frac{1}{a + x} + \frac{1}{a - x}\right),$$

故

$$\int \frac{a^2 dx}{a^2 - x^2} = \frac{a}{2}\left(\int \frac{dx}{a + x} + \int \frac{dx}{a - x}\right)$$
$$= \frac{a}{2}\left(\ln(a + x) - \ln(a - x)\right) = \frac{a}{2}\ln\left|\frac{a + x}{a - x}\right| \, \text{。}$$

複數 (complex number)：

13.15 例. 求 $\int \frac{dz}{b^2 + z^2}$，其中 z 為複數。

解. 約翰·伯努利解：令 $z = ib\frac{t - 1}{t + 1}$，其中 t 為複數，得

$$b^2 + z^2 = \frac{4b^2 t}{(t + 1)^2}, \ dz = \frac{2ib}{(t + 1)^2} dt,$$

故

$$\int \frac{dz}{b^2 + z^2} = \int \frac{(t + 1)^2}{4b^2 t} \frac{2ib}{(t + 1)^2} dt$$
$$= \frac{i}{2b} \int \frac{dt}{t} = \frac{i}{2b} \ln t \, \text{。}$$

∎

這樣，數學來到一新概念：當 t 為複數時，$\ln t$ 是什麼？

1. 萊佈尼茲規定

$$\ln t = \begin{cases} \text{非負數} & 1 \le t \\ \text{負數} & 0 < t \le 1 \\ \text{無意義} & -\infty < t \le 0 \end{cases}$$

而 $\ln x = \int_0^x \frac{1}{t} dt$ 祇當 $x > 0$ 時才對。

2. 約翰·伯努利：因 $\frac{d(-t)}{(-t)} = \frac{dt}{t}$，故

$$\ln(-x) = \ln x。$$

即 $\ln(-1) = \ln 1 = 0$。但約翰·伯努利的看法，萊佈尼茲反對。萊佈尼茲檢查級數

$$\ln(1+x) = x - \frac{x^2}{2} + \frac{x^3}{3} - \frac{x^4}{4} + \cdots,$$

令 $x = -2$ 得 $\ln(-1) = -2 - \frac{4}{2} - \frac{8}{3} - \cdots$。因為上式右邊為負，故左邊不可能為 0。但歐拉不同意萊佈尼茲的證法。歐拉認為級數是種怪物：歐拉檢查級數

$$\frac{1}{1+x} = 1 - x + x^2 - x^3 + x^4 - \cdots,$$

令 $x = -3$ 得 $-\frac{1}{2} = 1 + 3 + 9 + 27 + \cdots$，令 $x = 1$ 得 $\frac{1}{2} = 1 - 1 + 1 - 1 + \cdots$，得。上兩式兩邊相加得

$$0 = 2 + 2 + 10 + 26 + \cdots,$$

變成正等於 0。

13.16 註. 發散級數不能像收斂級數一樣做代數運算。

3. 科茨 (Cotes) 認為 $i\phi = \ln(\cos\phi + i\sin\phi) = \ln e^{i\phi}$。
4. 歐拉公式：歐拉解微分方程式，得

13.17 定理. *(歐拉公式 Euler's formula)*

$$e^{ix} = \cos x + i\sin x, \ \cos x = \frac{e^{ix} + e^{-ix}}{2}, \ \sin x = \frac{e^{ix} - e^{-ix}}{2i}。$$

5. 棣莫弗公式：棣莫弗證得公式

$$(\cos x \pm i\sin x)^n = \cos nx \pm i\sin nx,$$

其中 n 為正整數。但歐拉證上式對實數 n 也對。

6. 歐拉認為 $\ln z$ 是多值函數，其中 $z = a + bi,\ b \neq 0$，

$$y = \ln x,\ x = e^y = \left(1 + \frac{y}{i}\right)^i ，$$

此地歐拉用 i 表無窮大數，後來歐拉用 i 表 $\sqrt{-1}$。則 $x^{\frac{1}{i}} = 1 + \frac{y}{i}$，或

$$y = i\left(x^{\frac{1}{i}} - 1\right) ，$$

因為 $x^{\frac{1}{i}}$ 表 x 的無窮大次方根，故必有無窮多複數根。故 y 有無限多值，利用 $x = e^y$ 得有無限多值。

7. 今天語言來說是

$$z = a + bi = e^d(\cos\theta + i\sin\theta) = e^d e^{i(\theta + 2n\pi)},\ n = 0,\ \pm 1,\ \pm 2,\ \cdots ，$$

故

$$w = \ln z = d + (\theta + 2n\pi)i,\ n = 0,\ \pm 1,\ \pm 2,\ \cdots 。$$

13.6   橢圓積分

高斯的博士論文證明了代數基本定理 11.15 (頁 210)：每一實係數多項式必可分解為一次和二次實係數多項式的積。尼古拉·伯努利解之如下：

$$x^4 + a^4 = \left(x^2 + a^2\right)^2 - 2a^2 x^2 = \left(x^2 + a^2 + \sqrt{2}ax\right)\left(x^2 + a^2 - \sqrt{2}ax\right) 。$$

因為每一實係數多項式可分解為一次和二次實係數多項式之積，故每一有理式 $\frac{p(x)}{q(x)}$ 皆可分解：

$$\frac{p(x)}{q(x)} = r(x) + \sum_i \frac{a_i x + b_i}{c_i x^2 + d_i x + e_i} + \sum_j \frac{f_j}{g_j x + h_j} ，$$

其中 $r(x)$ 為多項式。故可部分分式積分

$$\int \frac{p(x)}{q(x)}dx = \int r(x)dx + \sum_i \int \frac{a_i x + b_i}{c_i x^2 + d_i x + e_i}dx + \sum_j \int \frac{f_j}{g_j x + h_j}dx 。$$

橢圓積分的發展過程：

十七世紀科學家們為了天文學需要，他們想知道橢圓 $\frac{x^2}{a^2} + \frac{y^2}{b^2} = 1$ 的弧長：

13.18 例. 求橢圓 $\frac{x^2}{a^2} + \frac{y^2}{b^2} = 1$ 的弧長。

解. 考慮函數 $y = f(x) = \frac{b}{a}\sqrt{a^2 - x^2}$ 時，橢圓在第一象限之弧長 S 為

$$S = \int_0^a \sqrt{1 + \left(f'(x)\right)^2}\, dx = \int_0^a \sqrt{1 + \frac{b^2}{a^2}\frac{x^2}{a^2 - x^2}}\, dx,$$

令 $k^2 = \frac{a^2 - b^2}{a^2}$, $t = \frac{x}{a}$，得

$$S = \int_0^a \sqrt{\frac{a^4 - a^2 k^2 x^2}{a^4\left(1 - \left(\frac{x}{a}\right)^2\right)}}\, dx = a \int_0^1 \frac{1 - k^2 t^2}{\sqrt{(1 - t^2)(1 - k^2 t^2)}} dt,$$

∎

$\int_0^1 \frac{1 - k^2 t^2}{\sqrt{(1-t^2)(1-k^2 t^2)}} dt$ 稱為橢圓不定積分。

勒讓達 (Adrien-Marie Legendre) 得

13.19 定理. 當 $r(x)$ 為 x 的有理式，$q(x)$ 為一般四次多項式時，積分 $\frac{r(x)}{\sqrt{q(x)}}$ 可化下列三型橢圓不定積分之一

1. $\int \frac{dx}{\sqrt{1-x^2}\sqrt{1-k^2 x^2}}$。
2. $\int \frac{x^2 dx}{\sqrt{1-x^2}\sqrt{1-k^2 x^2}}$。
3. $\int \frac{dx}{(x-a)\sqrt{1-x^2}\sqrt{1-k^2 x^2}}$。

橢圓不定積分對十七和十八世紀數學家極端的挑戰。劉維證明橢圓不定積分為超越函數。

13.7 Γ−函數

除了橢圓不定積分為新超越函數之外，十八世紀數學家又找到另一個重要的新超越函數 Γ−函數 (Γ−function)。

歐拉考慮

$$
\begin{aligned}
n! &= 1 \cdot 2 \cdots n \\
&= \frac{1 \cdot 2 \cdots n \cdot (n+1)(n+2) \cdots}{(n+1)(n+2) \cdots} \\
&= \left[\left(\frac{2}{1}\right)^n \frac{1}{n+1} \right] \left[\left(\frac{3}{2}\right)^n \frac{2}{n+2} \right] \left[\left(\frac{4}{3}\right)^n \frac{3}{n+3} \right] \cdots \\
&= \prod_{k=1}^{\infty} \left(\frac{k+1}{k}\right)^n \frac{k}{k+n} \\
&= \lim_{m \to \infty} \prod_{k=1}^{m} \left(\frac{k+1}{k}\right)^n \frac{k}{k+n} \\
&= \lim_{m \to \infty} \frac{m!(m+1)^n}{(n+1)(n+2) \cdots (n+m)} \;,
\end{aligned}
$$

我們有

$$
\int_0^1 x^c (1-x)^n dx = \int_0^1 x^c \left(1 - C_1^n x + C_2^n x^2 - \cdots + (-x)^n\right) dx
$$

$$
= \frac{1}{c+1} - \frac{n}{1(c+2)} + \frac{n(n-1)}{1 \cdot 2(c+3)} - \frac{n(n-1)(n-2)}{1 \cdot 2 \cdot 3(c+4)} + \cdots + (-1)^n \frac{1}{c+n+1} \;,
$$

當 $n = 0,\ 1,\ 2,\ 3,\ \cdots$，右邊為

$$
\frac{1}{c+1},\ \frac{1}{(c+1)(c+2)},\ \frac{1 \cdot 2}{(c+1)(c+2)(c+3)},
$$
$$
\frac{1 \cdot 2 \cdot 3}{(c+1)(c+2)(c+3)(c+4)},\ \cdots,\ \frac{n!}{(c+1)(c+2) \cdots (c+n+1)} \;,
$$

故

$$
\int_0^1 x^c (1-x)^n dx = \frac{n!}{(c+1)(c+2) \cdots (c+n+1)} \;, \tag{13-1}
$$

令 $c = \frac{f}{g}$，代入式 (13-1)，其中 $\lim_{x \to 0} f(x) = 1,\ \lim_{x \to 0} g(x) = 0$，得

$$
\frac{n!}{(f+g)(f+2g) \cdots (f+ng)} = \frac{f+(n+1)g}{g^{n+1}} \int_0^1 x^{\frac{f}{g}} (1-x)^n dx \;,
$$

令 $x = t^{\frac{g}{f+g}}$，得

$$
\begin{aligned}
\frac{n!}{(f+g)(f+2g) \cdots (f+ng)} &= \frac{f+(n+1)g}{g^{n+1}} \frac{g}{f+g} \int_0^1 (1 - t^{\frac{g}{f+g}})^n dt \\
&= \frac{f+(n+1)g}{(f+g)^{n+1}} \int_0^1 \left(\frac{1 - t^{\frac{g}{f+g}}}{\frac{g}{f+g}} \right)^n dt \;,
\end{aligned} \tag{13-2}
$$

由羅必達法則 13.11 (頁 257)，得

$$
\lim_{r \to 0} \frac{1 - t^r}{r} = \lim_{r \to 0} \frac{e^{r \ln t}(-\ln t)}{1} = -\ln t \;,
$$

令 $x \to 0$，代入式 (13-2) 得

$$
n! = \int_0^1 (-\ln t)^n dt \;,
$$

令 $x = -\ln t$，得

$$n! = \int_0^1 (-\ln t)^n dt = \int_0^\infty x^n e^{-x} dx \, \text{。}$$

由此歐拉得

13.20 定理.

$$n! = \int_0^\infty e^{-x} x^n dx \, \text{。}$$

據此，勒讓達 (Adrien-Marie Legendre) 定義 $\Gamma-$ 函數：

13.21 定義. 設 $\alpha > 0$，稱瑕積分 $\Gamma(\alpha) = \int_0^\infty e^{-x} x^{\alpha-1} \, dx$ 為一 Γ 函數。

13.22 定理. 設 $\alpha > 0$，則瑕積分 $\Gamma(\alpha) = \int_0^\infty e^{-x} x^{\alpha-1} \, dx$ 收斂。

13.23 定理. 設 $\alpha > 1$，則 $\Gamma(\alpha) = (\alpha-1)\Gamma(\alpha-1)$。

13.24 定理. 我們有

1. $\Gamma(1) = 1$。
2. $\Gamma(\frac{1}{2}) = \sqrt{\pi}$。
3. 對任一 $n = 2, 3, \cdots$，有 $\Gamma(n) = (n-1)!$。
4. 對任一 $n = 2m$，有

$$\Gamma\left(\frac{n}{2}\right) = \frac{n-2}{2}\frac{n-4}{2}\cdots\frac{2}{2}\Gamma(1) = \frac{(n-2)(n-4)\cdots 4 \cdot 2}{2^{(\frac{n}{2}-1)}} \, \text{。}$$

5. 對任一 $n = 2m+1$，有

$$\Gamma\left(\frac{n}{2}\right) = \frac{n-2}{2}\frac{n-4}{2}\cdots\frac{1}{2}\Gamma\left(\frac{1}{2}\right) = \frac{(n-2)(n-4)\cdots 3 \cdot 1}{2^{\frac{n-1}{2}}}\sqrt{\pi} \, \text{。}$$

13.8 本章心得

1. 牛頓說：如果我看得比笛卡兒遠，那是因為我站在巨人們的肩膀上。我是一個在海邊遊玩的小孩，有時為了找到一塊美麗的貝殼而高興，而真理之海仍然在我的前面未被發現。

2. 愛因斯坦從深海中找到一塊美麗的貝殼。

3. 輕鬆一下：美國麻省理工學院有一有名的校友，他返校參加畢業典禮，對校長說我今天能有這樣的成就，完全歸功於當年畢業典禮時，你對我們勉勵的話。校長說：「當年畢業典禮時，我沒有說甚麼。」有名的校友說有阿，你說：「Keep Moving。」

4. 歐拉可以比美古今三位通世數學大師：阿基米德、牛頓和高斯。

5. 發散級數不能像收斂級數一樣做代數運算。

6. 負數：有一天，生物學家、物理學家跟數學家出門遊玩。他們看見有兩個人進入一棟空屋子後不久，卻有三個人從那棟建築裡走出來。生物學家就說：「這是繁殖現象！」物理學家說：「這是實驗誤差！」數學家看到生物學家跟物理學家感到不可思議的表情後，說道：「這有什麼好驚訝的呢？等會兒只要再有一個人進去那間屋子，那屋子就沒有人啦！」

14   無窮級數

牛頓、萊佈尼茲、伯努利和歐拉做微分或積分時，將函數表為級數，然後再逐項微分或積分而得。歐拉和拉格朗日甚至於相信凡函數皆可表為無窮級數。古希臘亞里士多德已經會用無窮等比級數

$$1 + 2 + 2^2 + 2^3 + \cdots + 2^n + \cdots \text{。}$$

格雷戈里 (James Gregory 1638 − 1675) 在 1671 年得到級數

$$\tan x = x + \tfrac{1}{3}x^3 + \tfrac{2}{15}x^5 + \tfrac{17}{315}x^7 + \cdots$$
$$\sec x = 1 + \tfrac{1}{2}x^2 + \tfrac{5}{24}x^4 + \tfrac{61}{720}x^6 + \cdots \text{。}$$

無窮級數的主要用途是：

1. 求函數 $f(x)$ 的積分 (微分) 時，首先將 $f(x)$ 表成無窮級數，再逐項積分 (微分) 而得。

2. 三角函數和對數函數等函數可表成無窮級數之外，超越數 π 也可表成無窮級數。萊佈尼茲在 1674 年算出

$$\frac{\pi}{4} = 1 - \frac{1}{3} + \frac{1}{5} - \frac{1}{7} + \cdots \text{。}$$

3. 牛頓用級數求隱函數。牛頓著「流體計算」中設

$$y = a_1 x^m + a_2 x^{m+n} + a_3 x^{m+2n} + \cdots \text{,}$$

代入隱函數 $f(x, y) = 0$ 中，決定係數得 $y = g(x)$。這就是牛頓平行四邊形法。

14.1   函數的級數展開

十七、十八世紀數學家列三角函數表和對數函數表時，碰到如何插入中間值的問題。威力斯首用

269

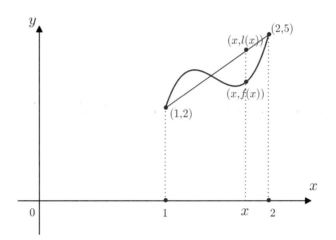

圖 14.1: 線性插入法

14.1 例. *(線性插入法)* 設 $f : [1,2] \to \mathbb{R}$ 為一函數，且 $f(1) = 2$, $f(2) = 5$。過 $(1,2)$, $(2,5)$ 的直線方程式為 $l(x) = 3x - 1$。如欲求 $f(1.1)$ 之值時，就以 $l(1.1) = 2.3$ 之值代之。

線性插入法經常極不準確。牛頓在「自然哲學的數學原理」書上，還有格雷戈里 (David Gregory 1659 – 1708) 獨立的做出：

有限差法：設 $f : [a,b] \to \mathbb{R}$ 為一函數。令 $\{a, \, a+c, \, a+2c, \cdots, \, a+nc = b\}$ 為區間 $[a,b]$ 上一區分 (Partition)，且

$$\triangle f(a) = f(a+c) - f(a)$$
$$\triangle f(a+c) = f(a+2c) - f(a+c)$$
$$\triangle f(a+2c) = f(a+3c) - f(a+2c)$$
$$\vdots$$
$$\triangle^2 f(a) = \triangle f(a+c) - \triangle f(a)$$
$$\vdots$$
$$\triangle^3 f(a) = \triangle^2 f(a+c) - \triangle^2 f(a)$$
$$\vdots \; 。$$

14.2 定理. *(格雷戈里–牛頓公式 Gregory-Newton formula)*

$$f(a+h) = f(a) + \frac{h}{c}\triangle f(a) + \frac{\frac{h}{c}\left(\frac{h}{c} - 1\right)}{1 \cdot 2}\triangle^2 f(a) + \cdots 。$$

想計算 $f(a+h)$ 的值，由格雷戈里–牛頓公式可計算出。格雷戈里–牛頓公式對數學影響相當深遠：

1. 格雷戈里–牛頓公式用來求積分的近似值：

   14.3 例. 求積分 $\int_a^b f(x)dx$。

   解. 令 $\{a, a+c, a+2c, \cdots, a+nc = b\}$ 為區間 $[a,b]$ 上一區分，$x = a+h$ 和

   $$p(h) = f(a) + \frac{h}{c}\triangle f(a) + \cdots + \frac{\frac{h}{c}\left(\frac{h}{c} - 1\right) \cdots \left(\frac{h}{c} - n + 1\right)}{n!}\triangle^n f(a)$$

   利用格雷戈里–牛頓公式得

   $$f(x) = p(h) + \frac{\frac{h}{c}\left(\frac{h}{c} - 1\right) \cdots \left(\frac{h}{c} - n\right)}{(n+1)!}\triangle^{n+1} f(a) + \cdots。$$

   則 $\int_a^b p(x)dx$ 為 $\int_a^b f(x)dx$ 的一近似值。 ∎

2. 格雷戈里利用格雷戈里–牛頓公式求

   14.4 例. *(二項式展開)* 令 $f(x) = (1+d)^x$，其中 x 為實數，則

   $$f(0) = 1, f(1) = 1 + d, f(2) = (1+d)^2, f(3) = (1+d)^3, \cdots$$
   $$\triangle f(0) = d, \triangle f(1) = d + d^2, \triangle f(2) = d + 2d^2 + d^3$$
   $$\triangle^2 f(0) = d^2, \triangle^2 f(1) = d^2 + d^3, \cdots$$
   $$\triangle^3 f(0) = d^3$$
   $$\vdots$$

   代 $a = 0, h = x, c = 1$ 入格雷戈里–牛頓公式得

   $$(1+d)^x = 1 + xd + \frac{x(x-1)}{1 \cdot 2}d^2 + \frac{x(x-1)(x-2)}{1 \cdot 2 \cdot 3}d^3 + \cdots,$$

   這是一般的二項式展開。

3. 泰勒推廣格雷戈里–牛頓公式，成為聞名的泰勒定理。這是頗具威力的方法，好函數可以展開成無窮級數。泰勒在格雷戈里–牛頓公式上以 $\triangle x$ 代 c。試看第三項：

$$\frac{\frac{h}{c}\left(\frac{h}{c}-1\right)}{1\cdot 2}\triangle^2 f(a) = \frac{\frac{h(h-\triangle x)}{(\triangle x)^2}}{1\cdot 2}\triangle^2 f(a) = \frac{h(h-\triangle x)}{1\cdot 2}\frac{\triangle^2 f(a)}{(\triangle x)^2} \to \frac{h^2}{1\cdot 2}f''(a)$$

據此格雷戈里–牛頓公式轉換為泰勒級數 (Taylor's series)：

14.5 定理. *(泰勒定理)* 設 $f:(a,b) \to \mathbb{R}$ 為一 $C^{(n+1)}$ 函數，$n = 0,1,2,\cdots$ 和 $c, x \in (a,b)$。令 $R_n(x) = \int_c^x \frac{(x-t)^n}{n!} f^{(n+1)}(t)dt$，則

$$f(x) = f(c) + f'(c)(x-c) + \frac{f''(c)}{2!}(x-c)^2 + \cdots + \frac{f^{(n)}(c)}{n!}(x-c)^n + R_n(x)。$$

14.6 定理. *(泰勒級數定理)* 設 $f:(a,b) \to \mathbb{R}$ 為一 $C^{(\infty)}$ 函數，$n = 0,1,2,\cdots$ 和 $c, x \in (a,b)$。若 $\lim\limits_{n\to\infty} R_n(x) = 0$，則得泰勒級數

$$\begin{aligned}f(x) &= \sum_{k=0}^{\infty} \frac{f^{(k)}(c)}{k!}(x-c)^k \\ &= f(c) + f'(c)(x-c) + \frac{f''(c)}{2!}(x-c)^2 + \cdots + \frac{f^{(n)}(c)}{n!}(x-c)^n + \cdots。\end{aligned}$$

泰勒級數中，若 $c = 0$ 時

$$f(x) = f(0) + f'(0)x + \frac{f''(0)}{2!}x^2 + \cdots + \frac{f^{(n)}(0)}{n!}x^n + \cdots,$$

稱馬克勞林級數 (Maclaurin's series)。馬克勞林首創

14.7 例. *(微分定係數法)* 若

$$f(x) = a_0 + a_1 x + a_2 x^2 + a_3 x^3 + \cdots + a_n x^n,$$

則

$$f'(x) = a_1 + 2a_2 x + 3a_3 x^2 + \cdots$$
$$f''(x) = 2!a_2 + 3!a_3 x + \cdots$$
$$\vdots$$

令 $x = 0$ 得

$$a_0 = f(0),\ a_1 = f'(0),\ a_2 = \frac{f''(0)}{2!},\ \cdots,\ a_n = \frac{f^n(0)}{n!}。$$

14.2　無窮級數的篳路藍縷，以啟山林

十八世紀許多數學家不了解無窮級數，以為無窮級數和多項式一樣，可以做加減乘除等代數運算：

無窮級數 $1 - 1 + 1 - 1 + \cdots$：

1.
$$1 - 1 + 1 - 1 + \cdots = (1 - 1) + (1 - 1) + \cdots = 0 \text{。}$$

2.
$$1 - 1 + 1 - 1 + \cdots = 1 - (1 - 1) - (1 - 1) - \cdots = 1 \text{。}$$

3.
$$1 - 1 + 1 - 1 + \cdots = 1 - (1 - 1 + 1 - 1 + \cdots) \text{。}$$

令 $S = 1 - 1 + 1 - 1 + \cdots$，則 $S = 1 - S$，故 $S = \frac{1}{2}$。

4. 義大利格來迪 (Guido Grandi 1672 – 1742) 著「圓和雙曲線方形化」(1703) 書中利用公式
$$\frac{1}{1 + x} = 1 - x + x^2 - x^3 + \cdots,$$
令 $x = 1$ 得 $\frac{1}{2} = 1 - 1 + 1 - 1 + \cdots$。

5. 萊佈尼茲著「分析論」中：級數
$$1 - 1 + 1 - 1 + \cdots$$
的部份和數列為 $\{1 = 1,\ 1 - 1 = 0,\ 1 - 1 + 1 = 1,\ \cdots\}$，該數列取值 1 與 0。平均之得 $\frac{1}{2}$。所以
$$1 - 1 + 1 - 1 + \cdots = \frac{1}{2} \text{。}$$

6. 歐拉在 1730 年考慮公式
$$\frac{1}{1 - x} = 1 + x + x^2 + x^3 + \cdots,$$
令 $x = -1$ 得 $\frac{1}{2} = 1 - 1 + 1 - 1 + \cdots$。

今日正確證法：

14.8 例. 求證級數 $\sum_{k=1}^{\infty} a_k = 1 - 1 + 1 - 1 + \cdots$ 發散。

證.   因 $S_1 = 1, S_2 = 1 - 1 = 0, S_3 = 1 - 1 + 1 = 1, \cdots$，得發散部份和數列 $1, 0, 1, 0, \cdots$，故級數

$$1 - 1 + 1 - 1 + \cdots$$

發散。   ∎

套疊級數 $\sum_{k=1}^{\infty} \frac{1}{k(k+1)} = 1$：

詹姆士·伯努利在 1689 年提出：

14.9 例. 求證套疊級數 $\sum_{k=1}^{\infty} \frac{1}{k(k+1)} = 1$。

但是證明是錯誤的，錯誤證明如下：
解.   令調和級數
$$N = 1 + \frac{1}{2} + \frac{1}{3} + \cdots \tag{14-3}$$
由式子 (14-3) 得
$$N - 1 = \frac{1}{2} + \frac{1}{3} + \cdots \tag{14-4}$$
(14-3)−(14-4) 得
$$1 = \frac{1}{1 \cdot 2} + \frac{1}{2 \cdot 3} + \cdots 。$$

                                                                                ∎

證明的錯誤有二：

1. 調和級數是發散級數，故 $N = \infty$。
2. 發散級數不能做加減。

今日正確證法：

14.10 例. 求證套疊級數 $\sum_{k=1}^{\infty} \frac{1}{k(k+1)} = 1$。

證.   因
$$S_n = \frac{1}{1\cdot2} + \frac{1}{2\cdot3} + \cdots + \frac{1}{n\cdot(n+1)}$$
$$= 1 - \frac{1}{2} + \frac{1}{2} - \frac{1}{3} + \cdots + \frac{1}{n} - \frac{1}{n+1} = 1 - \frac{1}{n+1} ，$$
故 $\lim_{n\to\infty} S_n = 1$，即 $\sum_{k=1}^{\infty} \frac{1}{k(k+1)} = 1$。   ∎

調和級數 $1 + \frac{1}{2} + \frac{1}{3} + \cdots$:

詹姆士·伯努利和拉格朗日等都誤以為無窮級數

$$\sum_{k=1}^{\infty} a_k, \, a_k > 0, \, a_k \to 0, \, 當 \, k \to \infty,$$

收斂。事實上，中世紀的法國數學家奧里斯姆 (Nicole Oresm 1323 – 1382) 已經證明：

14.11 定理. 調和級數 $1 + \frac{1}{2} + \frac{1}{3} + \cdots$ 為發散級數。

解. 因為

$$\frac{1}{3} + \frac{1}{4} > \frac{1}{4} + \frac{1}{4} = \frac{1}{2}$$
$$\frac{1}{5} + \frac{1}{6} + \frac{1}{7} + \frac{1}{8} > \frac{1}{8} + \frac{1}{8} + \frac{1}{8} + \frac{1}{8} = \frac{1}{2}$$
$$\frac{1}{9} + \frac{1}{10} + \cdots + \frac{1}{16} > 8 \times \frac{1}{16} = \frac{1}{2}$$
$$\vdots$$
$$\frac{1}{2^{n-1}+1} + \frac{1}{2^{n-1}+2} + \cdots + \frac{1}{2^n} > 2^{n-1} \times \frac{1}{2^n} = \frac{1}{2} \, 。$$

故

$$1 + \frac{1}{2} + \cdots + \frac{1}{2^n} > 1 + \frac{n}{2}$$

調和級數 $1 + \frac{1}{2} + \frac{1}{3} + \cdots$ 為發散級數。 ∎

上述諸錯誤是篳路藍縷，以啟山林：級數的收斂與發散的概念。

級數的收斂與發散：

牛頓、萊佈尼茲、歐拉和拉格朗日基本上將無窮級數看成多項式的推廣。英國數學家詹姆士·格雷戈里 (James Gregory 1638 – 1675) 首先提出級數的收斂和發散等名詞。牛頓考慮過冪級數的收斂問題。總而言之，十七、十八世紀數學家已經慢慢發現級數收斂與發散概念的重要性。數學家誤以為發散級數也有運算法則，犯了許多錯誤。

今天正確定義如下：

14.12 定義. 設 $\{a_n\}$ 為一數列 *(sequence)*，則數列 $\{S_n\}$ 稱為數列 $\{a_n\}$ 的部分和數列 *(partial sum sequence)*，其中

$$S_1 = a_1 \text{、} S_2 = a_1 + a_2 \text{、} \cdots \text{、} S_n = a_1 + a_2 + \cdots + a_n \text{、} \cdots \text{。}$$

14.13 定義. 設 $\{a_n\}$ 為一數列，則級數 *(series)*

$$\sum_{k=1}^{\infty} a_k = a_1 + a_2 + \cdots + a_n + \cdots ,$$

表數列 $\{a_n\}$ 的部分和數列 $\{S_n\}$。稱 $\{a_n\}$ 為級數 $\sum_{k=1}^{\infty} a_k$ 的項數列 *(term sequence)* 和 $\{S_n\}$ 為級數 $\sum_{k=1}^{\infty} a_k$ 的部分和數列 *(partial sum sequence)*。

14.14 定義. 設 $\sum_{k=1}^{\infty} a_k$ 為一級數。

1. 若部份和數列 $\{S_n\}$ 收斂：存在 $S \in \mathbb{R}$，使得 $\lim_{n\to\infty} S_n = S$，則稱級數 $\sum_{k=1}^{\infty} a_k$ 收斂而級數的和為 S，表為 $\sum_{k=1}^{\infty} a_k = S$。
2. 若部份和數列 $\{S_n\}$ 發散：$\lim_{n\to\infty} S_n$ 不存在，則稱級數 $\sum_{k=1}^{\infty} a_k$ 發散。

14.15 定理. *(級數收斂運算法則)* 設 $\sum_{k=1}^{\infty} a_k = A$ 和 $\sum_{k=1}^{\infty} b_k = B$，若 $s, t \in \mathbb{R}$，則

1. 級數和法則：$\sum_{k=1}^{\infty} \left(a_k + b_k \right) = A + B$。
2. 級數齊法則：$\sum_{k=1}^{\infty} \left(t a_k \right) = tA$。
3. 級數線性法則：$\sum_{k=1}^{\infty} \left(s a_k + t b_k \right) = sA + tB$。
4. 級數差法則：$\sum_{k=1}^{\infty} \left(a_k - b_k \right) = A - B$。

萊佈尼茲證明：

14.16 定理. *(交錯級數審斂法 alternative series test)* 設 $\{a_n\}$ 為一數列，滿足對任一 $n \in \mathbb{N}$，有

$$a_n > 0 \text{、} a_1 \geq a_2 \geq \cdots \geq a_n \geq \cdots \text{、} \lim_{n\to\infty} a_n = 0 ,$$

則交錯級數 $a_1 - a_2 + a_3 - a_4 + \cdots + (-1)^{n+1} a_n + \cdots$ 收斂。設級數的和為 S，則 $|S - S_n| \leq a_{n+1}, \ n \in \mathbb{N}$。

拉格朗日研究泰勒展開得

14.17 定理. *(泰勒定理拉格朗日餘式 Taylor's Theorem with Lagrange's Remainder)* 設 $n = 0, 1, 2, \cdots$，$f : (a, b) \to \mathbb{R}$ 為一 $C^{(n+1)}$ 函數和定點 $c \in (a, b)$。對任一點 $x \in (a, b)$，存在 ξ 介於 c, x 間滿足泰勒定理拉格朗日餘式：

$$f(x) = f(c) + f'(c)(x - c) + \frac{f''(c)}{2!}(x - c)^2 + \cdots + \frac{f^{(n)}(c)}{n!}(x - c)^n$$
$$+ \frac{f^{(n+1)}(\xi)}{(n+1)!}(x - c)^{n+1} \text{。}$$

14.18 定理. *(比較審斂法)* 對每一 $n \in \mathbb{N}$，有 $0 < a_n \le b_n$。

1. 若正項級數 $\sum_{k=1}^{\infty} b_k$ 收斂，則正項級數 $\sum_{k=1}^{\infty} a_k$ 收斂。
2. 若正項級數 $\sum_{k=1}^{\infty} a_k$ 發散，則正項級數 $\sum_{k=1}^{\infty} b_k$ 發散。

詹姆士·伯努利考慮 $p = \frac{1}{2}$ 級數

$$1 + \frac{1}{\sqrt{2}} + \frac{1}{\sqrt{3}} + \cdots \text{，}$$

由定理 14.11 (頁 275)，調和級數 $1 + \frac{1}{2} + \frac{1}{3} + \cdots$ 為發散級數。對任一自然數 k，$\frac{1}{\sqrt{k}} \ge \frac{1}{k}$，由比較審斂法 14.18 (頁 277)，得級數 $1 + \frac{1}{\sqrt{2}} + \frac{1}{\sqrt{3}} + \cdots$ 發散。

宇宙三神秘數之一的歐拉常數：

歐拉考慮
$$\ln\left(1 + \frac{1}{x}\right) = \frac{1}{x} - \frac{1}{2x^2} + \frac{1}{3x^3} - \frac{1}{4x^4} + \cdots \text{，}$$
得
$$\frac{1}{x} = \ln\frac{x+1}{x} + \frac{1}{2x^2} - \frac{1}{3x^3} + \frac{1}{4x^4} + \cdots \text{。} \tag{14-5}$$
式 (14-5) 中，令 $x = 1, 2, \cdot, n$ 得

$$\frac{1}{1} = \ln 2 + \frac{1}{2} - \frac{1}{3} + \frac{1}{4} - \frac{1}{5} + \cdots$$
$$\frac{1}{2} = \ln\frac{3}{2} + \frac{1}{2 \cdot 4} - \frac{1}{3 \cdot 8} + \frac{1}{4 \cdot 16} - \frac{1}{5 \cdot 32} + \cdots$$
$$\frac{1}{3} = \ln\frac{4}{3} + \frac{1}{2 \cdot 9} - \frac{1}{3 \cdot 27} + \frac{1}{4 \cdot 81} - \frac{1}{5 \cdot 243} + \cdots$$
$$\vdots$$
$$\frac{1}{n} = \ln\frac{n+1}{n} + \frac{1}{2n^2} - \frac{1}{3n^3} + \frac{1}{4n^4} - \frac{1}{5n^5} + \cdots \text{，}$$

兩邊相加得

$$1 + \frac{1}{2} + \frac{1}{3} + \cdots + \frac{1}{n} = \ln(n+1) + \frac{1}{2}\left(1 + \frac{1}{4} + \frac{1}{9} + \cdots + \frac{1}{n^2}\right)$$
$$- \frac{1}{3}\left(1 + \frac{1}{8} + \frac{1}{27} + \cdots + \frac{1}{n^3}\right) + \frac{1}{4}\left(1 + \frac{1}{16} + \frac{1}{81} + \cdots + \frac{1}{n^4}\right) - \cdots,$$

設

$$\gamma_n = \frac{1}{2}\left(1 + \frac{1}{4} + \frac{1}{9} + \cdots + \frac{1}{n^2}\right) - \frac{1}{3}\left(1 + \frac{1}{8} + \frac{1}{27} + \cdots + \frac{1}{n^3}\right)$$
$$+ \frac{1}{4}\left(1 + \frac{1}{16} + \frac{1}{81} + \cdots + \frac{1}{n^4}\right) - \cdots,$$

則

$$\gamma_n = 1 + \frac{1}{2} + \frac{1}{3} + \cdots + \frac{1}{n} - \ln(n+1),$$

利用羅必達法則 13.11 (頁 257)，得

$$\lim_{n\to\infty}\left(\ln n - \ln(n+1)\right) = \lim_{n\to\infty} \ln \frac{n}{n+1} = 1$$

規定歐拉常數 γ 為

$$\gamma = \lim_{n\to\infty} \gamma_n = \lim_{n\to\infty}\left(1 + \frac{1}{2} + \frac{1}{3} + \cdots + \frac{1}{n} - \ln n\right)。$$

歐拉算得歐拉常數 γ 近似值為 0.577218。到今天我們還不知道 γ 為有理數或是無理數。

14.3 三角級數與傅立葉級數

十八世紀數學家研究天文學，發現許多天文現象都具有週期性。這些現象誘導的偏微分方程，解為三角級數 (trigonometric series)。三角級數中有用且比較容易控制者為傅立葉級數（Fourier series）。歐拉開啟了三角級數和傅立葉級數美麗之旅。

三角級數 (trigonometric series)：

三角多項式 (trigonometric polynomial) 是以下形式的函數

$$a_0 + \sum_{k=1}^{N}\left(a_k \cos kx + b_k \sin kx\right),$$

其中 N 是一個正整數，x, a_k, b_k 是實數。很明顯的，三角多項式是一個以 2π 為週期的函數。由著名的歐拉公式 13.17（頁 263），這個三角多項式又可以寫成

$$\sum_{k=-N}^{N} c_k e^{ikx} \ ,$$

c_k 是複數。

14.19 定理. *(歐拉 1748)* 若 n 是奇數，則

1.

$$z^n - 1 \; = (z-1) \prod_{k=1}^{\frac{n-1}{2}} \left(z - e^{i2\pi k/n} \right) \left(z - e^{-i2\pi k/n} \right)$$
$$= (z-1) \prod_{k=1}^{\frac{n-1}{2}} \left(z^2 - 2z \cos \frac{2k\pi}{n} + 1 \right) \ 。$$

2.

$$z^n - a^n = (z-a) \prod_{k=1}^{\frac{n-1}{2}} \left(z^2 - 2az \cos \frac{2k\pi}{n} + a^2 \right) \ 。$$

歐拉首先考慮一週期為 1 的週期函數

$$f(x) = y, \; f(n) = 1, \; n = 0, \pm 1, \pm 2, \cdots \ 。$$

泰勒展開得

$$\begin{aligned} y \; &= f(x) = f(x+1) = f(x) + f'(x) + \tfrac{1}{2!}f''(x) + \tfrac{1}{3!}f'''(x) + \cdots \\ &= y + y' + \tfrac{1}{2!}y'' + \tfrac{1}{3!}y''' + \cdots , \end{aligned}$$

移項得一無窮階線性微分方程

$$y' + \frac{1}{2!}y'' + \frac{1}{3!}y''' + \cdots = 0 \ ,$$

若代以 $y = e^{zx}$，得

$$e^{zx} \left(z + \frac{1}{2!}z^2 + \frac{1}{3!}z^3 + \cdots \right) = 0 \ ,$$

得微分方程式的輔助代數方程式：

$$z + \frac{1}{2!}z^2 + \frac{1}{3!}z^3 + \cdots = 0 \ ,$$

因為
$$e^z = 1 + z + \frac{1}{2!}z^2 + \frac{1}{3!}z^3 + \cdots,$$

得 $e^z - 1 = 0$，即
$$1 = e^z = \lim_{n \to \infty}\left(1 + \frac{z}{n}\right)^n,$$

若 n 是奇數，令 $\frac{z}{n} = t$, $u = 1 + t$，由定理 14.19 (頁 279) 和 $\cos\frac{2k\pi}{n} = 1 - 2\sin^2\frac{k\pi}{n}$，歐拉得 $u^n - 1$ 可分解為線性因式和二次因式：

$$u^2 - 2u\cos\frac{2k\pi}{n} + 1, \ k = 1, 2, \cdots, < \frac{n}{2}。$$

若

$$\begin{aligned} 0 \ &= u^2 - 2u\cos\frac{2k\pi}{n} + 1 = 1 + 2t + t^2 - 2 - 2t + 4(1+t)\sin^2\frac{k\pi}{n} + 1 \\ &= 4\sin^2\frac{k\pi}{n}\left(1 + t + \frac{t^2}{4\sin^2\frac{k\pi}{n}}\right), \end{aligned}$$

當 n 很大時，$\sin^2\frac{k\pi}{n} \approx \frac{k^2\pi^2}{n^2}$，得

$$0 = 1 + \frac{z}{n} + \frac{z^2}{4n^2\sin^2\frac{k\pi}{n}} \approx 1 + \frac{z^2}{4n^2\frac{k^2\pi^2}{n^2}} \approx 1 + \frac{z^2}{4k^2\pi^2},$$

故 $z = \pm 2ki\pi$，得

$$y = f(x) = \sum_{k=-\infty}^{\infty} c_k e^{2ki\pi x}。 \tag{14-6}$$

或

$$y = f(x) = 1 + \sum_{k=1}^{\infty}\Big(a_k(\cos 2k\pi x - 1) + b_k\sin 2k\pi x\Big)。$$

若週期函數 $f(x)$ 為 2π 週期，則式 (14-6) 寫為三角級數

$$y = f(x) = \sum_{k=-\infty}^{\infty} c_k e^{ikx}。$$

傅立葉級數 (Fourier series)：

1750 − 1751 年，歐拉曾經證明函數方程

$$f(x) = f(x-1) + X(x)$$

的解為

$$f(x) = \int_0^x X(t)dt + 2\sum_{n=1}^{\infty} \cos 2n\pi x \int_0^x X(t)\cos 2n\pi t dt$$
$$+ 2\sum_{n=1}^{\infty} \sin 2n\pi x \int_0^x X(t)\sin 2n\pi t dt \circ$$

這也開啟函數表為三角級數之門。

傅立葉 (Joseph Fourier 1768–1830) 的主要貢獻是他推導出著名的熱傳導方程，並在求解該方程時發現解函數可以由三角函數構成的級數形式表示，從而提出任一函數都可以展成三角函數的無窮級數。為偏微分方程的邊值問題提供了基本的求解方法「傅立葉級數法」，從而推動了微分方程理論的發展。

1811 年傅立葉提交了他的論文，在裏面提出了傅立葉級數 (Fourier series) 和傅立葉積分的創新思想和方法，因而這篇關於熱傳導問題論文獲得了 1812 年科學院大獎，但是這篇論文因為在論證方面仍然缺乏嚴密性而未能在科學院的院刊「科學院報告」上正式發表。

1822 年傅立葉出版了他的專著「熱的解析理論」(Théorie analytique de la chaleur)，他在書中解決了熱在非均勻加熱的固體中分佈傳播問題，成為分析學在物理中應用的最早例證之一，對 19 世紀數學和理論物理學的發展產生深遠影響。

在書中傅立葉斷言：任意函數都可以展開成三角級數，它迫使人們對函數概念作修正、推廣，特別是引起了對不連續函數的探討；三角級數收斂性問題更刺激了集合論的誕生。因此，「熱的解析理論」影響了整個 19 世紀分析嚴格化的進程。此外傅立葉在數學領域的貢獻還有，他是最早使用定積分符號的。

傅立葉宣稱任何週期函數，「不論連續與否」，皆可用傅立葉級數表示。這個結果並不正確，德國數學家狄黎克雷 (Lejeune Dirichlet 1805 – 1859) 率先給出一週期函數 $f(x)$ 可展開成傅立葉級數的條件：

1. 函數 $f(x)$ 必須是有界的。
2. 函數 $f(x)$ 在任意區間內，除了有限個不連續點，$f(x)$ 必須是連續函數。
3. 函數 $f(x)$ 在任意區間內，$f(x)$ 必須僅包含有限個極值。
4. 函數 $f(x)$ 在一週期內，$|f(x)|$ 可積。

事實上，狄黎克雷的條件，也不夠好，一直等到勒貝格 (Henri Lebesgue 1875 −
1941) 發明勒貝格積分，引進實變數函數論，傅立葉分析 (Fourier Analysis or
harmonic analysis) 才致完美，傅立葉分析在數學與應用數學都是最基本最重要
基石，參見本書第 20 章。

14.20 定義. 三角級數

$$y = f(x) = \sum_{k=-\infty}^{\infty} c_k e^{ikx}$$

稱為傅立葉級數 *(Fourier series)*，若存在 $L^1([-\pi, \pi])$ 滿足

$$c_k = \frac{1}{2\pi} \int_{-\pi}^{\pi} f(x)e^{-ikx}dx \ ,$$

其中 k 為任一整數。

微積分、高等微積分、實變數函數論和傅立葉分析是分析四大領域。

傅立葉的生平 (Fourier's life)：

圖 **14.2:** 傅立葉

傅立葉 (Joseph Fourier 1768–1830) 出生在法國歐塞爾 (Auxerre)，他是孤兒被推
薦到歐塞爾的主教，在聖馬可修道院受教育。曾經是拿破崙的御用科學家，隨軍
遠征埃及，並對古埃及文化的研究有所貢獻。他所發掘的一件著名契形文字泥版

Rosetta stone，在他被英國海軍俘虜的時候給沒收了現在展示於大英博物館。他用傅立葉級數，解決熱傳導問題。由於傅立葉級數所衍生的許多數學問題，是主導了近代分析學的發展，並成為所謂「數學分析」的一支主流。由於傅立葉在數學和物理學方面取得了一系列重要的研究成果，1817年他被選為科學院院士，並於1822年成為科學院的終身秘書。他在1830去世，傅立葉被安葬在巴黎拉雪茲神父公墓。艾菲爾鐵塔刻有72名字，傅立葉是其中之一。傅立葉銅像被豎立在歐塞爾。在格勒諾布爾，以他的名字傅立葉命名傅立葉大學。

14.4 本章心得

1. 歐拉開啟了三角級數和傅立葉級數美麗之旅。

2. 輕鬆一下：一位數學家和一位工程師搭飛機出國開研討會，數學家很累想睡覺，工程師想聊天。工程師說我們互問問題，你不會給我一元，我不會我給你五十元，數學家說好。工程師就開始問一個問題，數學家想也不想就給工程師一元，數學家問有一種動物，上山是二隻腳，下山是三隻腳。工程師接上網路，遍察世界上博物館，都查不到，於是不甘心地給數學家五十元，接著問那是甚麼動物，數學家說我也不知道。

斯坦　　　　　　費夫曼　　　　　　陶哲軒

3. 波蘭數學家日格蒙 (Antoni Zygmund) 是 20 世紀最偉大的傅立葉分析大師之一，他有四位傑出學生：

   (a) 馬爾欽凱維奇 (Jozef Marcinkiewicz) 是日格蒙在波蘭時的學生，著有馬爾欽凱維奇插值定理 (Marcinkiewicz interpolation theorem)，是傅立葉分析的基石定理。

(b) 卡爾德龍 (Alberto Calderon) 著有數學最深刻定理之一卡爾德龍–日格蒙定理 (Calderon–Zygmund Decomposition Theorem)。

(c) 菲爾茲獎 Fields Medal 得主科恩 (Paul Cohen)。

(d) 斯坦 (Elias Stein) 指導過 45 位傑出博士生，其中費夫曼 (Charles Fefferman) 和陶哲軒 (Terence Tao) 是菲爾茲獎 Fields Medal 得主。

15 微分方程

自然界的行為法則，刻劃著自然界之間的關係和關係的變率，自然界之間的關係在數學上為函數，自然界之間的關係變率為函數的導函數。自然界之間的關係和關係的變率會遵守某些法則，這些法則由微分方程 (differential equations) 來描述：諸如流體運動、電流流動、熱傳導、波傳導和人口變動的行為法則，都由微分方程來描述。微分方程又稱常微分方程 (ordinal differential equation)。

1. 在理想環境下，細菌成長率 $\frac{dP}{dt}$ 與細菌量 P 成正比，得一階微分方程
   $\frac{dP}{dt} = kP$， 其中 k 為一常數。
2. 令一垂直彈簧下端掛有一質量為 m 的物體，<u>虎克</u>定律 (Hooke's Law) 告訴我們，若彈簧下拉 x 長，則作用力 F 與 x 成正比，即 $F = -kx$， 其中 k 為一常數。
3. <u>牛頓</u>第二定律 (Newton's Second Law) 告訴我們， $F = m\frac{d^2x}{dt^2}$。
4. 一垂直彈簧下端掛有一質量為 m 的物體的運動，為一二階微分方程

$$m\frac{d^2x}{dt^2} = -kx。$$

上述種種問題，導致微分方程的產生與重要。為了偏微分方程、微分幾何和變分學的研究，也刺激微分方程的發展。

設函數 $f : (a, b) \to \mathbb{R}$ 在點 c 可微和任 $x \in (a, b)$，規定

$$dx = \triangle x = x - c \ 、\ \triangle f = f(x) - f(c) \ 、\ df = f'(c)dx，$$

若 $y = f$，得 $dy = y'dx$。

15.1 一階微分方程

本節介紹下述：

1. 分離變數微分方程：分離變數微分方程是基本的，其解法容易。

2. 伯努利微分方程：將伯努利微分方程，乘以積分因子後，變形為分離變數微分方程，然後解之。

3. 降次法。

4. 齊性微分方程：將齊性微分方程，變換變數後，變形為分離變數微分方程，然後解之。

5. 正合微分方程：函數解法。

6. 非正合微分方程：將非正合微分方程，乘以積分因子後，變形為正合微分方程，然後解之。

7. 級數解法。

15.1.1 分離變數微分方程

因為

$$g(y)y' = -f(x) \Leftrightarrow g(y)y'dx = -f(x)dx \Leftrightarrow f(x)dx + g(y)dy = 0 \text{。}$$

型如 $g(y)y' = -f(x)$ 或 $f(x)dx + g(y)dy = 0$ 的微分方程稱為分離變數微分方程 (separable differential equations)。

15.1 例. 解分離變數微分方程 $g(y)y' = f(x)$。

解. 由微分方程 $g(y)y' = f(x)$，得 $f(x)dx - g(y)dy = 0$，即

$$\int f(x)dx - \int g(y)dy = c \text{。}$$

■

15.2 例. 已知鐳元素是以自然生長 $y'(t) = ky(t)$ 放射，已知在 12 年內放射會失去原來的 0.005，求鐳的半生期。

解. 已知對任一 $t \geq 0$，有 $y(t) \geq 0$。由 $y'(t) = ky(t)$，得 $\int \frac{y'(t)dt}{y(t)} = \int kdt$，即 $\ln|y(t)| = kt + c$，故 $y(t) = |y(t)| = c'e^{kt}$，令 $t = 0$，得 $c' = y(0)$，故 $y(t) = y(0)e^{kt}$。 令 $t = 12$，得

$$\left(1 - \frac{5}{1000}\right)y(0) = y(0)e^{12k} \text{。}$$

即 $e^k = (0.995)^{\frac{1}{12}}$。故 $y(t) = y(0)(0.995)^{\frac{t}{12}}$。由 $\frac{1}{2}y(0) = y(0)(0.995)^{\frac{t}{12}}$，得 $t = \frac{12 \ln 0.5}{\ln 0.995} \approx 1660$年。 ∎

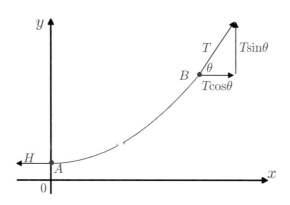

圖 **15.1:** 懸鏈線

詹姆斯·伯努利在「數學會報」(1691) 中：

15.3 例. 懸鏈線的方程為 $y = a \cosh \frac{x}{a}$。

解. 假設鏈子的質料是均勻的且密度為 ρ，且 s 為 A, B 之間的長度，懸鏈線 AB 之中 A 點的水平張力為 H，B 點的切線方向為 T，既然造成平衡，我們可以得知

$$T \cos \theta = H, \, T \sin \theta = \rho s$$

考慮 B 點得懸鏈線方程

$$\frac{dy}{dx} = \tan \theta = \frac{T \sin \theta}{T \cos \theta} = \frac{\rho s}{H} \,, \tag{15-1}$$

式 (15-1) 微分得

$$\frac{d^2 y}{dx^2} = \frac{\rho}{H} \sqrt{1 + \left(\frac{dy}{dx} \right)^2} \,,$$

令 $p = \frac{dy}{dx}$, $a = \frac{H}{\rho}$，得 $\frac{dp}{dx} = \frac{1}{a}\sqrt{1 + p^2}$，分離變數法得

$$\frac{dp}{\sqrt{1 + p^2}} = \frac{dx}{a} \,,$$

故
$$\ln\left|p+\sqrt{1+p^2}\right|=\frac{x}{a}+c，$$

$\left.\frac{dy}{dx}\right|_{x=0}=0$ 得 $c=0$，因
$$1+p^2=\left(e^{x/a}-p\right)^2，$$

故
$$\frac{dy}{dx}=\frac{e^{x/a}-e^{-x/a}}{2}，$$

分離變數法得
$$y=a\frac{e^{x/a}+e^{-x/a}}{2}=a\cosh\frac{x}{a}。$$

∎

15.1.2　伯努利微分方程

詹姆斯·伯努利在「數學會報」(1695)，介紹著名的伯努利方程。設 I 為 $\mathbb{R}$ 上一開區間和 $q, h : I \to \mathbb{R}$ 為二連續函數，伯努利微分方程 (Bernoulli differential equations) 分為：

1. 伯努利 I 型微分方程 $y' + q(x)y = h(x)$。
2. 伯努利 II 型微分方程 $y' + q(x)y = h(x)y^n$，　其中 $n > 1$。

伯努利 I 型微分方程

我們乘以積分因子 (integrating factor)，使得伯努利 I 型微分方程
$$y' + q(x)y = h(x)$$

變為分離變數微分方程，然後解之。設積分因子 $I(x)$，滿足
$$\left(I(x)y\right)' = I(x)y' + I(x)q(x)y = I(x)h(x)。$$

因為 $\left(I(x)y\right)' = I'(x)y + I(x)y'$，　得
$$I'(x) = I(x)q(x)、\left(I(x)y\right)' = I(x)h(x)，$$

由 $I'(x) = I(x)q(x)$，得 $\int \frac{I'(x)}{I(x)}dx = \int q(x)dx + c$，故

$$|I(x)| = e^c \exp\left(\int q(x)dx\right),$$

取 $c = 0$，得

$$I(x) = \exp\left(\int q(x)dx\right),$$

將 $I(x) = \exp(\int q(x)dx)$ 代入 $\left(I(x)y\right)' = I(x)h(x)$，得

$$y = \frac{1}{\exp(\int q(x)dx)}\left(\int \exp\left(\int q(x)dx\right)h(x)dx + c\right).$$

15.4 例. 設 $x > 0$，解伯努利 I 型微分方程 $x^2y' + 2xy - x + 1 = 0$。

解. 由原式得 $y' + \frac{2}{x}y = \frac{x-1}{x^2}$。 則積分因子為

$$I(x) = \exp\left(\int \frac{2}{x}dx\right) = e^{2\ln x} = x^2,$$

得 $\left(x^2y\right)' = x^2\frac{x-1}{x^2} = x - 1$， 即 $x^2y = \int(x-1)dx = \frac{x^2}{2} - x + c$，故 $y = \frac{1}{2} - x^{-1} + cx^{-2}$。 ∎

伯努利 II 型微分方程

設 $n > 1$，考慮伯努利 II 型微分方程 $y' + q(x)y = h(x)y^n$。兩邊乘以 y^{-n}，得

$$y^{-n}y' + q(x)y^{-n+1} = h(x),$$

即 $\left(\frac{y^{-n+1}}{-n+1}\right)' + q(x)y^{-n+1} = h(x)$， 令 $t = \frac{y^{-n+1}}{-n+1}$，得伯努利 I 型微分方程

$$t' + (-n+1)q(x)t = h(x).$$

15.5 例. 解伯努利 II 型微分方程 $y' - x^2y = x^2y^4$。

解. 原式兩邊乘以 y^{-4}，得 $y^{-4}y' - x^2y^{-3} = x^2$。 令 $t = \frac{y^{-3}}{-3}$，得 $t' + 3x^2t = x^2$。 積分因子 $I(x) = \exp\left(\int 3x^2dx\right) = e^{x^3}$， 得 $\left(e^{x^3}t\right)' = e^{x^3}x^2$， 即

$$e^{x^3}t = \int e^{x^3}x^2dx = \frac{1}{3}e^{x^3} + c,$$

故 $t = \frac{1}{3} + ce^{-x^3}$。 即 $y = \sqrt[3]{\frac{1}{-3t}} = \sqrt[3]{\frac{1}{-1-3ce^{-x^3}}}$。 ∎

15.1.3 降次法

里卡蒂 (Jacopo Riccati 1676 − 1754) 首創降次法：

15.6 例. 解里卡蒂方程 *(Riccati' equation)* $y' = a(x)y^2 + b(x)y + c(x)$。

解. 設 y_0 為原方程之一特解：$y_0' = a(x)y_0^2 + b(x)y_0 + c(x)$，令 $y = y_0 + \frac{1}{u}$ 代入原方程得

$$y_0' - \frac{u'}{u^2} = a(x)\left(y_0 + \frac{1}{u}\right)^2 + b(x)\left(y_0 + \frac{1}{u}\right) + c(x)，$$

里卡蒂化簡成一階線性微分方程

$$u' = -(2a(x)y_0 + b(x))u - a(x)。$$

∎

15.1.4 齊性微分方程

若存在 $n \in \mathbb{N}$，使得 $M(\lambda x, \lambda y) = \lambda^n M(x, y)$, $N(\lambda x, \lambda y) = \lambda^n N(x, y)$，則稱微分方程 $M(x,y)dx + N(x,y)dy = 0$ 為齊性微分方程 (homogeneous differential equations)。此時令 $y = tx$，可以轉換齊性微分方程為分離變數微分方程

$$f(x)dx + g(t)dt = 0。$$

15.7 例. 設 $x > 0$，解齊次微分方程

$$(x - y)dx + (x + y)dy + \frac{y}{x}(xdy - ydx) = 0。$$

解. 整理原式，得 $\left(x - y - \frac{y^2}{x}\right)dx + (x + 2y)dy = 0$，令 $y = tx$，則 $dy = xdt + tdx$，得 $(1 + t^2)xdx + (1 + 2t)x^2dt = 0$，即 $\frac{1}{x}dx + \frac{1+2t}{1+t^2}dt = 0$，得

$$\int \frac{dx}{x} + \int \frac{dt}{1 + t^2} + \int \frac{2tdt}{1 + t^2} = 0，$$

即 $\ln x + \tan^{-1} t + \ln(1 + t^2) = c$，得 $\ln\left(x(1 + t^2)\right) + \tan^{-1} t = c$，即

$$\ln \frac{x^2 + y^2}{x} + \tan^{-1} \frac{y}{x} = c。$$

∎

15.1.5 正合微分方程

若 $M_y = N_x$，則稱微分方程 $M(x,y)dx + N(x,y)dy = 0$ 為正合微分方程 (exact differential equations)。下列公式可用來解正合微分方程。

1. $xdy + ydx = d(xy)$。
2. $x^2dy + 2xydx = d(x^2y)$。
3. $\frac{ydx - xdy}{y^2} = d\left(\frac{x}{y}\right)$。
4. $\frac{xdy - ydx}{x^2 + y^2} = d\left(\tan^{-1}\frac{y}{x}\right)$。
5. $\frac{2ydx - 2xdy}{x^2 - y^2} = d\left(\ln\frac{x-y}{x+y}\right)$。

用上述公式解正合微分方程

15.8 例. 解正合微分方程 $(x^3 + 5xy^2)\,dx + (5x^2y + 2y^3)\,dy = 0$。

解. 因為 $\frac{\partial(x^3 + 5xy^2)}{\partial y} = 10xy = \frac{\partial(5x^2y + 2y^3)}{\partial x}$，故原式為正合微分方程，得

$$(x^3 + 5xy^2)\,dx + (5x^2y + 2y^3)\,dy = 0$$

$$\Rightarrow x^3dx + 2y^3dy + 5xy^2dx + 5x^2ydy = 0$$

$$\Rightarrow x^3dx + 2y^3dy + \frac{5}{2}d(x^2y^2) = 0$$

$$\Rightarrow \int x^3dx + \int 2y^3dy + \frac{5}{2}\int d(x^2y^2) = 0$$

$$\Rightarrow \frac{x^4}{4} + \frac{y^4}{2} + \frac{5}{2}x^2y^2 = c \text{。}$$

∎

15.1.6 非正合微分方程

若 $M_y \neq N_x$，則稱微分方程 $M(x,y)dx + N(x,y)dy = 0$ 為非正合微分方程 (non-exact differential equations)。

非正合微分方程也可利用公式來解

15.9 例. 設 $y > 0$，解非正合微分方程 $(xy+1)ydx - xdy = 0$。

解. 因為 $M_y = 2xy + 1, N_x = -1$，故 $M_y \neq N_x$，即微分方程

$$M(x,y)dx + N(x,y)dy = 0$$

為一非正合微分方程。由 $(xy+1)ydx - xdy = 0$，得 $xy^2dx + ydx - xdy = 0$，即 $xdx + \frac{ydx-xdy}{y^2} = 0$，故 $\int xdx + \int \frac{ydx-xdy}{y^2} = 0$，得 $\frac{x^2}{2} + \frac{x}{y} = c$。 ∎

15.1.7 級數解法

牛頓解

15.10 例. 微分方程：

$$y' = 2 + 3x - 2y + x^2 + x^2y。$$

解. 令

$$y = a_0 + a_1x + a_2x^2 + \cdots,$$

微分得

$$y' = a_1 + 2a_2x + 3a_3x^2 + \cdots,$$

代入原式整理後得

$$(2 - 2a_0) + (3 - 2a_1)x + (-2a_2 + 1 + a_0)x^2 + \cdots = 0,$$

比較係數得

$$a_0 = 1, a_1 = \frac{3}{2}, a_2 = 1 \cdots,$$

因此 y 的係數都可決定。 ∎

15.2 奇異解

奇異解是指無法由通解中求出，但仍能符合微分方程式的解。奇異解只會在非
線性方程式中才會出現，通常情況下，微分方程中的奇異解只會在解微分方程
時分解一個可能為 0 的項時出現。因此在解微分方程的過程中遇到需要分解一個
項時，必須要檢查該項是否可能為 0，並且討論該項是否可能有奇異解 (singular
solution)。奇異解的解法：

1. 克萊洛－歐拉法：從
$$f(x, y, y') = 0, \ \frac{\partial f}{\partial y'} = 0$$
   中消去 y' 可得奇異解。

2. 拉格朗日法：設 $g(x, y, c) = 0$ 為微分方程式 $f(x, y, y') = 0$ 的一般解，由
$$g(x, y, c) = 0, \ \frac{dg}{dc} = 0$$
   中消去 c 可得奇異解。

克萊洛 (Alexis Clairaut 1713 − 1765) 在 1734 年研究克萊洛微分方程 (Clairaut's
equation)：

15.11 例. 解一階微分方程 $y = xy' + \frac{1}{y'}$。

解. 原式兩邊對 x 微分得
$$y' = x\frac{dy'}{dx} + y' - \frac{1}{(y')^2}\frac{dy'}{dx} \ ,$$
即
$$\left(x - \frac{1}{(y')^2}\right)\frac{dy'}{dx} = 0 \ ,$$
若 $\frac{dy'}{dx} = 0$，所以 $y' = c$，代入原式得通解
$$y = cx + \frac{1}{c} \ 。$$
若 $\left(x - \frac{1}{(y')^2}\right) = 0$，得 $y' = \pm\frac{1}{\sqrt{x}}$，代回原式，得奇異解 (Singular Solution)
$y = \pm 2\sqrt{x}$ 為該直線族 $y = cx + \frac{1}{c}$ 的包絡 (envelope)。 ∎

15.3 二階微分方程

15.12 定義. 設 I 為 $\mathbb{R}$ 上一開區間，$D = I \times J$ 為 $\mathbb{R}^2$ 上一矩形，
a_0, a_1, a_2, $g : I \to \mathbb{R}$, b_0, b_1, b_2, $h : D \to \mathbb{R}$ 為連續函數。則

1. 若 $a_2(x) = a_2$, $a_1(x) = a_1$, $a_0(x) = a_0$ 均為常函數，微分方程
    $a_2 y'' + a_1 y' + a_0 y = 0$ 稱為二階 *(second order)* 常係數 *(constant coefficient)*
    線性 *(linear)* 齊次 *(homogeneous)* 微分方程。

2. 若 $a_2(x) = a_2$, $a_1(x) = a_1$, $a_0(x) = a_0$ 均為常函數，且 $g(x) \neq 0$，微分方
    程 $a_2 y'' + a_1 y' + a_0 y = g(x)$ 稱為二階常係數線性非齊次 *(non-homogeneous)*
    微分方程。

3. 微分方程 $a_2(x)y'' + a_1(x)y' + a_0(x)y = 0$ 稱為二階函數係數 *(variable
    coefficient)* 線性齊次微分方程。

4. 微分方程 $a_2(x)y'' + a_1(x)y' + a_0(x)y = g(x)$ 稱為二階函數係數線性非齊次
    微分方程。

5. 微分方程 $b_2(x,y)y'' + b_1(x,y)y' + b_0(x,y)y = h(x,y)$ 稱為二階非線性 *(non-
    linear)* 微分方程。

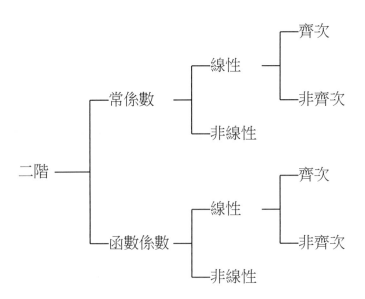

15.3.1 里卡蒂降階法

15.13 例. 解微分方程 $y'' + p(x)y' + q(x)y = 0$。

解. 原方程可寫為

$$\frac{yy'' - (y')^2}{y^2} + \frac{(y')^2}{y^2} + \frac{p(x)y'}{y} + q(x) = 0 ,$$

令 $u = \frac{y'}{y}$，得里卡蒂一階微分方程

$$u' + u^2 + p(x)u + q(x) = 0 。$$

∎

15.3.2 線性齊次微分方程

我們首先介紹疊加原理 (superposition principle)。

15.3-1 定理. *(疊加原理)* 設 y_1, y_2 為線性齊次微分方程

$$y'' + p(x)y' + q(x)y = 0$$

的解，若 c_1, $c_2 \in \mathbb{R}$，則 y_1, y_2 的線性組合 *(linear combination)* $c_1y_1 + c_2y_2$ 也是微分方程 $y'' + p(x)y' + q(x)y = 0$ 的解。

15.14 註. 疊加 *(線性)* 是線性齊次的特徵。

15.15 定義. 設 y_1, y_2 為線性齊次微分方程 $y'' + p(x)y' + q(x)y = 0$ 的解，則對每一 $x \in \mathbb{R}$，

$$W(y_1, y_2)(x) = \begin{vmatrix} y_1(x) & y_2(x) \\ y_1'(x) & y_2'(x) \end{vmatrix} = y_1(x)y_2'(x) - y_1'(x)y_2(x) ,$$

稱為 y_1, y_2 在點 x 的朗斯基行列式 *(Wronskian determinant)*。

我們介紹阿貝爾 (Niels Henrik Abel) 定理：

15.3-2 定理. *(阿貝爾定理)* 設 I 為 $\mathbb{R}$ 上一區間和 y_1, y_2 為線性齊次微分方程 $y'' + p(x)y' + q(x)y = 0$ 在 I 的解，則存在 $c \in \mathbb{R}$，使得朗斯基行列式 $W(y_1, y_2)(x)$ 為

$$W(y_1, y_2)(x) = c \exp\left(-\int p(x)dx\right) 。$$

故在區間 I 上有 $W(y_1, y_2)(x) \equiv 0$，或對每一 $x \in I$，有 $W(y_1, y_2)(x) \neq 0$。

15.16 定義. 設 y_1, y_2 為線性齊次微分方程 $y'' + p(x)y' + q(x)y = 0$ 的解。

1. 若存在二 c_1, $c_2 \in \mathbb{R}$，非全為 0，滿足 $c_1 y_1 + c_2 y_2 \equiv 0$， 則稱二解 y_1, y_2 為線性相依 *(linear dependence)*。

2. 若二 c_1, $c_2 \in \mathbb{R}$，滿足 $c_1 y_1 + c_2 y_2 \equiv 0$， 則 $c_1 = c_2 = 0$，則稱二解 y_1, y_2 為線性獨立 *(linear independence)*。

3. 若對任一線性齊次微分方程 $y'' + p(x)y' + q(x)y = 0$ 的解 y，則存在 d_1, $d_2 \in \mathbb{R}$，滿足 $y = d_1 y_1 + d_2 y_2$， 則稱二解 y_1、y_2 為微分方程的基本解 *(fundamental solutions)*。

15.3-3 定理. 設 S 為二階線性齊次微分方程 $y'' + p(x)y' + q(x)y = 0$ 的解集合，則 S 為一 2 維線性空間，即二階線性齊次微分方程有 2 基本解。

15.3.3　常係數線性齊次微分方程

本子節考慮常係數線性齊次微分方程 (constant coefficients linear homogeneous differential equations)

$$a_2 y'' + a_1 y' + a_0 y = 0 \text{。} \tag{15-2}$$

微分方程 (15-2) (頁 296) 的特徵多項式為 $p(\lambda) = a_2 \lambda^2 + a_1 \lambda + a_0$。 令 λ_1, λ_2 為特徵多項式的二根。

1. 若 λ_1, $\lambda_2 \in \mathbb{R}$，$\lambda_1 \neq \lambda_2$，則微分方程 (15-2) (頁 296) 的一般解為

$$y = c_1 e^{\lambda_1 x} + c_2 e^{\lambda_2 x} \text{,}$$

   其中 c_1、$c_1 \in \mathbb{R}$。

2. 若 λ_1, $\lambda_2 \in \mathbb{R}$，$\lambda_1 = \lambda_2$，則微分方程 (15-2) (頁 296) 的一般解為

$$y = c_1 x e^{\lambda_1 x} + c_2 e^{\lambda_1 x} \text{,}$$

   其中 c_1、$c_1 \in \mathbb{R}$。

3. 若 λ_1, $\lambda_2 \in \mathbb{C}$，$\lambda_1 = a + ib$, $\lambda_2 = a - ib$， 則定理 15.3-3 (頁 296)，得微分方程 (15-2) (頁 296) 的一般解為

$$y = c_1 e^{ax} \cos bx + c_2 e^{ax} \sin bx \text{。}$$

   其中 c_1, $c_1 \in \mathbb{R}$。

15.17 例. 解初值常係數線性齊次微分方程 $y'' + 2y' - 3y = 0$, $y(0) = y'(0) = 1$。

解. 微分方程的特徵多項式 $p(\lambda) = \lambda^2 + 2\lambda - 3 = 0$ 的根為 $\lambda_1 = 1$,
$\lambda_2 = -3$。則微分方程的一般解為

$$y = c_1 e^x + c_2 e^{-3x} \text{,}$$

其中 c_1、$c_1 \in \mathbb{R}$。因 $y' = c_1 e^x - 3c_2 e^{-3x}$，得

$$c_1 + c_2 = 1 \text{、} c_1 - 3c_2 = 1 \text{。}$$

即 $c_1 = 1$, $c_2 = 0$，則微分方程的解為 $y = e^x$。 ∎

對於一維的簡諧振動，可由虎克定律 $F = -kx$ 和牛頓第二運動定律 $F = m\frac{d^2x}{dt^2}$ 得

15.18 例. 解動力學方程

$$m\frac{d^2x}{dt^2} + kx = 0 \text{,}$$

解. 解方程 $\lambda^2 + \omega^2 = 0$，得 $\lambda = \pm\omega$，故

$$x(t) = c_1 \cos(\omega t) + c_2 \sin(\omega t) = A\cos(\omega t - \varphi) \text{,}$$

其中，角頻率 $\omega = \sqrt{\frac{k}{m}} = 2\pi f$，振幅 $A = \sqrt{c_1^2 + c_2^2}$，φ 相位 $\tan\varphi = \frac{c_2}{c_1}$。週期 $T = \frac{1}{f} = 2\pi\sqrt{\frac{m}{k}}$。 ∎

單擺運動，由力的分解，可以將擺錘之重力 mg 分解成法向量 $mg\cos\theta$ 與切向量 $mg\sin\theta$ 兩部分，法向量與細繩之張力互相平衡，故唯一有作用的力是 $mg\sin\theta$，因此回復力為

$$F = -mg\sin\theta \text{。}$$

另一方面擺錘之加速度可以這麼看，單擺長為 l，位移是弧長 $x = l\theta$，故加速度 a 等於

$$a = \frac{d^2x}{dt^2} = l\frac{d^2\theta}{dt^2} \text{。}$$

由牛頓第二運動定律 $F = ma$，可以導出單擺之運動方程

$$ml\frac{d^2\theta}{dt^2} + mg\sin\theta = 0 \text{,}$$

或

$$\frac{d^2\theta}{dt^2} + \frac{g}{l}\sin\theta = 0 \text{。}$$

此運動方程是非線性方程。當 θ 很小時，$\sin\theta \approx \theta$，得單擺之運動方程

$$\frac{d^2\theta}{dt^2} + \frac{g}{l}\theta = 0 \text{。}$$

得

$$\theta(t) = c_1\cos(\omega t) + c_2\sin(\omega t) = A\cos(\omega t - \varphi) \text{，}$$

其中，角頻率 $\omega = \sqrt{\frac{g}{l}} = 2\pi f$，振幅 $A = \sqrt{c_1^2 + c_2^2}$，φ 相位 $\tan\varphi = \frac{c_2}{c_1}$。重力加速度為 g，單擺長為 l，單擺擺動週期

$$T = 2\pi\sqrt{\frac{l}{g}} \text{。}$$

單擺運動與地球的形狀有關，牛頓據此公式算得地球的赤道 (equator) 半徑 E 比兩極 (pole) 半徑 P 長 $\frac{E}{230}$。法國科學院在 1730 年組了兩步行隊：一隊由數學家莫佩蒂領隊，目的地拉布蘭 (含斯堪地納維亞和芬蘭北部)；另一隊由數學家克萊洛領隊，目的地秘魯。他們的結論是地球在兩端扁下來：地球的赤道半徑 E 比兩極半徑 P 長 $\frac{E}{178}$，然而這個結果比牛頓的結果還不準確。現在知道

赤道半徑 $E = 6378.14$ 公里，兩極半徑 $P = 6356.755$ 公里，

$E - P = 21.385 \approx \frac{E}{298}$ 公里。

十八世紀科學家們對天文學有濃厚的興趣：牛頓解決二物體運動問題 (Two-body problem)，主要對象是太陽對行星的吸力問題。接著牛頓又開始研究三物體運動問題 (Three-body problem)，主要對象是地球和太陽對月亮的吸力問題。也可以處理太陽和行星對其衛星的吸力問題，或是三者之間互相的吸力問題。

牛頓在「自然哲學的數學原理」一書中首用分析方法解微分方程，證得旋轉曲面體在流體中運動時，其阻力最小。船和飛機外形的設計，都是根據這些原理製造而成。

在天文學的研究中，以月球運動最引人注目。主要原因是航海者，可以利用月球運動的情形，以決定自身的位置。算法是月球離開英國格林威治 (Greenwich) 上空 $15''$，相當於在格林威治過了一秒鐘

$$\frac{360 \times 60 \times 60}{24 \times 60 \times 60} = 15 \text{。}$$

15.3.4 函數係數線性齊次微分方程

在函數係數線性齊次微分方程 (variable coefficients linear homogeneous differential equations)

$$a_2(x)y'' + a_1(x)y' + a_0(x)y = 0$$

中，若 $a_2(x) = x^2,\ a_1(x) = kx,\ a_0(x) = a_0$，令 $x = e^t$，得

$$\frac{dy}{dx} = \frac{dy}{dt}\frac{dt}{dx} = e^{-t}\frac{dy}{dt}\ ,$$

且

$$
\begin{aligned}
\frac{d^2y}{dx^2} &= \frac{d}{dx}\left(e^{-t}\frac{dy}{dt}\right) = \frac{d}{dt}\left(e^{-t}\frac{dy}{dt}\right)\frac{dt}{dx}\\
&= \left(-e^{-t}\frac{dy}{dt} + e^{-t}\frac{d^2y}{dt^2}\right)e^{-t} = \left(-e^{-2t}\frac{dy}{dt} + e^{-2t}\frac{d^2y}{dt^2}\right)\ \text{。}
\end{aligned}
$$

微分方程 $x^2y'' + kxy' + a_0y = 0$ 轉換為

$$e^{2t}\left(-e^{-2t}\frac{dy}{dt} + e^{-2t}\frac{d^2y}{dt^2}\right) + ke^te^{-t}\frac{dy}{dt} + a_0y = 0\ ,$$

即 $\frac{d^2y}{dt^2} + (k-1)\frac{dy}{dt} + a_0y = 0$。

15.19 例. 解函數係數齊次微分方程 $x^2y'' + 5xy' + 4y = 0$。

解. 令 $x = e^t$，原式轉換為

$$\frac{d^2y}{dt^2} + (5-1)\frac{dy}{dt} + 4y = 0\ \text{。}$$

特徵多項式 $p(\lambda) = \lambda^2 + 4\lambda + 4 = 0$ 的根為 $\lambda_1 = -2,\ \lambda_2 = -2$，則微分方程的一般解為

$$y = c_1te^{-2t} + c_2e^{-2t} = c_1(\ln x)x^{-2} + c_2x^{-2}\ ,$$

其中 $c_1, c_2 \in \mathbb{R}$。 ∎

15.3.5 函數係數線性非齊次微分方程

考慮函數係數線性非齊次微分方程 (linear non-homogeneous differential equations)

$$a_2(x)y'' + a_1(x)y' + a_0(x)y = g(x)\ \text{。} \tag{15-3}$$

設函數 $g \not\equiv 0$ 為

$$x^n \, \text{、} \, e^{ax} \, \text{、} \, \cos bx \, \text{、} \, \sin bx \, \text{、} \, e^{ax} \cos bx \, \text{、} \, e^{ax} \sin bx$$

的線性組合。令線性齊次微分方程

$$a_2(x)y'' + a_1(x)y' + a_0(x)y = 0$$

的一般解為 y_H，稱為線性非齊次微分方程 (15-3) (頁 299) 的齊次解。而線性非齊次微分方程 (15-3) (頁 299) 的特別解 y_P 為

$$x^n \, \text{、} \, e^{ax} \, \text{、} \, \cos bx \, \text{、} \, \sin bx \, \text{、} \, e^{ax} \cos bx \, \text{、} \, e^{ax} \sin bx$$

的線性組合。得線性非齊次微分方程 (15-3) (頁 299) 的一般解為

$$y = y_H + y_P \, \text{。}$$

15.20 例. 解線性非齊次微分方程 $y'' - 2y' - 3y = 2e^x - 3e^{2x}$。

解. 齊次微分方程 $y'' - 2y' - 3y = 0$ 的特徵多項式

$$p(\lambda) = \lambda^2 - 2\lambda - 3 = 0$$

之根為 $\lambda_1 = -1, \lambda_2 = 3$。則齊次微分方程的解為

$$y_H = c_1 e^{-x} + c_2 e^{3x} \, ,$$

其中 $c_1, c_2 \in \mathbb{R}$。設微分方程 $y'' - 2y' - 3y = 2e^x - 3e^{2x}$ 的特別解為

$$y_P = ae^x + be^{2x} \, ,$$

則

$$y_P' = ae^x + 2be^{2x} \, \text{、} \, y_P'' = ae^x + 4be^{2x} \, ,$$

故

$$ae^x + 4be^{2x} - 2\left(ae^x + 2be^{2x}\right) - 3\left(ae^x + be^{2x}\right) = 2e^x - 3e^{2x} \, \text{。}$$

得 $a = -\frac{1}{2}, b = 1$。非齊次線性微分方程的特別解 $y_P = -\frac{1}{2}e^x + e^{2x}$，故原方程的一般解為

$$y = y_H + y_P = c_1 e^{-x} + c_2 e^{3x} - \frac{1}{2}e^x + e^{2x} \, ,$$

其中 $c_1, c_2 \in \mathbb{R}$。   ∎

15.3.6 非線性微分方程

考慮非線性微分方程 (nonlinear differential equations)

$$a_2(y)y'' + a_1(y)y' = 0,$$

其中函數係數 $a_1, a_2 : \mathbb{R} \to \mathbb{R}$ 為連續函數，令 $p = \frac{dy}{dx}$，則

$$\frac{d^2y}{dx^2} = \frac{d}{dx}\frac{dy}{dx} = \frac{dp}{dx} = \frac{dp}{dy}\frac{dy}{dx} = p\frac{dp}{dy},$$

故得 $p\left(a_2(y)\frac{dp}{dy} + a_1(y)\right) = 0$，然後解之。

15.21 例. 解非線性微分方程 $y\frac{\partial^2 y}{\partial x^2} + 2\left(\frac{\partial y}{\partial x}\right)^2 = 0$。

解. 令 $p = \frac{dy}{dx}$，則 $\frac{d^2y}{dx^2} = p\frac{dp}{dy}$。 由 $y\frac{\partial^2 y}{\partial x^2} + 2\left(\frac{\partial y}{\partial x}\right)^2 = 0$，得 $p\left(y\frac{dp}{dy} + 2p\right) = 0$。

1. 若 $p = 0$，則 $y = c$。
2. 若 $y\frac{dp}{dy} + 2p$，則 $\frac{dp}{p} + \frac{2dy}{y} = 0$，故 $\ln|p| + 2\ln|y| = c$，即 $py^2 = c_1 = e^c$，得 $y^2 dy = c_1 dx$，故 $\frac{y^3}{3} = c_1 x + c_2$，即 $y^3 = 3c_1 x + 3c_2$。

■

15.4 數學家拉格朗日和拉普拉斯

三物體運動問題的幾個特殊情形，貢獻最大的是天文學大師路易斯·拉格朗日。

拉格朗日的生平 (Lagrange' life)：

拉格朗日 (Joseph-Louis Lagrange 1736 – 1813) 是法國籍義大利裔數學家和天文學家，小時候對數學沒多大興趣，一直到他看了哈雷論文 (該論文是關於牛頓的微積分)，才轉而對數學的研究工作有了狂熱。拉格朗日曾為普魯士腓特烈大帝在柏林工作了 20 年，被腓特烈大帝稱做「歐洲最偉大的數學家」，1787 年，在 51 歲時，受法國國王路易十六的邀請，他從柏林搬到了巴黎，成為法國科學院院士。拉格朗日一生才華橫溢，在數學、物理和天文等領域做出了很多重大的貢

圖 **15.2**: 拉格朗日

獻，他是變分法創始人之一，他逝世時被埋葬在巴黎萬神殿。拉格朗日卓越學生有傅里葉 (Joseph Fourier) 和泊松 (Siméon Poisson)。

拉格朗日著「力學解析」(1788)，推廣牛頓力學。他曾經抱怨，牛頓是最幸運的人，宇宙祇有一個，而宇宙的數學定律已經被牛頓發現，別人失去機會。拉格朗日將牛頓理論發揚光大，「力學解析」一書中介紹很多微分方程。

拉格朗日在1772年論文三體運動問題，得到三物體運動問題的恰正解而獲獎。這些恰正解包括下述三種運動現象：

1. 三物體在同時間內，以相似橢圓做運動，這些相似橢圓，是以該三物體的質心為共同焦點。

2. 開始時三物體在一等邊三角形的三頂點，然後該三角形對三物體的質心旋轉。

3. 三物體在一直線上運動。該直線是以三物體的質心為心旋轉。

上述三種結果是微分方程的解，找不到物理現象。一直到1906年發現太陽，丘比特和一小行星阿奇里斯三者的運動是屬於型2. 拉格朗日發明泰勒定理拉格朗日餘式 14.17(頁277) 和拉格朗日乘子定理：

15.22 定理. *(拉格朗日乘子定理)* 設 Ω 為 $\mathbb{R}^2$ 上一開集和 $f, g : \Omega \to \mathbb{R}$ 為二 $C^1(\Omega)$ 函數。令等高線為 $S_c = \{(x,y) \in \Omega \mid g(x,y) = c\}$，若

$$(r,s) \in S_c \text{ 、 } \nabla g(r,s) \neq 0 \text{ ，}$$

且 f 限制於等高線 S_c 上的函數 $f\big|_{S_c}$ 在 (r,s) 處有極值，則存在 $\lambda \in \mathbb{R}$，使得 $\nabla f(r,s) = \lambda \nabla g(r,s)$，$\lambda$ 稱為拉格朗日乘子 *(Lagrange multiplier)*。

兩球物體互相吸引運動軌跡是二次錐線，這是不擾亂運動。若兩物體非球形，或是在有抵抗力的媒介體上運動時，則不是二次錐線。這是擾亂 (Perturbation) 運動。計算擾亂運動最出色者是拉普拉斯。

拉普拉斯的生平 (Laplace' life)：

圖 **15.3:** 拉普拉斯

拉普拉斯 (Pierre-Simon Laplace 1749 – 1827) 出生於法國諾曼第的波蒙特市。他的家庭富裕且通人情。他 16 歲進薩因 (Caen) 大學念數學。念了五年畢業，寫了一篇有限差計算論文。畢業之後前往巴黎找達朗貝爾 (Jean-Baptiste d'Alembert 1717 – 1783)。起初達朗貝爾不加理會。拉普拉斯寫了一篇關於力學一般原則的論文，給達朗貝爾看。這一次達朗貝爾才注意到拉普拉斯的才華，於是介紹拉普拉斯進巴黎軍事大學校 (*École Militaire*) 當數學教授。

拉普拉斯年青時代就已經著作等身。在 1773 年被選為巴黎科學院院士。介紹詞是沒有一個人能像他那麼年青，就發表那麼多，那麼廣，那麼難的論文。拉普拉斯後來到巴黎一小鎮米倫 (Melun) 做事。等到法國革命之後，他到高等師範大學校 (École Normale Supérieure) 當教授，與拉格朗日同事。之後拉普拉斯參與政治，當到內政部長和參議員主席等高職位。雖然拿破崙封他為伯爵，但拉普拉斯還是向著路易十八，被封為伯爵和貴族。

那些年他雖然搞政治，卻同時也做科學研究。在 1799 – 1825 著「天體力學」，共分 5 冊。該研究工作之完整，使得很少人可以再繼續做他的東西。不過他的論文中常用上他人的概念，而未加說明，讓別人誤以為全部是拉普拉斯的作品。

在 1812 年拉普拉斯著「機率解析論」，創用過去和現在資料預測將來。他對自然界的現象如水力學、聲波、海潮和化學等都有興趣，不過他的主要貢獻在於天文力學。拉普拉斯在 1827 年去世，遺言是：「人類對真理是知之者少，未知者多」。

很奇怪，很多人將拉普拉斯和拉格朗日聯想在一起。事實上不管在個性上，或研究上都大不同：

1. 拉普拉斯為了瞭解自然現象，創造不少數學方法。
2. 拉格朗日是個典型數學家。寫作仔細、清楚、優美。
3. 拉普拉斯常用上拉格朗日的概念，但是不引用他。
4. 拉普拉斯寫論文或教書時，喜歡說顯而易見的 (Trivial)，而不加以證明。他自己也承認他所謂的顯而易見的，其實並不簡單。
5. 美國數學家兼天文學家鮑迪奇 (1773 – 1838) 翻譯了拉普拉斯「天體力學」5 冊中 4 冊。為了補充拉普拉斯在書中顯而易見的，常要花數小時以上。

拉普拉斯稱太陽系中星球運動軌跡幾乎是橢圓的。拉普拉斯發明著名的拉普拉斯變換 (Laplace transform)。

牛頓在「自然哲學的數學原理」首創用參數變量法算三物體運動的擾亂。先設月球以橢圓軌跡繞地球運轉，再考慮太陽的影響，算其擾亂。歐拉解微分方程 $y'' + k^2 y = z(x)$ 來折算木星和土星互相間的擾亂，得法國科學院獎。

15.5 本章心得

1. 拉美說：一旅行者過橋的時候，若一定要等到檢查過橋的每一部份都安全才走過去，那他一輩子一定走不遠。做任何一件事總是要帶點冒險，做數學也一樣。

2. 牛頓解決二物體運動問題（Two-body problem）。接著牛頓又開始研究三物體運動問題 (Three-body problem)，主要對象是地球和太陽對月亮的吸力問題，至今三物體運動問題尚未解決。

3. 輕鬆一下：一棟大樓，住有一數學家，一物理學家和一工程師。有一次大樓失火，那數學家就開始算要用多少流量的水才能熄火。那物理學家就開始描述火燄方程。那工程師拿起水筒就開始滅火。

4. 輕鬆一下 (微分算子)：有一個數學老教授，因為用腦過度，一天終於瘋了，然後他幻想自己是微分算子，走在馬路上，逢人便說：我微分你! 我微分你! 我微分你；路人就把他抓進精神病院，他被關進病房後，過了不久，老毛病又犯了，跑到他同病房的人前面大聲說：我微分你! 我微分你! 不過那個人一點反應都沒有，理都不理他。老教授很生氣的說：我微分你，你為什麼沒反應? 那人冷冷的說：我是 e^x。

16　偏微分方程

我們透過偏微分方程對自然世界基本過程的理解。實例是固體的振動、流體的流動、化學品的擴散、熱擴散、分子的結構、光子和電子的相互作用和電磁波的輻射。偏微分方程也是現代數學的核心，尤其是在幾何和分析上。科學計算可以幫忙解偏微分方程。

16.1　重要定律與定理

我們介紹一些偏微分方程常用到的定律與定理。

重要定律：

16.1 公理. *(虎克定律 Hooke's law)* 若彈簧下拉 x 長，則作用力 F 與 x 成正比，即 $F = -kx$，其中 k 為一常數。

16.2 公理. *(牛頓第二運動定律 Newton's second law of motion)* 物體的加速度 a 與淨外力 F 成正比，與物體的質量 m 成反比，方向與淨外力方向相同。

$$F = ma = m\frac{d^2x}{dt^2}。$$

16.3 公理. *(菲克第一定律 Fick's first law)* 穩態擴散 *(steady state diffusion)* 中，在單位時間內通過垂直於擴散方向的單位截面積的擴散物質流量 *(擴散通量)*，與該截面處的濃度梯度成正比。也就是說，濃度梯度越大，擴散通量越大：

$$J = -D\nabla\varphi，$$

其中 J 為擴散通量 *(diffusion flux)*，D 為擴散係數或擴散度，$\nabla\varphi$ 為濃度梯度 *(concentration gradient)*。

菲克第二定律又稱為菲克擴散定律。

16.4 公理. *(菲克第二定律 Fick's second law)* 非穩態擴散 *(non-steady state diffusion)* 中，在距離 x 處，濃度隨時間的變化率等於該處的擴散通量隨距離變化率的負值，即：

$$\frac{\partial \varphi}{\partial t} = D \frac{\partial^2 \varphi}{\partial x^2} ,$$

其中 φ 為濃度，t 為時間，x 為距離，D 為擴散係數或擴散度。

16.5 公理. *(質量守恆律 conservation of mass)* 設 Ω 為 $\mathbb{R}^3$ 上一開域和 E 為一簡連通域，滿足 $\overline{E} \subset \Omega$ 和 $S = \partial E$ 為一正向曲面，E 的密度為純量函數 $\rho(\mathbf{x}, t)$，$v(\mathbf{x}, t)$ 為流體在 $(\mathbf{x}, t)$ 速度向量場，E 中 t 時總質量為 $M(t)$：

$$M(t) = \iiint_E \rho d\mathbf{x} ,$$

質量要流失只能經過邊界 S，S 上一點單位外法向量的流率為 $\rho v \cdot n$，故

$$\iiint_E \frac{\partial \rho}{\partial t} d\mathbf{x} = \frac{\partial}{\partial t} \iiint_E \rho d\mathbf{x} = - \iint_S \left(\rho v \cdot n \right) ds 。 \tag{16-1}$$

式 *(16-1)* 稱為質量守恆律。

16.6 公理. *(質量守恆連續方程 equation of continuity of mass)* 由高斯散度定理 *16.14 (頁 309)*，得

$$- \iint_S \left(\rho v \cdot n \right) ds = - \iiint_E \nabla \cdot (\rho v) d\mathbf{x} ,$$

故

$$\frac{\partial \rho}{\partial t} = -\nabla \cdot (\rho v) , \tag{16-2}$$

式 *(16-2)* 為質量守恆連續方程。

16.7 公理. *(動量守恆律 conservation of momentum)* 平恆動量得

$$\frac{\partial}{\partial t} \iiint_E \rho v_i d\mathbf{x} + \iint_S \rho v_i v \cdot n ds + \iint_S \rho n_i ds = \iiint_E \rho F_i d\mathbf{x} \tag{16-3}$$

其中 $\rho(\mathbf{x}, t)$ 為壓力，$F(\mathbf{x}, t)$ 為在點 x 總外力，$i = 1, 2, 3$，$v(\mathbf{x}, t)$ 為流體在 $(\mathbf{x}, t)$ 速度向量場，式 *(16-3)* 稱為動量守恆律。

16.8 公理. *(動量守恆連續方程 equation of continuity of momentum)* 由高斯散度定理得 *16.14 (頁 309)*，得

$$\iiint_E \left(\frac{\partial (\rho v_i)}{\partial t} + \nabla \cdot (\rho v_i v) + \frac{\partial \rho}{\partial x_i} - \rho F_i \right) d\mathbf{x} = 0 ,$$

故

$$\rho\left[\frac{\partial v_i}{\partial t} + v \cdot \nabla v_i\right] + v_i\left[\frac{\partial \rho}{\partial t} + \nabla \cdot (\rho v)\right] = -\frac{\partial \rho}{\partial x_i} + \rho F_i,$$

由質量守恆連續方程式 *(16-2)* 得

$$\frac{\partial v}{\partial t} + (v \cdot \nabla)v = F - \frac{1}{\rho}\nabla\rho, \tag{16-4}$$

式 *(16-4)* 稱為動量守恆連續方程。

16.9 公理. *(能量守恆律 conservation of energy)* 設 ϕ, ψ 有界支撐 *(bounded support)* 且 u 為波方程

$$u_{tt} = c^2\big(u_{xx} + u_{yy} + u_{zz}\big), \mathbf{x} = (x, y, z) \in \mathbb{R}^3$$
$$u(\mathbf{x}, 0) = \phi(\mathbf{x}),\ u_t(\mathbf{x}, 0) = \psi(\mathbf{x}),$$

的解,總能量

$$E = \frac{1}{2}\iiint (u_t^2 + c^2|\nabla u|^2)d\mathbf{x}$$

與時間無關。

證. 波方程 $u_{tt} = c^2\triangle u$ 乘以 u_t 得

$$0 = (u_{tt} - c^2\triangle u)u_t = \left(\frac{1}{2}u_t^2 + \frac{1}{2}c^2|\nabla u|^2\right)_t - c^2\nabla \cdot (u_t\nabla u),$$

ϕ, ψ 有界支撐,故

$$\iiint \nabla \cdot (u_t\nabla u) = 0,$$

則

$$0 = \iiint \frac{\partial}{\partial t}\left(\frac{1}{2}u_t^2 + \frac{1}{2}c^2|\nabla u|^2\right)d\mathbf{x},$$

得總能量

$$E = \frac{1}{2}\iiint (u_t^2 + c^2|\nabla u|^2)d\mathbf{x}$$

與時間無關,其中動能 (kinetic energy) 為 $\frac{1}{2}\iiint u_t^2 d\mathbf{x}$,位能 (potential energy) 為 $\frac{1}{2}\iiint c^2|\nabla u|^2 d\mathbf{x}$。　　　　　　　　　　■

重要定理:
英國數學家<u>格林</u> (George Green 1793 − 1841) 發明<u>格林</u>第一等式、<u>格林</u>第二等式和<u>格林</u>函數。

圖 **10.1**: 格林

16.10 定理. *(格林第一等式 Green's first identity)* 若 Ω 為 $\mathbb{R}^2$ 上一開域和 E 為一簡連通域，滿足 $\overline{E} \subset \Omega$ 和 $C = \partial E$ 為一正向曲線，若 $u, v : \overline{E} \to \mathbb{R}$, $u, v \in C^2(\overline{E})$，則

$$\int_C v\frac{\partial u}{\partial n}ds = \iint_E \nabla v \cdot \nabla u d\mathbf{x} + \iint_E v\triangle u d\mathbf{x} \, \text{。}$$

16.11 定理. *(格林第一等式)* 設 Ω 為 $\mathbb{R}^3$ 上一開域和 E 為一簡連通域，滿足 $\overline{E} \subset \Omega$ 和 $S = \partial E$ 為一正向曲面，若 $u, v : \overline{E} \to \mathbb{R}$, $u, v \in C^2(\overline{E})$，則

$$\iint_S v\frac{\partial u}{\partial n}ds = \iiint_E \nabla v \cdot \nabla u d\mathbf{x} + \iiint_E v\triangle u d\mathbf{x} \, \text{。}$$

16.12 定理. *(格林第二等式 Green's second identity)* 若 Ω 為 $\mathbb{R}^2$ 上一開域和 E 為一簡連通域，滿足 $\overline{E} \subset \Omega$ 和 $C = \partial E$ 為一正向曲線，若 $u, v : \overline{E} \to \mathbb{R}$, $u, v \in C^2(\overline{E})$，則

$$\iint_E (u\triangle v - v\triangle u)d\mathbf{x} = \int_C \left(u\frac{\partial v}{\partial n} - v\frac{\partial u}{\partial n}\right)ds \, \text{。}$$

16.13 定理. *(格林第二等式)* 設 Ω 為 $\mathbb{R}^3$ 上一開域和 E 為一簡連通域，滿足 $\overline{E} \subset \Omega$ 和 $S = \partial E$ 為一正向曲面，若 $u, v : \overline{E} \to \mathbb{R}$, $u, v \in C^2(\overline{E})$，則

$$\iiint_E (u\triangle v - v\triangle u)d\mathbf{x} = \iint_S \left(u\frac{\partial v}{\partial n} - v\frac{\partial u}{\partial n}\right)ds \, \text{。}$$

16.14 定理. *(高斯散度定理 Gauss's divergence theorem)* 設 Ω 為 $\mathbb{R}^3$ 上一開域和 E 為一簡連通域，滿足 $\overline{E} \subset \Omega$ 和 $S = \partial E$ 為一正向曲面和 $F : \Omega \to \mathbb{R}^3$ 為一向量場，則

$$\iint_S F \cdot n\, ds = \iiint_E div F d\mathbf{x} \, \text{。}$$

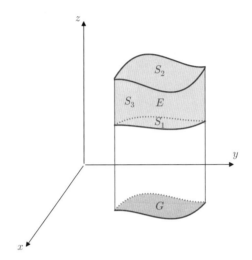

圖 **16.2:** 高斯散度定理

16.2 一階偏微分方程

數學家先研究二階偏微分方程，然後拉格朗日才開始研究一般一階偏微分方程。
克萊羅在 1739 年研究地球的形狀時，遭遇到一階恰當微分方程：

$$pdx + qdy + rdz = 0 \text{，}$$

即存在 $u \in C^2$，滿足

$$\frac{\partial u}{\partial x} = p, \ \frac{\partial u}{\partial y} = q, \ \frac{\partial u}{\partial z} = r \text{，}$$

克萊羅得

$$\frac{\partial p}{\partial y} = \frac{\partial q}{\partial x}, \ \frac{\partial p}{\partial z} = \frac{\partial r}{\partial x}, \ \frac{\partial q}{\partial z} = \frac{\partial r}{\partial y} \text{。}$$

克萊羅得微分方程 $pdx + qdy + rdz = 0$ 為恰當的充要條件為

$$p\left(\frac{\partial q}{\partial z} - \frac{\partial r}{\partial y}\right) + q\left(\frac{\partial r}{\partial x} - \frac{\partial p}{\partial z}\right) + r\left(\frac{\partial p}{\partial y} - \frac{\partial q}{\partial x}\right) = 0 \text{。}$$

16.15 例. 一階偏微分方程 $au_x + bu_y = 0, \ a^2 + b^2 \neq 0$ 的解為

$$u(x, t) = f(bx - ay) \text{，}$$

其中 f 為一函數。

證. 設

$$x' = ax + by, \ y' = bx - ay \ ,$$

則

$$u_x = \frac{\partial u}{\partial x} = \frac{\partial u}{\partial x'}\frac{\partial x'}{\partial x} + \frac{\partial u}{\partial y'}\frac{\partial y'}{\partial x} = au_{x'} + bu_{y'}$$
$$u_y = \frac{\partial u}{\partial y} = \frac{\partial u}{\partial x'}\frac{\partial x'}{\partial y} + \frac{\partial u}{\partial y'}\frac{\partial y'}{\partial y} = bu_{x'} - au_{y'} \ ,$$

得

$$au_x + bu_y = a(au_{x'} + bu_{y'}) + b(bu_{x'} - au_{y'}) = (a^2 + b^2)u_{x'} \ ,$$

因 $a^2 + b^2 \neq 0$，故 $u_{x'} = 0$，得 $u(x,t) = f(y') = f(bx - ay)$。 ∎

16.16 例. 解

$$4u_x - 3u_y = 0, \ u(0,y) = y^3 \ 。$$

解. 由例 16.15（頁 310），得

$$u(x,y) = f(-3x - 4y) \ ,$$

得 $y^3 = f(-4y)$，令 $w = -4y$，則 $f(w) = -\frac{w^3}{64}$，故

$$u(x,y) = \frac{(3x + 4y)^3}{64} \ 。$$

∎

16.17 例. 一階偏微分方程 $u_x + yu_y = 0$ 的解為

$$u(x,t) = f(e^{-x}y) \ ,$$

其中 f 為一函數。

證. 因方向導數

$$u_{(1,y)} = (u_x, u_y) \cdot (1,y) = u_x + yu_y = 0 \ ,$$

故在曲線 y 上 u 為常數，其中

$$\frac{dy}{dx} = \frac{y}{1} \ ,$$

得 $y = ce^x$，故

$$\frac{d}{dx}u(x, ce^x) = \frac{\partial u}{\partial x} + ce^x \frac{\partial u}{\partial y} = u_x + yu_y = 0，$$

則 $u(x, ce^x) = u(0, c)$，令 $y = ce^x$ 得 $c = e^{-x}y$

$$u(x, y) = u(0, e^{-x}y) = f(e^{-x}y)。$$

∎

16.18 例. 一階偏微分方程 $u_t + cu_x = h(ct + x)$ 解為

$$u(x, t) = f(ct + x) + g(x - ct)，$$

其中 f, g 為二函數。

證. 令

$$u(x, t) = f(x + ct)，$$

則

$$u_t + cu_x = \frac{df}{ds}\frac{\partial s}{\partial t} + \frac{df}{ds}\frac{\partial s}{\partial x} = (1 + c)f'(s) = h(s)，$$

得 $f(s) = \frac{1}{1+c}\int_0^s h(r)dr$，即 $f(x + ct)$ 為方程 $u_t + cu_x = h(ct + x)$ 的一特解。由例 16.15 (頁 310)，得方程 $u_t + cu_x = 0$ 的通解為 $g(x - ct)$，故一階偏微分方程 $u_t + cu_x = h(ct + x)$ 解為

$$u(x, t) = f(ct + x) + g(x - ct)。$$

∎

16.3 波方程

在一維情形，波方程 (wave equation) 刻劃弦的縱向振動。在二維情形，波方程刻劃薄膜或鼓皮的振動。在三維情形，波方程刻劃聲波或電磁波的傳遞。

一維波建模方法一：

約翰·伯努利 (Johann Bernoulli) 在 1727 年，將一兩端固定長 l 的均勻彈性帶，看成 n 個等重珠串在一無重帶上，第 k 個球串於位置 x_k，其中 $x_k = \frac{kl}{n}$。當帶子振動時，u_k 表第 k 個球體的位移，伯努利導出微分方程

$$\frac{d^2 u_k}{dt^2} = \left(\frac{nc}{l}\right)^2 \left(u_{k+1} - 2u_k + u_{k-1}\right) , \tag{16-5}$$

其中 $k = 1, 2, \cdots, n-1$, $c^2 = \frac{lT}{M}$，T 為繩子張力，M 為繩子總質量。

上述離散情形，經達朗貝爾改為連續現象。即將 $u_k(t)$ 改為 $u(x,t)$，$\frac{l}{n}$ 改為 $\triangle x$，上式 (16-5) 轉換為

$$\begin{aligned}\frac{\partial^2 u(x,t)}{\partial t^2} &= c^2 \left(\frac{u(x+\triangle x,t)-2u(x,t)+u(x-\triangle x,t)}{(\triangle x)^2}\right)\\ &\to c^2 \frac{\partial^2 u(x,t)}{\partial x^2} \text{ 當 } \triangle x \to 0 ,\end{aligned}$$

即

$$\frac{\partial^2 u(x,t)}{\partial t^2} = c^2 \frac{\partial^2 u(x,t)}{\partial x^2} , \tag{16-6}$$

其中 $c^2 = \frac{T}{\sigma}$，σ 為單位長的質量。因為兩端固定於 $x = 0$, $x = l$，故必滿足邊界條件

$$u(0,t) = 0, u(l,t) = 0, t \geq 0 , \tag{16-7}$$

設 $t = 0$ 時，帶子初始位置為 $u = f(x)$，然後放開。開始的時候，帶子上每一點的初速為 0，因此起始條件為

$$u(x,0) = f(x), \left.\frac{\partial u(x,t)}{\partial t}\right|_{t=0} = 0 , \tag{16-8}$$

式 (16-6)，式 (16-7) 和式 (16-8) 合為

$$\begin{cases} \frac{\partial^2 u(x,t)}{\partial t^2} = c^2 \frac{\partial^2 u(x,t)}{\partial x^2} \\ u(0,t) = 0, u(l,t) = 0 \\ u(x,0) = f(x), \left.\frac{\partial u(x,t)}{\partial t}\right|_{t=0} = 0 , \end{cases} \tag{16-9}$$

式 (16-9) 為一維波方程。

1. 達朗貝爾解一維波方程得

$$u(x,t) = \frac{1}{2}f(x-ct) + \frac{1}{2}g(x+ct) \text{,}$$

其中 f, g 為二次可微。

2. 拉格朗日解一維波方程得

$$u(x,t) = \frac{1}{2}f(x+ct) + \frac{1}{2}f(x-ct) - \frac{1}{2c}\int_{x-ct}^{x+ct} g(z)dz \text{,}$$

其中 $u(x,0) = f(x)$, $\left.\frac{\partial u(x,t)}{\partial t}\right|_{t=0} = g(x)$。

3. 達朗貝爾首創利用分離變數法解波方程：令波方程的解為 $u(x,t) = g(x)h(t)$，因

$$\frac{\partial^2 u(x,t)}{\partial t^2} = g(x)h''(t), \frac{\partial^2 u(x,t)}{\partial x^2} = g''(x)h(t) \text{,}$$

代入波方程 (16-5) 得

$$\frac{g''(x)}{g(x)} = \frac{1}{c^2}\frac{h''(t)}{h(t)} = \lambda \text{,}$$

λ 為常數，即

$$g''(x) - \lambda g(x) = 0, h''(t) - c^2\lambda h(x) = 0 \text{,}$$

得

$$g(x) = me^{\sqrt{\lambda}x} + ne^{-\sqrt{\lambda}x}, h(x) = pe^{c\sqrt{\lambda}x} + qe^{-c\sqrt{\lambda}x} \text{,}$$

故波方程的解為

$$u(x,t) = g(x)h(t) = \left(me^{\sqrt{\lambda}x} + ne^{-\sqrt{\lambda}x}\right)\left(pe^{c\sqrt{\lambda}x} + qe^{-c\sqrt{\lambda}x}\right)\text{。}$$

一維波建模方法二：

考慮長度 l 的柔性、彈性的和均勻的一串珠，它經歷相對較小的縱向振動。在給定時間 t 如圖。假設振動在一個平面上。設 $u(x,t)$ 為在 (x,t) 從平衡位置的位移。張力與珠線切向如圖。設 $T(x,t)$ 為該張力向量的幅度，ρ 是珠線的密度。ρ 是一個常數，因為該珠線是均勻的。牛頓定律 $F = ma$，得橫向 (x) 和縱向 (u) 分量：

$$\left.\frac{T}{\sqrt{1+u_x^2}}\right|_{x_0}^{x_1} = 0$$

$$\left.\frac{Tu_x}{\sqrt{1+u_x^2}}\right|_{x_0}^{x_1} = \int_{x_0}^{x_1} \rho u_{tt}dx \text{,}$$

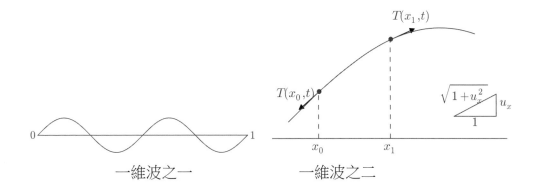

一維波之一　　　　　一維波之二

設振動 $|u_x|$ 很小，因

$$\sqrt{1+u_x^2} = 1 + \frac{1}{2}u_x^2 + \cdots,$$

則 $\sqrt{1+u_x^2} \approx 1$，得 T 為常數。設對 (x,t)，T 為常數，第二方程對 x 微分得

$$(Tu_x)_x = \rho u_{tt},$$

即得一維波方程

$$u_{tt} = c^2 u_{xx},$$

其中 $c = \sqrt{\dfrac{T}{\rho}}$ 是波速。

二維波建模：

歐拉得二維波方程：弦的二維形式是一種 xy 平面上彈性的，靈活的，均勻的鼓面。圖 16.3 中，$u(x,y,t)$ 是垂直位移，沒有水平運動。牛頓定律水平分量是常張力 T。設 D 是一在 xy 平面內的域，其邊界是曲線 C。垂直分量給出

$$F = \int_C T\frac{\partial u}{\partial n}ds = \iint_D \rho u_{tt}dxdy = ma,$$

其中，左側是作用在 D 上的總力，$\frac{\partial u}{\partial n} = u \cdot \nabla n$ 是在外法線方向的方向導數，n 為 C 上單位向外法向量。由格林第二等式 16.12 (頁 309)，令 $v = -1$ 得

$$\iint_D T\triangle u dxdy = \iint_D \rho u_{tt}dxdy,$$

我們得二維波方程

$$u_{tt} = c^2(u_{xx} + u_{yy}),$$

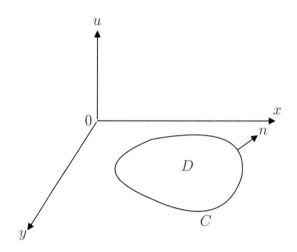

圖 **16.3**: 鼓面

其中 $c = \sqrt{\frac{T}{\rho}}$ 是波速。

線上的波方程 :

16.19 定理. 波方程
$$u_{tt} = c^2 u_{xx}, \ -\infty < x < \infty$$
的解為
$$u(x,t) = f(x+ct) + g(x-ct) \text{，}$$
其中 f, g 為二函數。

證.　因
$$u_{tt} - c^2 u_{xx} = \left(\frac{\partial}{\partial t} - c\frac{\partial}{\partial x}\right)\left(\frac{\partial}{\partial t} + c\frac{\partial}{\partial x}\right)u = 0 \text{，}$$
令 $v = u_t + cu_x$，則 $v_t - cv_x = 0$。由例 16.18（頁 312），得波方程
$$u_{tt} = c^2 u_{xx}$$
的解為
$$u(x,t) = f(x+ct) + g(x-ct)。$$

　　　　　　　　　　　　　　　　　　　　　　　　　　　　　■

達朗貝爾 (Jean Le Rond d'Alembert) 在 1746 證明 :

16.20 定理. 波方程

$$u_{tt} = c^2 u_{xx}, \ -\infty < x < \infty$$
$$u(x,0) = \phi(x), \ u_t(x,0) = \psi(x) \text{，}$$

的解為

$$u(x,t) = \frac{1}{2}\left[\phi(x+ct) + \phi(x-ct)\right] + \frac{1}{2c}\int_{x-ct}^{x+ct}\psi(s)ds \text{。}$$

證. 由定理 16.19 (頁 316)，$t=0$ 得

$$\phi(x) = f(x) + g(x) \text{，}$$

因 $u(x,t) = f(x+ct) + g(x-ct)$，則

$$\psi(x) = u_t(x,0) = cf'(x+ct) - cg'(x-ct)\Big|_{t=0} = cf'(x) - cg'(x) \text{，}$$

得

$$\phi' = f' + g'$$
$$\tfrac{1}{c}\psi = f' - g' \text{，}$$

故

$$f' = \tfrac{1}{2}\left(\phi' + \tfrac{\psi}{c}\right)$$
$$g' = \tfrac{1}{2}\left(\phi' - \tfrac{\psi}{c}\right) \text{，}$$

積分得

$$f(s) = \tfrac{1}{2}\phi(s) + \tfrac{1}{2c}\int_0^s \psi + A$$
$$g(r) = \tfrac{1}{2}\phi(r) - \tfrac{1}{2c}\int_0^r \psi + B \text{，}$$

因 $\phi(x) = f(x) + g(x)$，得 $A + B = 0$，故

$$u(x,t) = \frac{1}{2}\left[\phi(x+ct) + \phi(x-ct)\right] + \frac{1}{2c}\int_{x-ct}^{x+ct}\psi(s)ds \text{。}$$

∎

半線上的波方程：

16.21 定理. 波方程

$$v_{tt} = c^2 v_{xx}, \ 0 < x < \infty, \ -\infty < t < \infty$$
$$v(x,0) = \phi(x), \ v_t(x,0) = \psi(x)$$
$$v(0,t) = 0, \ -\infty < t < \infty \text{，}$$

的解為

$$v(x,t) = \frac{1}{2}\left[\phi(x+ct) + \phi(x-ct)\right] + \frac{1}{2c}\int_{x-ct}^{x+ct}\psi(s)ds,\ x > c|t|$$
$$v(x,t) = \frac{1}{2}\left[\phi(ct+x) - \phi(ct-x)\right] + \frac{1}{2c}\int_{ct-x}^{ct+x}\psi(s)ds,\ 0 < x < c|t|\ \circ$$

證.　令

$$\phi_{odd}(x) = \begin{cases} \phi(x) & \text{當 } x > 0 \\ -\phi(-x) & \text{當 } x < 0 \\ 0 & \text{當 } x = 0 \end{cases},$$

考慮波方程

$$u_{tt} = c^2 u_{xx},\ -\infty < x < \infty$$
$$u(x,0) = \phi_{odd}(x),\ u_t(x,0) = \psi_{odd}(x)\ ,$$

則 u 也是奇函數，故 $u(0,t) = 0$，令

$$v(x,t) = u(x,t),\ 0 < x < \infty\ ,$$

由定理 16.20 (頁 317)，$x \geq 0$ 得

$$v(x,t) = u(x,t) = \frac{1}{2}\left[\phi_{odd}(x+ct) + \phi_{odd}(x-ct)\right] + \frac{1}{2c}\int_{x-ct}^{x+ct}\psi_{odd}(s)ds\ \circ$$

若 $x > c|t|$，則

$$v(x,t) = \frac{1}{2}\left[\phi(x+ct) + \phi(x-ct)\right] + \frac{1}{2c}\int_{x-ct}^{x+ct}\psi(s)ds\ \circ$$

若 $0 < x < c|t|$，則 $\phi_{odd}(x-ct) = -\phi_{odd}(ct-x)$，故

$$v(x,t) = \frac{1}{2}\left[\phi(x+ct) - \phi(ct-x)\right] + \frac{1}{2c}\int_0^{x+ct}\psi(s)ds + \frac{1}{2c}\int_{x-ct}^0\left(-\psi(-s)\right)ds\ \circ$$

則

$$v(x,t) = \frac{1}{2}\left[\phi(ct+x) - \phi(ct-x)\right] + \frac{1}{2c}\int_{ct-x}^{ct+x}\psi(s)ds\ \circ$$

∎

三維波方程：

16.22 定理. 波方程

$$u_{tt} = c^2\big(u_{xx} + u_{yy} + u_{zz}\big), \ \mathbf{x} = (x, y, z) \in \mathbb{R}^3$$
$$u(\mathbf{x}, 0) = \phi(\mathbf{x}), \ u_t(\mathbf{x}, 0) = \psi(\mathbf{x}) \ ,$$

的解為<u>基爾霍夫</u>公式 *(kirchhoff's formula)*

$$u(\mathbf{x}_0, t_0) = \frac{1}{4\pi c^2 t_0} \iint_S \psi(\mathbf{x}))ds + \frac{\partial}{\partial t_0} \left[\frac{1}{4\pi c^2 t_0} \iint_S \phi(\mathbf{x})ds \right] \ ,$$

其中 $S = \{\mathbf{x} \,\big|\, |\mathbf{x} - \mathbf{x}_0| = ct_0\}$。

證. 令

$$\overline{u}(r, t) \quad \frac{1}{4\pi r^2} \iint_{|\mathbf{x}|=r} u(\mathbf{x}, t)ds$$
$$= \frac{1}{4\pi} \int_0^{2\pi} \int_0^{\pi} u(\mathbf{x}, t) \sin\theta d\theta d\phi \ ,$$

令 $D = \{\mathbf{x} \,\big|\, |\mathbf{x}| \le r\}$，由<u>格林</u>第二等式 16.13 (頁 309)，令 $v = 1$ 得

$$\iiint_D u_{tt}d\mathbf{x} = c^2 \iiint_D \triangle u d\mathbf{x} = c^2 \iint_{\partial D} \frac{\partial u}{\partial n} ds \ ,$$

故

$$\int_0^r \int_0^{2\pi} \int_0^{\pi} u_{tt}\rho^2 \sin\theta d\theta d\phi d\rho = \int_0^{2\pi} \int_0^{\pi} \frac{\partial u}{\partial r} r^2 \sin\theta d\theta d\phi \ ,$$

得

$$\int_0^r \rho^2 \overline{u}_{tt}(\rho, t)d\rho - r^2 \frac{\partial \overline{u}(r, t)}{\partial r} \ ,$$

對 r 微分得

$$r^2 \overline{u}_{tt} = \big(r^2 \overline{u}_r\big)_r = r^2 \overline{u}_{rr} + 2r\overline{u}_r \ ,$$

得

$$(\overline{u})_{tt} = c^2 \overline{u}_{rr} + 2c^2 \frac{1}{r}(\overline{u})_r \ 。$$

令

$$v(r, t) = r\overline{u}(r, t) \ ,$$

則

$$v_r = r\overline{u}_r + \overline{u}, \ v_{rr} = r\overline{u}_{rr} + 2(\overline{u})_r \ ,$$

得波方程

$$v_{tt} = c^2 v_{rr}$$
$$v(0, t) = 0$$
$$v(r, 0) = r(\overline{\phi})(r), \ v_r(r, 0) = r(\overline{\psi})(r)$$

故由定理 16.21 (頁 317)，得

$$v(r,t) = \tfrac{1}{2}\left[\phi(x+ct) + \phi(x-ct)\right] + \tfrac{1}{2c}\int_{x-ct}^{x+ct}\psi(s)ds,\ x > c|t|$$
$$v(r,t) = \tfrac{1}{2c}\int_{ct-r}^{ct+r}s\overline{\psi}(s)ds + \tfrac{\partial}{\partial t}\left[\tfrac{1}{2c}\int_{ct-r}^{ct+r}s\overline{\phi}(s)ds\right],\ 0 < x < c|t|\,\text{。}$$

(16-10)

我們有

$$u(0,t) = \overline{u}(0,t) = \lim_{r\to 0}\frac{v(r,t)}{r}$$
$$= \lim_{r\to 0}\frac{v(r,t)-v(0,t)}{r} = \frac{\partial v}{\partial r}(0,t)\,\text{，}$$

若 $x > c|t|$ 對式 (16-10) 微分得

$$\frac{\partial v}{\partial r} = \frac{1}{2c}\left[(ct+r)\overline{\psi}(ct+r) + (ct-r)\overline{\psi}(ct-r)\right] + \cdots\,\text{。}$$

$\cdots$ 表對 $\overline{\phi}$ 相同項，令 $r = 0$ 得

$$\frac{\partial v}{\partial r}(0,t) = t\overline{\psi}(ct) + \cdots\,\text{。}$$

故

$$u(0,t) = t\overline{\psi}(ct) = \frac{1}{4\pi c^2 t}\iint_{|\mathbf{x}|=ct}\psi(\mathbf{x})ds + \cdots\,\text{，}$$

令 $\mathbf{x}_0$ 為任意點和

$$w(\mathbf{x},t) = u(\mathbf{x}+\mathbf{x}_0,t)\,\text{，}$$

則

$$u(\mathbf{x}_0,t) = w(0,t) = \tfrac{1}{4\pi c^2 t}\iint_{|\mathbf{x}|=ct}\psi(\mathbf{x}+\mathbf{x}_0)ds + \cdots$$
$$= \tfrac{1}{4\pi c^2 t}\iint_{|\mathbf{x}-\mathbf{x}_0|=ct}\psi(\mathbf{x})ds + \cdots\,\text{，}$$

同樣可算第二項和 $0 < x < c|t|$。   ∎

16.4 擴散方程

一維擴散方程的建模：

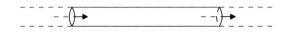

圖 **16.4:** 擴散管

一直管裝液體，這是液體擴散。見圖 16.4，在 $[x_0, x_1]$ 液體的質量為

$$M(t) = \int_{x_0}^{x_1} u(x,t)dx, \frac{dM}{dt} = \int_{x_0}^{x_1} u_t(x,t)dx ,$$

依菲克的擴散定律 16.4 (頁 307)，得液體從高濃度的地區移往較低濃度的區域，運動的速率與濃度梯度成正比。設 $u(x,t)$ 為在 (x,t) 液體的濃度，在 $[x_0, x_1]$，x_0 流入，x_1 流出改變液體的質量：

$$\frac{dM}{dt} = 流入 - 流出 = ku_x(x_1, t) - ku_x(x_0, t) ,$$

其中 k 為比例常數，得

$$\int_{x_0}^{x_1} u_t(x,t)dx = ku_x(x_1, t) - ku_x(x_0, t) ,$$

兩邊對 x_1 微分得

$$u_t = ku_{xx} ,$$

這是擴散方程 diffusion equation。

三維擴散方程的建模：

若 Γ 表擴散材料的通量，由質量守恆連續方程式 (16-2) 得

$$\frac{\partial u}{\partial t} = -\nabla \cdot \Gamma ,$$

和菲克第一定律 16.3 (頁 306)，得 $\Gamma = -k\nabla u$，故

$$\frac{\partial u}{\partial t} = -\nabla \cdot \Gamma = k\triangle u 。$$

一維擴散方程的解：

16.23 定理. 設 ϕ 為有界支撐，一維擴散方程

$$\begin{aligned} &u_t = ku_{xx}, \ -\infty < x < \infty, 0 < t < \infty \\ &u(x,0) = \phi(x) \end{aligned} \tag{16-11}$$

的解為

$$u(x,t) = \frac{1}{\sqrt{4\pi kt}} \int_{-\infty}^{\infty} e^{-(x-y)^2/4kt} \phi(y)dy 。$$

證. 設

$$Q(x,0) = 1, \text{ 當 } x > 0, \ Q(x,0) = 0, \text{ 當 } x < 0,$$

和 $Q(x,t) = g(p), \ p = \frac{x}{\sqrt{4kt}}$，則

$$Q_t = \frac{dg}{dp}\frac{\partial p}{\partial t} = -\frac{1}{2t}\frac{x}{\sqrt{4kt}}g'(p)$$
$$Q_x = \frac{dg}{dp}\frac{\partial p}{\partial x} = \frac{1}{\sqrt{4kt}}g'(p)$$
$$Q_{xx} = \frac{dQ_x}{dp}\frac{\partial p}{\partial x} = \frac{1}{4kt}g''(p) ,$$

得

$$0 = Q_t - kQ_{xx} = \frac{1}{t}\left[-\frac{1}{2}pg'(p) - \frac{1}{4}g''(p)\right] ,$$

故

$$g'' + 2pg' = 0$$

上方程乘以積分因子 e^{p^2}，解得

$$Q(x,t) = g(p) = c\int_0^{x/\sqrt{4kt}} e^{-p^2}dp + d$$

因

$$\text{若 } x > 0, \ 1 = \lim_{t\searrow 0} Q = c\int_0^\infty e^{-p^2}dp + d = c\frac{\sqrt{\pi}}{2} + d$$
$$\text{若 } x < 0, \ 0 = \lim_{t\searrow 0} Q = c\int_0^{-\infty} e^{-p^2}dp + d = -c\frac{\sqrt{\pi}}{2} + d$$

故 $c = \frac{1}{\sqrt{\pi}}, \ d = \frac{1}{2}$，得

$$Q(x,t) = g(p) = \frac{1}{2} + \frac{1}{\sqrt{\pi}}\int_0^{x/\sqrt{4kt}} e^{-p^2}dp$$

令 $S = \frac{\partial Q}{\partial x}$，則

$$u(x,t) = \int_{-\infty}^\infty S(x-y,t)\phi(y)dy, \ t > 0$$

為式 (16-11) 的解。因

$$\begin{aligned}
u(x,t) &= \int_{-\infty}^\infty \frac{\partial Q}{\partial x}(x-y,t)\phi(y)dy \\
&= -\int_{-\infty}^\infty \frac{\partial Q}{\partial y}(x-y,t)\phi(y)dy \\
&= \int_{-\infty}^\infty Q(x-y,t)\phi'(y)dy - Q(x-y,t)\phi(y)\Big|_{y=-\infty}^\infty ,
\end{aligned}$$

因 ϕ 為有界支撐，故 $\phi(y) = 0$, 當 $|y|$ 足夠大，則

$$u(x,t) = \int_{-\infty}^\infty Q(x-y,t)\phi'(y)dy ,$$

故

$$u(x,0) \quad = \int_{-\infty}^{\infty} Q(x-y,0)\phi'(y)dy$$
$$= \int_{-\infty}^{x} \phi'(y)dy = \phi(x) \text{,}$$

因對 $t > 0$，

$$S = \frac{\partial Q}{\partial x} = \frac{1}{\sqrt{4\pi kt}} e^{-x^2/4kt} \text{,}$$

故

$$u(x,t) = \frac{1}{\sqrt{4\pi kt}} \int_{-\infty}^{\infty} e^{-(x-y)^2/4kt} \phi(y)dy \text{。}$$

∎

三維擴散方程的解：

16.24 定理. 設 ϕ 為有界支撐，$\mathbf{x} = (x, y, z)$，三維擴散方程

$$u_t = k\left(u_{xx} + u_{yy} + u_{zz}\right), \ -\infty < x, y, z < \infty, \ 0 < t < \infty$$
$$u(\mathbf{x}, 0) = \phi(\mathbf{x})$$

(16-12)

的解為

$$u(\mathbf{x},t) = \frac{1}{(4\pi kt)^{3/2}} \iiint exp\left(-\frac{|\mathbf{x}-\mathbf{x'}|^2}{4kt}\right) \phi(\mathbf{x'})d\mathbf{x'} \text{,}$$

其中 $\mathbf{x'} = (x', y', z')$。

證. 令

$$S(z,t) = \frac{1}{\sqrt{4\pi kt}} e^{-z^2/4kt}$$
$$S(x,y,z,t) = S(x,t)S(y,t)S(z,t) \text{,}$$

然後照定理 16.23 (頁 321) 做即可。

∎

擴散方程最大值原理：

16.25 定理. *(擴散方程最大值原理 maximum principle of diffusion equation)* 設 $D \subset \mathbb{R}^3$ 為一有界開連通域 *(bounded connected open set)*，對 $T > 0$，令柱 *(cylinder)*

$$\Omega = \{(x,t) \mid x \in D, \ 0 < t < T\} \text{,}$$

邊界 $\partial\Omega$ 含下邊界 $\partial_1\Omega$ 和上邊界 $\partial_2\Omega$

$$\partial_1\Omega = \{(x,t)\,|\,x \in \partial D,\, 0 \le t \le T \,\text{或}\, x \in D,\, t = 0\}$$
$$\partial_2\Omega = \{(x,t)\,|\,x \in D,\, t = T\}\,。$$

若 $u(x,t) \in C^2(\overline{\Omega})$ 在 Ω 滿足擴散方程 $u_t = k\triangle u$，則

$$\max_{\Omega} u = \max_{\partial\Omega} u\,。$$

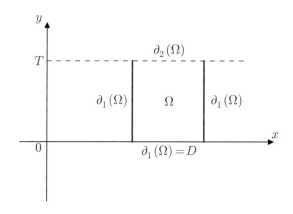

圖 **16.5**: 擴散方程最大值原理

由擴散方程最大值原理 16.25（頁 323），易得

16.26 定理. 設 $D \subset \mathbb{R}^3$ 為一有界開連通域，對 $T > 0$，令柱

$$\Omega = \{(x,t)\,|\,x \in D,\, 0 < t < T\}\,，$$

若 $u \in C^2(\overline{\Omega})$ 滿足擴散方程

$$u_t = k\triangle u(\mathbf{x}),\ (\mathbf{x},t) \in \Omega$$
$$u(x,0) = f(x)\,，$$

其中 f 為有界連續函數，則 u 唯一。

16.5　位勢論

偏微分方程也研討兩物體間的引力，如太陽與行星，地球與其內部或外部某一物體或粒子的引力。若兩物的距離遠大於兩物體的大小時，可以看成兩點相吸。但

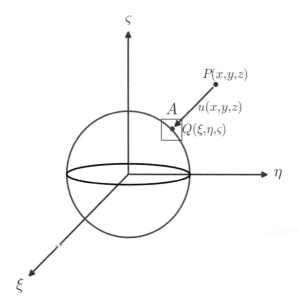

圖 **16.6**: 位勢論

是如地球吸其內部或外部某一粒子時，則不能將地球看成一點，此時地球的形狀很重要。

設 A 為一物體，其上一點 $Q(\xi, \eta, \varsigma)$，ρ 為 A 的密度函數，若 A 為齊性物體時，ρ 為常數。$P(x, y, z)$ 為 $\mathbb{R}^3$ 上一點。令 P 對 Q 作用力為 P 到 Q 的向量函數 $u(x, y, z)$，利用牛頓引力定律得 $u(x, y, z) = (u^x(\xi, \eta, \varsigma), u^y(\xi, \eta, \varsigma), u^z(\xi, \eta, \varsigma))$，

$$u^x(\xi, \eta, \varsigma) = -k\rho \frac{x-\xi}{r^3}$$
$$u^y(\xi, \eta, \varsigma) = -k\rho \frac{y-\eta}{r^3}$$
$$u^z(\xi, \eta, \varsigma) = -k\rho \frac{z-\varsigma}{r^3},$$

再利用牛頓引力定律，得在 A 上 $u(x, y, z)$ 在 x, y, z 分力分別為

$$u^x = -k \iiint \rho \frac{x-a}{r^3} dv$$
$$u^y = -k \iiint \rho \frac{y-b}{r^3} dv$$
$$u^z = -k \iiint \rho \frac{z-c}{r^3} dv,$$

其中 k 為牛頓定律常數，$r = \sqrt{(x-a)^2 + (y-b)^2 + (z-c)^2}$。令

$U(x, y, z) = \iiint \frac{\rho}{r} dV$，得

$$\frac{\partial U}{\partial x} = \frac{1}{k} u^x, \; \frac{\partial U}{\partial y} = \frac{1}{k} u^y, \; \frac{\partial U}{\partial z} = \frac{1}{k} u^z,$$

即 U 為 $\frac{1}{k} u$ 的位勢 (potential)。我們有

$$\frac{\partial^2 U}{\partial x^2} + \frac{\partial^2 U}{\partial y^2} + \frac{\partial^2 U}{\partial z^2} = \rho \iiint \frac{3r^3 - 3r\left((x-\xi)^2 + (y-\eta)^2 + (z-\varsigma)^2\right)}{r^6} dv = 0,$$

得偏微分方程

$$\frac{\partial^2 U}{\partial x^2} + \frac{\partial^2 U}{\partial y^2} + \frac{\partial^2 U}{\partial z^2} = 0, \tag{16-13}$$

方程 (16-6) 稱位勢方程 (potential quation) 或拉普拉斯方程 (Laplace quation)。波方程與擴散方程和時間無關時，得拉普拉斯方程。

16.27 定義. 微分方程 $pdx + qdy + rdz = 0$，其中 p, q, r 為 x, y, z 的連續函數，稱為恰當微分方程 *(exact differential equations)*，若存在 $u \in C^2$，滿足

$$\frac{\partial u}{\partial x} = p, \; \frac{\partial u}{\partial y} = q, \; \frac{\partial u}{\partial z} = r \text{。}$$

歐拉在 1752 年著「流體原則」中，研究一粒子在液體中速度的分量 p, q, r，得 $pdx + qdy + rdz = 0$ 為一恰當微分方程，即存在 $u \in C^2$，滿足

$$\frac{\partial u}{\partial x} = p, \; \frac{\partial u}{\partial y} = q, \; \frac{\partial u}{\partial z} = r \text{。}$$

因為物體在不可壓液體中運動時，必遵守質量守恆律 (Conservation of mass)，即在運動中物質沒增減：

$$\frac{\partial p}{\partial x} + \frac{\partial q}{\partial y} + \frac{\partial r}{\partial z} = 0,$$

故歐拉得到拉普拉斯方程

$$\frac{\partial^2 u}{\partial x^2} + \frac{\partial^2 u}{\partial y^2} + \frac{\partial^2 u}{\partial z^2} = 0 \text{。}$$

拉普拉斯方程的解歸功於數學家拉格朗日、拉普拉斯、泊松、黎曼、狄利克雷、希爾伯特和弗雷德霍姆等。

16.28 定義. 拉普拉斯方程的解稱為調和函數。

最大值原理：

16.29 定理. *(最大值原理 Maximum Principle)* 設 $\Omega \subset \mathbb{R}^n$ 為一個有界開連通集，$u : \overline{\Omega} \to \mathbb{R}$ 是一連續函數，$u : \Omega \to \mathbb{R}$ 是一調和函數，則

$$\max_{\Omega} u = \max_{\partial\Omega} u \, \text{。}$$

16.30 定理. *(強最大值原理 Strong Maximum Principle)* 設 $\Omega \subset \mathbb{R}^n$ 為一個有界開連通集，$u : \overline{\Omega} \to \mathbb{R}$ 是一連續函數，$u : \Omega \to \mathbb{R}$ 是一調和函數，若 u 的最大值或最小值在 $x_0 \in \Omega$，則 u 為常數函數。

由定理 16.29 (頁 327)，易得下列拉普拉斯方程的解之唯一。

16.31 定理. 設 $\Omega \subset \mathbb{R}^n$ 為一個有界開連通集，$u, v : \overline{\Omega} \to \mathbb{R}$ 是連續函數，$u, v : \Omega \to \mathbb{R}$ 是一調和函數，若對每 $x \in \partial\Omega$ 有 $u(x) = v(x)$，則對每 $x \in \Omega$ 有 $u(x) = v(x)$。

球座標 (r, θ, ϕ) 滿足

$$r = \sqrt{x^2 + y^2 + z^2} = \sqrt{s^2 + z^2}$$
$$s = \sqrt{x^2 + y^2} = r\sin\theta$$
$$x = s\cos\phi, \, y = r\sin\phi, \, z = r\cos\theta$$

設 $D \subset \mathbb{R}^3$ 為一球，$u : \overline{D} \to \mathbb{R}$ 是一連續函數，$u : D \to \mathbb{R}$ 是一調和函數，u 只與 r 有關，與 θ, ϕ 無關，則

$$0 = \triangle u = u_{rr} + \frac{2}{r}u_r \, \text{，}$$

得 $(r^2 u_r)_r = 0$，即 $u = \frac{c}{r} + d$，令 $c = 1, \, d = 0$ 得重要的調和函數

$$K(x, y, z) = \frac{1}{\sqrt{x^2 + y^2 + z^2}} = \frac{1}{|(x, y, z)|} = \frac{1}{r} \, \text{，}$$

則

16.32 定理. $K : D \backslash \{0\} \to \mathbb{R}$ 是一調和函數。

證. 因

$$|r|^2 = r^2 = \left(x^2 + y^2 + z^2\right),$$

故 $\frac{\partial |r|}{\partial x} = \frac{\partial r}{\partial x} = \frac{x}{r}$，得

$$\frac{\partial K}{\partial x} = \frac{-x}{r^3}, \ \frac{\partial^2 K}{\partial x^2} = \frac{-r^2 + 3x^2}{r^5},$$

故若 $(x, y, z) \in D \backslash \{0\}$，則 $\triangle K(x, y, z) = 0$。∎

16.33 註. 調和函數 K 稱為**牛頓核** *(newtonian kernal)*，牛頓核形成所有調和函數。

格林函數：

16.34 定義. 對算子 $(-\Delta)$、有界開域 $D \subset \mathbb{R}^3$、點 $\mathbf{x}_0 \in D$ 和 $E = D \backslash \{\mathbf{x}_0\}$，的**格林**函數 *Green's function*，是一函數 $G : E \cup \partial D \to \mathbb{R}$ 滿足：

1. 則 $G \in C^2(E)$, $\triangle G(\mathbf{x}) = 0$ 其中 $\mathbf{x} \in E$。
2. $G(s) = 0$ 其中 $s \in \partial D$。
3. 令 $F(\mathbf{x}) = G(\mathbf{x}) + \frac{1}{4\pi|\mathbf{x}-\mathbf{x}_0|}$，則 F 在 $\mathbf{x}_0$ 有限，且

$$F \in C^2(D), \triangle F(\mathbf{x}) = 0 \text{ 其中 } \mathbf{x} \in D。$$

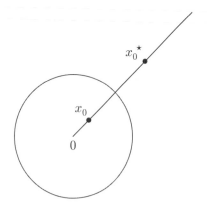

圖 16.7: 球面反射點

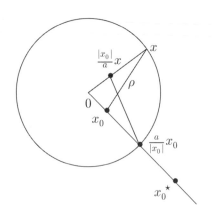

圖 16.8: 格林函數

16.35 例. 設 $D = \{\mathbf{x} \in \mathbb{R}^n \mid |\mathbf{x}| < a, a > 0\}$ 為一球，令 $S = \partial D$ 和 $0 \neq \mathbf{x}_0 \in D$，$\mathbf{x}_0$ 對 S 的反射點

$$\mathbf{x}_0^\star = \frac{a^2 \mathbf{x}_0}{|\mathbf{x}_0|^2} ,$$

設 $\mathbf{x} \in D$, $\rho = |\mathbf{x} - \mathbf{x}_0|$, $\rho^\star = |\mathbf{x} - \mathbf{x}_0^\star|$ 和

$$G(\mathbf{x}, \mathbf{x}_0) = \frac{-1}{4\pi\rho} + \frac{a}{|\mathbf{x}_0|} \frac{1}{4\pi\rho^\star} ,$$

則

1. 由定理 *16.32* (頁 *327*)，得 $G(\mathbf{x}, \mathbf{x}_0)$ 滿足定義 *16.34* (頁 *328*)1., 3.。

2. 由圖 *16.8*，若 $x \in S$，得全等三角形

$$\left| \frac{|\mathbf{x}_0|}{a} \mathbf{x} - \frac{a}{|\mathbf{x}_0|} \mathbf{x}_0 \right| = |\mathbf{x} - \mathbf{x}_0| = \rho ,$$

因

$$\left| \frac{|\mathbf{x}_0|}{a} \mathbf{x} - \frac{a}{|\mathbf{x}_0|} \mathbf{x}_0 \right| = \frac{|\mathbf{x}_0|}{a} \left| \mathbf{x} - \frac{a^2}{|\mathbf{x}_0|^2} \mathbf{x}_0 \right| = \frac{|\mathbf{x}_0|}{a} \rho^\star = \rho ,$$

故

$$\frac{|\mathbf{x}_0|}{a} \rho^\star = |\mathbf{x} - \mathbf{x}_0| = \rho ,$$

得 $G(\mathbf{x}, \mathbf{x}_0) = 0$, 其中 $\mathbf{x} \in S$。

故 $G(\mathbf{x}, \mathbf{x}_0)$ 為<u>格林</u>函數。

16.36 定理. 設 $D = \{\mathbf{x} \in \mathbb{R}^3 \mid |\mathbf{x}| < a\}$ 為一球，$S = \partial D$，$\mathbf{x}_0 \in D$ 和 $f : D \to \mathbb{R}$ 為一連續有界函數。若 $\triangle u = f$，則

$$u(\mathbf{x}_0) = \iint_S \left[-u(\mathbf{x}) \frac{\partial}{\partial n} \left(\frac{1}{|\mathbf{x} - \mathbf{x}_0|} \right) + \frac{1}{|\mathbf{x} - \mathbf{x}_0|} \frac{\partial u}{\partial n} \right] \frac{ds}{4\pi}$$
$$+ \iiint_D f(\mathbf{x}) \frac{1}{|\mathbf{x} - \mathbf{x}_0|} \frac{d\mathbf{x}}{4\pi} 。$$

證. 不失一般性，設 $\mathbf{x}_0 = 0$, $\overline{B_\varepsilon} = \{\mathbf{x} \in \mathbb{R}^3 \mid |\mathbf{x}| \leq \varepsilon\} \subset D$, $D_\varepsilon = D \backslash \overline{B_\varepsilon}$，由<u>格林</u>第二等式 16.13 (頁 309)，得

$$\iiint_{D_\varepsilon} (u\triangle K - K\triangle u)d\mathbf{x} = \iint_{\partial D_\varepsilon} \left(u\frac{\partial K}{\partial n} - K\frac{\partial u}{\partial n} \right) ds ,$$

其中 $K(\mathbf{x}) = \frac{-1}{4\pi r}$, 故

$$-\iiint_{D_\varepsilon} Kf d\mathbf{x} = -\iint_{\partial D_\varepsilon} \left(u\frac{\partial}{\partial n}\frac{1}{r} - \frac{\partial u}{\partial n}\frac{1}{r} \right) ds ,$$

因

$$\left| \iiint_{\overline{B_\varepsilon}} K f d\mathbf{x} \right| \leq c \int_{\theta=0}^{2\pi} \int_{\varphi=0}^{\pi} \int_{r=0}^{\varepsilon} \frac{1}{4\pi r} r^2 \sin\varphi \, dr d\varphi d\theta \leq c\varepsilon \,\text{,}$$

又

$$-\iint_S \left[u\left(\frac{\partial}{\partial n}\frac{1}{r}\right) - \frac{\partial u}{\partial n}\frac{1}{r} \right] ds = -\iint_{r=\varepsilon} \left[u\left(\frac{\partial}{\partial r}\frac{1}{r}\right) - \frac{\partial u}{\partial r}\frac{1}{r} \right]) ds \,\text{,} \qquad (16\text{-}14)$$

在 $r = \varepsilon$，我們有

$$\frac{\partial}{\partial r}\frac{1}{r} = -\frac{1}{r^2} = -\frac{1}{\varepsilon^2} \,\text{,}$$

式 (16-14) 右邊為

$$\frac{1}{\varepsilon^2} \iint_{r=\varepsilon} u \, ds + \frac{1}{\varepsilon} \iint_{r=\varepsilon} \frac{\partial u}{\partial r} ds = 4\pi \overline{u} + 4\pi\varepsilon \overline{\frac{\partial u}{\partial r}} \,\text{,}$$

令 $\varepsilon \to 0$，得

$$4\pi\overline{u} + 4\pi\varepsilon \overline{\frac{\partial u}{\partial r}} \to 4\pi u(0) \,\text{,}$$

故

$$u(\mathbf{x}_0) = \iint_S \left[-u(\mathbf{x})\frac{\partial}{\partial n}\left(\frac{1}{|\mathbf{x}-\mathbf{x}_0|}\right) + \frac{1}{|\mathbf{x}-\mathbf{x}_0|}\frac{\partial u}{\partial n} \right] \frac{ds}{4\pi}$$
$$+ \iiint_D f(\mathbf{x})\frac{1}{|\mathbf{x}-\mathbf{x}_0|}\frac{d\mathbf{x}}{4\pi} \,\text{。}$$

∎

16.37 定理. 設 $D = \{\mathbf{x} \in \mathbb{R}^3 \,\big|\, |\mathbf{x}| < a\}$ 為一球，$S = \partial D$，$\mathbf{x}_0 \in D$ 和 $f : D \to \mathbb{R}$ 為一連續有界函數。若 $\triangle u = f$，則

$$u(\mathbf{x}_0) = \iint_S u(\mathbf{x})\frac{\partial G(\mathbf{x},\mathbf{x}_0)}{\partial n} ds + \iiint_D f(\mathbf{x})G(\mathbf{x},\mathbf{x}_0)d\mathbf{x} \,\text{。}$$

證. 由定理 16.36 (頁 329)，得

$$u(\mathbf{x}_0) = \iint_S \left[-u(\mathbf{x})\frac{\partial}{\partial n}\left(\frac{1}{|\mathbf{x}-\mathbf{x}_0|}\right) + \frac{1}{|\mathbf{x}-\mathbf{x}_0|}\frac{\partial u}{\partial n} \right] \frac{ds}{4\pi}$$
$$+ \iiint_D f(\mathbf{x})\frac{1}{|\mathbf{x}-\mathbf{x}_0|}\frac{d\mathbf{x}}{4\pi} \,\text{。}$$

令

$$G(\mathbf{x},\mathbf{x}_0) = K(\mathbf{x}) + H(\mathbf{x}) \,\text{,}$$

其中 H 為一調和函數，由格林第二等式 16.13 (頁 309)，得

$$\iiint_D -fH d\mathbf{x} = \iint_S \left(u\frac{\partial H}{\partial n} - \frac{\partial u}{\partial n}H \right) ds \,\text{,} \qquad (16\text{-}16)$$

式 (16-15), 式 (16-16) 相加得

$$u(\mathbf{x}_0) = \iint_S \left(u\frac{\partial G}{\partial n} - \frac{\partial u}{\partial n} G \right) ds + \iiint_D f(\mathbf{x}) G(\mathbf{x}, \mathbf{x}_0) \,, \tag{16-15}$$

因對 $\mathbf{x} \in S$ 有 $G(\mathbf{x}, \mathbf{x}_0) = 0$，得

$$u(\mathbf{x}_0) = \iint_S u(\mathbf{x}) \frac{\partial G(\mathbf{x}, \mathbf{x}_0)}{\partial n} ds + \iiint_D f(\mathbf{x}) G(\mathbf{x}, \mathbf{x}_0) d\mathbf{x} \,。$$

∎

16.38 定理. 設 $D = \{ \mathbf{x} \in \mathbb{R}^3 \mid |\mathbf{x}| < a \}$ 為一球，$S = \partial D$ 和 $\mathbf{x}_0 \subset D$，令 $G(\mathbf{x}, \mathbf{x}_0)$ 為一格林函數，若

$$\triangle u(\mathbf{x}) = 0 \text{ 當 } \mathbf{x} \in D$$
$$u(\mathbf{x}) = h(\mathbf{x}) \text{ 當 } \mathbf{x} \in S \,,$$

則

$$u(\mathbf{x}_0) = \frac{a^2 - |\mathbf{x}_0|^2}{4\pi a} \iint_S \frac{h(\mathbf{x})}{|\mathbf{x} - \mathbf{x}_0|^3} ds \,。$$

證. 令 $\rho^2 = |\mathbf{x} - \mathbf{x}_0|^2$, $(\rho^\star)^2 = |\mathbf{x} - \mathbf{x}_0^\star|^2$，微分得

$$2\rho\nabla\rho = 2(\mathbf{x} - \mathbf{x}_0), \; 2\rho^\star\nabla\rho^\star = 2(\mathbf{x} - \mathbf{x}_0) \,,$$

故

$$\nabla\rho = \frac{(\mathbf{x} - \mathbf{x}_0)}{\rho}, \; \nabla\rho^\star = \frac{(\mathbf{x} - \mathbf{x}_0^\star)}{\rho^\star} \,,$$

微分

$$G(\mathbf{x}, \mathbf{x}_0) = \frac{1}{4\pi\rho} + \frac{a}{|\mathbf{x}_0|}\frac{1}{4\pi\rho^\star} \,,$$

得

$$\nabla G(\mathbf{x}, \mathbf{x}_0) = \frac{\mathbf{x} - \mathbf{x}_0}{4\pi\rho^3} - \frac{a}{|\mathbf{x}_0|}\frac{\mathbf{x} - \mathbf{x}_0^\star}{4\pi(\rho^\star)^3} \,,$$

因 $\mathbf{x}_0^\star = (\frac{a}{|\mathbf{x}_0|})^2 \mathbf{x}_0$，若 $|\mathbf{x}| = a$，則 $\rho^\star = \frac{a}{|\mathbf{x}_0|}\rho$，故

$$\nabla G(\mathbf{x}, \mathbf{x}_0) = \frac{1}{4\pi\rho^3}\left[\mathbf{x} - \mathbf{x}_0 - \left(\frac{|\mathbf{x}_0|}{a}\right)^2 \mathbf{x} + \mathbf{x}_0 \right] = \left(\frac{a^2 - |\mathbf{x}_0|^2}{4\pi\rho^3 a^2} \right) \mathbf{x} \,,$$

得

$$\frac{\partial G}{\partial n} = \frac{\mathbf{x}}{a} \cdot \nabla G = \frac{a^2 - |\mathbf{x}_0|}{4\pi a\rho^3} \,,$$

由

$$u(\mathbf{x}_0) = \iint_S u(\mathbf{x}) \frac{\partial G(\mathbf{x}, \mathbf{x}_0)}{\partial n} ds$$

得

$$u(\mathbf{x}_0) = \frac{a^2 - |\mathbf{x}_0|^2}{4\pi a} \iint_S \frac{h(\mathbf{x})}{|\mathbf{x} - \mathbf{x}_0|^3} ds \,。$$

∎

16.39 註. 狄黎克雷原則 *(Dirichlet principle)* 參見定理 *17.27 (頁 349)* 和定理 *6.6 (頁 86)*。

16.6 本章心得

1. 傅立葉：數學分析與自然界現象一樣，廣大無比。

2. 輕鬆一下：一群數學家和一群工程師搭火車去開研討會。數學家們告訴工程師們說他們那麼多人祇買一張票。在火車上，當查票員來時，數學家們躲在廁所，其中一人伸出一張火車票給查票員剪。回程時，工程師們也祇買一張票。這時數學家們沒買票。當查票員來時，工程師們躲在廁所，其中一人伸出一張火車票給查票員剪。數學家們將那一張火車票拿走。

17 變分法

變分法重要問題是最速降線問題、測地線問題、等周長問題、最小旋轉面問題、費馬光曲線和狄利克雷原則等問題。1900 年在法國巴黎舉行的國際數學家會議，希爾伯特提出 23 個待解問題，挑戰 20 世紀數學。其中第 19, 20, 23 題是關於變分法。用歐拉–拉格朗日方程解的變分法稱古典法 (classical methods)，用極小數列 (minimizing sequence) 解的變分法稱直接法 (direct methods)，本章用直接法解狄利克雷原則，用古典法解其他問題。

17.1 函數空間與重要不等式

連續與可微函數空間 (continuous and differential function spaces) :

17.1 定義. 設 $\Omega \subset \mathbb{R}^3$ 為一開集，

1. $C^0(\Omega) = C(\Omega) = \{f : \Omega \to \mathbb{R} \mid f \text{ 連續}\}$。
2. $C^0(\overline{\Omega}) = C(\overline{\Omega}) = \{f : \overline{\Omega} \to \mathbb{R} \mid f \text{ 連續}\}$。
3. 函數 $f : \Omega \to \mathbb{R}$ 的支撐 *(support)* 為

$$supp f = \overline{\{x \in \Omega \mid f(x) \neq 0\}}。$$

4. $C_c(\Omega) = \{f \in C(\Omega) \mid supp f \subset \Omega \text{ 為緊緻}\}$。
5. 若 Ω 有界，對每一 $f \in C(\overline{\Omega})$ 規定模 *(norm)* 為

$$\|f\| = \sup_{x \in \overline{\Omega}} |f(x)|，$$

則 $C(\overline{\Omega})$ 形成一巴拿赫空間 *(Banach Space)*。

17.2 定義. 設 $\Omega \subset \mathbb{R}^3$ 為一開集，

1. $C^1(\Omega) = \{f : \Omega \to \mathbb{R} \mid \text{函數 } f, f_x, f_y, f_z \text{ 連續}\}$。
2. $C^1(\overline{\Omega}) = \{f : \overline{\Omega} \to \mathbb{R} \mid \text{函數 } f, f_x, f_y, f_z \text{ 在 } \overline{\Omega} \text{ 連續}\}$。

333

3. $C^2(\Omega) = \{f : \Omega \to \mathbb{R} \,\big|\, \text{函數 } f, f_x, f_y, f_z, f_{xx}, f_{xy}, f_{xz}, f_{yz}, f_{yy}, f_{zz} \text{連續}\}$。

4. $C^2(\overline{\Omega}) = \{f : \overline{\Omega} \to \mathbb{R} \,\big|\, \text{函數 } f, f_x, f_y, f_z, f_{xx}, f_{xy}, f_{xz}, f_{yz}, f_{yy}, f_{zz} \text{在} \overline{\Omega} \text{連續}\}$。

5. $C^m(\Omega) = \{f : \Omega \to \mathbb{R} \,\big|\, \text{函數 } f \text{ 及其 } k \text{ 次偏導函數連續 } k = 1, 2, \cdots, m\}$。

6. $C^m(\overline{\Omega}) = \{f : \overline{\Omega} \to \mathbb{R} \,\big|\, \text{函數 } f \text{ 及其 } k \text{ 次偏導函數在} \overline{\Omega} \text{ 連續 } k = 1, 2, \cdots, m\}$。

7. $C_c^m(\Omega) = C^m(\Omega) \cap C_c(\Omega)$。

8. $C^\infty(\Omega) = \cap_{k=0}^{\infty} C^k(\Omega)$, $C^\infty(\overline{\Omega}) = \cap_{k=0}^{\infty} C^k(\overline{\Omega})$。

9. $C_c^\infty(\Omega) = C^\infty(\Omega) \cap C_c(\Omega)$。

L^p 空間（L^p spaces）：

17.3 定義. 設 $\Omega \subset \mathbb{R}^3$ 為一開集，$1 \le p \le \infty$。

1. 若 $1 \le p < \infty$，$L^p(\Omega)$ 空間含所有勒貝格可測函數 *(Lebesgue measurable function)* $f : \Omega \to \mathbb{R}$，滿足

$$\|f\|_{L^p} = \left(\int_\Omega |f(\mathbf{x})|^p d\mathbf{x} \right)^{1/p} < \infty \text{。}$$

2. $L^\infty(\Omega)$ 空間含所有勒貝格可測函數 *(Lebesgue measurable function)* $f : \Omega \to \mathbb{R}$，滿足

$$\|f\|_{L^\infty} = \inf\{\alpha \,\big|\, |f(\mathbf{x})| \le \alpha \, a.e. \, \Omega\} < \infty \text{。}$$

$L^p(\Omega)$ 空間，用模 *(norm)* $\|f\|_{L^p}$，形成一巴拿赫空間 *(Banach Space)*。

17.4 定理. 設 $\Omega \subset \mathbb{R}^3$ 為一開集，$f, g \in L^2(\Omega)$，規定

$$\langle f, g \rangle = \int_\Omega f(x)g(x)dx \text{，}$$

$L^2(\Omega)$ 空間，用內積 *(inner product)* $\langle f, g \rangle$ 形成一希爾伯特空間 *(Hilbert Space)*。

17.5 定理. *(*赫爾德不等式 *Hölder inequality)* 設 $\Omega \subset \mathbb{R}^3$ 為一開集，$1 \le p \le \infty$，

$$f \in L^p(\Omega), \ g \in L^{p'}(\Omega), \ \frac{1}{p} + \frac{1}{p'} = 1 \text{，}$$

則 $fg \in L^1(\Omega)$ 滿足

$$\|fg\|_{L^1} \le \|f\|_{L^p} \|g\|_{L^{p'}} \text{。}$$

17.6 定理. 設 $\Omega \subset \mathbb{R}^3$ 為一開集，$1 \le p < \infty$，則

$$\overline{C_c^\infty(\Omega)} = L^p(\Omega) \text{ , }$$

即對任一 $f \in L^p(\Omega)$，存在數列 $\{f_n \in C_c^\infty(\Omega)\}$ 滿足

$$\|f_n - f\|_{L^p} = o(1) \text{ 。}$$

17.7 引理. *(變分法基本引理 fundamental lemma in calculus of variations)* 設 $a, b \in \mathbb{R}$, $a < b$, $f \in C[a, b]$ 滿足

$$\int_a^b f(x)\phi(x)dx \text{ , }$$

對任一 $\phi \in C[a, b]$, $\phi(a) = \phi(b) = 0$，則 $f \equiv 0$。

證. 設 $f(x_0) > 0$, $x_0 \in [a, b]$，存在區間 $[c, d]$ 滿足 $a \le c \le x_0 \le d \le b$ 使得 $f(x) \ge \frac{f(x_0)}{2}$, $x \in [c, d]$，令

$$\phi(x) = \begin{cases} (x-c)(d-x), \, x \in [c, d] \\ 0 \text{ 否則} \end{cases}$$

則

$$\int_a^b f(x)\phi(x)dx = \int_a^c f(x)\phi(x)dx + \int_c^d f(x)\phi(x)dx + \int_d^b f(x)\phi(x)dx > 0 \text{ , }$$

矛盾。 ∎

另一變分法基本引理為

17.8 引理. 設 $\Omega \subset \mathbb{R}^3$ 為一有界開集，$u \in L^2(\Omega)$ 滿足

$$\int_\Omega u(x)\phi(x)dx = 0 \text{ , }$$

對任一 $\phi \in C_c^\infty(\Omega)$，則 $u \equiv 0$。

證. 由定理 17.6 (頁 335)，對 $\varepsilon > 0$，存在 $\phi \in C_c^\infty(\Omega)$ 滿足 $\|u - \phi\|_{L^2} < \varepsilon$，得

$$\|u\|_{L^2}^2 = \int_\Omega u^2 dx = \int_\Omega u(u - \phi)dx \text{ , }$$

故
$$\|u\|_{L^2}^2 \le \|u\|_{L^2}\|u - \phi\|_{L^2} \le \varepsilon\|u\|_{L^2} \text{,}$$

得 $\|u\|_{L^2} \le \varepsilon$，即 $u \equiv 0$。   ■

索伯列夫空間 (Sobolev spaces)：

17.9 定義. 設 $\Omega \subset \mathbb{R}^3$ 為一開集，$1 \le p < \infty$，$u \in L^p(\Omega)$，若存在 $v \in L^p(\Omega)$ 滿足

$$-\int_{\Omega} u(\mathbf{x})\frac{\partial \phi}{\partial x}d\mathbf{x} = \int_{\Omega} v(\mathbf{x})\phi(\mathbf{x})d\mathbf{x} \text{,}$$

對任一 $\phi \in C_c^\infty(\Omega)$，則稱 v 為 u 的弱偏導數 *(weak derivative)*，記為 $\frac{\partial u}{\partial x}$ 或 u_x。同樣可定義 u_y, u_z，且表

$$\nabla u = (u_x, u_y, u_z) \text{。}$$

17.10 定義. 設 $\Omega \subset \mathbb{R}^3$ 為一開集，$1 \le p \le \infty$，

    1.
$$W^{1,p}(\Omega) = \{u \in L^p(\Omega)\big| u_x, u_y, u_z \in L^p(\Omega) \text{,}$$

    用模
$$\|u\|_{W^{1,p}} = \|u\|_{L^p} + \|\nabla u\|_{L^p} \text{,}$$

    $W^{1,p}(\Omega)$ 形成一巴拿赫空間 *(Banach Space)*，表

$$W^{1,2}(\Omega) = H^1(\Omega) \text{。}$$

    2. $W_0^{1,p}(\Omega) = \overline{C_c^1(\Omega)}$，表
$$W_0^{1,2}(\Omega) = H_0^1(\Omega) \text{。}$$

    由龐加萊不等式 *17.12*（頁 *337*），得 H_0^1 模可為

$$\|u\|_{H^1} = \|\nabla u\|_{L^2} \text{,}$$

$W^{1,p}(\Omega)$ 和 $W_0^{1,p}(\Omega)$ 稱為索伯列夫空間 *(Sobolev space)*。

17.11 定理. *(萊里-康得拉可夫定理 Rellich-Kondrachov theorem)* 設 $\Omega \subset \mathbb{R}^3$ 為一有界集，其邊界為利普希茨集 *(Lipschitz boundary)*，則

$$H^1(\Omega) \subset L^2(\Omega) \text{,}$$

為一緊緻單射 *(compact injection)*。

17.12 定理. *(龐加萊不等式 Poincaré inequality)* 設 $\Omega \subset \mathbb{R}^3$ 為一有界開集，則存在常數 c 使得

$$\|u\|_{L^2} \leq c\|\nabla u\|_{L^2} ,$$

其中 $u \in H_0^1(\Omega)$。

我們介紹

17.13 定理. *(悟丁哥不等式 Wirtinger inequality)* 設

$$X = \{u \in H^1[1,1], \ u(-1) = u(1), \ \int_{-1}^1 u(x)dx = 0\} ,$$

若 $u \in X$，則

$$\pi^2 \int_{-1}^1 u^2(x)dx \leq \int_{-1}^1 (u')^2(x)dx ,$$

等式成立的充要條件為 $u(x) = \alpha \cos \pi x + \beta \sin \pi x$，其中任 $\alpha, \beta \in \mathbb{R}$。

證.

1. 設 $u \in X \cap C^2$，表 u 為傅立葉級數 (Fourier series)

$$u(x) = \sum_{n=1}^\infty [a_n \cos n\pi x + b_n \sin n\pi x] ,$$

故

$$u'(x) = \pi \sum_{n=1}^\infty [-na_n \sin n\pi x + nb_n \cos n\pi x] ,$$

因 $\int_{-1}^1 u(x)dx = 0$，故傅立葉級數無常數項，由帕斯瓦爾公式 (Parseval formula) 得

$$\int_{-1}^1 u^2 dx = \sum_{n=1}^\infty (a_n^2 + b_n^2)$$
$$\int_{-1}^1 u'^2 dx = \pi^2 \sum_{n=1}^\infty (a_n^2 + b_n^2) n^2 ,$$

故

$$\pi^2 \int_{-1}^1 u^2(x)dx \leq \int_{-1}^1 (u')^2(x)dx 。$$

等式成立的充要條件為 $u(x) = \alpha \cos \pi x + \beta \sin \pi x$，其中任 $\alpha, \beta \in \mathbb{R}$。

2. 設 $u \in X$，存在數列 $\{u_n\} \in X \cap C^2$ 滿足

$$u_n \to u \text{ 在 } H^1 \text{,}$$

對 $\varepsilon > 0$，存在 $N > 0$，若 $n \geq N$，則

$$\int_{-1}^{1} u'^2 dx \geq \int_{-1}^{1} u_n'^2 dx - \varepsilon, \ \int_{-1}^{1} u_n^2 dx \geq \int_{-1}^{1} u^2 dx - \varepsilon \text{,}$$

故

$$\pi^2 \int_{-1}^{1} u^2(x)dx - (\pi^2 + 1)\varepsilon \leq \int_{-1}^{1} (u')^2(x)dx \text{,}$$

即

$$\pi^2 \int_{-1}^{1} u^2(x)dx \leq \int_{-1}^{1} (u')^2(x)dx \text{,}$$

3. 若

$$J(u) = \min \left\{ J(v) = \int_{-1}^{1} \left((u')^2 - \pi^2 v^2 \right) dx \ \middle|\ v \in X \right\} \text{,}$$

由正規性 (regularity) 得 $u \in C^2$。

∎

17.14 定理. 設

$$X = \{ u \in H^1[1,1], u(-1) = u(1) \} \text{,}$$

若 $u, v \in X$，則

$$2\pi \int_{-1}^{1} uv' dx \leq \int_{-1}^{1} \left((u')^2 + (v')^2 \right) dx \text{,}$$

等式成立的充要條件為對每一 $x \in [-1, 1]$ 有

$$\left(u(x) - r_1 \right)^2 + \left(v(x) - r_2 \right)^2 = r_3^2 \text{,}$$

其中 r_1, r_2, r_3 為常數。

證. 若有需要可令 $u - r_1,\ v - r_2$，我們設

$$\int_{-1}^{1} udx = \int_{-1}^{1} vdx = 0 \text{,}$$

寫

$$\int_{-1}^{1} \left(u'^2 + v'^2 - 2\pi uv' \right) dx = \int_{-1}^{1} \left(v' - \pi u \right)^2 dx + \int_{-1}^{1} \left(u'^2 - \pi^2 u^2 \right) dx ,$$

由定理 17.13 (頁 337)，得右邊 ≥ 0，故

$$2\pi \int_{-1}^{1} uv' dx \leq \int_{-1}^{1} \left((u')^2 + (v')^2 \right) dx ,$$

∎

17.2　歐拉—拉格朗日方程

歐拉—拉格朗日方程 (Euler-Lagrange equation) 是變分學的基石。

17.15 定理. 設 $f(x, v, v') \in C^2$，令

$$V = \{ v \in C^1[a,b] \,\big|\, v(a) = \alpha, \, v(b) = \beta \}$$
$$J(v) = \int_a^b f(x, v, v') dx ,$$

若 $J(u) = \min_{v \in V} J(v)$，則得歐拉—拉格朗日方程

$$\frac{\partial f}{\partial u} - \frac{d}{dx} \left(\frac{\partial f}{\partial u'} \right) = 0 \, 。 \tag{17-1}$$

解.　令 $\eta \in C_c^1(a,b)$，且

$$w(x) = u(x) + t\eta(x), \; w'(x) = u'(x) + t\eta'(x) ,$$

令

$$I(t) = \int_a^b f(x, w, w') dx ,$$

故

$$I'(t) = \int_a^b \frac{\partial}{\partial t} f(x, w, w') dx = \int_a^b \left(\frac{\partial f}{\partial w} \eta + \frac{\partial f}{\partial w'} \eta' \right) dx ,$$

因 $I'(t) \Big|_{t=0} = 0$ 得

$$\int_a^b \left(\frac{\partial f}{\partial u} \eta + \frac{\partial f}{\partial u'} \eta' \right) dx = 0 ,$$

因

$$\int_a^b \frac{\partial f}{\partial u'}\eta' dx = \frac{\partial f}{\partial u'}\eta\Big|_a^b - \int_a^b \eta\, d\left(\frac{\partial f}{\partial u'}\right)$$
$$= -\int_a^b \eta \frac{d}{dx}\left(\frac{\partial f}{\partial u'}\right)dx,$$

故

$$\int_a^b \eta\left(\frac{\partial f}{\partial u} - \frac{d}{dx}\left(\frac{\partial f}{\partial u'}\right)\right)dx = 0,$$

由變分法基本引理 17.7 (頁 335)，得

$$\frac{\partial f}{\partial u} - \frac{d}{dx}\left(\frac{\partial f}{\partial u'}\right) = 0。$$

∎

17.16 引理. 若 $f(x,v,v') = f(x,v')$，則歐拉–拉格朗日方程可改寫成

$$\frac{\partial f}{\partial u'} = c,$$

解. 由歐拉–拉格朗日方程 (17-1) 得

$$\frac{d}{dx}\left(\frac{\partial f}{\partial u'}\right) = 0,$$

故 $\frac{\partial f}{\partial u'} = c$。

∎

17.17 引理. 若 $f(x,v,v') = f(v,v')$, $u \in C^2$，則歐拉–拉格朗日方程 *(17-1)* 可改寫成

$$\frac{\partial f}{\partial u'}u' - f = c,$$

解. 因

$$\frac{d}{dx}\left(\frac{\partial f}{\partial u'}u'\right) = \frac{d}{dx}\left(\frac{\partial f}{\partial u'}\right)u' + \left(\frac{\partial f}{\partial u'}\right)u''$$

$$\frac{d}{dx}f = \frac{\partial f}{\partial u}u' + \frac{\partial f}{\partial u'}u'',$$

故由歐拉–拉格朗日方程 (17-1) 得

$$\frac{d}{dx}\left(\frac{\partial f}{\partial u'}u' - f\right) = u'\left(\frac{d}{dx}\left(\frac{\partial f}{\partial u'}\right) - \frac{\partial f}{\partial u}\right) = 0,$$

故

$$\frac{\partial f}{\partial u'}u' - f = c。$$

∎

17.3 最速降線問題

約翰·伯努利在「數學會報」(1696)，提出下述最速降線問題 (brachistochrone)(又稱最短時間問題、最速落徑問題) 向數學家們挑戰。伽利略在 1630 和 1638，誤解得為圓弧。牛頓、萊佈尼茲、羅必達、約翰·伯努利和詹姆士·伯努利都得到正確解：即為一擺線 (為圓上一點在一直線上滾過之軌跡)。

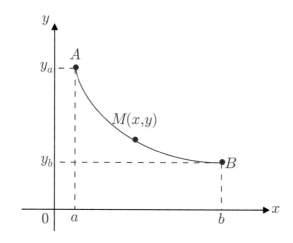

圖 **17.1**: 最速降線

17.18 定理. 固定平面兩點 $A(a, y_a)$, $B(b, y_b)$, $a \neq b$, $y_a > y_b$。一粒子 M 由 A，以靜止滑向 B，摩擦力和空氣阻力略而不計，則所需時間最小的路線 *(最速降線)* AMB 為一擺線。

解. 由 A 滑向 B，所需時間為

$$T = \int_0^T dt = \int_0^L \frac{dt}{ds}ds = \int_0^L \frac{1}{v}ds = \int_a^b \frac{1}{v}\sqrt{1 + (y')^2}dx,$$

其中 s 為弧長，L 為曲線長，v 為粒子速度。$M(x, y)$ 點的位能為 mgy，動能為 $\frac{1}{2}mv^2$，由能量守恆律得

$$\frac{1}{2}mv^2 + mgy = mgy_a,$$

得 $v = \sqrt{2g(y_a - y)}$。令

$$X = \left\{ y \in C^1[a,b] \,\middle|\, y(a) = y_a, \, y(b) = y_b \right\}$$

和

$$J(y) = \int_a^b \frac{1}{\sqrt{2g}} \sqrt{\frac{1 + (y')^2}{y_a - y}} dx = \int_a^b f(y, y') dx \ ,$$

若 $J(u) = \min_{y \in X} J(y)$，由引理 17.17得 $\frac{\partial f}{\partial u'} u' - f = c$。或

$$\frac{1}{\sqrt{2g}} \frac{-1}{\sqrt{(1 + (u')^2)(y_a - u)}} = c \ ,$$

即

$$\left(1 + (u')^2\right)(y_a - u) = \frac{1}{\alpha^2} \ ,$$

令 $z = y_a - u$ 得

$$\frac{dz}{dx} = \sqrt{\frac{1 - \alpha^2 z}{\alpha^2 z}} \ ,$$

即

$$dx = \sqrt{\frac{\alpha^2 z}{1 - \alpha^2 z}} dz \ ,$$

令 $z = \frac{1}{\alpha^2} \sin^2 \theta$，則

$$dz = \frac{2}{\alpha^2} \sin \theta \cos \theta d\theta \ ,$$

得

$$dx = \frac{2}{\alpha^2} \sqrt{\frac{\sin^2 \theta}{\cos^2 \theta}} \sin \theta \cos \theta d\theta \ ,$$

即

$$\alpha^2 dx = 2 \sin^2 \theta d\theta = (1 - \cos 2\theta) d\theta \ ,$$

故

$$\alpha^2 x = \theta - \frac{1}{2} \sin 2\theta + \beta \ ,$$

且

$$u = y_a - z = y_a - \frac{1}{\alpha^2} \sin^2 \theta = y_a - \frac{1}{2\alpha^2}(1 - \cos 2\theta) \ ,$$

令

$$R = \frac{1}{2\alpha^2}, \ \phi = 2\theta, \ r = \frac{\beta}{\alpha^2} \ ,$$

故最速降線為一擺線

$$x = r + R(\phi - \sin \phi)$$
$$u = y_a - R(1 - \cos \phi) \ 。$$

∎

17.4 測地線問題

圖 **17.2**: 測地線

曲面上測地線 (geodesic)，是指曲面上兩點間最短路線。十八世紀科學家，對地球上測地線甚感興趣。

17.19 定理. 令
$$J(y) = \int_a^b f(x, y, y')dx ,$$
表 y 在平面兩點 $A(a, y_a)$, $B(b, y_b)$ 之間的距離。若 $J(u) = \inf_y J(y)$，則稱 u 為一測地線。

17.20 例. 平面上測地線為一直線。

解. 令
$$X = \{y \in C^1[a, b] \,\big|\, y(a) = y_a, \, y(b) = y_b\}$$
和
$$J(y) = \int_a^b \sqrt{1 + (y')^2}dx = \int_a^b f(x, y')dx ,$$
若 $J(u) = \min_{y \in X} J(y)$，由引理 17.15 得
$$\frac{\partial f}{\partial u'} = \frac{u'}{\sqrt{1 + (u')^2}} = c ,$$

得 $u' = c$，即 $u = mx + c$。   ■

17.5 等周長問題

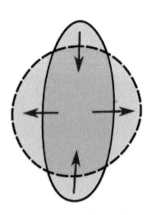

圖 **17.3:** 等周長

古希臘時，人類就對等周長問題 (isoperimetric) 有興趣。等周長問題是求一閉平面曲線，周長固定，所圍面積最大者；或面積固定，所圍周長最小者。

等周長故事：參見 2.5.7 (頁 41)

17.21 定義. 令 $\mathbf{u} = (u, v)$ 為一曲線，其中 $u = u(t)$, $v = v(t)$, $a \le t \le b$，則

1. 若 $\mathbf{u}(a) = \mathbf{u}(b)$，則稱曲線為閉。
2. 若曲線非自相交，則稱曲線為喬丹 *(Jordan)* 曲線。

我們介紹等周長不等式 (isoperimetric inequality)：

17.22 定理. *(等周長不等式 isoperimetric inequality)* 令 $\mathbf{u} = (u, v) \in C^2$ 為一閉喬丹 *(Jordan)* 曲線，令 L 為曲線長，M 為曲線所圍區域 A 的面積：

$$L(u, v) = \int_a^b \sqrt{(u')^2 + (v')^2} dx$$
$$M(u, v) = \frac{1}{2} \int_a^b \left(uv' - v'u \right) dx = \int_a^b uv' dx,$$

則

$$[L(u, v)]^2 - 4\pi M(u, v) \ge 0,$$

等式成立的充要條件為對每一 $x \in [a, b]$ 有

$$\left(u(x) - r_1 \right)^2 + \left(v(x) - r_2 \right)^2 = r_3^2 \, 。$$

證. 不失一般性，令 $(u')^2(x) + (v')^2(x) > 0$, $x \in [a, b]$。變換變數

$$y = g(x) = -1 + \frac{2}{L(u,v)} \int_a^x \sqrt{(u')^2 + (v')^2} dt$$
$$\varphi(y) = u(g^{-1}(y)), \ \psi(y) = v(g^{-1}(y)) \, ，$$

得

$$g(a) = -1, \ g(b) = 1, \ \frac{dy}{dx} = \frac{2\sqrt{(u')^2(x) + (v')^2(x)}}{L(u,v)} \, ，$$

和

$$\varphi' = \frac{L(u,v)u'}{2\sqrt{(u')^2 + (v')^2}}, \ \psi' = \frac{L(u,v)v'}{2\sqrt{(u')^2 + (v')^2}} \, ，$$

得

$$\sqrt{(\varphi')^2(y) + (\psi')^2(y)} = \frac{L(u,v)}{2}, \ y \in [-1, 1] \, ，$$

故

$$L(u,v) = \int_{-1}^1 \sqrt{(\varphi')^2(y) + (\psi')^2(y)} dy = \left(2 \int_{-1}^1 \left[(\varphi')^2(y) + (\psi')^2(y) \right] dy \right)^{1/2}$$
$$M(u,v) = \int_{-1}^1 \varphi(y)\psi'(y) dy \, ，$$

由定理 17.14 (頁 338)，得

$$[L(u,v)]^2 - 4\pi M(u,v) \geq 0 \, ，$$

等式成立的充要條件為對每一 $x \in [a, b]$ 有

$$\left(u(x) - r_1 \right)^2 + \left(v(x) - r_2 \right)^2 = r_3^2 \, 。$$

∎

17.6　最小旋轉面問題

17.23 定義. 懸鏈曲面（又名懸垂曲面）是一個曲面，是將懸鏈線繞其準線旋轉而得，故為一旋轉曲面。

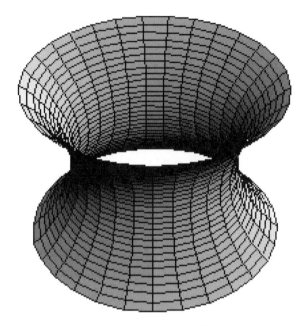

圖 **17.4:** 最小旋轉面

<u>歐拉</u>證得，當曲線為垂鏈線弧 (Catenary) 時，其旋轉面最小 (minimal surface)。

17.24 定理. 一曲線 $v = v(x) \in C^1$, $v > 0$，過平面上二固定點 $A(a, y_a)$、$B(b, y_b)$，繞 x 軸旋轉一周得一旋轉面，其面積為 $J(v)$

$$J(v) = 2\pi \int_a^b v(x)\sqrt{1 + v'^2}dx ,$$

令

$$J(u) = \min_{v(a)=y_a, v(b)=y_b} J(v) ,$$

則 u 為一懸鏈線 *(Catenary)*

$$u = \alpha \cosh\left(\frac{x - \beta}{\alpha}\right) .$$

解. 令 $f(v, v') = v\sqrt{1 + (v')^2}$，由引理 17.17 得

$$\frac{\partial f}{\partial u'}u' - f = c ,$$

即

$$\frac{uu'^2}{\sqrt{1 + u'^2}} - u\sqrt{1 + (u')^2} = c ,$$

故

$$\frac{u}{\sqrt{1+u'^2}} = \alpha \; ,$$

得 $\alpha > 0$ 滿足

$$u = \alpha\sqrt{1+u'^2} \; ,$$

得

$$u' = \frac{1}{\alpha}\sqrt{u^2 - \alpha^2} \; ,$$

或

$$\int \frac{du}{\sqrt{u^2 - \alpha^2}} = \frac{1}{\alpha}\int dx \; ,$$

令 $u = \alpha \cosh y$，因

$$\frac{du}{dy} = \alpha \sinh y, \; \cosh^2 y - 1 = \sinh^2 y \; ,$$

得

$$y = \frac{1}{\alpha}(x - \beta) \; ,$$

即

$$u = \alpha \cosh\left(\frac{x - \beta}{\alpha}\right) \; ,$$

這是一條懸鏈線。 ∎

17.7　費馬光曲線

古希臘歐幾里得證明

17.25 定理. 如圖 *17.5*，光從點 P 抵達一鏡子 x 上一點 R，再往點 Q，其路線有 $\angle 1 = \angle 2$，則這種走法 PRQ 是最短路程。

解.　設 R' 為線 x 上異於 R 的一點。令 $PP' \perp x$, $OP = OP'$，則

$$PR'Q = PR' + R'Q = P'R' + R'Q > P'Q = PRQ \; 。$$

∎

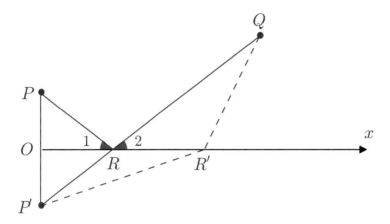

圖 17.5: 最短路程

費馬考慮 $n(x,v) = \frac{c}{v}$，其中 c 為光速 (在第一媒介體上)，v 為光在第二媒介體中進行速度，令 $J(v)$ 為光沿著曲線由點 $A\big(a, y_a\big)$ 到 $B\big(b, y_b\big)$ 所需時間，則

$$J(v) = \frac{1}{c} \int_a^b n(x,v)\sqrt{1 + (v')^2}dx \text{，}$$

設

$$X = \{v \in C^1[a,b] \,\big|\, v(a) = y_a,\ v(b) = y_b\} \text{，}$$

則光曲線為 u 滿足

$$J(u) = \min_{v \in X} J(v) \text{。}$$

17.26 例. 在同一媒介體中進行時，光走直線。

解. 在同一媒介體中進行時，n 為常數，由定理 17.16 (頁 340)，得

$$\frac{nu'}{\sqrt{1 + (u')^2}} = c \text{，}$$

故 $u' = m$，即 $u = mx + k$。   ∎

17.8　狄利克雷原則

上面利用歐拉–拉格朗日方程解變分法問題，稱為古典法 (classical methods)。本節解狄利克雷原則 (Dirichlet principle) 的方法稱為直接法 (direct methods)。

17.27 定理. 設 $\Omega \subset \mathbb{R}^3$ 為一有界開集，其邊界為利普希茨集，$0 \neq w \in H^1(\Omega)$，設 $X = w + H_0^1(\Omega)$，$\int_\Omega |\nabla w|^2 > 0$，$J(v) = \frac{1}{2} \int_\Omega |\nabla v|^2$, $v \in X$，

1. 存在 $u \in X$ 使得

$$J(u) = \min_{v \in X} J(v)。$$

2. $J(u) = \min_{v \in X} J(v)$ 的充要條件為

$$\int_\Omega \nabla u \cdot \nabla \varphi = 0 \text{ 對任一 } \varphi \in H_0^1(\Omega)，$$

即 u 為拉普拉斯方程的解

$$\triangle u = 0 \text{ 在 } \Omega, \; u = w \text{ 在 } \partial\Omega。$$

證.

1. 令 $v = w + z \in X$，則

$$\begin{aligned}
\int_\Omega |\nabla v|^2 &= \int_\Omega |\nabla w|^2 + \int_\Omega |\nabla z|^2 + \int_\Omega \nabla w \cdot \nabla z \\
&\geq \int_\Omega |\nabla w|^2 + \int_\Omega |\nabla z|^2 - \frac{1}{2} \int_\Omega |\nabla w|^2 - \frac{1}{2} \int_\Omega |\nabla z|^2 \\
&\geq \frac{1}{2} \int_\Omega |\nabla w|^2，
\end{aligned}$$

故

$$m - \inf_{v \in X} J(v) > 0。$$

設 $u_n = w + v_n \in X$, $v_n \in H_0^1(\Omega)$ 為一極小數列

$$\lim_{n \to \infty} J(u_n) = m，$$

得 $\int_\Omega |\nabla u_n|^2 \leq k$，由龐加萊不等式 17.12 (頁 337)，得

$$\begin{aligned}
\|u_n\|_{L^2} &\leq \|v_n\|_{L^2} + \|w\|_{L^2} \leq c\|\nabla v_n\|_{L^2} + \|w\|_{L^2} \\
&\leq c\|\nabla u_n\|_{L^2} + \|w\|_{L^2} + c\|\nabla w\|_{L^2} \leq c，
\end{aligned}$$

故 $\|u_n\|_{H^1} \leq c$，存在一子數列 u_n 和 $u \in H^1(\Omega)$ 使得

$$u_n \rightharpoonup u \text{ 弱 } H^1，$$

又因 $u_n = w + v_n$，

$$\int_\Omega |\nabla v_n|^2 \leq \int_\Omega |\nabla u_n|^2 + \int_\Omega |\nabla w|^2 \leq c，$$

由萊里-康得拉可夫定理 17.11 (頁 336)，存在一子數列 v_n 和 $v \in H_0^1(\Omega)$ 使得

$$\lim_{n\to\infty} \|v_n - v\|_{L^2} = 0 \text{，}$$

令 $u = w + v$，則 $u \in X$ 滿足

$$\lim_{n\to\infty} \|u_n - u\|_{L^2} = 0 \text{，}$$

因

$$
\begin{aligned}
|\nabla u_n|^2 \ &= |\nabla u|^2 + 2\nabla u \cdot (\nabla u_n - \nabla u) + |\nabla u_n - \nabla u|^2 \\
&\geq |\nabla u|^2 + 2\nabla u \cdot (\nabla u_n - \nabla u) \text{，}
\end{aligned}
$$

故

$$J(u_n) \geq J(u) + \int_\Omega \nabla u \cdot (\nabla u_n - \nabla u)dx \text{，}$$

因 $\nabla u \in L^2$ 和 $\nabla u_n \rightharpoonup \nabla u$ 弱 L^2，故

$$\int_\Omega \nabla u \cdot (\nabla u_n - \nabla u)dx = o(1) \text{，}$$

我們有

$$m \leq J(u) \leq \lim_{n\to\infty} J(u_n) = m \text{，}$$

故

$$J(u) = \min_{v\in X} J(v) \text{。}$$

2. 若 $J(u) = \min_{v\in X} J(v)$，令 $t > 0$, $\varphi \in H_0^1(\Omega)$，得

$$
\begin{aligned}
J(u) \ &\leq J(u + t\varphi) = \tfrac{1}{2}\int_\Omega |\nabla u + t\nabla\varphi|^2 dx \\
&= J(u) + t\int_\Omega (\nabla u \cdot \nabla\varphi)dx + t^2 J(\varphi)
\end{aligned}
$$

故

$$\frac{d}{dt}J(u + t\varphi)\Big|_{t=0} = 0 \text{，}$$

得

$$\int_\Omega \nabla u \cdot \nabla\varphi = 0 \text{ 對任一 } \varphi \in H_0^1(\Omega) \text{，}$$

若

$$\int_\Omega \nabla u \cdot \nabla\varphi = 0 \text{ 對任一 } \varphi \in H_0^1(\Omega) \text{，}$$

令 $v \in X$，$\varphi = v - u$，則 $\varphi \in H_0^1$ 且

$$
\begin{aligned}
J(v) &= J(u + \varphi) = \tfrac{1}{2} \int_\Omega |\nabla u + \nabla \varphi|^2 dx \\
&= J(u) + \int_\Omega \nabla u \cdot \nabla \varphi \, dx + J(\varphi) \geq J(u),
\end{aligned}
$$

得

$$
J(u) = \min_{v \in X} J(v) 。
$$

∎

17.9 本章心得

1. 歐拉：偉者創造的宇宙，結構份外完美。物理現象前循極大或極小而為；極小化是數學和應用數學最大課題之一。

2. 是甚麼，作甚麼，作甚麼，像甚麼。

3. 沒錯，但是不一定對。記住，不要妄想追求一個不犯錯的人生，因為不敢犯錯，我們的人生會失去無限可能性；因為不敢犯錯，我們會和許多美好風景失之交臂；因為不敢犯錯，我們會遺憾少了很多精彩回憶；因為不敢犯錯，我們很難成為一個更好的自己；因為不敢犯錯，我們一輩子都無法抵達夢想之地。

網路上曾經盛傳一則新聞，當然也可能是一個故事，在 NOKIA 宣布同意微軟併購的記者會上，NOKIA 當時的 CEO 說了一句話：「我們並沒有做錯什麼，但不知道為什麼，我們輸了。」語畢許多與會的高階主管與資深員工潸然淚下。一個曾經主導手機產業的霸主，一個始終堅持慈善捐款的企業，終究敵不過趨勢的浪潮，殞落在沙灘上。是啊，NOKIA 並沒有做錯什麼。但，這樣就夠了嗎？

看到這則新聞或是故事，我忽然想起很久以前，當我還在就讀中部某國立大學中國文學系的時候，一位學富五車卻特立獨行的中國思想史老師，曾經說過一句當時的我完全聽不懂、但經歷這些年的悲歡離合後逐漸明白的一句話。我印象非常深刻，那時候應該是大三吧，當時大家正在課堂上激辯一個哲學議題，其中一位同學講了一段乍聽之下很有道理，但我卻難以接受但又無從反駁的論述，中間的過程我幾乎忘了差不多了，但我卻永遠

記得最後老師在講評的時候,笑笑的說道:「沒錯,但是不對。」「沒錯,但是不對。」多麼簡潔卻又饒富韻味的一句話啊。

就我的理解,這句話至少有二個層面的意義。第一,沒有做錯事,頂多只能證明我們把事情做對 (還不見得做好),但不代表我們做了正確的事;第二,沒有做錯事,頂多只能證明我們沒有惡意,但不代表我們懷有善意,甚至可能會助長某些惡意蔓延。

包括我在內,太多人習慣把絕大部分的時間與精力花費在「把事情做對」,也就是「避免犯錯」上,卻往往忽略了「做對的事」,也就是「掌握機會」的重要性。記住,不要妄想追求一個不犯錯的人生,因為不敢犯錯,我們的人生會失去無限可能性;因為不敢犯錯,我們會和許多美好風景失之交臂;因為不敢犯錯,我們會遺憾少了很多精彩回憶;因為不敢犯錯,我們很難成為一個更好的自己;因為不敢犯錯,我們一輩子都無法抵達夢想之地。

但這世界變化太快,光是小心翼翼不犯錯,不僅無法確保我們成功,反而會讓我們對變化失去戒心,這過程就像溫水煮青蛙一樣,等到我們驚覺局勢不對勁時,一切都來不及了。「沒錯,但是不對。」

柯達沒有做錯什麼,它只是輕忽了數位相機的崛起。沒錯,但是不對。NOKIA 沒有做錯什麼,它只是沒有跟上智慧型手機的浪潮。沒錯,但是不對。很多殞落的企業都沒有「做錯」什麼,但事實上它們也沒有「做對」什麼,這些百年企業看似一夕崩塌,其實是日積月累的輕忽趨勢風向、怠慢科技演進、無視環境變化所造成的結果。「沒錯,但是不對。」

從另一個角度而言,「不犯錯」有時可能是某一種自私的表現。前一陣子,一張三歲小男孩因為逃難而死在土耳其沙灘上的照片震驚全球,姑且不論小男孩一家人是戰爭難民或是經濟移民,至少這張照片提醒了我們,這個世界上有很多難民過著我們難以想像的悲慘生活。面對這些難民時,大多數國家都在考量自身的政治與經濟條件後,選擇了一個比較不會犯錯的決定,也就是拒難民於千里之外。「沒錯,但是不對。」

但,德國總理梅克爾卻選擇一個可能會犯「錯」,但從人道的角度卻比較「對」的路,也就是敞開雙臂迎接他們。當然,國際政治從來沒那麼單純,人道立場或許只是政治角力的工具,有人說德國之所以願意接納難民有其經濟目的,或許吧,但至少德國願意承擔一些別人不願意承擔的風險,犯一些別人不敢犯的錯,而這樣的一個決定,著實改變了很多人的命運。

我們的人生何嘗不是這樣？想找一份安穩的工作，卻沒有意識到老闆只能
給一個位子不能許你一個未來；陶醉於名片上的職稱，卻忘了抽離工作之
後人生還剩下什麼意義；甘願花三小時排隊買甜甜圈享受得來不易的小確
幸，卻不願意花三小時自我進修提升競爭力；總是抱怨老天不給你機會，
但對於伴隨機會而來的挑戰卻不願意勇敢面對。

18 複變數函數論

十九世紀數學家創造了科學中最調和的理論，也是數學中肥沃的土地「複變數函數論」。雖然高斯 (Gauss)、黎曼 (Riemann) 和泊松 (Poisson) 對複變數函數論有貢獻，然而複變數函數論的基石乃由柯西 (Cauchy) 所建立。柯西自 1821 年開始 25 年期間，單槍匹馬研究複變數函數論，成績輝煌。

18.1 複數平面

我們介紹 $\mathbb{R}^2$ 上一些拓樸 (topology) 定義：

18.1 定義. 固定向量 $a = (a_1, a_2) \in \mathbb{R}^2$ 和正數 $r > 0$。以 a 為圓心和 r 為半徑的開球 *(open ball)* 為 $B_r(a) = \{x \in \mathbb{R}^2 \mid \|x - a\| < r\}$。

18.2 定義. 設 $\Omega \subset \mathbb{R}^2$ 為一子集，$\Omega^c = \mathbb{R}^2 \backslash \Omega$ 表 Ω 的餘集 *(complement)* 和 $a = (a_1, a_2) \in \mathbb{R}^2$。

1. 設 $a \in \Omega$。若存在 $r_a > 0$，使得開球 $B_{r_a}(a) \subset \Omega$，則稱 a 為子集 Ω 的一內點 *(interior point)*。

2. 設 $a \in \Omega^c$。若存在 $r_a > 0$，使得開球 $B_{r_a}(a) \subset \Omega^c$，則稱 a 為子集 Ω 的一外點 *(exterior point)*。

3. 設 $a \in \mathbb{R}^2$。若對每一 $r > 0$，皆有

$$B_r(a) \cap \Omega \neq \emptyset \text{、} B_r(a) \cap \Omega^c \neq \emptyset,$$

則稱 a 為子集 Ω 的一邊界點 *(boundary)*，用 $\partial\Omega$ 表子集 Ω 的所有邊界點集。

18.3 定義. 設 $\Omega \subset \mathbb{R}^2$ 為一子集和 $\Omega^c = \mathbb{R}^2 \backslash \Omega$ 表 Ω 的餘集。

1. 若對每一 $a \in \Omega$，存在 $r_a > 0$，使得 $B_{r_a}(a) \subset \Omega$，即 Ω 的每一點皆為內點，則稱 Ω 為一開集。故一開集不含 Ω 的任一邊界點。Ω 的所有內點所成集合稱為內點集，記為 Ω°。

2. 設 $U_a \subset \mathbb{R}^2$，若存在一開集 $\Omega \subset \mathbb{R}^2$, $a \in \Omega \subset U_a$，則稱 U_a 為 a 的一近傍 *(neighborhood)*。

3. 若 Ω 含 Ω 的所有邊界點，則稱 Ω 為一閉集 *(closed set)*。稱 $\overline{\Omega} = \Omega \cup \partial\Omega$ 為 Ω 的閉包 *(closer)*。故

$$\Omega \text{ 為一閉集} \Leftrightarrow \Omega = \overline{\Omega} \Leftrightarrow \Omega^c \text{ 為一開集} 。$$

4. 若 Ω 含 Ω 的部分而非全部邊界點，則稱 Ω 為一非開非閉集 *(non-open non-closed set)*。

18.4 定義. 設 $\Omega \subset \mathbb{R}^2$ 為一開集，若存在 $c > 0$，對任一 $z = (x, y) \in \Omega$，使得 $\|z\| = \sqrt{x^2 + y^2} \le c$，則稱 Ω 為一有界開集 *(bounded open set)*。

18.5 定義. 設 W 為 $\mathbb{R}^2$ 的一子集。

1. 若存在 $\mathbb{R}^2$ 上二開集 U, V，使得 $W \cap U \neq \emptyset$, $W \cap V \neq \emptyset$，且

$$(W \cap U) \cup (W \cap V) = W, \ (W \cap U) \cap (W \cap V) = \emptyset 。$$

則稱 W 為 $\mathbb{R}^2$ 上一非連通集 *(disconnected set)*。

2. 若 W 為 $\mathbb{R}^2$ 上不是一非連通集，則稱 W 為 $\mathbb{R}^2$ 上一連通集 *(connected set)*。

18.6 定義. 設 Ω 為 $\mathbb{R}^2$ 上一開集，若對任意 $P, Q \in \Omega$，存在 Ω 上一曲線 C 連接兩點 P, Q，則稱 Ω 為一區域 *(piecewise connected set or domain)*。若一區域 Ω 上二曲線 C_1, C_2 連接 Ω 上兩點 P, Q，則可由曲線 C_2 形變到曲線 C_1，只經過 Ω 上的點：即令任二路徑 $\gamma_1, \gamma_2 : [a, b] \to \Omega$，其正向曲線分別為連接 P, Q 的曲線 C_1, C_2，有一連續函數 $g : [0, 1] \times [a, b] \to \Omega$，對每一 $t \in [a, b]$，有 $g(0, t) = \gamma_1(t)$ 和 $g(1, t) = \gamma_2(t)$，則稱 Ω 為一單連通區域 *(simple connected set)*。

18.2　複數的幾何表法

複數的幾何表法與代數運算，促使複變數論的研究往前跨一大步：

1. 柯茨 (Cotes)、棣莫弗和歐拉解方程式 $x^n - 1 = 0$，得

$$x = \cos \frac{2k\pi}{n} + i \sin \frac{2k\pi}{n}, \ k = 0, 1, 2, \cdots, n - 1 ，$$

這些複數解，看成平面上單位圓內接正 n 邊形的頂點，這件事開啟了將複數看成平面上的點之概念。

2. 歐拉將實數對 (x, y) 看成 $x + iy$，再寫成 $r(\cos u + i \sin u)$，然後對應到平面上的點，故複數平面 $\mathbb{C} = \mathbb{R}^2$。

3. 挪威土地測量員卡伯·韋賽爾 $(1745 - 1818)$，在丹麥皇家學院院刊上論文「On the Analytic Representation of Direction」，他將 $\sqrt{-1}$ 看成 y 軸單位，1看成 x 軸單位。平面上任一向量 OP 皆可表為 $a + b\sqrt{-1}$，其中 a 為 OP 在 x 軸上射影，b 為 OP 在 y 軸上射影。

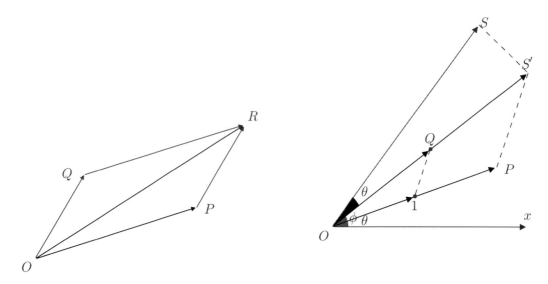

圖 **18.1**: $OP + OQ$ 圖 **18.2**: $OP \cdot OQ$

4. 設平面上任二向量

$$OP = a + b\sqrt{-1}, \; OQ = c + d\sqrt{-1},$$

韋賽爾定義

$$OR = OP + OQ = (a + c) + (b + d)\sqrt{-1}$$
$$OS = OP \cdot OQ = rRe^{i(\theta + \phi)},$$

其中 $OP = re^{i\theta}$, $OQ = Re^{i\phi}$、$\frac{|OS|}{|OQ|} = \frac{|OP|}{1}$ 且 $OP + OQ$ 為以 OP, OQ 為鄰邊的平行四邊形的對角線。

5. 瑞士書商阿爾岡出版一本小冊子「虛量幾何表法」(1806)。書中解釋由1到 -1 的變換是兩個變換 T, U 的合成。其中 T 是以 O 為心，逆時針方向旋轉 $90°$ 得 OR；U 是以 O 為心，逆時針方向旋轉 $90°$ 得 OQ。事實上 $T = U$。阿爾岡證明任一線段 OB 必可表為 $r(\cos\theta + i\sin\theta)$，其中 $r = |OB|$。

6. 通世大師高斯的博士論文，證明了代數基本定理，證明過程用了許多複數概念。高斯將平面上的點和複數一一對應 (故有高斯平面之稱)。他首創用 i 表 $\sqrt{-1}$，首用複數代替虛數。

18.3　柯西–黎曼方程

18.7 定義. 若 $M_y = N_x$，則稱微分方程 $M(x,y)dx + N(x,y)dy = 0$ 為恰當微分方程。

18.8 定理. 微分方程 $M(x,y)dx + N(x,y)dy = 0$ 為恰當微分方程的充要條件為，存在函數 $f(x,y) \in C^2$ 滿足

$$M = f_x, \ N = f_y \text{。}$$

證.

1. 設 $f(x,y) \in C^2$ 滿足

$$M = f_x, \ N = f_y \text{，}$$

則

$$M_y = f_{xy} = f_{yx} = N_x \text{。}$$

2. 設

$$f(x,y) = \int M(x,y)dx + h(y) \text{，}$$

得

$$f_y(x,y) = \int M_y(x,y)dx + h'(y) \text{，}$$

令 $f_y = N$，得

$$h'(y) = N(x,y) - \int M_y(x,y)dx \text{，}$$

即

$$h(y) = \int \left[N(x,y) - \int M_y(x,y)dx \right] dy \text{，}$$

得

$$f(x,y) = \int M(x,y)dx + \int \left[N(x,y) - \int M_y(x,y)dx \right] dy \text{，}$$

我們驗證得

$$f_x = M + \int \left(N_x - M_y \right) dy = M$$
$$f_y = \int M_y dx + N - \int M_y dx = N \text{。}$$

達朗貝爾著「流體阻力新論」(1752) 中，考慮物體在齊性無重量理想液體中運動時，

18.9 例. 尋找二函數 $u, v : \mathbb{R}^2 \to \mathbb{R}$ 滿足

$$dv = Mdx + Ndy$$
$$du = Ndx - Mdy \text{。}$$

解. 由原式得

$$M = v_x, \ N = v_y, \ N = u_x, \ -M = u_y \text{，}$$

所以 u, v 滿足<u>柯西–黎曼</u>方程

$$u_x = v_y, \ u_y = -v_x \text{，}$$

由 $u_x = v_y$ 知方程

$$vdx + udy$$

為恰當方程。由定理 18.8 (頁 357)，存在函數 $f(x,y) \in C^2$ 滿足

$$v = f_x, \ u = f_y \text{，}$$

即 $df = vdx + udy$，由 $u_y = -v_x$ 知方程

$$udx - vdy$$

為恰當方程。由定理 18.8 (頁 357)，存在函數 $g(x,y) \in C^2$ 滿足

$$u = g_x, \ -v = g_y \text{，}$$

即 $dg = udx - vdy$。故

$$d(f + ig) = df + idg = (vdx + udy) + i(udx - vdy) = (v + iu)(dx - idy)$$
$$d(f - ig) = df - idg = (vdx + udy) - i(udx - vdy) = (v - iu)(dx + idy) \text{，}$$

令 $z = dx - idy$，得

$$(v + iu)(z) = f'(z) + ig'(z), \ (v - iu)(\bar{z}) = f'(\bar{z}) - ig'(\bar{z}) \text{，}$$

由此得 $u = f'$, $v = g'$。 ∎

<u>歐拉</u>利用複變數函數求實積分：

$$V = \int Z(z)dz ,$$

其中

$$z = x + iy, \ Z = M + iN, \ V = P + iQ ,$$

則

$$P + iQ = \int (M + iN)(dx + idy) ,$$

和

$$P - iQ = \int (M - iN)(dx - idy) = \int (Mdx - Ndy) - i\int (Ndx + Mdy) ,$$

故

$$P = \textstyle\int(Mdx - Ndy)$$
$$Q = \textstyle\int(Ndx + Mdy) ,$$

所以

$$dP = Mdx - Ndy$$
$$dQ = Ndx + Mdy ,$$

得

$$M = P_x, \ -N = P_y, \ N = Q_x, \ M = Q_y ,$$

即 M, N 滿足<u>柯西</u>–<u>黎曼</u>方程：

$$M_y = -N_x, \ N_y = M_x ,$$

這就是解析複變數函數的實部和虛部滿足<u>柯西</u>–<u>黎曼</u>方程。
<u>歐拉</u>和<u>達朗貝爾</u>研究複變數函數論都是經由 $M + iN$ 的實變數函數 M, N。

18.4 ln z 為多值函數

<u>高斯</u>在 1811 年介紹複變數函數論基本概念：他考慮積分 $\int_0^{a+bi} f(z)dz$。這個複數上的積分路線甚多，不像實數上的積分路線唯一。<u>高斯</u>發現：

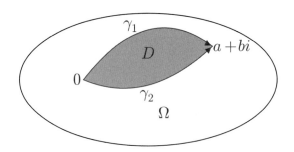

圖 **18.3:** 解析函數積分

18.10 定理. 設 $\Omega \subset \mathbb{C}$ 為開連集，Ω 上二點 $0,\ a+bi$，Ω 上連接二點 $0,\ a+bi \in \Omega$ 的曲線 $\gamma_1,\ \gamma_2$，函數 $f : \Omega \to \mathbb{C}$，

    1. 若 f 在 D 解析，其中 D 為曲線 $\gamma_1,\ \gamma_2$ 所圍部份，則

$$\int_{\gamma_1} f(z)dz = \int_{\gamma_2} f(z)dz 。$$

    2. 若 f 在 $D\backslash\{z_0\}$ 解析，其中 $z_0 \in D$，f 在 z_0 有極，則

$$\int_{\gamma_1} f(z)dz \neq \int_{\gamma_2} f(z)dz 。$$

$\ln(a+bi)$ **為多值函數：**

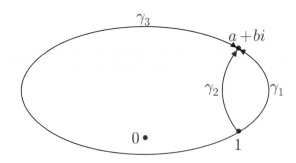

圖 **18.4:** 解析函數積分

<u>高斯</u>除了上述一般理論外，還考慮下述特別情形。如圖 18.4為由 1 到 $a+bi$ 的三曲線 $\gamma_1,\ \gamma_2,\ \gamma_3$，$0$ 不在 $\gamma_1,\ \gamma_2$ 所圍區域內，但在 $\gamma_1,\ \gamma_3$ 所圍區域內，得

$$\int_{\gamma_1} \frac{1}{z}dz = \int_{\gamma_2} \frac{1}{z}dz ,$$

和

$$\int_{\gamma_1} \frac{1}{z}dz = \int_{\gamma_3} \frac{1}{z}dz + 2\pi i \text{ 。}$$

因為 $\ln(a + bi) = \int_\gamma \frac{1}{z}dz$，故 $\ln(a + bi)$ 為多值函數。

<u>泊松</u>在 1815 年算積分 $\int_{-1}^{1} \frac{dz}{z}$，其積分路線為 $z = e^{i\theta}$，θ 由 $(2n + 1)\pi$ 到 0。他得到

$$\int_{-1}^{1} \frac{dz}{z} = -(2n + 1)\pi i \text{ 。}$$

18.5　可微函數與解析函數

18.11 定義. 若 $\Omega \subset \mathbb{R}^2$ 為一開集，$f : \Omega \to \mathbb{C}$ 為一函數，一點 $z \in \Omega$，若存在一複數 $f'(z)$ 使得

$$f'(z) = \lim_{h \to 0} \frac{f(z + h) - f(z)}{h} \text{ ，}$$

則稱 f 在 z 可微 *(differentiable at z)*。

18.12 定理. 若函數 $\Omega \subset \mathbb{R}^2$ 為一開集，$f = u + iv : \Omega \to \mathbb{C}$ 為在 z 可微，則 f_x, f_y 在 z 存在，且滿足<u>柯西–黎曼</u>方程 *(Cauchy-Riemann equation)*

$$f_y = if_x \text{ ，}$$

即

$$u_x = v_y, \ u_y = -v_x \text{ 。} \tag{18-1}$$

證. 令 $h \in \mathbb{R}$，得

$$\frac{f(z + h) - f(z)}{h} = \frac{f(x + h, y) - f(x, y)}{h} \to f_x \text{ ，}$$

令 $t \in \mathbb{R}, h = it$，得

$$\frac{f(z + h) - f(z)}{h} = \frac{f(x, y + t) - f(x, y)}{it} \to \frac{f_y}{i} \text{ ，}$$

故 $f_y = if_x$。又因 $f = u + iv$，得

$$u_y + iv_y = i(u_x + iv_x) \text{ ，}$$

故
$$u_x = v_y, \; u_y = -v_x \text{。}$$

■

18.13 定理. 若函數 $\Omega \subset \mathbb{R}^2$ 為一開集，$f : \Omega \to \mathbb{C}$，若 f_x, f_y 在 z 的近傍 *(neighborhood)* U_z 存在，且在 z，f_x, f_y 連續，且滿足

$$f_y = i f_x,$$

則 f 在 z 可微。

黎曼定義解析函數 (analytic function)

18.14 定義. 若 $\Omega \subset \mathbb{R}^2$ 為一開集，$f : \Omega \to \mathbb{C}$ 為一函數，一點 $z \in \Omega$，一集合 $S \in \Omega$，若

1. 若存在一 z 近傍 *(neighborhood)* U_z 使得 f 在 U_z 可微，則稱 f 為在 z 解析。
2. 若存在一 S 近傍 *(neighborhood)* U_S 使得 f 在 U_S 可微，則稱 f 為在 S 解析。

柯西的生平 (Cauchy' life)：

柯西 (Augustin-Louis Cauchy 1789-1857) 生於法國巴黎。1805 年進綜藝大學校念工程。身體虛弱，拉格宏機和拉普拉斯勸他改念數學 (數學較不需要體力)。畢業之後，他到綜藝大學校、巴黎大學和法蘭西學院當教授。柯西在政治上是狂熱的保皇黨，且為波旁皇族的擁護者。在 1830 年，柯西看不慣波旁皇族一旁支控制法國，他拒絕妥協因而辭掉綜藝大學校大學教職。柯西到杜林教拉丁文。他在 1838 年，回到巴黎幾個教會學校教書，一直到 1848 年革命為止。在 1848 年柯西當上巴黎大學數學天文主任。柯西確是一位令人欽佩的教授和偉大數學家。他死於 1857 年。

柯西不僅對數學有興趣，他還會做詩和猶太體詩。柯西發表的數學文章有 700 餘篇，數目僅次於歐拉。專集 26 冊，廣含數學各學門。柯西論文「定積分論」(1827) 中將歐拉和拉普拉斯由實域到複域的方法，更往前推進一步。

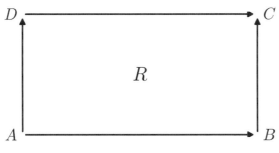

圖 **18.5:** 矩形

<u>柯西</u>考慮逐次積分：設矩形

$$R = \{(x,y) \in \mathbb{R}^2 \,|\, a \le x \le b,\, c \le y \le d\}\,,$$

和連續函數 $f : R \to \mathbb{R}$，我們有

$$\int_a^b \left(\int_c^d f(x,y)dy \right) dx = \int_c^d \left(\int_a^b f(x,y)dx \right) dy \,。 \tag{18-2}$$

18.15 定理. (矩形上的<u>柯西</u>積分定理) 若 $\Omega \subset \mathbb{R}^2$ 為一連通開集，$R \subset \Omega$，和 $f = u + iv : \Omega \to \mathbb{C}$ 為一解析函數，則

$$\int_{ABC} f(z)dz = \int_{ADC} f(z)dz \,。$$

解. $f = u + iv : \Omega \to \mathbb{C}$ 為一解析函數，得

$$u_x = v_y,\ u_y = -v_x \,,$$

將 $g = u_x = v_y$ 代入式 (18-2) 得

$$\int_a^b \left(\int_c^d v_y dy \right) dx = \int_c^d \left(\int_a^b u_x dx \right) dy \,,$$

即

$$\int_a^b \left(v(x,d) - v(x,c) \right) dx = \int_c^d \left(u(b,y) - u(a,y) \right) dy \,, \tag{18-3}$$

將 $g = u_y = -v_x$ 代入式 (18-2) 得

$$\int_a^b \left(\int_c^d u_y dy \right) dx = - \int_c^d \left(\int_a^b -v_x dx \right) dy \,,$$

即

$$\int_a^b (u(x,d) - u(x,c))\, dx = -\int_c^d (v(b,y) - v(a,y))\, dy , \qquad (18\text{-}4)$$

$i \times (18-3) + (18-4)$ 得

$$\int_a^b ([u(x,d) + iv(x,d)] - [u(x,c) + iv(x,c)])\, dx$$
$$= \int_c^d (i[u(b,y) + iv(b,y)] - i[u(a,y) + iv(a,y)])\, dy ,$$

令 $f(z) = f(x + iy) = u(x,y) + iv(x,y)$ 得

$$\int_a^b f(x + id)dx - \int_a^b f(x + ic)dx = \int_c^d if(b + iy)dy - \int_c^d if(a + iy)dy ,$$

移項得

$$\int_c^d if(a + iy)dy + \int_a^b f(x + id)dx = \int_a^b f(x + ic)dx + \int_c^d if(b + iy)dy ,$$

上式意指

$$\int_{ADC} f(z)dz = \int_{ABC} f(z)dz ,$$

∎

柯西證得:

18.16 定理. 設 Ω 為 $\mathbb{R}^2$ 上一單連通區域和 G 為 $\mathbb{R}^2$ 上一域，滿足 $\overline{G} \subset \Omega$ 和 G 的邊界 γ 為一正向閉喬登曲線。若 $f = u + iv : \Omega \to \mathbb{C}$ 為一解析函數，則

$$\iint_G (u_x - v_y)dxdy = \int_\gamma \left(udy + vdx \right)$$
$$\iint_G (u_y + v_x)dxdy = \int_\gamma \left(-udx + vdy \right) 。 \qquad (18\text{-}5)$$

這是聞名的格林定理，格林在 1828 年證得。柯西也敘述格林定理，卻不加引用。是否他也證得格林定理，不得而知。f 解析，所以 u, v 滿足柯西–黎曼方程，因此式 (18-5) 變成

$$\int_\gamma (udy + vdx) = 0$$
$$\int_\gamma (-udx + vdy) = 0 ,$$

所以

$$\int_\gamma f(z)dz = \int_\gamma (u + iv)(dx + idy) = \int_\gamma (udx - vdy) + i\int_\gamma (udy + vdx) = 0 ,$$

這證明下述閉曲線定理 (closed curve theorem)：

18.17 定理. *(閉曲線定理 closed curve theorem)* 設 $\Omega \subset \mathbb{R}^2$ 為一連通開集，$f = u + iv : \Omega \to \mathbb{C}$ 為一解析函數，

1. 若 $a + ib, c + id \in \Omega$，$\gamma_1, \gamma_2 \subset \Omega$ 為 $a + bi$ 到 $c + di$ 二圓滑 *(smooth)* 路線，則

$$\int_{\gamma_1} f(z)dz = \int_{\gamma_2} f(z)dz \, \text{。}$$

2. 若 $\gamma \subset \Omega$ 為一圓滑 *(smooth)* 閉路線，則

$$\int_{\gamma} f(z)dz = 0 \, \text{。}$$

柯西在 1831 年證得柯西積分定理 (Cauchy Integral Theorem)：

18.18 定理. *(柯西積分定理)* 若 $\Omega \subset \mathbb{R}^2$ 為一單連通區域，$f : \Omega \to \mathbb{C}$ 為一解析函數，$\gamma \subset \Omega$ 為一簡閉曲線 *(simple connected curve)*，a 在曲線 γ 所圍區域內，則

$$f(a) = \frac{1}{2\pi i} \int_{\gamma} \frac{f(z)}{z - a}dz \, \text{，}$$

其中 γ 為正向。

複變數函數論另一大功臣是黎曼。設解析函數 $f = u + iv$ 滿足柯西·黎曼方程

$$u_x = v_y, \ u_y = -v_x \, \text{，}$$

則

$$u_{xx} = v_{yx}, \ u_{yy} = -v_{xy} \, \text{，}$$

得

$$u_{xx} + u_{yy} = 0 \, \text{。}$$

同理得

$$v_{xx} + v_{yy} = 0 \, \text{。}$$

即 u, v 滿足拉普拉斯方程：u, v 稱為調和函數。

黎曼證明狄利克雷原則 (Dirichlet Principle)：

18.19 定理. *(狄利克雷原則)* 設 $\Omega \subset \mathbb{C}$ 為有界開域。u 解

$$\begin{cases} \triangle u = 0 \text{ 在 } \Omega \\ u = 0 \text{ 在 } \partial(\Omega) \end{cases} \tag{18-6}$$

的充要條件為 u 極小化

$$D(u) = \int_\Omega |\nabla u|^2 dx \text{。}$$

證. 參見 17.27。   ∎

18.6 留數

18.20 定義. 設 $\Omega \subset \mathbb{R}^2$ 為一開集，$z_0 \in \Omega$，$f : \Omega \to \mathbb{C}$ 為一解析函數。若

$$f(z) = (z - z_0)^k g(z) \text{，}$$

其中 $k \geq 1$，$g : \Omega \to \mathbb{C}$ 為一解析函數 $g(z_0) \neq 0$，則稱 f 在 z_0 有 k 階零根 *(zero of order k)*。

18.21 定義. 設 $\Omega \subset \mathbb{R}^2$ 為一開集，$z_0 \in \Omega$，$f, g, h : \Omega \to \mathbb{C}$ 為解析函數。若 $z \neq z_0$，

$$f(z) = \frac{g(z)}{h(z)} \text{，}$$

滿足 $g(z_0) \neq 0$，h 在 z_0 有 k 階零根，則稱 f 在 z_0 有 k 階極 *(pole of order k)*，$k = 1$ 簡稱單極。

18.22 定義. 設 $\Omega \subset \mathbb{R}^2$ 為一開集，$z_0 \in \Omega$。

    1. 若解析函數 $f : \Omega \backslash \{z_0\} \to \mathbb{C}$ 在 z_0 有單極，且

$$\lim_{z \to z_0} (z - z_0) f(z) = a \text{，}$$

    則稱 f 在 z_0 的留數 *(residue)* 為 $Res(f, z_0) = a$。

    2. 若解析函數 $f : \Omega \backslash \{z_0\} \to \mathbb{C}$ 在 z_0 有 k 階極，且

$$\lim_{z \to z_0} (z - z_0)^k f(z) = a \text{，}$$

    則稱 f 在 z_0 有留數 *(residue)* 為 $Res(f, z_0)$：

$$Res(f, z_0) = \frac{1}{(k-1)!} \lim_{z \to z_0} \frac{d^{k-1}}{dz^{k-1}} \big((z - z_0)^k f(z) \big) \text{。}$$

18.23 例. 設 $f(z) = \frac{1}{1+z^2}$，R 為半徑為 2 的上半球，則 $i \in R$，$-i \notin R$，$f(i) = \infty$，

$$\lim_{z \to i}(z-i)\frac{1}{1+z^2} = \lim_{z \to i}\frac{1}{z+i} = \frac{1}{2i},$$

故 f 在 i 有單極，其留數為 $\frac{1}{2i}$。

柯西在 1846 年證得柯西留數定理 (Cauchy residue theorem)：

18.24 定理. *(柯西留數定理)* 若 $\Omega \subset \mathbb{R}^2$ 為一單連通區域，$\gamma \subset \Omega$ 為一正向簡閉曲線 *(simple closed curve)*，若 $k = 1, 2, \cdots, n$ 時，z_k 在曲線 γ 所圍區域內，$f : \Omega \backslash \{z_1, z_2, \cdots, z_n\} \to \mathbb{C}$ 為一解析函數，f 在 z_k 有極，其留數 *(residue)* 為 $Res(f, z_k)$，則

$$\int_\gamma f(z)dz = 2\pi i \sum_{k=1}^n Res(f, z_k).$$

柯西著「數學習題」中，洛朗級數 (Laurent sries) 對 z_0 展開：

$$f(z) = \sum_{k=-\infty}^\infty a_k(z-z_0)^k.$$

若 $\Omega \subset \mathbb{R}^2$ 為一單連通區域，$\gamma \subset \Omega$ 為一正向簡閉曲線 (simple connected curve)，若 z_0 在曲線 γ 所圍區域內，$f : \Omega \backslash \{z_0\} \to \mathbb{C}$ 為一解析函數，f 在 z_0 有 n 階極，則其留數為 $Res(f, z_0)$，為洛朗級數對 z_0 展開中之 a_{-n}。

18.7 本章心得

1. 哈達瑪說：實域真理常常通往複域。
2. 拉普拉斯說:「由實變數函數研究複數函數，就如同數學歸納法一樣」
3. 輕鬆一下：有一個數學家，一個物理學家和一個企業界家要量一棟樓高。這數學家就在地上豎起一竹竿，利用三角原理量出樓高。這物理學家拿起一塊小石頭，走到樓上將小石頭落下來，利用自由落體原理量出樓高。這企業界家拿出一把鈔票，送給該樓管理員，問到該樓樓高。
4. 輕鬆一下：這天，老師發考卷「廖淑芬 60 分！你呀，不是名字叫起來像 60 分就可以考 60 分啊！」老師不悅地說。「伍淑芬 50 分！你呀！比廖淑芬還不如！」老師依舊忿忿然地說著接著，老師以更生氣的語調發著下一張

考卷：「柯淑芬 (台語) 10分！喔，你也一樣！名字叫起來像10分你就給我考10分！」這時「啊！我完了!」柯淑芬的妹妹心中開始暗叫不妙。老師嘆口氣，很無奈的發著第三張：「不是我在說你們這對姊妹實在是太不像話了」「柯玲芬 (台語) 0分！」老師搖搖頭道：「你們兩姐姐應該向你們哥哥好好看齊，他總是滿分，你們倆不要老是考那樣的成績。」柯淑芬和柯玲芬兩姐妹心裡暗罵，「都嘛是爸媽把哥哥的名字，取做柯吉霸！」

19 逐漸嚴格的分析

十八世紀數學家們開始注意到分析的證明太鬆，函數概念不清楚，發散級數導出許許多多似是而非的問題，可表為三角級數的函數是那些，微分和積分如何嚴格地定義。分析嚴格化的五大功臣是波爾察諾 (Bolzano)、海涅 (Heine)、阿貝爾 (Abel)、柯西 (Cauchy)、狄利克雷 (Dirichlet) 和魏爾斯特拉斯 (Weierstrass)。

19.1 函數的極限與連續

傅立葉 (Fourier) 由於物理現象的需要，首先創導函數不一定要有解析表法。他甚至於處理有限個不連續點的函數。從此以後，代數函數甚至於初等函數，不再是數學家們唯一典型函數。

圖 **19.1:** 波爾察諾

函數的連續性漸漸地引起數學家的注意。波爾察諾 (Bolzano) 是波希米亞的一個牧師 (波希米亞是昔日中歐的國家，現為捷克一部份)。他也是哲學家和數學家。當高斯利用分析概念證明代數基本定理之後，波爾察諾企圖利用純代數方法來證明。因而誘導出函數連續的概念。波爾察諾定義：

19.1 定義. 設 $f(x)$ 為區間 $[a, b]$ 上一函數。給定 $x \in [a, b]$，若 w 足夠小時，$f(x + w) - f(x)$ 可任意小，其中 $x + w \in [a, b]$，則稱 f 在 x 連續。若在每一 $x \in [a, b]$ 連

續，則稱 f 為連續函數。

波爾察諾證明多項式都是連續函數。柯西也給過與波爾察諾相同的連續函數的定義。但他誤證：一個多變數函數 $f(x_1, x_2, \cdots, x_n)$，若對每一變數 x_k 連續，則函數 f 必連續。

圖 **19.2:** 魏爾斯特拉斯

魏爾斯特拉斯生於德國位法利雅。進波昂大學念法律，後來改念數學。未得博士學位。他於 $1841 - 1854$ 時期，在中學教健身術。後來進柏林大學教數學，一直到去世。魏爾斯特拉斯在中學教書時就想出了連續函數的定義。但是這一件事，一直等到他到柏林大學教書時，由他的講義大家才知道。他的定義就是今日微積分書上的定義。

19.2 定義. 設 $f : [a, b] \to \mathbb{R}$ 為一函數，$c \in (a, b)$ 和 $A \in \mathbb{R}$。對任一 $\varepsilon > 0$，存在 $\delta > 0$，若 $x \in [a, b], 0 < |x - c| < \delta$，則 $|f(x) - A| < \varepsilon$，則稱 f 在 c 的極限為 A，記為 $\lim\limits_{x \to c} f(x) = A$。

19.3 定義. 設 $f : [a, b] \to \mathbb{R}$ 為一函數和 $A \in \mathbb{R}$。對任一 $\varepsilon > 0$，存在 $\delta > 0$，若 $x \in [a, b], a < x < a + \delta$，則 $|f(x) - A| < \varepsilon$，則稱 f 在 a 的右極限為 A，記為

$$\lim_{x \to a^+} f(x) = A，$$

唸成 x 從點 a 的右邊趨近於 a 時，值 $f(x)$ 的右極限為 A。

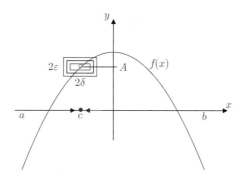

圖 **19.3:** 函數在 c 的極限

19.4 定義 設 $f : [a,b] \to \mathbb{R}$ 為一函數和 $A \in \mathbb{R}$。對任一 $\varepsilon > 0$，存在 $\delta > 0$，若 $x \in [a,b], b - \delta < x < b$，則 $|f(x) - A| < \varepsilon$， 則稱 f 在 b 的左極限為 A，記為

$$\lim_{x \to b^-} f(x) = A,$$

唸成 x 從點 b 的左邊趨近於 b 時，值 $f(x)$ 的左極限為 A。

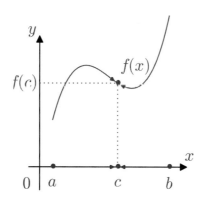

圖 **19.4:** 函數在 c 連續

19.5 定義. 設 $f : [a,b] \to \mathbb{R}$ 為一函數。

1. 當 $c \in (a,b)$ 時，得 $\lim\limits_{x \to c} f(x) = f(c)$：即對任一 $\varepsilon > 0$，存在 $\delta = \delta(\varepsilon, c) > 0$，若 $x \in [a,b], |x - c| < \delta$，則 $|f(x) - f(c)| < \varepsilon$。
2. 當 $c = a$ 時，得 $\lim\limits_{x \to a^+} f(x) = f(a)$。
3. 當 $c = b$ 時，得 $\lim\limits_{x \to b^-} f(x) = f(b)$。

則稱函數 f 在 c 點連續。若函數 f 在每一點 $x \in [a,b]$ 連續，則稱 f 為連續函數 (continuous function)。

波爾察諾得到下列審根定理 (root theorem) 和實數完備性公理 (completeness axiom)：

19.6 定理. (審根定理) 設 $f : [a,b] \to \mathbb{R}$ 為一連續函數，若

$$f(a)f(b) < 0 ，$$

則函數 f 有一零根：存在 $x_0 \in (a,b)$，滿足 $f(x_0) = 0$。

19.7 公理. (實數完備性公理) 設 $\emptyset \subsetneq S \subset \mathbb{R}$，

　　1. 若 S 有一個上界，則 S 有上確界。
　　2. 若 S 有一個下界，則 S 有下確界。

公理 19.7 (頁 372)，被魏爾斯特拉斯在 1860 年引用來證得所謂波爾察諾–魏爾斯特拉斯定理 (Bolzano-Weierstrass Theorem) 又稱數列緊緻公理：

19.8 公理. (數列緊緻公理) 設 $\{x_n\}$ 為 $\mathbb{R}$ 上一有界數列，則必存在 $\{x_n\}$ 的一子數列 $\{x_{n_i}\}$ 和 $x_0 \in \mathbb{R}$，使得 $\lim\limits_{i \to \infty} x_{n_i} = x_0$。

魏爾斯特拉斯證得極值定理 (extreme theorem)：

19.9 定理. (極值定理) 設 $f : [a,b] \to \mathbb{R}$ 為一連續函數，則存在 $c,d \in [a,b]$，使得對每一 $x \in [a,b]$ 有 $f(c) \le f(x) \le f(d)$。 即 $f(d)$ 為函數 f 的最大值和 $f(c)$ 為函數 f 的最小值：

$$f(d) = \max_{a \le x \le b} f(x), \ f(c) = \min_{a \le x \le b} f(x) 。$$

海涅 (Eduard Heine 1821 – 1881) 首次定義均勻連續

19.10 定義. 設 $f : [a,b] \to \mathbb{R}$ 為一函數。設對任一 $\varepsilon > 0$，存在 $\delta = \delta(\varepsilon) > 0$，若 $x,y \in [a,b]$, $|x - y| < \delta$，則 $|f(x) - f(y)| < \varepsilon$。 則稱 f 為 $[a,b]$ 上一均勻連續函數。

海涅證得

19.11 定理. (均勻連續定理) 若 $f : [a,b] \to \mathbb{R}$ 為一連續函數，則 f 為一均勻連續函數 (uniformly continuous function)。

19.12 定義. 設 K 為 $\mathbb{R}$ 的子集。

1. 若 $\mathbb{R}$ 上開集族 $\{O_\lambda\}$，滿足 $K \subset \bigcup_\lambda O_\lambda$，則稱開集族 $\{O_\lambda\}$ 為子集 K 的一個開集蓋。

2. 若 $\{O_\lambda\}$ 為子集 K 的一個開集蓋，則存在子集 K 的一個有限開集蓋：存在 $\lambda_1, \lambda_2, \cdots, \lambda_k$，使得

$$K \subset O_{\lambda_1} \cup, \cup \cdots, \cup O_{\lambda_k},$$

則稱 K 為一緊緻集 *(compact set)*。

德國數學家海涅和法國數學家波萊爾 (Emile Borel 1871 – 1956) 得到海涅–波萊爾定理 (Heine-Borel Theorem)．

19.13 定理. *(海涅–波萊爾定理)* 設 K 為 $\mathbb{R}^n$ 上一有界閉集，則 K 為一緊緻集。

19.2　函數的導來數

波爾察諾更精確的定義「函數的導數」：

19.14 定義. 設 $f : (a, b) \to \mathbb{R}$ 為一函數和 $c \in (a, b)$。若商極限 $\lim\limits_{h \to 0} \frac{f(c+h)-f(c)}{h}$ 存在，則稱函數 f 在點 c 導數存在，或稱函數 f 在點 c 可微，此時 $\lim\limits_{h \to 0} \frac{f(c+h)-f(c)}{h}$ 稱為函數 f 在點 c 的導數，記為 $f'(c)$ 或 $\frac{df}{dx}(c)$：即

$$f'(c) = \frac{df}{dx}(c) = \lim_{h \to 0} \frac{f(c+h)-f(c)}{h} 。$$

若 f 在 (a, b) 上每一點 x 皆可微，則稱 $f : (a, b)$ 為可微函數。

柯西證得

19.2-1 定理. *(均值定理 Mean Value Theorem)* 設 $f : [a, b] \to \mathbb{R}$ 為一連續函數，和其限制 $f : (a, b) \to \mathbb{R}$ 為一可微函數，則存在 $c \in (a, b)$ 使得

$$f(b) - f(a) = f'(c)(b-a) 。$$

自從波爾察諾和柯西嚴格定義連續函數和導函數之後，柯西和他同代的數學家大部份都誤信凡連續函數必可微。

不連續函數、可積函數與連續不可微函數：

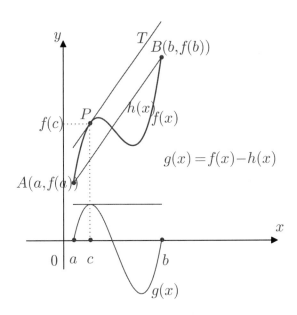

圖 **19.5:** 均值定理

1.

19.15 例. 設狄利克雷函數為 $f : [a, b] \to [0, 1]$， 其中

$$f(x) = \begin{cases} 1 & \text{當 } x \text{ 為 } [a, b] \text{ 上有理數，} \\ 0 & \text{當 } x \text{ 為 } [a, b] \text{ 上無理數。} \end{cases}$$

則函數 f 為一到處不連續、黎曼不可積和勒貝格可積。

2. 黎曼在論文「一函數的三角級數表法」內首先定義

$$(x) = \begin{cases} 0 \text{ 當 } x = \frac{m}{2n}, (m, n) = 1 \\ x - [x] \text{ 其他，} \end{cases}$$

和

$$f(x) = \frac{(x)}{1} + \frac{(2x)}{2^2} + \frac{(3x)}{3^2} + \cdots + \frac{(kx)}{k^2} + \cdots,$$

則右邊級數對每一 x 收斂。f 在 $x = \frac{m}{2n}, (m, n) = 1$ 不連續，其他值連續，故對每一小區間內存有無限多不連續點，但 f 可積。

3. 瑞士數學家西拉利在 1860 年發現

$$f(x) = \sum_{k=1}^{\infty} a^{-k} \sin a^k x,$$

其中 a 為大整數，則 f 為一無處可微的連續函數。

4. 魏爾斯特拉斯在 1872 年在柏林科學院演講考慮函數 $f : \mathbb{R} \to \mathbb{R}$ 滿足

$$f(x) = \sum_{k=0}^{\infty} \frac{\cos 3^k x}{2^k} ,$$

則 f 為一無處可微的連續函數。

5. 范德瓦爾登 (van der Waerden 1903 − 1996) 得：設函數 $f_0 : \mathbb{R} \to \mathbb{R}$ 滿足 $f_0(x)$ 為 x 到最近整數的距離，

$$f_1(x) = f_0(10x), \cdots, f_k(x) = f_0(10^k x), \cdots,$$

設函數

$$f(x) = \sum_{k=0}^{\infty} \frac{f_k(x)}{10^k} ,$$

則 f 為一無處可微的連續函數。

19.3　黎曼積分

像牛頓利用逆微分求面積，或萊佈尼茲將面積看成長方形之和，這些都是積分之源。

柯西定義柯西積分：

19.16 定義. 設 $[a, b]$ 為一有界區間和

$$x_0 = a < x_1 < x_2 < \cdots < x_{n-1} < x_n = b,$$

則稱 $P = \{x_0, x_1, x_2, \cdots, x_{n-1}, x_n\}$ 為區間 $[a, b]$ 上一分割，分割 P 將區間 $[a, b]$ 分成 n 個小區間 $I_i = [x_{i-1}, x_i]$，小區間 I_i 的長度為 $|I_i| = x_i - x_{i-1}$，則 $\|P\| = \max_{i=1, 2, \cdots, n} |I_i|$ 稱為分割 P 的模。

19.17 定理. 設 $f : [a, b] \to \mathbb{R}$ 為一連續函數，將區間 $[a, b]$ 分割成 n 個小區間 I_i，分割的模為 P，則

$$\lim_{\|P\| \to 0} \sum_{i=1}^{\infty} f(\xi_i)(x_i - x_{i-1})$$

存在，其中 $\xi_i \in I_i$，f 的積分為

$$\int_a^b f(x)dx = \lim_{\|P\| \to 0} \sum_{i=1}^{\infty} f(\xi_i)(x_i - x_{i-1}) 。$$

柯西也處理瑕積分：

19.18 定義. 設 $c \in (a, b)$，函數 f 在 $[a, b] \backslash \{c\}$ 上連續，但在 c 不連續。若

$$\lim_{\varepsilon_1 \to 0} \int_a^{c-\varepsilon_1} f(x)\, dx = A$$
$$\lim_{\varepsilon_2 \to 0} \int_{c+\varepsilon_2}^b f(x)\, dx = B \, ,$$

則稱瑕積分 $\int_a^b f(x)\,dx$ 收斂，且

$$\int_a^b f(x)\, dx = A + B \, 。$$

當 $\varepsilon_1 = \varepsilon_2$ 時，我們稱 $\int_a^b f(x)\,dx$ 為<u>柯西</u>主值。

<u>黎曼</u>定義<u>黎曼</u>積分 (Riemann Integral)：

19.19 定義. 設 $f : [a, b] \to \mathbb{R}$ 為一有界函數和

$$P = \{x_0,\, x_1,\, x_2,\, \cdots,\, x_{n-1},\, x_n\}$$

為區間 $[a, b]$ 上一分割，任取 $c_i \in [x_{i-1}, x_i]$，則函數 f 的<u>黎曼</u>和為

$$R(f, P) = \sum_{i=1}^n f(c_i)|I_i| \, ,$$

若有一 $A \in \mathbb{R}$，對任一 $\varepsilon > 0$，存在一分割 P_0，若分割 P，滿足 $P \supset P_0$，則 $|R(f, P) - A| < \varepsilon$，則稱 $R(f, P)$ 的極限為 A，記為 $\lim\limits_{\|P\| \to 0} R(f, P) = A$，此時稱 f 為<u>黎曼</u>可積。

<u>達布</u> (Gaston Darboux 1842 − 1917) 定義<u>達布</u>積分 (Darboux Integral)：

19.20 定義. 設 $[a, b]$ 為一有界區間和

$$x_0 = a < x_1 < x_2 < \cdots < x_{n-1} < x_n = b \, ,$$

則稱 $P = \{x_0,\, x_1,\, x_2,\, \cdots,\, x_{n-1},\, x_n\}$ 為區間 $[a, b]$ 上一分割，分割 P 將區間 $[a, b]$ 分成 n 個小區間 $I_i = [x_{i-1}, x_i]$，小區間 I_i 的長度為 $|I_i| = x_i - x_{i-1}$，則

$$\|P\| = \max_{i=1,\,2,\,\cdots,\,n} |I_i|$$

稱為分割 P 的模。設 P, Q 為區間 $[a, b]$ 上二分割，若 $P \subset Q$，則稱分割 Q 比分割 P 細。

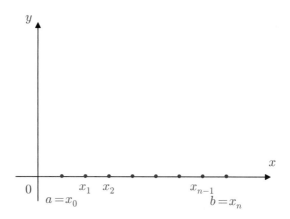

圖 **19.6:** 區間的分割

19.21 定義. 設 $f : [a, b] \to \mathbb{R}$ 為一有界函數,將區間 $[a, b]$ 分割成 n 個小區間 I_i,令函數 f 在小區間 I_i 的下確界 $m_i(f)$ 和上確界 $M_i(f)$ 為:

$$m_i(f) = \inf_{x \in I_i} f(x) \text{、} M_i(f) = \sup_{x \in I_i} f(x) \text{。}$$

則函數 f 在區間 $[a, b]$ 上的下和 $L(f, P)$ 和上和 $U(f, P)$ 為:

$$L(f, P) = \sum_{i=1}^{n} m_i(f)|I_i| \text{、} U(f, P) = \sum_{i=1}^{n} M_i(f)|I_i| \text{。}$$

我們易得下列下確界與上確界性質。

19.3-2 定理. (下確界與上確界定理) 設 $f : [a, b] \to \mathbb{R}$ 為一有界函數,$c \in (a, b)$ 和函數 f 在區間 $[a, b]$ 的下確界 $m(f)$ 和上確界 $M(f)$ 為:

$$m(f) = \inf_{x \in [a,b]} f(x) \text{、} M(f) = \sup_{x \in [a,b]} f(x) \text{,}$$

我們有

    1. 設

$$m_1(f) = \inf_{x \in (a,c)} f(x) \text{、} m_2(f) = \inf_{x \in (c,b)} f(x) \text{。}$$

$$M_1(f) = \sup_{x \in (a,c)} f(x) \text{、} M_2(f) = \sup_{x \in (c,b)} f(x) \text{。}$$

    則

$$m_1(f) \geq m(f) \text{、} m_2(f) \geq m(f)$$

$$M_1(f) \leq M(f) \text{、} M_2(f) \leq M(f) \text{。}$$

2. $m(-f) = -M(f)$。

3. $m(f+g) \geq m(f) + m(g)$、$M(f+g) \leq M(f) + M(g)$。

下和與上和有下列性質。

19.3-3 定理. *(下和與上和定理)* 設 $f:[a,b] \to \mathbb{R}$ 為一有界函數,我們有

1. 分割愈細,下和愈大,上和愈小。

2. 對任一區間 $[a,b]$ 上的分割 P,我們有 $L(f,P) \leq U(f,P)$。

3. 對任一區間 $[a,b]$ 上的二分割 P, Q,我們有 $L(f,P) \leq U(f,Q)$。

4. 對任一區間 $[a,b]$ 上的分割 P,我們有

$$L(P, f+g) \geq L(P,f) + L(P,g)$$
$$U(P, f+g) \leq U(P,f) + U(P,g)。$$

5. 對任一區間 $[a,b]$ 上的分割 P,我們有 $U(f,P) = -L(-f,P)$。

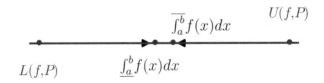

$$U(f,P)$$
$$\overline{\int_a^b} f(x)dx$$
$$L(f,P) \qquad \underline{\int_a^b} f(x)dx$$

圖 **19.7**: 下積分與上積分

19.22 定義. 由下和與上和定理 *19.3-3(頁 378)*,得集合

$$\{L(f,P) \mid P為區間[a,b]上任一分割\}$$

有上界且集合

$$\{U(f,P) \mid P為區間[a,b]上任一分割\}$$

有下界。由實數完備性公設 *19.7(頁 372)*,知集合

$$\left\{ L(f,P) \,\middle|\, P為區間[a,b]上任一分割 \right\}$$

有上確界 $\sup_P L(f, P)$，記為 $\underline{\int_a^b} f(x)dx$，且集合

$$\left\{ U(f, P) \,\middle|\, P \text{ 為區間 } [a, b] \text{上任一分割} \right\}$$

有下確界 $\inf_P U(f, P)$，記為 $\overline{\int_a^b} f(x)dx$。 稱 $\underline{\int_a^b} f(x)dx$ 為函數 f 的下積分，而稱 $\overline{\int_a^b} f(x)dx$ 為函數 f 的上積分。

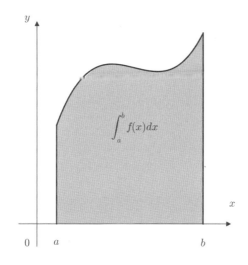

圖 **19.8:** 可積函數的積分

19.23 定義. 設 $f : [a, b] \to \mathbb{R}$ 為一有界函數，若

$$\underline{\int_a^b} f(x)dx = \overline{\int_a^b} f(x)dx \,,$$

則稱函數 f 為一可積函數 *(integrable function)*，此時函數 f 在區間 $[a, b]$ 上的積分 *(integral)* 為

$$\int_a^b f(x)dx = \underline{\int_a^b} f(x)dx = \overline{\int_a^b} f(x)dx \,。$$

19.24 定理. *(達布定理)* 設 $f : [a, b] \to \mathbb{R}$ 為一有界函數，則 f 可積的充要條件為有一個 $A \in \mathbb{R}$，使得 $\lim_{\|P\| \to 0} R(f, P) = A$。若 f 可積或 $\lim_{\|P\| \to 0} R(f, P) = A$，則

$$\int_a^b f(x)dx = \lim_{\|P\| \to 0} R(f, P) \,。$$

<u>達布</u>證得

19.25 定理. 設 $f' : [a, b] \to \mathbb{R}$ 為可積函數，則

$$\int_a^b f'(x)dx = f(b) - f(a) \text{。}$$

解. 設 $[a, b]$ 為一有界區間和 $P = \{x_0, x_1, \cdots, x_n\}$ 為區間 $[a, b]$ 上一分割。利用均值定理 19.2-1 (頁 373)，存在 $t_i \in (x_{i-1}, x_i)$ 滿足

$$f(b) - f(a) = \sum_{i=1}^n \left[f(x_i) - f(x_{i-1}) \right] = \sum_{i=1}^n f'(t_i)(x_i - x_{i-1}) \text{，}$$

故

$$\int_a^b f'(x)dx = \lim_{\|P\| \to 0} \sum_{i=1}^n f'(t_i)(x_i - x_{i-1}) = f(b) - f(a) \text{。}$$

$\blacksquare$

<u>勒貝格</u> (Henri Lebesgue 1875 − 1941) 發現<u>勒貝格</u>定理：

19.26 定理. (<u>勒貝格</u>定理) 設 I 為 $\mathbb{R}$ 上一個有界區間和 $f : I \to \mathbb{R}$ 為一個有界函數，則函數 f 為<u>黎曼</u>可積的充要條件為函數 f 的不連續點集為 0 測度。

<u>柯西</u>指出當 $f : [0, 1] \times [0, 1] \to \mathbb{R}$ 無界函數時，下面兩個積分

$$\int_0^1 \left(\int_0^1 f(x, y)dx \right) dy, \quad \int_0^1 \left(\int_0^1 f(x, y)dy \right) dx$$

不一定相等。

<u>勒貝格</u>定義<u>勒貝格</u>積分，參見第 20 章。

19.4　無窮級數的收斂和發散

在 1810 年左右，<u>傅立葉</u>、<u>柯西</u>和<u>波爾察諾</u>開始對無窮級數的收斂和發散 (convergence and divergence of series) 等概念嚴格化。

<u>傅立葉</u>定義：

19.27 定義. 設 $\{a_n\}$ 為一數列和 $A \in \mathbb{R}$。若對任一 $\varepsilon > 0$，存在 $N \in \mathbb{N}$，若 $n \geq N$，則 $|a_n - A| < \varepsilon$，則稱當 n 趨近於 ∞ 時，數列 $\{a_n\}$ 的極限為 A，記為 $\lim\limits_{n \to \infty} a_n = A$。 若數列 $\{a_n\}$ 的極限存在，我們稱數列 $\{a_n\}$ 為一收斂數列。若數列 $\{a_n\}$ 的極限不存在，我們稱數列 $\{a_n\}$ 為一發散數列。

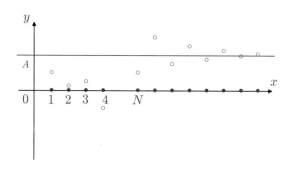

圖 **19.9:** 收斂數列

19.28 定義. 設 $\{a_n\}$ 為一數列，則數列 $\{S_n\}$ 稱為數列 $\{a_n\}$ 的部分和 *(partial sum)* 數列，其中

$$S_1 = a_1 \text{ 、 } S_2 = a_1 + a_2 \text{ 、 } \cdots \text{ 、 } S_n = a_1 + a_2 + \cdots + a_n \text{ 、 } \cdots \text{ 。}$$

19.29 定義. 設 $\{a_n\}$ 為一數列，則級數

$$\sum_{k=1}^{\infty} a_k = a_1 + a_2 + \cdots + a_n + \cdots,$$

表數列 $\{a_n\}$ 的部分和數列 $\{S_n\}$。稱 $\{a_n\}$ 為級數 $\sum_{k=1}^{\infty} a_k$ 的項數列 *(term sequence)* 和 $\{S_n\}$ 為級數 $\sum_{k=1}^{\infty} a_k$ 的部分和數列 *(partial sum sequence)*。

19.30 定義. 設 $\sum_{k=1}^{\infty} a_k$ 為一級數。

1. 若部份和數列 $\{S_n\}$ 收斂：存在 $S \in \mathbb{R}$，使得 $\lim\limits_{n \to \infty} S_n = S$， 則稱級數 $\sum_{k=1}^{\infty} a_k$ 收斂而級數的和為 S，表為 $\sum_{k=1}^{\infty} a_k = S$。
2. 若部份和數列 $\{S_n\}$ 發散：$\lim\limits_{n \to \infty} S_n$ 不存在，則稱級數 $\sum_{k=1}^{\infty} a_k$ 發散。

柯西得到下列三定理：

19.31 定理. *(柯西審斂法)* 級數 $\sum_{k=1}^{\infty} a_k$ 收斂的充要條件為對任一 $\varepsilon > 0$，存在 $N > 0$，若 $n > m \geq N$，則 $\left| a_{m+1} + a_{m+2} + \cdots + a_n \right| < \varepsilon$。

19.4-4 定理. *(比值審斂法)* 設對每一 $n \in \mathbb{N}$，有 $a_n > 0$ 和 $\rho = \lim\limits_{n \to \infty} \frac{a_{n+1}}{a_n}$。
則

1. 若 $0 \leq \rho < 1$，則級數 $\sum_{k=1}^{\infty} a_k$ 收斂。
2. 若 $\rho > 1$ 或 $\rho = \infty$，則級數 $\sum_{k=1}^{\infty} a_k$ 發散。
3. 若 $\rho = 1$，則級數 $\sum_{k=1}^{\infty} a_k$ 可能是收斂或是發散。

19.4-5 定理. *(根式審斂法)* 設對每一 $n \in \mathbb{N}$，有 $a_n > 0$ 和 $\rho = \lim\limits_{n \to \infty} \sqrt[n]{a_n}$。 則

1. 若 $0 \leq \rho < 1$，則級數 $\sum_{k=1}^{\infty} a_k$ 收斂。
2. 若 $\rho > 1$ 或 $\rho = \infty$，則級數 $\sum_{k=1}^{\infty} a_k$ 發散。
3. 若 $\rho = 1$，則級數 $\sum_{k=1}^{\infty} a_k$ 可能是收斂或是發散。

19.32 定義. 我們有

1. 若級數 $\sum_{k=1}^{\infty} |a_k|$ 收斂，則稱級數 $\sum_{k=1}^{\infty} a_k$ 為絕對收斂 *(absolute convergence)*。
2. 若級數 $\sum_{k=1}^{\infty} |a_k|$ 發散，而級數 $\sum_{k=1}^{\infty} a_k$ 收斂，則稱級數 $\sum_{k=1}^{\infty} a_k$ 為條件收斂 *(conditional convergence)*。

<u>狄利克雷</u>在 1837 年，證明

19.33 定理. 若級數 $\sum_{k=1}^{\infty} a_k = A$ 絕對收斂和級數 $\sum_{k=1}^{\infty} b_k$ 為其任一重排，則級數 $\sum_{k=1}^{\infty} b_k = A$ 為絕對收斂。

<u>黎曼</u>在 1854 年，證明

19.34 定理. 若級數 $\sum_{k=1}^{\infty} a_k$ 為條件收斂，任一實數 l，存在其一重排級數 $\sum_{k=1}^{\infty} b_k$ 滿足 $\sum_{k=1}^{\infty} b_k = l$。

函數級數：

19.35 定義. 設 $[a,b]$ 為 $\mathbb{R}$ 上一區間和 $\mathfrak{F}([a,b]) = \{g : [a,b] \to \mathbb{R} \mid g$ 為一函數$\}$ 為區間 $[a,b]$ 上所有函數的集合，一函數 $f : \mathbb{N} \to \mathfrak{F}([a,b])$ 稱為 $[a,b]$ 上一函數列，記為下列三者之一：$\{f_n\}$、$\{f_n\}_1^{\infty}$、$\{f_1, f_2, \cdots, f_n, \cdots\}$。

19.36 定義. 設 $[a,b]$ 為 $\mathbb{R}$ 上一區間，$\{f_n\}$ 為 $[a,b]$ 上一函數列和函數 $f : [a,b] \to \mathbb{R}$，若對每一 $x \in [a,b]$, $\varepsilon > 0$，存在 $N = N(x,\varepsilon) > 0$，若 $n \geq N$，則 $|f_n(x) - f(x)| < \varepsilon$， 我們稱函數列 $\{f_n\}$ 點態收斂到極限函數 f，或稱 $\{f_n\}$ 為一點態收斂函數列 *(pointwise convergence of sequence of functions)*，記為 $\lim_{n \to \infty} f_n(x) = f(x)$。

19.37 定義. 設 $[a,b]$ 為 $\mathbb{R}$ 上一區間，$\{f_n\}$ 為 $[a,b]$ 上一函數列和函數 $f:[a,b] \to$ $\mathbb{R}$，若對每一 $\varepsilon > 0$，存在 $N = N(\varepsilon) > 0$，若 $n \geq N$，對每一 $x \in [a,b]$，有 $\left|f_n(x)-f(x)\right| < \varepsilon$，我們稱函數列 $\{f_n\}$ 均勻收斂到極限函數 f，或稱 $\{f_n\}$ 為一均勻收斂函數列 (uniform convergence of sequence of functions)，記為 $\lim\limits_{n\to\infty} f_n(x) = f(x)$ 均勻。

19.4-6 定理. (函數列均勻收斂審斂法) 區間 $[a,b]$ 上函數列 $\{f_n\}$ 均勻收斂到函數 $f:[a,b] \to \mathbb{R}$ 的充要條件為

$$\lim_{n\to\infty} \sup_{x\in[a,b]} |f_n(x) - f(x)| = 0 \text{。}$$

阿貝爾證得：

19.4-7 定理. (均勻收斂連續定理) 若 $[a,b]$ 上連續函數列 $\{f_n\}$ 均勻收斂到函數 $f:[a,b] \to \mathbb{R}$，則函數 f 連續。

我們可以像定義級數一樣定義函數級數。柯西考慮連續函數級數 $\sum_{k=1}^{\infty} u_k(x)$。他在 1823 年發現函數 e^{-1/x^2} 在 $x = 0$ 時，其任意階導數都存在。但是該函數在 $x=0$ 做泰勒展開時，其級數除了 0 外，其他 x 都不收斂。

魏爾斯特拉斯證得：

19.38 定理. (魏爾施特拉斯 M-均勻收斂審斂法) 設 $[a,b]$ 上有函數級數 $\sum_{k=1}^{\infty} u_k$。若存在一正數列 $\{M_n\}$，滿足 $\sum_{k=1}^{\infty} M_k < \infty$，且存在 $N > 0$，若 $n \geq N$，則對每一 $x \in [a,b]$，有 $|u_n(x)| \leq M_n$，則函數級數 $\sum_{k=1}^{\infty} u_k(x)$ 均勻收斂。

19.5 本章心得

1. 數學家們開始注意到分析的證明太鬆，函數概念不清楚，發散級數導出許許多多似是而非的問題。

2. 輕鬆一下：英國大數學家哈代 (Hardy) 和李特伍德 (Littlewood)，每年暑假都相約赴北歐，思考解決黎曼猜想 (Riemann hypothesis)。有一次，哈代有要事，要先回英國。要搭船時，狂風大作，哈代以為可能會死在海上，就在碼頭給李特伍德寫一封信說他已經解決黎曼猜想了。安全回到英國後，知道不能再開玩笑，馬上再寫一封信告訴李特伍德說他先前想法是錯的。

20　實變數函數論

函數論的發展，主要是想了解和分類十九世紀一些奇怪的現象：連續不可微函數，有界導來數的黎曼不可積函數，連續函數級數之和為非連續函數，可積函數級數之和為不可積函數和了解函數與其傅立葉級數之間的關係。

20.1　n 維歐式空間

設二向量 $x = (x_1, x_2, \cdots, x_n)$, $y = (y_1, y_2, \cdots, y_n) \in \mathbb{R}^n$ 和 $t \in \mathbb{R}$，則 $x + y = (x_1 + y_1, x_2 + y_2, \cdots, x_n + y_n)$，表二向量 x, y 為鄰邊的平行四邊形的對角線向量 $x + y$，而 $tx = (tx_1, tx_2, \cdots, tx_n)$，表向量 x 的 t 倍向量 tx。

20.1-1 定理. 在 n 維歐式空間 $\mathbb{R}^n$ 上規定對每一 $x \in \mathbb{R}^n$ 的模為

$$\|x\| = \sqrt{x_1^2 + x_2^2 + \cdots + x_n^2} \, 。$$

20.1 定義. 固定向量 $a = (a_1, a_2 \cdots, a_n) \in \mathbb{R}^n$ 和正數 $r > 0$。

1. 以 a 為圓心和 r 為半徑的開球為 $B_r(a) = \{x \in \mathbb{R}^n \mid \|x - a\| < r\}$。
2. 以 a 為圓心和 r 為半徑的閉球為 $\overline{B_r(a)} = \{x \in \mathbb{R}^n \mid \|x - a\| \leq r\}$。

20.2 定義. 設 $\Omega \subset \mathbb{R}^n$ 為一子集，$\Omega^c = \mathbb{R}^n \backslash \Omega$ 表 Ω 的餘集和向量 $a = (a_1, a_2, \cdots, a_n) \in \mathbb{R}^n$。

1. 設 $a \in \Omega$。若存在 $r_a > 0$，使得開球 $B_{r_a}(a) \subset \Omega$，則稱 a 為子集 Ω 的一內點。
2. 設 $a \in \Omega^c$。若存在 $r_a > 0$，使得開球 $B_{r_a}(a) \subset \Omega^c$，則稱 a 為子集 Ω 的一外點。
3. 設 $a \in \mathbb{R}^n$。若對每一 $r > 0$，皆有

$$B_r(a) \cap \Omega \neq \emptyset \, 、\, B_r(a) \cap \Omega^c \neq \emptyset,$$

則稱 a 為子集 Ω 的一邊界點，用 $\partial\Omega$ 表子集 Ω 的所有邊界點集。

20.3 定義. 設 $\Omega \subset \mathbb{R}^n$ 為一子集和 $\Omega^c = \mathbb{R}^n \backslash \Omega$ 表 Ω 的餘集。

1. 若對每一 $a \in \Omega$，存在 $r_a > 0$，使得 $B_{r_a}(a) \subset \Omega$，即 Ω 的每一點皆為內點，則稱 Ω 為一開集。故一開集不含 Ω 的任一邊界點。Ω 的所有內點所成集合稱為內點集，記為 Ω°。

2. 若 Ω 含 Ω 的所有邊界點，則稱 Ω 為一閉集。稱 $\overline{\Omega} = \Omega \cup \partial\Omega$ 為 Ω 的閉包。故

$$\Omega \text{ 為一閉集} \Leftrightarrow \Omega = \overline{\Omega} \Leftrightarrow \Omega^c \text{ 為一開集。}$$

20.4 定義. 設 A, B 為 $\mathbb{R}^n$ 的二子集。

1. 若 $A \cap B = \emptyset$，則稱 A, B 為互斥集。
2. 若 $A^\circ \cap B^\circ = \emptyset$，則稱 A, B 為非重疊集。

20.5 定義. 設 K 為歐氏空間 $\mathbb{R}^n$ 的子集。

1. 若 $\mathbb{R}^n$ 上開集族 $\{O_\lambda\}$，滿足 $K \subset \bigcup_\lambda O_\lambda$，則稱開集族 $\{O_\lambda\}$ 為子集 K 的一個開集蓋。
2. 若 $\{O_\lambda\}$ 為子集 K 的一個開集蓋，則存在子集 K 的一個有限開集蓋：存在 $\lambda_1, \lambda_2, \cdots, \lambda_k$，使得

$$K \subset O_{\lambda_1} \cup, \cup \cdots, \cup O_{\lambda_k},$$

則稱 K 為一緊緻集。

20.6 定理. 歐氏空間 $\mathbb{R}^n$ 上任一個有界閉長方體 $R = [a_1, b_1] \times \cdots \times [a_n, b_n]$ 為一緊緻集。

20.7 定義. 歐氏空間 $\mathbb{R}^n$ 上任一個有界閉長方體 $R = [a_1, b_1] \times \cdots \times [a_n, b_n]$，其體積為 $|R| = (b_1 - a_1) \times \cdots \times (b_n - a_n)$。

20.8 定義. 歐氏空間 $\mathbb{R}^n$ 上任一個有界開長方體為 $R = (a_1, b_1) \times \cdots \times (a_n, b_n)$，其體積為 $|R| = (b_1 - a_1) \times \cdots \times (b_n - a_n)$。

20.9 定義. 歐氏空間 $\mathbb{R}^n$ 上任一個有界立方體 Q 為每邊皆相等的長方體。

20.10 定理. 若 $R_1, R_2, \cdots, R_N, R$ 為長方體，$R = \cup_{k=1}^N R_k$ 非重疊，

$$|R| = \sum_{k=1}^N |R_k|。$$

20.11 定理. *(康托爾定理)* 實數集 $\mathbb{R}$ 上任一個開集 O，必可表為 $O = \cup_{k=1}^{\infty} O_k$ 互斥，其中 O_k 為開區間。

20.12 定理. 歐氏空間 $\mathbb{R}^n$ 上任一個開集 O，必可表為 $O = \cup_{k=1}^{\infty} Q_k$ 非重疊，其中 Q_k 為閉立方體。

20.13 定義. 設 Σ 表 $\mathbb{R}^n$ 的子集之非空集 *(nonempty collection of subsets)*。若 Σ 滿足

1. 若 $E \in \Sigma$，則 $E^c \in \Sigma$。
2. 若 $\{E_k\}_{k=1}^{\infty} \subset \Sigma$，則 $E = \cup_{k=1}^{\infty} \in \Sigma$。

則稱 Σ 為一 σ 代數 *(σ algebra)*。

20.14 定理. 設 Σ 為一 σ 代數。

1. 若 $E, F \in \Sigma$，則 $E - F \in \Sigma$。
2. $\emptyset, \mathbb{R}^n \in \Sigma$。
3. 若 $\{E_k\}_{k=1}^{\infty} \subset \Sigma$，則 $E = \cap_{k=1}^{\infty} \in \Sigma$。

20.2　黎曼–斯蒂爾吉斯積分

荷蘭數學家斯蒂爾吉斯 (Thomas Stieltjes 1856 – 1894) 的父親是著名工程師，參與過鹿特丹碼頭的建築。1873 年，斯蒂爾吉斯進入代爾夫特工業學院。他對圖書館內高斯的著作，比老師的上課更有興趣，學業成績不好。1877 年 4 月他開始在天文台當助理。後來數學研究很好，申請哥廷根大學教職，可惜因為他沒有正式的學位，大學沒有接受。直至 1886 年，他才取得正式的博士學位。

斯蒂爾吉斯 (Thomas Stieltjes 1856 – 1894) 考慮沿著有質量分佈的直線。設 $f : [a, b] \to \mathbb{R}$ 為一連續函數和 $\phi : [a, b] \to \mathbb{R}$ 為一增函數，$\phi(x)$ 表區間 $[a, x]$ 的總質量。設

$$P = \{x_0, x_1, x_2, \cdots, x_{n-1}, x_n\}$$

為區間 $[a, b]$ 上一分割，任取 $c_i \in [x_{i-1}, x_i]$，他考慮 $[a, b]$ 上的黎曼和

$$R(f, P) = \sum_{i=1}^{n} f(c_i)\big(\phi(x_{i+1} - \phi(x_i)\big)。$$

斯蒂爾吉斯證得

$$\lim_{\|P\|\to 0}\sum_{i=1}^{n}f(c_i)\big(\phi(x_{i+1}-\phi(x_i)\big)$$

存在，表為

$$\int_a^b f(x)d\phi(x) = \lim_{\|P\|\to 0}\sum_{i=1}^{n}f(c_i)\big(\phi(x_{i+1}-\phi(x_i)\big)\,,$$

稱 $\int_a^b f(x)d\phi(x)$ 為黎曼–斯蒂爾吉斯積分 (Riemann-Stieltjes integral)。

設 $f:[a,b]\to\mathbb{R}$ 為一連續函數和 $\phi:[a,b]\to\mathbb{R}$ 為一減函數，則 $(-\phi)$ 為一增函數，可得黎曼–斯蒂爾吉斯積分。

20.3　容度與波萊爾測度

函數不連續點集的測度與函數的積分性頗有關係，數學家發展容度與測度來量集合之長，在完美的勒貝格測度之前有：

1. **康托爾** (Georg Cantor 1845 − 1918) **定義外容度**：

    20.15 定義. 設 $E\subset[a,b]$ 為一子集，則

    $$\inf\left\{\sum_{k-1}^{N}|I_k|\ \Big|\ E\subset\cup_{k=1}^N I_k\right\}\,,$$

    稱為 E 的外容度 *(exterior content)*，其中對每一 $k=1,2,\cdots,N$，區間 $I_k\subset[a,b]$。

    外容度的缺點：設 E 為區間 $[a,b]$ 上有理數集，則 E 的外容度為 $[a,b]$。

2. **皮亞諾** (Giuseppe Peano 1858 − 1932) **在 1887 年定義容度**：

    20.16 定義. 設 $E\subset[a,b]$ 為一子集，則其內容度 *(interior content)* 為 $C_i(E)$ 和外容度 *(exterior content)* 為 $C_e(E)$：

    $$C_i(E)=\sup_{I_k\subset E}\sum|I_k|$$
    $$C_e(E)=\inf_{E\cap I_l\neq\emptyset}\sum|I_l|\,,$$

    其中有限小區間 $I_i\subset[a,b]$ 滿足 $[a,b]=\cup_{i=1}^N I_i$。若 $C_i(E)=C_e(E)$，則稱 E 可容，其容度為 $C(E)=C_e(E)$。

容度的缺點：設 E 為區間 $[a,b]$ 上有理數集，則 E 不可容。

3. 波萊爾 (Émile Borel 1871 – 1956) 著書「函數論」探討波萊爾測度 (Borel measure) 代替容度。利用康托爾定理 20.11 (頁 386)，**波萊爾定義波萊爾測度**：

20.17 定義. 設 $O \subset \mathbb{R}$ 為一有界開集滿足 $O = \cup_{k=1}^{\infty} I_k$ 互斥，其中 I_k 為開區間，規定 O 的波萊爾測度為

$$m(O) = \sum_{k=1}^{\infty} |I_k| \text{。}$$

20.18 定義. 波萊爾代數 (Borel algebra) 或波萊爾 σ 代數 (Borel σ algebra)，是含所有開集的最小 σ 代數。波萊爾代數的任一集合稱為一波萊爾集，故任一開集或閉集都是一波萊爾集，一波萊爾集的餘集也是一波萊爾集，可數個波萊爾集的聯集也是一波萊爾集，可數個波萊爾集的交集也是一波萊爾集，一波萊爾集為波萊爾可測集。

波萊爾測度的缺點：設 E 的波萊爾測度為 0，$F \subset E$，則 F 不一定波萊爾可測。

20.4 勒貝格的生平

勒貝格的生平 (Lebesgue's life)：

勒貝格 (Henri Lebesgue 1875 – 1941) 出生於 1875 年 6 月 28 日在法國博韋 (Beauvais)。父親是一名排字工人，母親是一所學校的老師。由於他在小學數學表現出非凡的天賦，繼續到巴黎念中學，在 1894 年勒貝格進法國中學生夢寐以求的高等師範學校 (École Normale Supérieure)，畢業後他留在高等師範學校圖書館工作兩年，在那裡他才知道貝爾 (René-Louis Baire 1874 – 1932) 不連續函數的研究。之後他進巴黎大學念書，在那裡他了解了皮亞諾容度和波萊爾測度理論。1902 年他獲得了博士學位，開創性的論文是「積分、長度和面積」，他的指導教授是長他 4 歲的波萊爾。勒貝格在巴黎大學，後來到法蘭西學院 (Collège de France) 做研究，1922 年，他當選的科學學院士，1941 年死於巴黎。勒貝格一生，單槍匹馬研究實變數函數論，開創重要新領域，成績輝煌，對人類有巨大的貢獻。勒貝格發明勒貝格積分 (Lebesgue integral)：

圖 **20.1:** 勒貝格

20.5 勒貝格積分

可測集:

20.19 定義. 設 $E \subset \mathbb{R}^n$ 為任一個集合，E 的外側度 *(exterior measure)* 為

$$m_\star(E) = \inf \sum_{k=1}^{\infty} |Q_k| \, ,$$

其中 Q_k 為閉立方體滿足 $E \subset \cup_{k=1}^{\infty} Q_k$。

20.20 定義. 設 $E \subset \mathbb{R}^n$ 為任一個集合，E 為可測 *(measurable)* 或勒貝格可測 *(Lebesgue measurable)*，若對任一 $\varepsilon > 0$，存在開集 $O \supset E$ 使得

$$m_\star(O \backslash E) \le \varepsilon \, .$$

若 E 可測，其測度為 $m(E) = m_\star(E)$。

20.21 定理. 我們有

1. $\mathbb{R}^n$ 上開集和閉集皆可測。
2. 每一個波萊爾可測集也是勒貝格可測集，其波萊爾測度與勒貝格測度相等。
3. 設 $E \subset \mathbb{R}^n$, $m_\star(E) = 0$，則 E 可測。故若 $m(E) = 0, F \subset E$，則 F 可測滿足 $m(F) = 0$。

4. 設 $E \subset \mathbb{R}^n$ 可測，則其餘集 E^c 可測。

5. 設 $E_k \subset \mathbb{R}^n$, $k = 1, 2, \cdots$ 可測，則 $D = \cup_{k=1}^{\infty} E_k$ 和 $E = \cap_{k=1}^{\infty} E_k$ 皆可測。

6. 設 $E_k \subset \mathbb{R}^n$, $k = 1, 2, \cdots$ 可測，和 $E = \cup_{k=1}^{\infty} E_k$ 非重疊，則

$$m(E) = \sum_{k=1}^{\infty} m(E_k) \text{。}$$

可測函數：

20.22 定義. 我們有

1. 設 $E \subset \mathbb{R}^n$ 為一可測集，則其特徵函數 *(characteristic function)* 為

$$\chi_E(x) = \begin{cases} 1 & \text{若 } x \in E \\ 0 & \text{若 } x \notin E \end{cases} \text{。}$$

2. 設 $E_k \subset \mathbb{R}^n$, $k = 1, 2, \cdots N$ 為可測集，則其簡函數 *(simple function)* 為

$$\varphi = \sum_{k=1}^{N} a_k \chi_{E_k} \text{,}$$

其中 $a_k \in \mathbb{R}$。

20.23 定義. 設 $E \subset \mathbb{R}^n$ 為一可測集。若函數 $f : E \to \mathbb{R} \cup \{-\infty, \infty\}$ 滿足對每一 $a \in \mathbb{R}$，有

$$f^{-1}([-\infty, a)) = \{x \in E \mid f(x) < a\}$$

為一可測集，則稱 f 為可測函數。

20.24 定理. 我們有

1. 簡函數是可測函數。

2. 設 f, g 為可測函數，則 $f + g$, fg 為可測函數。

3. 設 $\{f_k\}_{k=1}^{\infty}$ 為可測函數滿足

$$\lim_{k \to \infty} f_k(x) = f(x) \text{,}$$

則函數 f 可測。

20.25 定理. 設 $f : \mathbb{R}^n \to \mathbb{R}^+ \cup \{\infty\}$ 為可測函數。存在非負簡函數列 $\{\varphi_k\}_{k=1}^{\infty}$ 滿足

$$\varphi_k(x) \le \varphi_{k+1}(x), \ \lim_{k \to \infty} \varphi_k(x) = f(x) \text{ 對所有 } x \text{。}$$

證. 對 $N \ge 1$，令 Q_N 表 0 為心，N 為邊的長方體。令

$$F_N(x) = \begin{cases} f(x) & \text{當 } x \in Q_N, f(x) \le N \\ N & \text{當 } x \in Q_N, f(x) > N \\ 0 & \text{否則。} \end{cases}$$

則對任一 $x \in \mathbb{R}^n$，$\lim_{N \to \infty} F_N(x) = f(x)$。對 $N, M \ge 1$ 和 $0 \le l < NM$，規定

$$E_{l,M} = \left\{ x \in Q_N \ \middle| \ \frac{l}{M} < F_N(x) \le \frac{l+1}{M} \right\},$$

表

$$F_{N,M}(x) = \sum_l \frac{l}{M} \chi_{E_{l,M}}(x),$$

$F_{N,M}(x)$ 為簡函數滿足 $0 \le F_N(x) - F_{N,M}(x) \le \frac{1}{M}$。令 $N = M = 2^k$，$\varphi_k = F_{2^k, 2^k}$，則

$$0 \le F_{2^k}(x) - \varphi_k(x) \le \frac{1}{2^k},$$

則 $\{\varphi_k\}_{k=1}^{\infty}$ 為非負簡函數列滿足

$$\varphi_k(x) \le \varphi_{k+1}(x), \ \lim_{k \to \infty} \varphi_k(x) = f(x) \text{ 對所有 } x \text{。}$$

■

20.26 定理. 設函數 $f : \mathbb{R}^n \to \mathbb{R} \cup \{-\infty, \infty\}$ 可測。存在簡函數列 $\{\varphi_k\}_{k=1}^{\infty}$ 滿足

$$|\varphi_k(x)| \le |\varphi_{k+1}(x)|, \ \lim_{k \to \infty} \varphi_k(x) = f(x) \text{ 對所有 } x \text{。}$$

20.27 定義. 設 $E \subset \mathbb{R}^n$ 為一可測集和 E 上可測函數列 $\{f_k\}_{k=1}^{\infty}$。

1. 若存在 $F \subset E$, $m(F) = 0$ 滿足對每一 $x \in E \backslash F$，有

$$\lim_{k \to \infty} f_k(x) = f(x),$$

則稱 $f_k \to f \, a.e.$ 或 $f_k \to f$ 殆遍 (a.e., almost everywhere)。

2. 若

$$\lim_{k \to \infty} f_k(x) = f(x) \text{均勻,}$$

則稱 $f_k \to f$ 均勻。

勒貝格積分：

我們用四步驟介紹積分或稱勒貝格積分：

1. 簡函數的積分。
2. 有限測度集上有界函數的積分。
3. 非負函數的積分。
4. 一般函數的積分。

簡函數的積分：

20.28 定義. 設 $E \subset \mathbb{R}^n$ 為一有限測度集和簡函數 *(simple function)* 為

$$\varphi = \sum_{k=1}^{N} a_k \chi_{E_k},$$

其中 $a_k \in \mathbb{R}$。規定簡函數 φ 在可測集 E 上的積分為

$$\int_E \varphi(x)dx = \sum_{k=1}^{N} a_k m(E \cap E_k)。$$

有限測度集上有界函數的積分：

20.29 定義. 設函數 f 可測。f 的支撐 *(support)* 為

$$supp(f) = \overline{\{x \mid f(x) \neq 0\}}。$$

20.30 定理. 設 $E \subset \mathbb{R}^n$ 為一有限測度集和 f 為一可測函數滿足 $supp(f) \subset E$。設簡函數列 $\{\varphi_k\}_{k=1}^{\infty}$ 滿足

$$\varphi_k(x) \leq \varphi_{k+1}(x), \ \lim_{k \to \infty} \varphi_k(x) = f(x) \text{ 殆遍,}$$

且存在 $M > 0$ 滿足 $|\varphi_k(x)| \leq M$ 對所有的 k, x。則

$$\lim_{k \to \infty} \int \varphi_k(x)dx$$

存在。

20.31 定義. 設 $E \subset \mathbb{R}^n$ 為一有限測度集和 f 為一可測函數滿足 $supp(f) \subset E$，且存在 $M > 0$ 滿足 $|f(x)| \leq M$ 對所有的 x。定理 *20.25 (頁 391)*，得簡函數列 $\{\varphi_k\}_{k=1}^{\infty}$ 滿足

$$\varphi_k(x) \leq \varphi_{k+1}(x), \ \lim_{k \to \infty} \varphi_k(x) = f(x) \text{ 殆遍 },$$

規定

$$\int f(x)dx = \lim_{k \to \infty} \int \varphi_k(x)dx \text{。}$$

非負函數的積分：

20.32 定義. 設 f 為 $\mathbb{R}^n$ 上非負可測函數。規定

$$\int f(x)dx = \sup_g \int g(x)dx \text{，}$$

其中 g 為可測函數滿足 $0 \leq g \leq f$ 和 g 有界且其支撐 $supp(g)$ 為有限測度。

20.33 引理. *(法圖引理 Fatou Lemma)* 設 $\{f_k\}_{k=1}^{\infty}$ 為非負可測函數列，若

$$f(x) = \lim_{k \to \infty} f_k(x) \text{ 殆遍收斂 },$$

則

$$\int f(x)dx \leq \liminf_{k \to \infty} \int f_k(x)dx \text{。}$$

20.34 定義. 設 f 為 $\mathbb{R}^n$ 上非負可測函數。若函數 f 的積分 $\int f(x)dx < \infty$，則稱函數 f 可積或勒貝格可積。

一般函數的積分：

20.35 定義. 設 f 為 $\mathbb{R}^n \to \mathbb{R}$ 為一可測函數。若函數 $|f|$ 為可積或勒貝格可積，則稱函數 f 可積或勒貝格可積。

20.36 定義. 設 $f : \mathbb{R}^n \to \mathbb{R}$ 為一可測函數。令

$$f^+(x) = \max\{f(x), 0\}, \ \ f^-(x) = \max\{-f(x), 0\} \text{，}$$

則 f^+, f^- 非負可測，$f = f^+ - f^-$，因 $f^+ \leq |f|$, $f^- \leq |f|$，故 f^+, f^- 為可積。規定 f 的積分為

$$\int f(x)dx = \int f^+(x)dx - \int f^-(x)dx \text{。}$$

勒貝格發現實變數函數論基石「勒貝格控制收斂定理」(Lebesgue Dominated Convergence Theorem)：

20.37 定理. 設 $\{f_k\}_{k=1}^\infty$ 為可測函數列，若

$$f(x) = \lim_{k\to\infty} f_k(x) \text{ 殆遍,}$$

且存在一可積函數 g 使得對每一 x, k 有 $|f_k(x)| \leq g(x)$ 則

$$\lim_{k\to\infty} \int |f_k - f(x)|dx = 0,$$

即

$$\lim_{k\to\infty} \int f_k dx = \int f(x)dx。$$

20.38 定理. *(勒貝格定理)* 設 $f:[a,b] \to \mathbb{R}$ 為一黎曼可積，則 f 是勒貝格可積，且黎曼積分和勒貝格積分相等，

$$(R)\int_a^b f(x)dx = (L)\int_a^b f(x)dx。$$

勒貝格在 1904 年證得：

20.39 定理. *(勒貝格定理)* 設 I 為 $\mathbb{R}$ 上一個有界區間和 $f:I \to \mathbb{R}$ 為一個有界函數，則函數 f 為黎曼可積的充要條件為函數 f 的不連續點集為 0 測度。

20.40 定理. 設 f 為一可積函數，g 為一可測函數，且 $f = g$ 殆遍，則 g 為一可積函數。

20.41 引理. *(黎曼–勒貝格引理 Riemann-Lebesgue Lemma)* 若 $f:\mathbb{R} \to \mathbb{R}$ 為一可積函數，則其傅立葉變換

$$\lim_{|\xi|\to\infty} \hat{f}(\xi) = 0。$$

20.42 定義. 一三角級數

$$\sum_{k=1}^\infty a_k e^{ikt}$$

稱為一富式級數若存在 $f:[0,2\pi] \to \mathbb{R}$ 為一可積函數，滿足

$$a_k = \frac{1}{2\pi}\int f(t)e^{-ikt}dt。$$

20.6　李特爾伍德三原則

李特爾伍德 (John Edensor Littlewood 1885 – 1977) 創三原則：

1. 由定義 20.20 (頁 389) 和定理 20.12 (頁 386)，得可測集幾乎是有限個立方體的聯集。

2. 可測函數幾乎是連續函數。

   20.43 定理. *(魯金定理 Lusin Theorem)* 設 $E \subset \mathbb{R}^n$ 為一有限測度集和函數 $f : E \to \mathbb{R}$ 可測。對任一 $\varepsilon > 0$，存在一閉集 F 滿足

   $$F \subset E, \ m(E \backslash F) \leq \varepsilon，$$

   且 $f|F$ 是連續函數。

3. 可測函數列收斂幾乎是均勻收斂。

   20.44 定理. *(葉戈羅夫定理 Egorov Theorem)* 設 $E \subset \mathbb{R}^n$ 為一有限測度集和 E 上可測函數列 $\{f_k\}_{k=1}^{\infty}$。若 $f_k \to f$ 殆遍收斂在 E，對任一 $\varepsilon > 0$，存在一閉集 A 滿足

   $$A \subset E, \ m(E \backslash A) \leq \varepsilon，$$

   使得 $f_k \to f$ 均勻在 A。

20.7　黎曼積分與勒貝格積分

量一座山的體積： (Riemann integral and Lebesgue integral)：

1. 黎曼積分；「黎曼–達布逼近」(The Riemann-Darboux approach)；分割 xy 平面；用階梯函數 (step function) 逼近：

   設山底為一個矩形 $D = [a,b] \times [c,d]$，山高為一有界函數 $f : D \to \mathbb{R}^+$。設 $P_1 = \{x_0 = a, x_1, \cdots, x_k = b\}$ 為區間 $[a,b]$ 上一個分割，P_1 將區間 $[a,b]$ 分成 k 個小區間 $I_i = [x_{i-1}, x_i]$，小區間 I_i 的長度為 $|I_i| = x_i - x_{i-1}$。同樣的，設 $P_2 = \{y_0 = c, y_1, \cdots, y_n = d\}$ 為區間 $[c,d]$ 上一個分割，P_2 將區

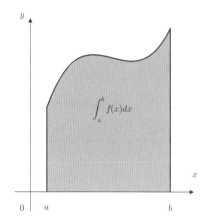

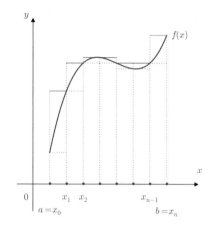

圖 **20.2:** 黎曼積分   圖 **20.3:** 黎曼–達布逼近

間 $[c,d]$ 分成 n 個小區間 $J_j = [y_{j-1}, y_j]$，小區間 J_j 的長度為 $|J_j| = y_j - y_{j-1}$。令 P_1 和 P_2 的笛卡兒積 為

$$P = P_1 \times P_2 = \left\{ (x_i, y_j) \,\middle|\, i = 0, 1, \cdots, k \,\text{、}\, j = 0, 1, \cdots, n \right\} \text{，}$$

則 P 為矩形 D 上一個分割，P 將矩形 D 分成 kn 個小矩形

$$D_{ij} = [x_{i-1}, x_i] \times [y_{j-1}, y_j] \text{，}$$

小矩形 D_{ij} 的面積為 $|D_{ij}| = |I_i||J_j|$，則最大小矩形的面積

$$\|P\| = \max \left\{ |D_{ij}| \,\middle|\, i = 1, 2, \cdots, k \,\text{、}\, j = 1, 2, \cdots, n \right\}$$

稱為 P 的模，我們有 $\|P\| = \|P_1\|\|P_2\|$。 令函數 f 在 D_{ij} 上的下確界 m_{ij} 和上確界 M_{ij} 為

$$m_{ij} = \inf_{(x,y) \in D_{ij}} f(x,y) \,\text{、}\, M_{ij} = \sup_{(x,y) \in D_{ij}} f(x,y) \text{。}$$

令函數 f 在矩形 D 上的下和 $L(P)$ 與上和 $U(P)$ 為

$$L(P) = \sum_{i=1}^{k} \sum_{j=1}^{n} m_{ij}|D_{ij}| \,\text{、}\, U(P) = \sum_{i=1}^{k} \sum_{j=1}^{n} M_{ij}|D_{ij}| \text{。}$$

對矩形 D 上任二分割 P, Q，我們有 $L(P) \leq U(Q)$。 令集合 $\mathbb{P}$ 為矩形 D 上所有分割的集合和函數 f 在 D 上的下確界 m 和上確界 M 為

$$m = \inf_{(x,y) \in D} f(x,y) \,\text{、}\, M = \sup_{(x,y) \in D} f(x,y) \text{。}$$

集合 $\{L(P) \mid P \in \mathbb{P}\}$ 有上界 $M|D|$。集合 $\{U(P) \mid P \in \mathbb{P}\}$ 有下界 $m|D|$。由實數完備性公理 19.7 (頁 372)，存在下和的上確界 $\sup_{P \in \mathbb{P}} L(P)$，稱為 f 的下積分，記為 $\sup_{P \in \mathbb{P}} L(P) = \underline{\iint_D} f(x,y) dx dy$ 與上和的下確界 $\inf_{P \in \mathbb{P}} U(P)$，稱為 f 的上積分，記為 $\inf_{P \in \mathbb{P}} U(P) = \overline{\iint_D} f(x,y) dx dy$。我們有

$$\underline{\iint_D} f(x,y) dx dy = \sup_P L(P) \le \inf_P U(P) = \overline{\iint_D} f(x,y) dx dy \text{,}$$

若函數 f 的下積分等於函數 f 的上積分

$$\underline{\iint_D} f(x,y) dx dy = \overline{\iint_D} f(x,y) dx dy \text{,}$$

則稱 f 為二重可積函數，或稱為黎曼二重可積函數，其二重積分，或稱為黎曼二重積分為

$$\iint_D f(x,y) dx dy = \overline{\iint_D} f(x,y) dx dy \text{。}$$

20.45 例. 設狄利克雷函數為 $f : [a,b] \times [c,d] \to [0,1]$，其中

$$f(x,y) = \begin{cases} 1 & \text{當 } x \text{ 為 } [a,b] \text{ 上有理數和 } y \text{ 為 } [c,d] \text{ 上有理數,} \\ 0 & \text{否則。} \end{cases}$$

則函數 f 為一黎曼不可積函數。

證.
$$\underline{\iint_D} f(x,y) dx dy = 0, \quad \overline{\iint_D} f(x,y) dx dy = 1 \text{,}$$

故函數 f 為一不可積函數。 ∎

2. 勒貝格積分；「勒貝格逼近」(The Lebesgue approach)；分割 z 軸；用簡函數 (simple function) 逼近：

設山底為一個矩形 $D = [a,b] \times [c,d]$，山高為一有界函數 $f : D \to \mathbb{R}^+$。對 $N \ge 1$，令 $Q_N \subset D$ 表 0 為心，N 為邊的正方形。令

$$F_N(x,y) = \begin{cases} f(x,y) & \text{當 } (x,y) \in Q_N, f(x,y) \le N \\ N & \text{當 } (x,y) \in Q_N, f(x,y) > N \\ 0 & \text{否則。} \end{cases}$$

則對任一 $(x,y) \in D$，$\lim_{N\to\infty} F_N(x,y) = f(x,y)$。對 $N, M \geq 1$ 和 $0 \leq l < NM$，規定

$$E_{l,M} = \left\{ (x,y) \in Q_N \mid \frac{l}{M} < F_N(x,y) \leq \frac{l+1}{M} \right\} ,$$

表

$$F_{N,M}(x,y) = \sum_l \frac{l}{M} \chi_{E_{l,M}}(x,y) ,$$

$F_{N,M}(x,y)$ 為簡函數滿足 $0 \leq F_N(x,y) - F_{N,M}(x,y) \leq \frac{1}{M}$。
令 $N = M = 2^k$, $\varphi_k = F_{2^k, 2^k}$，則

$$0 \leq F_{2^k}(x,y) - \varphi_k(x,y) \leq \frac{1}{2^k} ,$$

則 $\{\varphi_k\}_{k=1}^\infty$ 為非負簡函數列滿足

$$\varphi_k(x,y) \leq \varphi_{k+1}(x,y), \lim_{k\to\infty} \varphi_k(x,y) = f(x,y) \text{ 對所有 } (x,y) \in D,$$

得

$$\lim_{k\to\infty} \iint_D \varphi_k(x,y) dxdy = \iint_D f(x,y) dxdy 。$$

20.46 例. 狄利克雷函數為勒貝格可積函數。

證. 令

$$A = \{(x,y) \in D \mid x \text{ 為 } [a,b] \text{ 上有理數和 } y \text{ 為 } [c,d] \text{ 上有理數}\}$$

和 $B = D \backslash A$，狄利克雷函數可寫為簡函數

$$f(x,y) = 1\chi_A + 0\chi_B ,$$

故函數 f 為勒貝格可積函數，其積分為

$$\iint_D f(x,y) dxy = 0 。$$

。   ∎

積分概念大突破 (breakthrough of integral concept)：

在有界區間 $[a,b]$ 的點放上各種不同幣值 $f(x)$ 的銅幣：

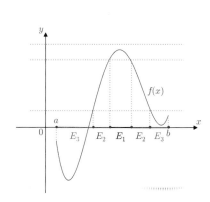

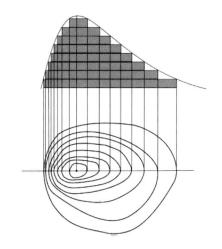

圖 20.4: 勒貝格積分　　　　　圖 20.5: 等高面

1. 黎曼將 $[a,b]$ 分割成 n 個小區間 $I_i = [x_{i-1}, x_i]$，再將每一小區間 I_i 上幣值加起來，再將所有小區間 I_i 上幣值加起來。

2. 勒貝格設對每一 $x \in [a,b]$，有 $f(x) \leq N$，將 y 軸上區間 $[0, N]$ 分割成 m 個小區間 $J_i = [y_{i-1}, y_i]$，再將每一幣值在小區間 J_i 上幣值加起來，再將所有幣值在小區間 J_i 上幣值加起來。

勒貝格積分是黎曼積分的推廣。黎曼積分是普遍的和廣大的，應用甚廣。勒貝格積分是深刻的和華麗的，勒貝格積分念百遍不算多，是物理和工程上重要工具。

20.8　黎曼−斯蒂爾吉斯積分與勒貝格積分

我們介紹黎曼−斯蒂爾吉斯積分與勒貝格積分的蜜切關係 (Riemann-Stieltjes integral and Lebesgue integral)。

20.47 定義. 設 $E \subset \mathbb{R}^n$ 為一有限測度集和 $f : E \to \mathbb{R}$ 為一可測函數。對 $\alpha \in \mathbb{R}$，則函數

$$\phi(\alpha) = m(\{x \in E \mid f(x) > \alpha\})$$

為 f 的分配函數 *(distribution function)*。

令

$$\phi(\alpha+) = \lim_{\varepsilon \to 0} \phi(\alpha + \varepsilon), \ \phi(\alpha-) = \lim_{\varepsilon \to 0} \phi(\alpha - \varepsilon)$$

和

$$\{f > \alpha\} = \{x \in E \mid f(x) > \alpha\}, \{\beta \geq f > \alpha\} = \{x \in E \mid \beta \geq f(x) > \alpha\}$$

等等。

20.48 引理. 我們有

    1. ϕ 為減函數滿足

$$\lim_{\alpha \to \infty} \phi(\alpha) = 0, \ \lim_{\alpha \to -\infty} \phi(\alpha) = m(E) \text{。}$$

    2. 若 $\alpha < \beta$，則 $m(\{\alpha < f \leq \beta\}) = \phi(\alpha) - \phi(\beta)$。

    3. 對每一 $\alpha \in \mathbb{R}$，有 $\phi(\alpha+) = \phi(\alpha)$。

    4. 對每一 $\alpha \in \mathbb{R}$，有 $\phi(\alpha-) = m(\{f \geq \alpha\})$。

即 ϕ 為右連續 (continuous from the right) 減函數，故 ϕ 可能有跳躍不連續 (jump discontinuities) 點 α，此時跳躍為 $\phi(\alpha-) - \phi(\alpha)$。

20.49 定理. 我們有

    1. $\phi(\alpha-) - \phi(\alpha) = m(\{f = \alpha\})$，故函數 ϕ 在 α 連續的充要條件為 $m(\{f = \alpha\}) = 0$。

    2. 函數 ϕ 在開區間 (α, β) 為常函數的充要條件為 $m(\{\alpha < f < \beta\}) = 0$。

設 $E \subset \mathbb{R}^n$ 為一有限測度集和 $f : E \to \mathbb{R}$ 為一可測函數。則函數 f 的勒貝格積分可表為黎曼–斯蒂爾吉斯積分。

20.50 定理. 我們有

    1. 若對每一 $x \in E$，有 $\alpha < f(x) \leq \beta$，則

$$\int_E f(x)dx = -\int_\alpha^\beta t \, d\phi(t) \text{。}$$

    2. 若 $E_{\alpha\beta} = \{x \in E \mid \alpha < f(x) \leq \beta\}$，則

$$\int_{E_{\alpha\beta}} f(x)dx = -\int_\alpha^\beta t \, d\phi(t) \text{。}$$

20.9　本章心得

1. 牛頓和萊佈尼茲認為連續函數不一定可微分。
2. 勒貝格發展測度與積分。
3. 實變數函數論的內涵為勒貝格測度與積分。
4. 用實變數函數論的數學或應用數學稱深刻數學。

21 國際數學聯合會和國際數學家會議

21.1 成立的經過

國際數學聯合會 (International Mathematical Union, IMU) 和國際數學家會議 (International Congress of Mathematicians，ICM) 是世界上最大的數學組織，其成立的經過如下：

1. 西元 1893 年在美國芝加哥舉行世界數學家和天文學家會議，克來因（F. Klein) 在開幕致辭中，呼籲成立國際數學家會議。

2. 經廣泛討論後，由歸瑟 (Carl Geiser) 籌備第一屆國際數學家會議。於 1897 年在瑞士蘇黎世 (Zürich，Switzerland) 舉行。地點選在中立國瑞士，德國和法國兩強國不會反對。籌備委員含德國克來因 (F. Klein)，法國龐加萊 (J. H. Poincaré)，義大利克雷蒙納 (L. Cremona)，瑞典米塔格–萊弗勒 (G. Mittag-Leffler)，俄國馬可夫 (A. Markoff)。第一屆國際數學家會議共有 16 國家 208 位數學家與會。第一屆國際數學家會議第一個演講者是傅洪內 (J. Franel)，他念龐加萊 (Poincaré) 的論文：分析和物理數學的關係。大會演講含赫爾維茨 (A. Hurwitz)：解析函數論最近發展；皮亞諾 (G. Peano)：談邏輯；克來因（F. Klein)：談數學教育。會中也安排遊蘇黎世湖 (Zürich lake) 和登魏特堡山 (Uetilberg Mountain)。

3. 1900 年在法國巴黎舉行的國際數學家會議，希爾伯特 (D. Hilbert) 提出 23 個待解問題，挑戰 20 世紀數學。其中大部分問題，在 20 世紀已被解決。這些問題領導 20 世紀數學的研究方向。這一種事先設定研究方向，在歷史上成功的例子很少，尤其在科學研究方面。很巧，在 1900 年 12 月 14 日，蒲郎克 (Max Planck 1858 – 1962)，在德國物理學會宣讀了一篇談「黑體幅射」的論文，而開啟了量子力學的研究。

4. 1912 年在英國劍橋舉行的國際數學家會議，朗道 (Edmund Landau) 提出 4 個質數基本問題。

5. 第一次世界大戰期間 (1914-1918) 國際數學家會議停開，戰後在 1920 年於法國史特勞斯堡 (Strasbourg) 和 1924 年於加拿大多倫多 (Toronto) 舉行的兩次大會，德國不准參加。1924 年於加拿大多倫多 (Toronto) 舉行的國際數學家會議，主辦人費爾茲 (John Charles Fields)，就提議設立一個類似諾貝爾獎的獎項，並將此屆會議的結餘款做為種子基金。但經過八年直到他臨終前仍無進展，於是他立下遺囑，捐出他的遺產連同種子基金作為費爾茲獎的基金。他過世四個星期後，1932 年 9 月 5 日，又選在中立國瑞士的蘇黎世舉行，41 國 850 人參加，會中宣布費爾茲 (Fields) 教授建立一基金會，由下屆 1936 年國際數學家會議開始，頒發費爾茲獎 (Fields Medal)，獎勵？到 4 位 40 歲以下傑出數學家。

(a) 下圖是瑞士五大數學家丹尼爾·伯努利，賈可比·伯努利，約翰·伯努利，歐伊勒和斯坦勒。這圖片用來作 1932 年國際數學家會議入場卷。

圖 **21.1:** 瑞士五大數學家

(b) 費爾茲獎牌正面：

　　i. 人像是古希臘數學家阿基米德 (Archimedes of Syracuse)。

ii. 希臘字串：ΑΡΧΙΜΗΔΟΥΣ的意思是「阿基米德」。

iii. 字串：RTM, MCNXXXIII是獎項設計者的名字 (Robert Tait McKenzie) 縮寫及設計年份（1933），而原本的第二個 M 用了 N 來替代。

iv. 字串：TRANSIRE SUUM PECTUS MUNDOQUE POTIRI 的意思是「超越了一個人的心靈並可掌握一切。」

(c) 背面：

i. 字串：CONGREGATI EX TOTO ORBE MATHEMATICI OB SCRIPTA INSIGNIA TRIBUERE，意思為「因著出色的著作，全世界的數學家聚首一堂共同頒授此獎。」

ii. 背景是阿基米德的圓柱體內接球體模型。

圖 **21.2:** 費爾茲獎牌

6. 1932年在瑞士蘇黎世舉行時，第一位女數學家諾特 (Emmy Noether) 被邀請為大會主講。58年後，1990 年在日本東京舉行時，第二位女數學家烏倫貝克 (Karen Uhlenbeck) 被邀請為大會主講。

7. 1950 設立國際數學聯合會來安排國際數學家會議的行政事宜。

8. 1954年在荷蘭阿姆斯特丹舉行，塞爾 (J. -P. Serre) 以27歲得費爾茲獎，是歷屆最年輕者。

9. 1990 年在日本東京舉行，第一位物理學家威滕 (E. Witten) 得費爾茲獎。

10. 1994年國際數學家會議100年紀念，又回到瑞士蘇黎世舉行。

11. 1994年8月2 – 11 國際數學家會議在瑞士蘇黎世舉行，共84國2,370人參加。其中最多人數是美國443位，其他日本228位，英國70位，瑞士229位，俄羅斯194位，德國191位，法國162位，中國50位，台灣13位。國際數

學聯合會於 1994 年 7 月 31 日至 8 月 2 日在瑞士盧森 (Luzern) 舉行，然後於 1994 年 8 月 3 日至 8 月 11 日在瑞士蘇黎世舉行國際數學家會議。中華民國數學會由黃啟瑞，劉豐哲和著者王懷權代表參加。

12. 1994 年費爾茲獎得主利翁 (P. L. Lions)（左 4）訪問台灣和著者王懷權（左 3）合影。

圖 **21.3:** 左 3 王懷權、左 4 利翁

13. 1995 年美國普林斯頓大學威爾斯 (A. Wiles) 證得費馬大問題。1998 年在德國柏林國際數學家會議特頒數學特別貢獻獎於威爾斯。3,346 人參加大會。頒獎後威爾斯演講時，數千人聽講，演講結束時，全場聽眾站起來鼓掌。

14. 世界數學年 WMY2000(World Mathematical Year 2000)：西元 2000 年是 21 世紀初年，將之定為世界數學年。依據 20 世紀有過成功的例子，國際數學聯合會擬邀請費爾茲獎得主和傑出數學家，寫出他們認為 21 世紀數學家的課題，擬舉辦研討會和 ICMI, CDE, ICHM 等組織辦些數學活動。

15. 2006 年在西班牙馬德里舉行，超過 4,500 人參加了大會。西班牙國王主持會議開幕式。佩雷爾曼 (G. Perelman) 因證明龐加萊臆測得費爾茲獎，但佩雷爾曼拒絕領獎。

16. 2010 年印度海得拉巴的開幕式上頒發費爾茲獎、奈望林納獎 (Nevanlinna Prize)、高斯獎 (Gauss Prize) 和陳省身獎 (Chern Medal)。

17. 2014 年在韓國首爾舉行，第一位女數學家米爾札哈尼 (Maryam Mirza-khani) 得費爾茲獎。

21.2　費爾茲獎歷屆得獎數學家

年份與大會地點	得主	國籍，歲數
1936 年挪威奧斯陸	阿爾福斯 (L. V. Ahlfors)	芬蘭，29
	道格拉斯 (J. Douglas)	美國，39
1950 年美國麻省劍橋	施瓦茨 (L. Schwarz)	法國，35
	塞爾貝格 (A. Selberg)	挪威，33
1954 年荷蘭阿姆斯特丹	小平邦彥 (K. Kodaira)	日本，39
	塞爾 (J. -P. Serre)	法國，27
1958 年英國愛丁堡	羅思 (K. F. Roth)	英國，33
	托姆 (R. Thom)	法國，35
1962 年瑞典斯德哥爾摩	赫爾曼德 (L. Hörmander)	瑞典，31
	米爾諾 (J. W. Milnor)	美國，31
1966 年蘇聯莫斯科	阿蒂亞 (M. F. Atiyah)	英國，37
	寇恩 (P. J. Cohen)	美國，32
	格羅滕迪克 (A. Grothendick)	無，38
	斯梅爾 (S. Smale)	美國，36
1970 年法國尼斯	貝克 (A. Baker)	英國，31
	廣中平祐 (H. Hironaka)	日本，39
	諾維柯夫 (S. P. Novikov)	蘇聯，32
	湯普森 (J. G. Thompson)	美國，38
1974 年加拿大溫哥華	邦別里 (E. Bombier)	義大利，34
	芒福德 (D. Munford)	美國，37
1978 年芬蘭赫爾新基	德利涅 (P. Deligne)	比利時，34
	費夫曼 (C. Fefferman)	美國，29
	馬爾古利斯 (G. A. Margulis)	蘇聯，32
	奎林 (D. Quillen)	美國，38

年份與大會地點	得主	國籍, 歲數
1982 年波蘭華莎	孔涅 (A. Connes)	法國, 35
	瑟斯頓 (W. P. Thurston)	美國, 36
	丘成桐 (S. T. Yau)	中國, 33
1986 年美國伯克萊	唐納森 (S. Donaldson)	英國, 29
	法爾廷斯 (G. Faltings)	西德, 32
	弗里曼 (M. Freedman)	美國, 35
1990 年日本東京	德林費爾德 (G. Drinfeld)	蘇聯, 36
	森重文 (S. Mori)	日本, 39
	威滕 (E. Witten)	美國, 39
	瓊斯 (V.Jones)	紐西蘭, 38
1994 年瑞士蘇黎世	布爾甘 (J. Bourgain)	比利時, 40
	利翁 (P. -L. Lions)	法國, 38
	約科茲 (J. C. Yocooz)	法國, 37
	澤爾曼諾夫 (E. Zelmanov)	俄羅斯, 39
1998 年德國柏林	博赫茲 (R. E. Borcherds)	英國, 39
	高爾斯 (W. T. Gowers)	英國, 35
	孔采維奇 (M. Konstevich)	俄羅斯, 34
	麥克馬倫 (C. T. McMullen)	美國, 40
2002 年中國北京	沃埃沃德斯基 (V. Voevodsky)	俄羅斯, 36
	拉福格 (L. Lafforgue)	法國, 36
2006 年西班牙馬德里	奧昆科夫 (A. Okounkov)	俄羅斯, 37
	佩雷爾曼 (G. Perelman)	俄羅斯, 40
	陶哲軒 (T. Tao)	澳洲, 31
	維爾納 (W. Werner)	法國, 38
2010 年印度海得拉巴	林登史特勞斯 (E. Lindenstrauss)	以色列, 40
	吳寶珠 (B. C. Ngô)	越南, 37
	斯密爾諾夫 (Stanislav Smirnov)	俄羅斯, 39
	維拉尼 (Cédric Villani)	法國, 36
2014 年韓國首爾	阿維拉 (A. Avila)	巴西, 35
	巴爾加瓦 (M. Bhargava)	加拿大, 40
	海雷爾 (M. Hairer)	奧地利, 38
	米爾札哈尼 (Maryam Mirzakhani)	伊朗, 37

21.3 費爾茲獎歷屆得獎國家

國家	費爾茲得獎數
美國	●●●●●●●●●●●●●
法國	●●●●●●●●●●●
蘇俄	●●●●●●●●
英國	●●●●●●
日本	●●●
比利時	●●
西德	●
澳大利亞	●
奧地利	●
巴西	●
加拿大	●
芬蘭	●
伊朗	●
以色列	●
義大利	●
挪威	●
紐西蘭	●
瑞典	●
越南	●
無國籍	●

21.4 費爾茲獎歷屆得獎大學

Affiliation	Medal(s)
Princeton University	8
Institut des Hautes Études Scientifiques	6
Harvard University	5

Affiliation	Medal(s)
University of Paris	5
Institute for Advanced Study	5
University of Cambridge	4
University of California, Berkeley	3
Massachusetts Institute of Technology	2
Moscow State University	2
University of Nancy	2
University of Oxford	2
Stanford University	2
University of California, San Diego	2
B Verkin Institute for Physics and Engineering	1
CNRS	1
Hebrew University of Jerusalem	1
Institut Henri Poincaré	1
Instituto Nacional de Matemática Pura e Aplicada	1
Rutgers University	1
University College London	1
University of California, Los Angeles	1
University of Geneva	1
University of Helsinki	1
Kyoto University	1
University of Pisa	1
University of Stockholm	1
University of Strasbourg	1
University of Warwick	1
University of Tokyo	1
École Normale Supérieure de Lyon	1
None (independent researcher)	1

22 數學的力與美

數學自己有一套建立知識的方法,本章論述數學處理的概念、數學求得結論的方法、數學所依據的原則與公理,除此之外,我們提到一些數學的創造。

22.1 甚麼是數學

數學如同哲學、力學、天文學、建築學、工藝一樣,都是人類智力活動的結晶。數學分純粹數學和應用數學兩大類,純粹數學又區分為幾何、代數和分析,應用數學分為統計、科學計算、離散數學、物理、工程和經濟等等。

數學那裡來:

數學由來有哲學派、理論派和實用派三種論說。哲學派論說和理論派論說是純粹數學之根源,而實用派論說是應用數學之根源:

1. 哲學派:哲學家笛卡兒 (Rene Descartes) 認為數學觀念是天生的,人類心智與生俱來有完美、空間、時間和運動等觀念。
2. 理論派:古希臘亞里士多德 (Aristotle) 認為數學是由古埃及的知識份子、僧侶結群成黨的討論、爭吵和研究而產生的。
3. 實用派:古希臘希羅多德 (Herodotus) 認為幾何發源於古埃及,而後傳入古希臘。古埃及尼羅河流域的園地被氾濫的河水流失田界時,國王就派人去重新測量,因而發展出幾何。

數學與科學:

數學是科學之母,是科學之門和鑰;數學和邏輯是科學的兩眼;數學是不可動搖的科學基礎;數學是一種語言,科學檢查外在的世界,為的是發現其次序和其和諧,這些東西透過數學語言而裸露在我們的面前。聰明的造物者把宇宙編織成一美麗的流形,隱含極大和極小等美麗的結構,這些結構靠著數學才顯出它活生生的條理。自然界最深刻最艱難的現象,也就是數學最肥沃最美麗的天地,在那裡

數學真是一枝獨秀。優良的語言構造數學,常由她發掘出精深的科學理論。數學是進攻真理最簡單和最自然的方法,由於她,我們可以解開鍊住問題的神秘之鑰,使得我們明晰地和完整地了解問題。數學和科學也有所不同,科學具有破壞性和建設性,常常一代撕掉另一代的成果,一人拆掉另一人的樓宇。但是數學則不同,是連貫性和融合的,常常在前人和他人的宏偉建築物上更添一層。

數學的特性:

數學賦于自己創建,且喚醒良知和純慮知識。她點燃我們內在概念之光、刷清我們與生俱來的無知。數學一下了在同一午代由很多不同地方的人發現其事實,就如同紫羅蘭在春天到處開放一樣。重要的不是我們知道什麼,而是我們如何知道什麼,古人常有不愛江山愛美人;英國人也說寧可失去印度,不願失去莎士比亞;在數學上也有人寧願放棄波斯王國而能得一真理。一般說來幾何最具有文學價值,是一座豐富的寶庫;代數最為抽象,是定量的智慧工具,她非常有威力,給的總是比要的還多;分析最具有普遍性,她是代數的推廣。數學的內涵是時代的函數,想了解數學內涵的演變,唯一之路就是了解數學的故鄉。

嚴謹的數學:

有一列火車,行駛於美麗的英國鄉村,火車上有一位統計學家、一位物理學家和一位數學家坐在一起,他們看到草地上有一隻黑色的羊。於是統計學家先說:「世界上的羊都是黑色的 (樣本是一)。」物理學家接著說:「這一隻羊是黑色,其他的羊的顏色不知道。」那位數學家慢慢地說:「這一隻羊的這一邊是黑色的。」

22.2 抽象概念

古希臘堅持數學必須討論抽象概念:

人們起先會考慮2個蘋果或3個人等具體的東西,漸漸的祇想2或3等抽象的數。似此抽象數目2和3並不存在於自然界裡,而是它們所代表的抽象性質才是一種概念。一雙鞋子10元,一個人買了三雙鞋子,共應給多少錢? 三雙鞋子乘10元得什麼? 什麼都不是。但是 $3 \times 10 = 30$,由此斷定買主需付賣主30元。當然數學上相同之物,在實際上有所不同,例如在數學上,但是一個人可能喜歡4個半

塊不同的蛋糕而不喜歡 2 塊相同的蛋糕；一個女人可能喜歡二套衣服而不喜歡四件上衣。

希臘人不但區別純數與物性數，而且特別偏愛純數。他們強調純數是算術，是人類心靈高度有價值的活動，而用在實物上的物性數是形而下的，祇是技巧的練習而已。埃及人和巴比倫人視直線為一條繩子或沙灘上用手指畫出來的一條直的線，但是希臘人卻將它理想化為無厚、無寬、無窮長的數軸概念。

利用抽象概念 (abstraction) 並非數學的專利品，一如物理上也有力、質量和能量的概念；經濟上擁有物質如土地、建築物和珠寶等的財富；政治科學上自由、平等和民主的概念等。因為數學的抽象化和物理世界的數學思路之影響，促成別的科目許多抽象概念廣泛地被採用。

一直到希臘，數學的概念才以抽象為其特徵。可以斷言的是：研究某具體的抽象性比研究其本體更為有效。抽象的最大好處是

可以免去具體過多性質的心理負擔，以便專注重點性質。

當我們要決定一塊土地的面積時，祇需要注意形狀和大小即可，不用關心土地的肥沃與否。

抽象有其它良好的理由，古希臘人重視宇宙之真理，真理祇能由抽象導致。物理世界呈現形形色色的物質，而這些物質給人的印象是不恰當的、暫時無常的。人的感覺常常被海市蜃樓所欺騙，與真理之永久不變剛好相反。幸運的是人類的智慧可以認清物性的更高概念層次。其實

事物是觀念拋射在經驗銀幕上的影子。

柏拉圖 (Plato) 認為馬、房子和女人都不是真實的，祇有馬、房子、女人的概念才是真的。柏拉圖強調美、公平、智慧、善良、完美是真的，無視於其架構之物質。智慧的世界和物質的世界是有莫大的區別，從物質世界到概念世界，人類必須經由心智的訓練，學習數學可以導引人類由黑暗走向光明。蘇格拉底說：瞭解數學是明白物理的必需品。古希臘柏拉圖名著「共和國」中說：我們必須竭力使當代所有名人、知識份子和政治家等都來學習數學，一直到他們內心裏真正接受數學精神為止。這是因為數學頗能激勵人類的靈性之故。

希臘建築顯露出觀念被強調的事實，建築物常是火柴盒形，而其稜之比經常是黃金分割數，如圖 22.1 為雅典的巴特農神殿 (雅典衛城最高神殿者) 是這類希臘寺廟的典型。現今世界上有許許多多的巴特農神殿 (Parthenon)，最著名的還是雅典的巴特農神殿 (Parthenon)。

圖 22.1: 雅典衛城

22.3　理想化

考慮物理世界一正方形時，其實並非完全為一個正方形，用電子顯微鏡看邊不見得那麼直，角不見得剛好是 90°；在處理地球問題時，經常設其為球形，其實它兩極都扁；處理天文物理時，常把地球和太陽看成點，這些都是理想化。

當我們考慮一個彈頭飛行 10 哩時，假設地球是一個球或是一個扁球，並沒有多大區別。求地與月之間的距離時，可以設地球和月球為點，但研究地球的形狀時，兩極略扁的事實就不能不加以考慮。

一個數學家如何知道其理想化是否正當呢? 這是不簡單的問題。當他處理一連串類似問題時，如果發現正確圖與簡圖之間相差無幾，他就用簡圖處理這一連串的問題，有時甚至於可以算出來簡圖和正確圖的誤差，處理問題時，時常祇能理想化，然後由經驗加以核正。

22.4 推理方法

有多種獲得知識的方法，一個人可接受教徒的信仰說法，也可以依據經驗而得。
食物是靠經驗而得，歷史的說法卻常是權威的確信，但是權威和信仰對數學與物
理世界都沒有多大的幫助。當然中古西歐，諸多知識都從聖經獲得，但是這些知
識在科學史上佔不了什麼角色。經驗卻是一種有用的知識，只是這種方法不容易
應用而已。我們不能蓋一棟 50 層大樓來試驗某種鋼筋的耐力，何況經驗也不能推
得像地球的大小和地球月亮之間的距離等問題。

依據於經驗的實驗是更可靠的，但也有缺陷。是否僅有權威、信仰、經驗和實驗
是獲得知識的方法？不是的。推理方法可分為下列三種：

演繹法是絕對正確的：

1. 相似推理法：一個學生覺得他進大學的話一定會有成就，這是因為他的一
   個朋友在物理方面和心智方面都與他相似，而在大學裡唸得出色，這是相
   似推理法。
2. 歸納推理法：人們隨時都在用歸納法：例如某一個人逛了幾家百貨公司，
   結果上了當，他就下結論說每家百貨公司都很壞。做實驗時知道鐵、銅、
   石油等物質加熱時會膨脹，由此他就推出每一物質加熱都會膨脹。其實歸
   納法是經驗的通用方法，實驗多次結果都相同，那麼就說這是真的結果。
3. 演繹推理法：讓我們接受一個事實「誠實的人一定拾金不昧」，李三是個誠
   實的人，那麼我們必可斷定李三一定拾金不昧。另外若設「數學家沒有笨
   蛋」，李四是一個數學家，那麼李四一定不是個笨蛋。

上述的三個方法中祇有演繹法是絕對正確的。獅子吃牛，牛吃草，所以獅子吃
草，這是相似推理法的一個偽證。又試驗了兩打物質，發現加熱時一定膨脹，就
斷定所有的物質加熱會膨脹，這是歸納推理法的一個偽證，因為水由攝氏 0° 加熱
至攝氏 4° 時體積反而縮小。

用演繹法時一般人常犯如下的錯誤：

前題為好車必貴。蕃薯牌車子很貴，所以蕃薯牌車子必為好車：

此處我們介紹一種圈臉法來避免這種錯誤。

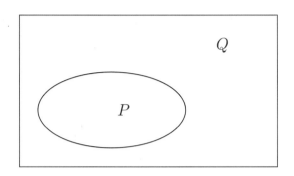

圖 **22.2**: 平行四邊形集與四邊形集

前題：平行四邊形都是四邊形

推論：圖 $ABCD$ 為一個四邊形，則圖 $ABCD$ 是一個平行四邊形。

上述的推論不正確。令集合 Q 上的一點代表一四邊形，集合 P 上的一點代表一平行四邊形，則由前題知如圖 22.2 所示：一任意四邊形 $ABCD$ 必在 Q 上，但是不恒在 P 上。

演繹法也是邏輯研究的對象。事實上數學本身是推理的練習和邏輯的經驗最華美的園地。

22.5 數學證明

上面提到三種推理方法都會用到數學上：

所有數學的證法都必須是演繹法：

1. 歸納法：經過考察很多三角形發現其內角和約為 $180°$，從而歸納成事實，凡三角形的內角和皆為 $180°$。古埃及人和古巴倫人量了許多三角形的面積，發現其值均約為底和高乘積之半，從而歸納為三角形的面積為底和高乘積之半。

2. 相似法：例如圖上平行弦的中點皆在一直線上，從此推論橢圓上平行弦的中點也必共線。

3. 演繹法：古希臘幾何證明為演繹法之開端。解方程式 $x - 3 = 7$ 時，兩邊加 3 得到 $x = 10$，就是演繹證法。

每一個證明都是一連串的演繹法，各有其前題和結論，而相似法和歸納法都用來臆測事實，這些事實有時候連極為優秀的數學家都證不出來。一旦用演繹法證出來就稱為定理。

物理和社會科學，常常由觀察、實驗和經驗來得到結論的歸納法。相似法也常被採用，如觀察水波現象推論聲波也有相同的現象發生；治療動物的方法有時候可用以治療人類。當然他們有時候也用數學的演繹證法。

我們用下述著名的問題來說明數學家堅持用演繹法是多麼地頑固。經多方試驗發現很多大於 2 的偶數皆可表為兩個質數之和：如

$$4 = 2 + 2, \ 6 = 3 + 3, \ 8 = 3 + 5, \ 10 = 3 + 7.$$

於是哥德巴赫臆測 (Goldbach conjecture)：每個大於 2 的偶數皆可表為兩個質數之和。但是數學上對上述的哥德巴赫臆測祇認為臆測而不接受為定理，除非將來有人用演繹法證得。數學家堅持一定要用演繹法，即使經過幾千年也是在所不惜，而科學家卻經常毫不猶疑的就用歸納法下結論。

科學家發現他的結論有毛病，一點也不稀奇，因為他們用的是相似法和歸納法。但是一般說來，科學家較「聰明」，因為他什麼方法都用來助長其知識。數學家說來比較「心窄」，始終堅持用演繹法。當然從另一個觀點來看這可以說是聰明之處。

古希臘之發明演繹法，與他們哲學之蓬勃很有關係。當時哲學家雲集：畢達格拉斯 (Pythagoras of Samos)、蘇格拉底 (Socrates)、柏拉圖 (Plato)、亞里士多德 (Aristotle) 都是哲學巨人。受哲學的影響，他們把數學發展成一門思想系統的學問。也許這首功應歸於西元前 600 年，七賢之首的達樂斯 (Thales of Miletus)，他率先採用演繹法證明幾何定理。

科學家選擇觀察和實驗特別現象，用的是歸納法和相似法，而哲學家為了追求人和物理世界廣大的知識，更為了建立宇宙真理如：人性本善、世界是設計好的萬花筒、人生為服務等等，這些用演繹法就比相似法和歸納法更為可行和有效。柏

拉圖著共和國上說：若人類不能給予或接受某些理由，則不能了解人生真諦。

今天社會上銀行家和工程師等地位赫然，古希臘卻完全相反，上流階級是哲學家、數學家和藝術家。他們認為營利活動是浪費時間和精力的，這些應由奴隸代勞，他們認為高級人士應該尋求知識而非財富，那些守財奴和拼命賺錢的只是「城市的快樂豬」。希臘的名歷史家撒摟風說：商人使得我們的都市不名譽。甚至希臘某一部族規定每天搞錢的人要失去公民權 10 年，因此奠定了希臘把演繹法評為聰明和絕頂天才的標記。心之威力遠大於感覺，心可以透視廣大的地球和宇宙，而感覺只是局部的摸索而已。

數學家從數和圖形的真理開始，一連串的演繹導致一個新結果稱為定理，這定理又形成一個新命題，由此再推出新定理，依此建立了知識概念的巨大體系。

22.6 公理與定義

古希臘用了一些自明的真理為前提，稱為公理。哲學巨人蘇格拉底和柏拉圖相信這些真理是人類與生俱來的，其實我們現在知道這些真理是由經驗和觀察而得。

數學如同其他科目常用定義。當我們遇到一個概念需要許多語句來描述時，我們用一個單字或一個簡句來代替，使得事情有效而且簡單多了。例如：一圖形含有不在一直線上的相異三點，三點之間互有線段連接著，我們就稱這個圖形為三角形。

有人將數學稱為演繹科學，有人認為數學只是用公理推導出一些必然的結果而已。這類描述是不完全的，數學家必須也要知道要證什麼和如何證明? 這些重大事情並非演繹的。

數學要證什麼? 數學觀念最肥沃的根源是來自於自然。數學獻身學習物理世界，其簡易經驗和自然奧妙，引出一連串觀念，如數學家要研究圖形，則自然地會問面積、周長、內角和等問題。甚至定理的發現也有來自自然的。例如量了許多三角形的內角和為 180°，因而建立一個定理「三角形的內角和為 180°」。至於決定等周長的圓與多邊形的面積誰大，也有用剪起來拼拼看的。這些都是歸納法。一旦由物理世界建立了一些定理，則經過推廣或改變條件，一些新的定理又告生

成。例如一旦知道三角形內角和之後，會問其他邊形的內角和為何?

算術和代數也有歸納建立定理法: 如

$$1 = 1, \ 1 + 3 = 4 = 2^2, \ 1 + 3 + 5 = 3^2, \ 1 + 3 + 5 + 7 = 4^2 \text{。}$$

上面等式歸納出一件事情: 左邊由 1 開始的奇數相加，若有 n 個則其和為 n^2 ，故猜想有

$$1 + 3 + 5 + \cdots + (2n - 1) = n^2$$

的定理。

利用觀察、測量和計算獲得定理不致於令人太吃驚或太不易相信。此外物理問題也提供了許多意義深遠的數學定理。其實除了發現定理之外，發現不尋常的定理的證法也應該給予讚賞，說來說去，人類創造技能才是最重要的根源。

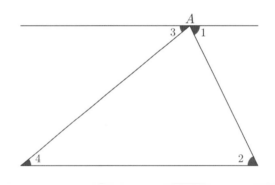

圖 **22.3:** 三角形內角和為 180°

關於三角形內角和為 180° 大家都知道一個證法：如圖 22.3 即過頂點 A 做一線平行於底邊，利用

$$\angle 1 = \angle 2, \ \angle 3 = \angle 4$$

即可證得。這個方法可不尋常，過 A 點畫一平行線的概念完全出自內心的靈感。哲學家蘇邊皓耳稱上述的證明為捉老鼠證法和走高蹺神秘法。

上面的例子說明了數學工作還包括找尋定理的證法，找證法靠人類的想像力、洞察力和創造力。他的內心必能看出別人看不到的事情，不管在代數、微積分或是

高等分析課程，一流數學家靠著如同創造音樂、文學和藝術一樣的靈感來證明。當然經驗和知識，可能幫助引導他走入正途。

我們不知道為何<u>李白</u>能寫出那麼優美的詩句？<u>唐伯虎</u>的畫特別引人入勝？沒有邏輯或是確實的嚮導可以告訴我們如何思考。常常發生很多偉大的數學家試著解一個問題遭到失敗，而另一個初出茅蘆的傢伙獨自上來卻把它給完滿的解決。這說明了心靈是對某些事物某些人特別鍾愛的。**數學的創造不是一個人，獨自到深山裡，找到一本密笈，吃了一顆仙果，因而創造數學。數學的創造是進入一領域，搜集各種資料，日以繼夜研讀，融會貫通；參加國內外研討會；與人討論；因而創造出數學。**

22.7　本章心得

1. 打開你心靈的窗戶，讓數學進來。
2. 不是數學是一切，而是一切是數學。
3. 偉大的數學家必定具有下述特質之一：開創新領域、發明重要新方法、發現重要新結果、解決持久的問題。
4. 昨夜西風凋碧樹，獨上高樓，望盡天涯路。衣帶漸寬終不悔，為伊 (數學) 消得人憔悴。驀然回首，那人卻在，燈火闌珊處。回首向來蕭瑟處歸去，也無風雨也無晴。
5. 一位傑出的人，往往不是由於他高超的聰明才智使他一帆風順，而是在每次遇到困難時，他總能夠下定決心、好好探討，並且努力克服困難、勇往直前。
6. 創造力含獨創性：知人所未知，見人所未見，獨具慧心；變通性：超過傳統做法，觸類旁通，廣性思考；流暢性：下筆如有神助，思想敏捷，單位時間反應量多，口若懸河，思路通暢；精密性：精益求精。
7. 水之積也不厚，則其負大舟也無力，風之積也不厚，則其負大翼也無力。
8. 飛得夠高，無風無雨，潛得夠深，無波無浪。
9. 走對路，左右逢源; 走錯路，再努力也很難有大成。
10. 用熱忱、奉獻的心創造更完美的智識領域。
11. 先行了解特別領域的知識、理論、和技巧；大題小做、小題大做；將問題 S ，推廣到問題 A，再特殊化到問題 $A_1, A_2, \cdots, A_n$, 最後再比較問

題 $A_1, A_2, \cdots, A_n$ ；看問題 S 的類似問題 a，與 S 的特殊化問題 b，考慮 a, b。

12. 道 (數學願景)，天 (世界數學趨勢)，地 (本土數學)，將 (數學人才)，法 (數學制度)。

13. 愛因斯坦說：「重要的事是不要停止質疑。」

14. 輕鬆一下：有一工程師，一物理學家，和一數學家奉命要圍一堆羊。工程師拿起木頭來往地上釘，一下子就將羊圍起來。物理學家先釘個圓，將羊圍起來，然後將圓慢慢縮小。數學家拿起木頭將自己圍起來，定義為外區。

15. 有一天 0 遇到 8，便對 8 說：「胖就胖嗎幹嘛繫皮帶！」第二天 0 又遇見到 8 躺在地上 (∞)，便對 8 說：「看吧！皮帶繫太緊，昏倒了吧。」

參考資料

書籍：

1. Brezis, Haim, Analyse Fonctionnelle, Theorie et Applications, Masson, 1983。

2. Dacorogna, Bernard, Introduction to the Calculus of Variations, Imperial College Press, 2004。

3. Do Carmo, Manfredo P., Differential Geometry of Curves and Surfaces, Dover Books on Mathematics, 2016。

4. Eves, Howard, An Introduction to the History of Mathematics, third edition, Holt, Rinehart and Winston, Inc., 1969。

5. Goldberg, Richard R., Fourier Transforms, Cambridge University Press, 1961。

6. Goldberg, Richard R., Methods of Real Analysis, Blaisdell Publishing Company, 1964。

7. Historical Topics for the Mathematics Classroom, National Council of Teachers of Mathematics, 1969。

8. John, Fritz, Partial Differential Equations, Springer, 1910。

9. Katz, Victor, History of Mathematics, 3ed, Pearson New International Edition。

10. Katznelson, Yitzhak, An Introduction to Harmonic Analysis, John Wiley, 1968。

11. Kline, Morris, Mathematical Thought from Ancient to Modern Times, Oxford University Press, 1972。

12. Kot, Mark, A First Course in the Calculus of Variations, AMS, 2014。

13. Stein, Elias M. and Shakarchi, Rami, Real Analysis, Measure Theory, Integration, & Hilbert Spaces , Princeton Lectures in Analysis III, 2005。

14. Stein, Elias M. and Weiss, Guido , Introduction to Fourier Analysis on Euclidean Spaces, Princeton University Press, 1971。

15. Strauss, Walter A., Partial Differential Equations, An Introduction, John Wiley & Sons, Inc, 1992。

16. Van Der Waerden, B. L., Algebra, Springer, 2003。

17. Wheeden, Richard L. and Zygmund, Antoni, Measure and Integral, An Introduction to Real Analysis, Monographs and Textbooks in Pure and Applied Mathematics , 1977。

18. Zygmund, Antoni, Trigonometric Series, Cambridge University Press, 1959。

19. 王懷權，數學分析基礎，國立清華大學出版社，2013。

20. 李文林。數學史通論，第二版，高等教育出版社，中國北京，1980。

21. 郭書春，中國科學技術史：數學卷，北京：科學出版社。

22. 谷超豪，數學辭典，建宏出版社，1995。

網站：

1. http://archives.math.utk.edu/topics/

2. http://mathworld.wolfram.com/

3. http://www-groups.dcs.st-and.ac.uk/ history/PictDisplay/

4. http://www-history.mcs.st-andrews.ac.uk/history/

索引

Index

國家圖書館出版品預行編目 (CIP) 資料

數學的故鄉／王懷權編著—初版 —新竹市：清大出版社

民 107.02
464 面；19×26 公分

ISBN 978-986-6116-62-9（精裝）

1.數學　　　　　2.歷史

310.9　　　　　　　　　　　106001010

數 學 的 故 鄉

編　　著：王懷權
發 行 人：賀陳弘
出 版 者：國立清華大學出版社
社　　長：戴念華
行政編輯：董雅芳
地　　址：30013 新竹市東區光復路二段 101 號
電　　話：(03)571-4337
傳　　真：(03)574-4691
網　　址：http://thup.web.nthu.edu.tw
電子信箱：thup@my.nthu.edu.tw
其他類型版本：無其他類型版本
展 售 處：紅螞蟻圖書有限公司 (02)2795-3656
　　　　　http://www.e-redant.com
　　　　　五楠圖書用品股份有限公司 (04)2437-8010
　　　　　http://www.wunanbooks.com.tw
　　　　　國家書店松江門市 (02)2517-0207
　　　　　http://www.govbooks.com.tw
出版日期：2017 年 2 月初版
　　　　　2018 年 5 月二刷

定　　價：精裝本新台幣 650 元

ISBN 978-986-6116-62-9
GPN 1010600158